月刊誌

数理科学

毎月 20 日発売
本体 954 円

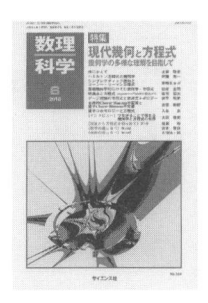

予約購読のおすすめ

本誌の性格上、配本書店が限られます。**郵送料弊社負担**にて確実にお手元へ届くお得な予約購読をご利用下さい。

年間 **11000円**
　　　　　（**本誌12冊**）

半年　 **5500円**
　　　　　（**本誌6冊**）

予約購読料は**税込み価格**です。

なお、**SGC** ライブラリのご注文については、予約購読者の方には、商品到着後のお支払いにて承ります。

お申し込みはとじ込みの振替用紙をご利用下さい！

サイエンス社

数理科学特集一覧

63年/7～14年/12 省略
2015年/1 科学における〈時間〉
/2 物理学諸分野の拡がりとつながり
/3 団代数をめぐって
/4 代数学における様々な発想
/5 物理と方程式
/6 自然の中の幾何構造
/7 テンソルの物理イメージ
/8 力学系的思考法のすすめ
/9 リーマン
/10 幾何学と解析学の対話
/11 フーリエ解析の探究
/12 曲がった時空のミステリー
2016年/1 数理モデルと普遍性
/2 幾何学における圏論的思考
/3 物理諸分野における場の量子論
/4 物理学における数学的発想
/5 物理と認識
/6 自然界を支配する偶然の構造
/7 〈反粒子〉
/8 線形代数の探究
/9 摂動論を考える
/10 ワイル
/11 解析力学とは何か
/12 高次元世界の数学
2017年/1 数学記号と思考イメージ
/2 無限と数理
/3 代数幾何の世界
/4 関数解析的思考法のすすめ
/5 物理学と数学のつながり
/6 発展する微分幾何
/7 物理におけるミクロとマクロのつながり
/8 相対論的思考法のすすめ
/9 数論と解析学
/10 確率論の力
/11 発展する場の理論
/12 ガウス
2018年/1 素粒子物理の現状と展望
/2 幾何学と次元
/3 量子論的思考法のすすめ
/4 現代物理学の捉え方
/5 微積分の考え方
/6 量子情報と物理学のフロンティア
/7 物理学における思考と創造
/8 機械学習の数理
/9 ファインマン
/10 カラビ・ヤウ多様体
/11 微分方程式の考え方
/12 重力波の衝撃
2019年/1 発展する物性物理
/2 経路積分を考える
/3 対称性と物理学
/4 固有値問題の探究
/5 幾何学の拡がり
/6 データサイエンスの数理
/7 量子コンピュータの進展
/8 発展する可積分系
/9 ヒルベルト
/10 現代数学の捉え方［解析編］
/11 最適化の数理
/12 素数の探究
2020年/1 量子異常の拡がり

「数理科学」のバックナンバーは下記の書店・生協の自然科学書売場で特別販売しております

紀伊國屋書店本店(新宿)
オリオン書房ノルテ店(立川)
くまざわ書店八王子店(八王子)
くまざわ書店桜ヶ丘店(多摩)
書泉グランデ(神田)
三省堂本店(神田)
ジュンク堂池袋本店
MARUZEN & ジュンク堂渋谷店
八重洲ブックセンター(東京駅前)
丸善丸の内本店(東京駅前)
丸善日本橋店
MARUZEN 多摩センター店
ジュンク堂吉祥寺店
ブックファースト青葉台店(横浜)
有隣堂伊勢佐木町本店(横浜)
有隣堂西口・東口(横浜)
有隣堂厚木店
ジュンク堂盛岡店
丸善津田沼店
ジュンク堂新潟店
ジュンク堂甲府岡島店
MARUZEN & ジュンク堂新静岡店
戸田書店静岡本店
ジュンク堂大阪本店
紀伊國屋書店梅田店(大阪)
アバンティブックセンター(京都)
ジュンク堂京都店
ジュンク堂三宮店
ジュンク堂三宮駅前店
紀伊國屋書店(松山)
ジュンク堂大分店
喜久屋書店倉敷店
MARUZEN 広島店
紀伊國屋書店福岡本店
ジュンク堂福岡店
丸善博多店
ジュンク堂鹿児島店
紀伊國屋書店新潟店
ジュンク堂旭川店
金港堂(仙台)
金港堂パーク店(仙台)
ジュンク堂秋田店
ジュンク堂郡山店
鹿島ブックセンター(いわき)

――大学生協・売店――
東京大学 本郷・駒場
東京工業大学 大岡山・長津田
東京理科大学 新宿
早稲田大学 理工学部
慶応義塾大学 矢上台
福井大学
筑波大学 大学会館書籍部
埼玉大学
名古屋工業大学・愛知教育大学
大阪大学・神戸大学 ランス
京都大学・九州工業大学
東北大学 理薬・工学
室蘭工業大学
徳島大学 常三島
愛媛大学 城北
山形大学 小白川
島根大学
学習院大学 成文堂
北海道大学 クラーク店
熊本大学
名古屋大学
広島大学(北1店)
九州大学(理系)

SGC ライブラリ-155

圏と表現論

2-圏論的被覆理論を中心に

浅芝 秀人　著

サイエンス社

SGC ライブラリ (The Library for Senior & Graduate Courses)

近年，特に大学理工系の大学院の充実はめざましいものがあります．しかしながら学部上級課程並びに大学院課程の学術的テキスト・参考書はきわめて少ないのが現状であります．本ライブラリはこれらの状況を踏まえ，広く研究者をも対象とし，**数理科学諸分野および諸分野の相互に関連する領域**から，現代的テーマやトピックスを順次とりあげ，時代の要請に応える魅力的なライブラリを構築してゆこうとするものです．装丁の色調は，

数学・応用数理・統計系（黄緑），**物理学系**（黄色），**情報科学系**（桃色），

脳科学・生命科学系（橙色），**数理工学系**（紫），**経済学等社会科学系**（水色）

と大別し，漸次各分野の今日的主要テーマの網羅・集成をはかってまいります．

まえがき

　圏論は，多元環の表現論においても実に多様な用いられ方をしている．多くの圏，関手，自然変換が登場し，圏論の一般論も用いられる．例えば，そもそも，多元環 A 自身が対象を 1 つ持つだけの線形圏と見られ，A からその加群圏 $\mathrm{Mod}\,A$，安定加群圏 $\underline{\mathrm{Mod}A}$，導来圏 $\mathscr{D}(\mathrm{Mod}\,A)$ などが定義されアーベル圏や三角圏の理論が適用される．他にも余代数上の余加群圏，微分次数圏，A_∞ 圏，2-圏，$(\infty, 1)$-圏なども登場する．本書では 2-圏および随伴系が多用される 2-圏論的被覆理論に焦点をあてて解説を行う．以下，G を群，$\Bbbk$ を体とする．

被覆理論

　Gabriel[21]，Riedtmann[37]，Bongartz–Gabriel[14]によって，多元環の表現論に被覆理論が導入され，そのクイバーの中に有向サイクルを含む，取り扱いにくい多元環の表現を，より少ない有向サイクルしか含まない多元環，圏の表現に帰着する方法が与えられた．これにより特に，有向サイクルをたくさん含む多元環の代表である，自己入射多元環の研究が大きく進展した（例えば [38]，[39]）．論文 [21] では最初に，一般的な被覆関手が定義されるが，実用上重要なのは，ガロア被覆である．これは本質的に，群 G の作用を持つ圏 $\mathscr{C}$ からその軌道圏 $\mathscr{C}/G$ への自然な被覆関手 $\mathscr{C} \to \mathscr{C}/G$ で与えられる．

　多元環 A からその被覆 $\mathscr{C}$，つまり $\mathscr{C}/G \cong A$ となる圏 $\mathscr{C}$ を求める方法はいくつかある．自己入射多元環では $\mathscr{C}$ が多くの場合，別のずっと扱いやすい多元環の反復圏 (Hughes–Waschbüsch[27]) とよばれる圏によって与えられる．一般の場合には，多元環 A をクイバーと（極小）関係式で表示し，その表示から，"普遍" 被覆*1) $\tilde{A}$ を構成する方法を用いることができる (Waschbüsch[42]，Martinez-Villa–de la Peña[32])．その他の被覆 $\mathscr{C}$ はこの普遍被覆のある群 H による軌道圏 $\tilde{A}/H$ として得られる．上の場合も含む最も一般的な方法として，多元環 A に G-次数を付け，それと G とのスマッシュ積をとることによって被覆 $\mathscr{C} := A\#G$ を作る方法 (E. Green[23]，Cibils–Marcos[17]) がある．本書では，この最後の構成法を解説する．

　第 2 章の後半で，多元環をクイバーという図形で構成する方法を解説する．この構成を見れば，多元環の被覆は図形の被覆を代数化したものであることが分かる．被覆を定義するクイバーは，頂点を無限個持つ場合が多く，その場合には多元環の被覆は単位元を持たない多元環になる．そのような多元環は普通，線形圏として取り扱うので，考える範囲を線形圏に拡げておく．第 3 章で Gabriel による古典的な被覆理論を概観し，第 5 章，第 7 章で応用上障害となる仮定を取り除いて

---

*1)　ただし，普遍とは言っても，この $\tilde{A}$ は A の表示の仕方によって変わりうる．

改良した被覆理論 ([5] [7]) を紹介する．その際，自然同型の族および 2-圏論的考察が必要になる．特に第 5 章では軌道圏をとる操作と，スマッシュ積をとる操作を，互いに 2-擬逆となる 2-同値に拡張する．

群の擬作用

本書では，中心となる第 5 章において，群の圏への作用として擬作用に一般化した形で論ずる．作用ではなく擬作用の方を採用したのは，次のいくつかの理由による．(1) 実際に群 G を圏 $\mathscr{C}$ に作用させるとき，G の元 a は $\mathscr{C}$ の同型として作用するのではなく，多くの場合 $\mathscr{C}$ の同値 F として作用する．すなわち，F には逆がなく擬逆 F^- しかないときが多い：$\mathbb{1}_{\mathscr{C}} \cong F^- \circ F \neq \mathbb{1}_{\mathscr{C}}$．このとき，$X(a) := F, X(a^{-1}) := F^-$ となる G の $\mathscr{C}$ への作用 X は存在しない．実際，存在したとすると，$X(a^{-1}a) = X(a^{-1}) \circ X(a)$ が成り立たなければならないが，左辺は $X(1) = \mathbb{1}_{\mathscr{C}}$ であり，右辺は $F^- \circ F \neq \mathbb{1}_{\mathscr{C}}$ となって矛盾が起こるからである．ところが，G が a で生成される巡回群であるときは，これを満たす擬作用は存在する（命題 5.4.15 参照）．少なくとも擬作用 X においては各 $X(a)$ $(a \in G)$ は必然的に $\mathscr{C}$ の同値になるが，同型である必要はない．(2) 擬作用が Deligne 等によって定義されているが，これが擬関手の特殊な例となっていることを指摘したものがないように思われる．本書ではこの関係も詳しく論じておいた．(3) これにより，群の擬作用が簡単な擬関手（弱関手，余弱関手）の例と見なせるため，この擬作用に慣れておくと後々，擬関手や弱関手が理解しやすくなる．(4) この形でコーエン・モンゴメリー双対を 2-圏化しておくと，群の擬作用を作用に変形する厳格化を与えることができる．(5) 群作用の方が，理論が簡単になり，結局は厳格化で群作用に帰着できるので，多くの論文等では，議論を群作用にとどめる傾向がある．そのため，擬作用を扱った議論に触れる機会は少ないように思われる．以上の理由により，論文としてはまだ未発表ではあるが，擬作用の方を採用した．

各章の内容

次に各章の内容について述べる．第 1 章では，圏，関手，自然変換など圏論の基本的用語を定義し，同時に，積，余積，核，余核など圏論での基礎的概念を解説する．項数の関係で極限，余極限に関する基礎的解説は他書に譲り必要最小限の解説にとどめた．次に多元環，線形圏を定義し，多元環自身が線形圏と見なせることについて解説する．

第 2 章では，まず多元環の表現を考えることと，その加群を考えることとは同値であることを解説する．この結果を踏まえて，線形圏の加群は，最初からその表現として定義する．多元環 A が線形圏 $\mathscr{C}$ として見られるとき，A の加群圏と，$\mathscr{C}$ の加群圏が同値であることを示す．最後にクイバーを用いて多元環および線形圏を構成する方法について解説し，制限クイバーの表現圏と対応する線形圏の加群圏とが同型であることを示す．

第 3 章では，多元環を線形圏と見なす必要が起こる状況として被覆を紹介し，多元環の表現論において古典的な被覆理論を概観する．多元環 A の加群圏 $\mathrm{Mod}\,A$ を研究する際，A の基本多元環（定義 2.3.18 参照）とよばれる多元環 B をとると，$\mathrm{Mod}\,A$ と $\mathrm{Mod}\,B$ とは圏として同じもの（圏

の同値）となるため，A の代わりに B をとることができる．このとき，圏として B は**骨格的**（**基本的**ともよばれる）である．すなわち，その圏では異なる対象は互いに非同型である，という条件が成り立っている．この条件のお陰で，多元環の被覆理論では関手間の等式で理論を進めることができていた．しかし，骨格的でない一般の圏（特に加群圏や導来圏）について被覆理論を構築する場合，関手間の等式は自然同値（あるいは自然変換）に置き換えなければならなくなり，2-圏論的な考察がどうしても必要になる．

　第4章では，そのために必要な 2-圏論について基礎的な事項をまとめた．特に，2-射の垂直合成と水平合成を的確に区別し，交替法則を無意識に視覚的に使えるように，ストリング図を導入した．以降の解説では，2-射に関する証明はできるだけストリング図を用いて行うことにした．対象や 1-射もストリング図で扱う方法も紹介し，これを実際に随伴系の解説で用いた．ストリング図を詳しく実際に使って解説している書籍はあまり見たことがないので，この点は本書の 1 つの特徴となる．第5章の準備のため，修正射を用いる 2-同値の定義まで解説する．

　第5章では，古典的な被覆理論を，2-圏論を用いて一般化し，コーエン・モンゴメリー双対の 2-圏論的一般論を展開する．もとになった論文 [7] では，群作用を持つ線形圏のなす 2-圏と群次数付き線形圏のなす 2-圏との間の 2-同値を証明していたが，本書ではこれを拡張して，群擬作用を持つ線形圏のなす 2-圏と群次数付き線形圏のなす 2-圏との間の 2-同値を証明した．ここで最も重要なことは，群作用を扱う [7] でのときと同様に，この 2-同値を証明するためには次数保存関手の定義を普通のものよりも弱める必要がある，ということである．この結果を用いると，群擬作用を持つ圏を，（自由な）群作用を持つ圏に同変同値変形することができる．また，群次数付き圏の間の次数保存関手を厳格な次数保存関手に斉次同値変形することもできる．

　第6章では，理論的に定義された軌道圏およびスマッシュ積を実際に計算する方法を与える．ただし，ここでは群の作用は一般の擬作用ではなく通常の作用に限った．

　第7章では，被覆する圏 $\mathscr{C}$ と被覆される圏 $\mathscr{C}/G$ それぞれの加群圏の間の関係を調べる．このための主な道具は被覆を与える関手 $P: \mathscr{C} \to \mathscr{C}/G$ から定義される，押し下げ関手 $P_{\cdot}: \mathrm{Mod}\,\mathscr{C} \to \mathrm{Mod}\,\mathscr{C}/G$ である．これは自然に定義される引き上げ関手 $P^{\cdot}: \mathrm{Mod}\,\mathscr{C}/G \to \mathrm{Mod}\,\mathscr{C}, M \mapsto M \circ P^{\mathrm{op}} \ (M \in (\mathrm{Mod}\,\mathscr{C}/G)_0)$ の左随伴として定義される．この左随伴は小圏上のテンソル積として構成できるため，ここで一般に小圏上のテンソル積の一意存在性について解説しておいた．この事実は付録において軽度の圏上のテンソル積にまで拡張する．また，押し下げ関手が有限生成加群の圏の間に前被覆関手を導くことを証明する．この事実が被覆理論を表現論に応用する際の重要なポイントとなる．

　第8章では，これまで群の作用（擬作用）しか考えていなかった被覆理論を，圏の（余）弱作用に拡張する方法について概略を述べる（[8], [9]）．

圏論の基礎のための集合論

　最後に本書で採用した，圏論の基礎のための集合論について述べておく．集合論の公理系にはいろいろなものが提唱されているが，ここでは ZFC を採用する．また，集合全体のなすクラスを SET で表す．群 G からの作用を持つ線形圏の集まり $\mathbf{C}_0$ を対象の全体とする 2-圏 $\mathbf{C}$ と，G 次数線

形圏の集まり $\mathbf{D}_0$ を対象の全体とする 2-圏 $\mathbf{D}$ の間に 2-関手を与えることが本書の主要なテーマであるが，集まり $\mathbf{C}_0$ と $\mathbf{D}_0$ としては，どちらもできるだけ広くとっておくことが望ましい．しかし本書を書くまでは，どの程度まで広くしてよいのかよく分からなかった．その場合は，集合論のパラドックスが生じないように，小圏の全体までに押さえておくのが無難であるので，その設定で理論を構成した．しかし例え小圏 $\mathscr{C}$ から出発しても，その加群圏 $\mathrm{Mod}\,\mathscr{C}$ はもはや小圏にならず，この設定では $\mathrm{Mod}\,\mathscr{C}$ が扱えなくなってしまう．

宇宙

さて，小集合という用語には，2 通りの解釈がある．すなわち，クラス SET の元を小集合という場合と，$\mathbb{N}$ を元に持つ（グロタンディーク）宇宙という集合 $\mathfrak{U}$ を 1 つ固定して，その元を小集合（正確には $\mathfrak{U}$-小集合）という場合がある．この場合，$\mathfrak{U}$ の部分集合は $\mathfrak{U}$-クラスとよばれる．$\mathfrak{U}$-クラスでさえ SET の元であることに注意する．最初は前者を想定していたが，本書では，後者を採用することにした．この場合，圏 $\mathscr{C}$ は，その対象集合 $\mathscr{C}_0$ およびどの $x, y \in \mathscr{C}_0$ に対しても局所射集合 $\mathscr{C}(x, y)$ が $\mathfrak{U}$-小集合となっているとき，$\mathfrak{U}$-小圏とよばれる．また，$\mathscr{C}_0$ が $\mathfrak{U}$-クラス，$\mathscr{C}(x, y)$ が $\mathfrak{U}$-小集合 ($\forall x, y \in \mathscr{C}_0$) となるとき，$\mathfrak{U}$-軽度の圏 (light category) とよばれる．これが普通に扱う圏である．これにより，集合より大きなクラスは扱えなくなるが，安心して SET の範囲内で理論を構築でき，十分に豊富な現象を取り扱うことができる．ここでさらに，どんな集合を与えてもそれを元とする宇宙が存在する，という**宇宙公理**も仮定する．この公理は ZFC とは独立していることが知られている．この立場に立ったとき，上の加群圏 $\mathrm{Mod}\,\mathscr{C}$ も扱いたければ，$\mathrm{Mod}\,\mathscr{C}$ の対象集合[*2)]を元に持つ宇宙 $\mathfrak{U}'$ にまで $\mathfrak{U}$ を拡大すれば，$\mathrm{Mod}\,\mathscr{C}$ は $\mathfrak{U}'$-小圏となり，それが可能になる．差し当たってはこの方法で扱えるようになる．しかしこのように宇宙の拡大を許すと，例えば $\mathrm{Mod}(\mathrm{Mod}\,\mathscr{C})$ を考えるときにまた拡大が必要になり，際限なく拡大することが必要になる．このように扱う集合が "ほんの少し" 大きくなるだけで宇宙を拡大し，どの宇宙での小集合であるかをつねに意識しなければならなくなる．可能ならば，宇宙 $\mathfrak{U}$ を 1 つ固定しそれを基準として，構成しようとしているものが SET 内に収まっている，ということが保証できれば便利である．以下，$\mathfrak{U}$ は固定するので，"$\mathfrak{U}$-" を省略して書く．

Levy の階層

よい方法を探しているとき，Levy[29] によって定義された k-クラス ($0 \leq k \in \mathbb{Z}$) による SET の階層を用いる方法が見つかった．これは単なるプレプリントで証明は全く書かれていないため，すべて検証を行った．ほとんどが簡単に確認できるものであったが，そこで用いる ΨA が SET の範囲内でその存在が証明できるかどうかは本質的な点であった．その証明は暗に Knaster-Tarski の定理を用いるように書かれている．しかし，この定理が適用できる設定にはなっていないので，単純に適用はできない．この ΨA の存在証明は慎重に行った．その際，宇宙公理を本格的に使うことになった．最初は，自然数全体 $\mathbb{N}$ を含む宇宙の存在だけを仮定するつもりであったが，こうして検証が終わったので，これを本書の圏論の基礎とすることにした．この点も本書の 1 つの特色となる．

---

*2) $\mathscr{C}$ が $\mathfrak{U}$-小圏のとき，これは $\mathfrak{U}$-クラスになっている．

これによって，考えている圏がどの程度（適度とよぶ）の圏であるか計算することができ，つねに SET の範囲内で理論を構成することができるようになった．これは非常に便利である．例えば，上にも述べたように，軽度の圏上でもテンソル積の一意存在性が証明できる（付録 A.6）．同じ議論で適度 k (≥ 1) の圏の上でも同様のことが証明できるはずである．本書では，これらの内容を付録にまとめ，随時参照するようにした．軽度の圏の全体を対象集合，それらの間の関手の全体を射集合とする圏は適度 2（2-moderate）の圏となり軽度の圏にはならないので，定義が可能である（安心して使用できる）ことが分かる．この圏にさらに，これに属する関手の間の自然変換の全体を 2-射の全体として追加することにより 2-圏 **CAT** が定義できる．同様に，軽度の $\Bbbk$-線形圏と $\Bbbk$-線形関手の 2-圏 $\Bbbk$-**CAT** も定義できる．これで，線形小圏全体のなす 2-圏 $\Bbbk$-**Cat** しか扱えなかった最初の頃と比べて，遙かに自由になり，$\mathbf{C}_0$ と $\mathbf{D}_0$ の両方に軽度の線形圏の全体を含めることもできるようになった[*3]（注意 5.8.15 参照）．これによって，擬 G-圏の定義もすっきりしたものになった．

謝辞

　原稿に対して有益なコメントと多くの誤植をご指摘いただいた中岡宏行氏と，集合論に関する付録の原稿に対してご意見をいただいた依岡輝幸氏の両氏に感謝の意を表したい．執筆の際，執筆しやすいように配慮してくれた家族には，心から感謝したい．また，原稿の執筆中に他界した義父，戸崎昭二郎に本書を捧げる．最後に，本書を執筆するようお勧めいただき，完成まで辛抱強くお待ちいただいた，サイエンス社「数理科学」編集部の大溝良平氏および校正段階での大きな修正にもかかわらず丁寧に校正いただいた平勢耕介氏に感謝の意を表したい．

2019 年 10 月

浅芝　秀人

[*3]　もちろん，もっと大きくして（ある $k \geq 1$ を固定して）適度 k の線形圏の全体も含めることができる.

目　次

準備と記号

準備

理論の基礎付けについては付録を参照されたい．そこに書いておいたように，集合論の公理系として ZFCU（ツェルメロ・フレンケルの公理系 (ZF) に選択公理 (C) と宇宙公理 (U) を追加したもの）を採用し，集合全体のなすクラスを SET とおく．以下，無限宇宙 $\mathfrak{U}$（定義 A.1.3 参照）を 1 つ固定する．$\mathfrak{U}$ の元［部分集合］は $\mathfrak{U}$-小集合［$\mathfrak{U}$-クラス］とよばれるが，混乱の恐れがない場合，本書ではこれを単に小集合［クラス］とよぶ（定義 A.1.11 参照）．本文では，普通は，軽度の圏（対象集合が $\mathfrak{U}$-クラスをなし，すべての局所射集合が $\mathfrak{U}$-小集合となる圏）のみを扱う．

以下，体 $\Bbbk$（基礎集合は小集合）を 1 つ固定し，ベクトル空間はすべて $\Bbbk$ 上のベクトル空間とする．多くの部分で（特に第 5 章では）$\Bbbk$ は可換環であるという仮定だけで十分である．その場合ベクトル空間は $\Bbbk$-加群と読み替える．

基礎集合が小集合であるようなベクトル空間を**小ベクトル空間**というが，特に断らない限りベクトル空間は小ベクトル空間とする．

記号の約束

本書を通して次の記号を用いる．

(1) 「a は A であり，b は B であり，$\cdots$，c は C である」や「$a, b, \ldots, c$ はそれぞれ $A, B, \ldots, C$ である」を「$a\ [b, \ldots, c]$ は $A\ [B, \ldots, C]$ である」と書く．

(2) 整数全体の集合を $\mathbb{Z}$ で表す．また，非負整数を自然数とよび，その全体を $\mathbb{N}$ で表す．したがって，本書では $0 \in \mathbb{N}$ とする．

(3) 集合 S に対して $(x \in S)$ のように括弧で変数の範囲を指定してあるところは，"任意の $x \in S$ に対して" を意味するものとする．$x \in S$ となる x が存在することを主張するときは，$(\exists x \in S)$ と書く．

(4) ベクトル空間 V, W に対して，V が W の部分空間であることを $V \leq W$ で表す．

(5) I を添字集合とする集合族 $(X_i)_{i \in I}$ に対して，

$$\bigsqcup_{i \in I} X_i := \bigcup_{i \in I} \{(i, x) \mid x \in X_i\}$$

でそれらの**非交和**（互いに交わりのない合併）を表す．$(X_i)_{i \in I}$ が最初から互いに交わりがなければ，すなわち，$X_i \cap X_j = \emptyset\ (i \neq j, i, j \in I)$ を満たしているならば $\bigsqcup_{i \in I} X_i = \bigcup_{i \in I} X_i$ と同一視する．

(6) 添字を用いないで表された有限個の集合の族 $(X, Y, \ldots, Z)$（n 個の集合）に対しては，$S_0 := X, S_1 := Y, \ldots, S_{n-1} := Z$ として

$$X \sqcup Y \sqcup \cdots \sqcup Z := \bigsqcup_{i=0}^{n-1} S_i$$

とする．例えば，$X \sqcup Y := \{(0, x) \mid x \in X\} \cup \{(1, y) \mid y \in Y\}$.

(7) 集合 I の 2 元 $i, j \in I$ に対して，$\delta_{i,j}$ はクロネッカーのデルタ記号とする：

$$\delta_{i,j} = \begin{cases} 1 & (i = j), \\ 0 & (i \neq j). \end{cases}$$

(8) I を集合，$(A_i)_{i \in I}$ をアーベル群の族とする．各 A_i の単位元（零元）は，i ごとに異なるので本来は 0_i のように区別して表すべきであるが，これらをすべて同一視し，同じ記号 0 で表す．これにより，記号 $\delta_{i,j}$ が便利に使える．例えば，$j \in I$ を 1 つ選び，$a \in A_j$ をとる．このとき，$(\delta_{i,j}a)_{i \in I} \in \prod_{i \in I} A_i$ は，次の意味で用いる：

$$(\delta_{i,j}a)_{i \in I} = \begin{cases} a & (i = j), \\ 0_i & (i \neq j). \end{cases}$$

$i \neq j$ のときは，本来は $a \in A_j$ なので $0a = 0_j$ であるが，$0a = \delta_{i,j}a \in A_i$ なので，$0_j = 0 = 0_i$ と読み替えて上の式を意味するものと解釈する．

(9) 対応 $x \mapsto f(x)$ を $f(\text{-})$ あるいは $f(?)$ で表す．特に，2 変数の対応 $(x, y) \mapsto f(x, y)$ は，2 種類の変数であることを強調するために，$f(\text{-}, ?)$ や $f(?, \text{-})$ で表す．例えば，$x \mapsto 2x$ は $2 \cdot (\text{-})$ や $2(\text{-}), 2?$ などで表し，$(M, N) \mapsto (\mathrm{Mod}\,\mathscr{C})(M, N)$ は $(\mathrm{Mod}\,\mathscr{C})(\text{-}, ?)$ などで表す[*4)]．

[*4)] よく文字化けと間違われるので，注意しておく．

第 1 章
圏

1.1 モノイドと圏

定義 1.1.1. 次のデーターの組で以下の公理を満たすものをモノイド (**monoid**) とよぶ.

データー：
- 空でない集合 G,
- 写像 $\mu \colon G \times G \to G$, $\mu(x, y) =: xy$ $(x, y \in G)$,
- G の元 1.

公理：
- $(xy)z = x(yz)$ $(x, y, z \in G)$,
- $x1 = x = 1x$ $(x \in G)$.

上の G $[f, 1]$ をこのモノイドの**基礎集合** [**演算**, **単位元**] とよぶ. 基礎集合が小集合であるようなモノイドを**小モノイド**という. 以下, 断らなければ, モノイドはすべて小モノイドとする. また, $G = \{1\}$ となるモノイドを**自明なモノイド**とよぶ（例 1.1.15 参照）.

問 1.1.2. $(G, \mu, 1)$ がモノイドであれば, $\mu^{\mathrm{op}} \colon G \times G \to G$ を $\mu^{\mathrm{op}}(x, y) := \mu(y, x)$ $(x, y \in G)$ で定義すると, $(G, \mu^{\mathrm{op}}, 1)$ もモノイドになることを示せ. これを $(G, \mu, 1)$ の**反転モノイド**とよぶ.

定義 1.1.3. 次のデーターの組で以下の公理を満たすものを**群** (**group**) とよぶ.

データー：
- モノイド $(G, \mu, 1)$,
- 写像 $\iota \colon G \to G, \iota(x) =: x^{-1}$ $(x \in G)$

公理：
- $x^{-1}x = 1 = xx^{-1}$ $(x \in G)$.

上の x^{-1} を x の**逆元**とよぶ. 基礎集合が小集合であるような群を**小群**という. 以下, 断らなければ, 群はすべて小群とする.

例 1.1.4. $+$ を $\mathbb{Z}$ の加法, $-\colon \mathbb{Z} \to \mathbb{Z}$ を関数 $x \mapsto -x\ (x \in \mathbb{Z})$ とすると, $\mathbb{Z} := (\mathbb{Z}, +, 0, -)$ は群である.

問 1.1.5. $(G, \mu, 1, \iota)$ が群であれば, $(G, \mu^{\mathrm{op}}, 1, \iota)$ も群になることを示せ. これを $(G, \mu, 1, \iota)$ の**反転群**とよぶ.

まず, クイバーと圏の一般的な定義を述べる.

定義 1.1.6. 次のデーターの組 $Q = (Q_0, Q_1, s, t)$ を**クイバー (quiver)** とよぶ:

- 集合 Q_0, Q_1 (小集合やクラスとは限らない. すなわち, $Q_0, Q_1 \in \mathsf{SET}$),
- 写像 $s, t\colon Q_1 \to Q_0$.

このとき, 各 $x, y \in Q_0$ に対して

$$Q(x, *) := \{\alpha \in Q_1 \mid s(\alpha) = x\}, Q(*, y) := \{\alpha \in Q_1 \mid t(\alpha) = y\},$$

$$Q(x, y) := Q(x, *) \cap Q(*, y)$$

とおく. Q_0, Q_1 がともに有限集合のとき, Q を**有限クイバー**とよぶ. すべての $x \in Q_0$ に対して $Q(x, *) \cup Q(*, x)$ が有限のとき Q は**局所有限**であるという.

クイバー Q は, 各 $\alpha \in Q_1$ を矢印 $s(\alpha) \to t(\alpha)$ で表すことにより, 有向グラフとして図示することができる (Q_0, Q_1 が十分小さい有限集合のとき). このことから, Q_0 の元を Q の**点**, Q_1 の元を Q の**矢**とよぶ. また, 各 $\alpha \in Q_1$ に対して, $s(\alpha), t(\alpha)$ をそれぞれ α の**始点**, **終点**とよぶ.

$Q = (Q_0, Q_1, s, t)$ がクイバーならば, (Q_0, Q_1, t, s) もクイバーとなる. これを Q の**反転クイバー**とよび Q^{op} で表す.

注意 1.1.7 (クイバーの与え方についての注意). クイバー Q が定義通りに $Q = (Q_0, Q_1, s, t)$ で与えられたとき, このデーターから $(Q_0, (Q(x, y))_{x, y \in Q_0})$ が与えられる. ただし, 次の条件が満たされている:

$$(x, y) \neq (x', y') \Rightarrow Q(x, y) \cap Q(x', y') = \emptyset, \quad (x, y, x', y' \in Q_0). \quad (1.1)$$

実際, $Q(x, y) \cap Q(x', y') \neq \emptyset$ とすると, ある $a \in Q(x, y) \cap Q(x', y')$ が存在するが, このとき $x = s(a) = x', y = t(a) = y'$ より $(x, y) = (x', y')$ となる. このデーターからもとのクイバーのデーターを復元することもできる. すなわち, $Q_1 = \bigsqcup_{x, y \in Q_0} Q(x, y)$ であり, s, t は次のように定まる. すなわち, 条件 $(*)$ より, 各 $a \in Q_1$ に対して $a \in Q(x, y)$ となる $(x, y) \in Q_0 \times Q_0$ がただ 1 つ存在する. このとき, $s(a) = x, t(a) = y$ となる. 以上の 2 つの操作は互いに逆になっている. したがって, クイバーは次のデーターからなり, 以下の公理を満たすものとして定義することもできる.

データー:

- 集合 Q_0,
- 集合族 $(Q(x,y))_{x,y \in Q_0}$

公理: (1.1).

後で，圏を定義するとき，よくこちらを用いる．

定義 1.1.8. 次のデーターの組で以下の公理を満たすものを圏 (**category**) とよぶ．

データー:

- クイバー $\mathscr{C} := (\mathscr{C}_0, \mathscr{C}_1, \mathrm{dom}, \mathrm{cod})$,
- 写像の族 $\circ := (\circ_{x,y,z} \colon \mathscr{C}(y,z) \times \mathscr{C}(x,y) \to \mathscr{C}(x,z))_{(x,y,z) \in \mathscr{C}_0 \times \mathscr{C}_0 \times \mathscr{C}_0}$,
- $\mathscr{C}_1$ の元の族 $\mathbb{1} := (\mathbb{1}_x)_{x \in \mathscr{C}_0}$, $\mathbb{1}_x \in \mathscr{C}(x,x)$

公理:

(結合律) $(h \circ g) \circ f = h \circ (g \circ f)$
$$(x,y,z,w \in \mathscr{C}_0, (h,g,f) \in \mathscr{C}(z,w) \times \mathscr{C}(y,z) \times \mathscr{C}(x,y)),$$
(単位律) $f \circ \mathbb{1}_x = f = \mathbb{1}_y \circ f$ $(x,y \in \mathscr{C}_0, f \in \mathscr{C}(x,y))$.

圏 $\mathscr{C}$ において，$\mathscr{C}_0$ [$\mathscr{C}_1$] の元を $\mathscr{C}$ の **対象** [**射**] とよび，$\mathscr{C}_0$ [$\mathscr{C}_1$, $\mathscr{C}(x,y)$ $(x,y \in \mathscr{C}_0)$] を $\mathscr{C}$ の **対象集合** [**射集合**，(x から y への) **局所射集合**] とよぶ．また，$\mathbb{1}_x$ $(x \in \mathscr{C}_0)$ を x の **恒等射** とよぶ．

すべての局所射集合が小集合であるとき，$\mathscr{C}$ は局所小であるという．局所小である圏 $\mathscr{C}$ は，$\mathscr{C}_0$ がクラス [小集合] であるとき，**軽度の圏** (**light category**) [**小さい圏** あるいは **小圏**] であるという（定義 A.3.1 参照）．

注意 1.1.9. 上の定義のように本書では，対象の全体 $\mathscr{C}_0$ も，各対象の対 x,y について x から y への射の全体 $\mathscr{C}(x,y)$ も集合，すなわち $\mathscr{C}_0, \mathscr{C}(x,y) \in \mathsf{SET}$ となる圏しか扱わない．このような圏は普通 **小さい圏** とよばれている．上で定義したものの正確な名称は $\mathfrak{U}$-小圏であるが，"小" の意味はつねに固定した宇宙 $\mathfrak{U}$ によって定義されることを仮定しているので，"$\mathfrak{U}$-" は省略している．

例 1.1.10. $\mathscr{C} = (\mathscr{C}_0, \mathscr{C}_1, \mathrm{dom}, \mathrm{cod}, \circ, \mathbb{1})$ が圏なら，

$$\mathscr{C}^{\mathrm{op}} := (\mathscr{C}_0, \mathscr{C}_1, \mathrm{cod}, \mathrm{dom}, \circ^{\mathrm{op}}, \mathbb{1})$$

も圏になる．この圏を $\mathscr{C}$ の **反転圏** とよぶ．ただし，$\circ^{\mathrm{op}} \colon \mathscr{C}^{\mathrm{op}}(y,x) \times \mathscr{C}^{\mathrm{op}}(z,y)$ $\to \mathscr{C}^{\mathrm{op}}(z,x)$, $(x,y,z \in \mathscr{C}_0)$ は $f \circ^{\mathrm{op}} g := g \circ f$, $(f \in \mathscr{C}^{\mathrm{op}}(y,x) = \mathscr{C}(x,y)$, $g \in \mathscr{C}^{\mathrm{op}}(z,y) = \mathscr{C}(y,z))$ で定義する．

問 1.1.11. 上において，$\mathscr{C}^{\mathrm{op}}$ が圏になることを示せ．

定義 1.1.12. $\mathscr{C}$ を圏，$x,y \in \mathscr{C}_0$, $f \in \mathscr{C}(x,y)$ とする．

(1) $g \circ f = \mathbb{1}_x$ かつ $f \circ g = \mathbb{1}_y$ となる $g \in \mathscr{C}(y,x)$ が存在するとき，f は同型であるという．

(2) 同型 $f \in \mathscr{C}(x,y)$ が存在するとき，x と y は**同型**であるといい，$x \cong y$ で表す．

注意 1.1.13. 定義 1.1.12 において，同型 f に対して g はただ 1 つに定まる．実際，g と同じ性質を持つ任意の $h \in \mathscr{C}(y,x)$ に対して，$(g \circ f) \circ h = g \circ (f \circ h)$ より，$\mathbb{1}_z \circ h = g \circ \mathbb{1}_y$ が得られ，$h = g$ となる．この g を f の**逆射**あるいは**逆**とよび，f^{-1} で表す．

定義 1.1.14. $\mathscr{C}_0$ が 1 元集合 $\{*\}$ となる圏 $\mathscr{C} = (\mathscr{C}_0, \mathscr{C}_1, \mathrm{dom}, \mathrm{cod}, \circ, \mathbb{1})$ を**単対象圏**とよぶ．

注意 1.1.15. 単対象圏とモノイドは同一視できる．この意味で，圏とはモノイドの"多対象化"（対象を多くしたもの）であると見なせる．自明なモノイドを単対象圏と見たものを **1** で表す：$\mathbf{1} = (\{*\}, \{\mathbb{1}_*\}, \mathrm{dom}, \mathrm{cod}, \circ, \mathbb{1})$．

証明.

- $\mathscr{C} = (\mathscr{C}_0, \mathscr{C}_1, \mathrm{dom}, \mathrm{cod}, \circ, \mathbb{1})$ が単対象圏で $\mathscr{C}_0 = \{*\}$ なら，$\mathscr{C}_1 = \mathscr{C}(*,*)$ であり，

$$G_{\mathscr{C}} := (\mathscr{C}_1, \circ_{*,*,*}, \mathbb{1}_*)$$

がモノイドとなる．
- 逆に，$(G, \mu, 1)$ がモノイドなら，写像 $\mathrm{dom}, \mathrm{cod} \colon G \to \{*\}$ は一意的に $\mathrm{dom}(\alpha) := * =: \mathrm{cod}(\alpha)$ $(\alpha \in G)$ で定義され，

$$\mathscr{C}_G := (\{*\}, G, \mathrm{dom}, \mathrm{cod}, (\mu)_{(x,y,z) \in \{*\} \times \{*\} \times \{*\}}, (1)_{x \in \{*\}})$$

が単対象圏となる．
- 以上の 2 つの構成は互いに逆になっている．

$\square$

例 1.1.16. 任意の集合 $S \in \mathsf{SET}$ は圏と見なすことができる．すなわち次で定義される圏 $\mathscr{C}$ と同一視することができる．この圏 $\mathscr{C}$ を S で定義される**離散圏**とよぶ．

- $\mathscr{C}_0 := S$.
- 各 $x, y \in S$ に対して，$\mathscr{C}(x,y) := \begin{cases} \{\mathbb{1}_x\} & (x = y); \\ \emptyset & (x \neq y). \end{cases}$
- $x, y, z \in \mathscr{C}_0$ とする．写像

$$\circ_{x,y,z} \colon \mathscr{C}(y,z) \times \mathscr{C}(x,y) \to \mathscr{C}(x,z)$$

を次で決める．$x = y = z$ のとき定義域も終集合もともに 1 元集合なので，$\circ_{x,y,z}$ は一意的に決まる．すなわち，$\mathbb{1}_x \circ \mathbb{1}_x := \mathbb{1}_x$．それ以外のとき

は $\mathscr{C}(y,z) \times \mathscr{C}(x,y) = \emptyset$ となるので $\circ_{x,y,z}$ は自明な写像とする.
特に，1 元集合 $\{*\}$ で定義される離散圏は，自明なモノイドの圏 **1** になる.

例 1.1.17. 任意の前順序集合 $(S, \leq)$ は次のようにして圏と見なすことができる. すなわち，次で定義される圏 $\mathscr{C}$ と同一視することができる.

- $\mathscr{C}_0 := S$.

- 各 $x, y \in S$ に対して，$\mathscr{C}(x,y) := \begin{cases} \{(y,x)\} & (y \geq x); \\ \emptyset & (\text{その他}). \end{cases}$

- $x, y, z \in \mathscr{C}_0$ とする. 写像

$$\circ_{x,y,z} \colon \mathscr{C}(y,z) \times \mathscr{C}(x,y) \to \mathscr{C}(x,z)$$

を次で決める. $z \geq y \geq x$ のとき定義域も終集合もともに 1 元集合なので，$\circ_{x,y,z}$ は一意的に決まる. すなわち，$(z,y) \circ (y,x) := (z,x)$. それ以外のときは $\mathscr{C}(y,z) \times \mathscr{C}(x,y) = \emptyset$ となるので $\circ_{x,y,z}$ は自明な写像とする.

例えば，S を整数からなる集合，前順序関係 $x \leq y$ を，x が y を割り切るという条件で定義する. これによって上のように定義される圏を $\mathscr{C}(S, |)$ で表す. 例えば，$\mathscr{C}(\{-1, 1\}, |)$ は次のクイバーと上の合成規則で表される.

$$((-1,-1)=)\mathbf{1}_{-1} \;\circlearrowright\; -1 \underset{(-1,1)}{\overset{(1,-1)}{\rightleftarrows}} 1 \;\circlearrowright\; \mathbf{1}_1 (=(1,1))$$

例 1.1.18. 次で定義される圏 $\mathbf{Set} = (\mathbf{Set}_0, \mathbf{Set}_1, \mathrm{dom}, \mathrm{cod}, \circ, \mathbb{1})$ を小集合の圏とよぶ.

- $\mathbf{Set}_0$ は小集合の全体（すなわち，$\mathbf{Set}_0 := \mathfrak{U}$）.
- $\mathbf{Set}_1$ は小集合の間の写像の全体.
- $f \in \mathbf{Set}_1$ に対して，$\mathrm{dom}(f) := (f \text{ の定義域})$，$\mathrm{cod}(f) := (f \text{ の終集合})$.
- $A, B, C \in \mathbf{Set}_0$ とする. 写像

$$\circ_{A,B,C} \colon \mathbf{Set}(B,C) \times \mathbf{Set}(A,B) \to \mathbf{Set}(A,C)$$

は，普通の写像の合成で定義する.

- $\mathbb{1} := (\mathbb{1}_A)_{A \in \mathbf{Set}_0}$. ただし，各 $A \in \mathbf{Set}_0$ に対して，$\mathbb{1}_A \colon A \to A$ は A の恒等写像とする.

定義から分かるように，$\mathbf{Set}$ は軽度の圏である.

1.1.a 単射と全射

小集合の圏 $\mathbf{Set}$ での単射，全射の持つ性質を圏の言葉で特徴付けることにより，これらの概念は一般の圏では次のように定義される.

定義 1.1.19. $\mathscr{C}$ を圏，$f \colon x \to y$ を $\mathscr{C}$ の射とする.

(1) 任意の $a, b\colon z \to x$ に対して，$fa = fb$ から $a = b$ が導かれるとき，f を**単射**とよぶ．

(2) 任意の $a, b\colon y \to z$ に対して，$af = bf$ から $a = b$ が導かれるとき，f を**全射**とよぶ．

矢印の向きを全部逆にすると（すなわち反転圏で考えると）上の (1) は (2) に，(2) は (1) になる．このようなとき，(1) と (2) は互いに**双対**（そうつい）であるという．

注意 1.1.20. $f\colon x \to y$ を圏 $\mathscr{C}$ の射とする．f が単射，全射であるための条件を写像の言葉で言い換えると次のようになる．

(1) 射 f が単射であることは，任意の $z \in \mathscr{C}_0$ に対して，写像

$$\mathscr{C}(z, f)\colon \mathscr{C}(z, x) \to \mathscr{C}(z, y),\ a \mapsto f \circ a$$

が（集合の間の）単射であることと同値である．

(2) f が全射であることは，任意の $z \in \mathscr{C}_0$ に対して，写像

$$\mathscr{C}(f, z)\colon \mathscr{C}(y, z) \to \mathscr{C}(x, z),\ a \mapsto a \circ f$$

が（集合の間の）単射であることと同値である．

(3) (1), (2) ともに写像の言葉にすると単射になることに注意する．

　それでは，写像の言葉にしたときに，全射になるとはどういうことを意味するか．その解答を与えるために次の用語を定義する．

定義 1.1.21. $f\colon x \to y$ を圏 $\mathscr{C}$ の射とする．

(1) $g \circ f = \mathbb{1}_x$ となる $g\colon y \to x$ が存在するとき，f を**切断**とよぶ．これは**分裂単射**とよばれることもある．

(2) 双対的に，$f \circ g = \mathbb{1}_y$ となる $g\colon y \to x$ が存在するとき，f を**引き戻し**とよぶ．これは**分裂全射**とよばれることもある．

　次の命題は，上の問に対する解答を与える．

命題 1.1.22. $f\colon x \to y$ を圏 $\mathscr{C}$ の射とする．

(1) f が切断であることは，任意の $z \in \mathscr{C}_0$ に対して，写像

$$\mathscr{C}(f, z)\colon \mathscr{C}(y, z) \to \mathscr{C}(x, z),\ a \mapsto a \circ f$$

が（集合の間の）全射であることと同値である．

(2) f が引き戻しであることは，任意の $z \in \mathscr{C}_0$ に対して，写像

$$\mathscr{C}(z, f)\colon \mathscr{C}(z, x) \to \mathscr{C}(z, y),\ a \mapsto f \circ a$$

が（集合の間の）全射であることと同値である．

証明. どちらも同様に証明できるので, (1) だけを示す.

($\Rightarrow$). f を切断とすると, $g \circ f = \mathbb{1}_x$ となる $g \colon y \to x$ が存在する. 任意の $z \in \mathscr{C}_0$ に対して, 写像

$$\mathscr{C}(g, z) \colon \mathscr{C}(x, z) \to \mathscr{C}(y, z), \ a \mapsto a \circ g$$

を考えると, 各 $a \in \mathscr{C}(x, z)$ に対して, $(\mathscr{C}(f, z) \circ \mathscr{C}(g, z))(a) = a \circ g \circ f = a$ であるから, $\mathscr{C}(f, z) \circ \mathscr{C}(g, z) = \mathbb{1}_{\mathscr{C}(x, z)}$. ゆえに, $\mathscr{C}(f, z)$ は (集合の間の) 全射である.

($\Leftarrow$). 任意の $z \in \mathscr{C}_0$ に対して, 写像 $\mathscr{C}(f, z)$ が (集合の間の) 全射であるとする. $z = x$ に対してこれを適用すると, $\mathscr{C}(f, x)$ が全射であり, $\mathbb{1}_x \in \mathscr{C}(x, x)$ であるから, $\mathscr{C}(f, x)(g) = \mathbb{1}_x$ となる $g \in \mathscr{C}(y, x)$ が存在する. ここで $\mathscr{C}(f, x)(g) = g \circ f$ であるから, $g \circ f = \mathbb{1}_x$. ゆえに, f は切断である. $\qquad\square$

1.1.b 積と余積

次に小集合の圏 **Set** での直積と非交和を取り上げる. これらの概念は, その性質を圏の言葉で特徴付けることにより, 一般の圏では次のように定義される.

定義 1.1.23. $\mathscr{C}$ を圏, I を集合とし $(x_i)_{i \in I}$ を $\mathscr{C}$ の対象の族とする.

(1) 次のデーターの組で以下の性質を持つものを族 $(x_i)_{i \in I}$ の**積**とよぶ.

　データー:

- $\mathscr{C}$ の対象 x (**積対象**とよぶ),
- $\mathscr{C}$ の射の族 $\pi := (\pi_i \colon x \to x_i)_{i \in I}$ (**射影族**とよぶ),

　積の普遍性:

任意の $y \in \mathscr{C}_0$ に対して, 任意の $\mathscr{C}$ の射の族 $\rho := (\rho_i \colon y \to x_i)_{i \in I}$ が π を一意的に通過する. すなわち, ただ 1 つの $\mathscr{C}$ の射 $f \colon y \to x$ によって図式

$$
\begin{array}{ccc}
y & \xrightarrow{\ \ f\ \ } & x \\
& {\scriptstyle \rho_i} \searrow \quad \swarrow {\scriptstyle \pi_i} & \\
& x_i &
\end{array}
\tag{1.2}
$$

がすべての $i \in I$ に対して可換になる.

この性質は, 射影族 π の**普遍性**ともよぶ. また, この f をこの普遍性による**標準射**とよぶ.

(2) 次のデーターの組で以下の性質を持つものを族 $(x_i)_{i \in I}$ の**余積**とよぶ.

　データー:

- $\mathscr{C}$ の対象 x (**余積対象**とよぶ),
- $\mathscr{C}$ の射の族 $\sigma := (\sigma_i \colon x_i \to x)_{i \in I}$ (**入射族**とよぶ),

　余積の普遍性:

任意の $y \in \mathscr{C}_0$ に対して，任意の $\mathscr{C}$ の射の族 $\tau := (\tau_i \colon x_i \to y)_{i \in I}$ が σ を一意的に通過する．すなわち，ただ 1 つの $\mathscr{C}$ の射 $f \colon x \to y$ によって図式

$$
\begin{array}{ccc}
 & x_i & \\
{\sigma_i}\swarrow & & \searrow{\tau_i} \\
x & \xrightarrow{\quad f \quad} & y
\end{array}
\tag{1.3}
$$

がすべての $i \in I$ に対して可換になる．

この性質は，入射族 σ の**普遍性**ともよぶ．また，この f をこの普遍性による**標準射**とよぶ．

問 1.1.24. 小集合の圏 **Set** において，直積は積を，非交和は余積を与えることを示せ．すなわち，I を小集合とし，$(X_i)_{i \in I}$ を小集合族とするとき，以下を示せ．

(1) 各 $i \in I$ に対して，第 i 標準射影

$$
\pi_i \colon \prod_{j \in I} X_j \to X_i, \ (x_j)_{j \in I} \mapsto x_i
$$

をとると，$(\prod_{i \in I} X_i, (\pi_i)_{i \in I})$ は $(X_i)_{i \in I}$ の積であり，

(2) 各 $i \in I$ に対して，第 i 標準入射

$$
\sigma_i \colon X_i \to \bigsqcup_{i \in I} X_i, \ x \mapsto (i, x)
$$

をとると，$(\bigsqcup_{i \in I} X_i, (\sigma_i)_{i \in I})$ は $(X_i)_{i \in I}$ の余積である．

補題 1.1.25. $\mathscr{C}$ を圏，I を集合とし $(x_i)_{i \in I}$ を $\mathscr{C}$ の対象の族とする．

(1) $(x, (\pi_i)_{i \in I})$ と $(y, (\rho_i)_{i \in I})$ がともに $(x_i)_{i \in I}$ の積であれば，図式 (1.2) において一意的に存在する射 f は同型である．この意味で 2 つの射影族 π と ρ は同型である．特に積対象 x と y は同型である．そこで積対象を $\prod_{i \in I} x_i$ で表す．

(2) 上の双対．すなわち，$\mathscr{C}$ の射の族 $(x, (\sigma_i)_{i \in I})$ と $(y, (\tau_i)_{i \in I})$ がともに $(x_i)_{i \in I}$ の余積であれば，図式 (1.3) において一意的に存在する射 f は同型である．この意味で 2 つの入射族 σ と τ は同型である．特に余積対象 x と y は同型である．そこで余積対象を $\coprod_{i \in I} x_i$ で表す．

証明．(1) $(x, (\pi_i)_{i \in I})$ と $(y, (\rho_i)_{i \in I})$ をどちらも $(x_i)_{i \in I}$ の積とする．$(x, (\pi_i)_{i \in I})$ が $(x_i)_{i \in I}$ の積であるから，ただ 1 つの射 $f \colon y \to x$ によって $\rho_i = \pi_i \circ f$ がすべての $i \in I$ に対して成り立つ．また，$(y, (\rho_i)_{i \in I})$ が $(x_i)_{i \in I}$ の積であるから，同様にただ 1 つの射 $g \colon x \to y$ によって $\pi_i = \rho_i \circ g$ がすべての $i \in I$ に対して成り立つ．これらを合わせると，次の可換図式が得られる．

$$
\begin{array}{ccccc}
y & \xrightarrow{\ f\ } & x & \xrightarrow{\ g\ } & y \\
 & {}_{\rho_i}\searrow & \downarrow{\pi_i} & \swarrow{}_{\rho_i} & \\
 & & x_i & &
\end{array}
\qquad (i \in I)
$$

したがって，$\rho_i = \rho_i \circ (g \circ f)$ がすべての $i \in I$ に対して成り立つ．他方，$\rho_i = \rho_i \circ \mathbb{1}_y$ もすべての $i \in I$ に対して成り立つ．よって $(\rho_i)_{i \in I}$ の普遍性により $g \circ f = \mathbb{1}_y$．対称的な議論により，$f \circ g = \mathbb{1}_x$ も成り立つ．したがって，f は同型である．

(2) 上と同様の議論を $\mathscr{C}^{\mathrm{op}}$ で行えば証明できる． $\qquad\square$

注意 1.1.26. 定義 1.1.23 の (1) と (2) も互いに双対である．この定義の普遍性を写像の言葉で言い換えると次のようになる．

(1) 積の普遍性は，任意の $y \in \mathscr{C}_0$ に対して，直積集合への写像

$$(\mathscr{C}(y, \pi_i))_{i \in I} : \mathscr{C}(y, \prod_{i \in I} x_i) \to \prod_{i \in I} \mathscr{C}(y, x_i),\ f \mapsto (\pi_i \circ f)_{i \in I} \quad (1.4)$$

が全単射であることと同値である．この逆写像を，

$$(\mathscr{C}(y, \pi_i))_{i \in I}^{-1} : \prod_{i \in I} \mathscr{C}(y, x_i) \to \mathscr{C}(y, \prod_{i \in I} x_i),\ (f_i)_{i \in I} \mapsto [f_i]_{i \in I}$$

で表す．したがって，$f_i := \pi_i \circ f\ (i \in I)$ とおくと，$f = [f_i]_{i \in I}$ が成り立つ．これを射影族 $(\pi_i)_{i \in I}$ に関する f の**列ベクトル表示**とよぶ．標準射 $[f_i]_{i \in I}$ は，式 $f_i = \pi_i \circ [f_i]_{i \in I}$ が成り立つことで特徴付けられる．特に，I が有限集合 $I = \{1, 2, \ldots, n\}\ (1 \le \exists n \in \mathbb{N})$ のとき，$[f_i]_{i \in I}$ は $[f_i]_{i=1}^n$ や $\begin{bmatrix} f_1 \\ f_2 \\ \vdots \\ f_n \end{bmatrix}$ などで表す．

(2) 余積の普遍性は，任意の $y \in \mathscr{C}_0$ に対して，直積集合への写像

$$(\mathscr{C}(\sigma_i, y))_{i \in I} : \mathscr{C}(\coprod_{i \in I} x_i, y) \to \prod_{i \in I} \mathscr{C}(x_i, y),\ f \mapsto (f \circ \sigma_i)_{i \in I} \quad (1.5)$$

が全単射であることと同値である．この逆写像を，

$$(\mathscr{C}(\sigma_i, y))_{i \in I}^{-1} : \prod_{i \in I} \mathscr{C}(x_i, y) \to \mathscr{C}(\coprod_{i \in I} x_i, y),\ (f_i)_{i \in I} \mapsto {}^t[f_i]_{i \in I}$$

で表す．したがって，$f_i := f \circ \sigma_i\ (i \in I)$ とおくと，$f = {}^t[f_i]_{i \in I}$ が成り立つ．これを入射族 $(\sigma_i)_{i \in I}$ に関する f の**行ベクトル表示**とよぶ．標準射 ${}^t[f_i]_{i \in I}$ は，式 $f_i = {}^t[f_i]_{i \in I} \circ \sigma_i$ が成り立つことで特徴付けられる．特に，I が有限集合 $I = \{1, 2, \ldots, n\}\ (1 \le \exists n \in \mathbb{N})$ のとき，${}^t[f_i]_{i \in I}$ は ${}^t[f_i]_{i=1}^n$ や $[f_1, f_2 \ldots, f_n]$ などで表す．

式 (1.4) と式 (1.5) において，第 2 成分では記号 $\prod$ がそのまま，第 1 成分では記号 $\coprod$ が逆になりながら外に出てくることに注意する．外に出ているのはともに $\prod$ の方であり，こちらは集合の直積を表す．

式 (1.4) と式 (1.5) の 2 つの全単射を合わせると，直ちに次が得られる．

命題 1.1.27. $\mathscr{C}$ を圏，I, J を集合とし，$(x_i)_{i \in I}, (y_j)_{j \in J}$ を $\mathscr{C}$ の対象の族と

する．$(\sigma_i\colon x_i \to \coprod_{i\in I} x_i)_{i\in I}, (\pi_j\colon \prod_{j\in J} y_j \to y_j)_{j\in J}$ をそれぞれ $(x_i)_{i\in I}$ の余積の入射族，$(y_j)_{j\in J}$ の積の射影族とする．このとき，写像

$$(\mathscr{C}(\sigma_i,\pi_j))_{j,i}\colon \mathscr{C}(\coprod_{i\in I} x_i, \prod_{j\in J} y_j) \to \prod_{j\in J}\prod_{i\in I} \mathscr{C}(x_i,y_j), f \mapsto (\pi_j\circ f\circ\sigma_i)_{j\in J, i\in I}$$

は全単射である[*1)]．この逆写像 $(\mathscr{C}(\sigma_i,\pi_j))_{j,i}{}^{-1}$ を

$$\prod_{j\in J}\prod_{i\in I} \mathscr{C}(x_i,y_j) \to \mathscr{C}(\coprod_{i\in I} x_i, \prod_{j\in J} y_j), (f_{j,i})_{j\in J, i\in I} \mapsto [f_{j,i}]_{j\in J, i\in I}$$

で表す．したがって，$f_{j,i} := \pi_j\circ f\circ\sigma_i\ (i\in I, j\in J)$ とおくと，$f = [f_{j,i}]_{j\in J, i\in I}$ が成り立つ．これを $(\sigma_i)_{i\in I}, (\pi_j)_{j\in J}$ に関する f の**行列表示**とよぶ．標準射 $[f_{j,i}]_{j\in J, i\in I}$ は，式 $f_{j,i} = \pi_j \circ [f_{j,i}]_{j\in J, i\in I} \circ \sigma_i\ (i\in I, j\in J)$ が成り立つことで特徴付けられる．

1.2 モノイド準同型と関手

定義 1.2.1. $G = (G,\mu,1)$ と $G' = (G',\mu,1)$ をモノイドとする．以下の公理を満たす写像 $f\colon G \to G'$ を，G から G' への**モノイド準同型**とよぶ．
公理：

- $f(1) = 1$,
- $f(ab) = f(a)f(b)\ (a,b \in G)$.

定義 1.2.2. $Q := (Q_0,Q_1,s,t)$ と $Q' := (Q'_0,Q'_1,s',t')$ をクイバーとする．次のデーターの組で以下の公理を満たすものを，Q から Q' への**クイバー射** [**反変クイバー射**] とよび，$(f_0,f_1)\colon Q \to Q'$ で表す．
データー：

- 写像 $f_0\colon Q_0 \to Q'_0$,
- 写像 $f_1\colon Q_1 \to Q'_1$

公理：

- Q で $\alpha\colon x \to y$ ならば，Q' で $f_1(\alpha)\colon f_0(x) \to f_0(y)$ [$f_1(\alpha)\colon f_0(y) \to f_0(x)$].

混乱の恐れがなければ f_0 も f_1 も (f_0,f_1) も単に f で表す．クイバー射の公理は，次の 2 つの図式がともに可換である，と言い換えることもできる．

[*1)] 以上の余積から積への射に対する行列表示を用いて，あとで加群圏における余積から余積への射に対する行列表示を与える．対象 x,y,z がそれぞれ余積で表されているとき，2 つの射 $x \xrightarrow{f} y$, $y \xrightarrow{g} z$ の行列表示の合成を普通の行列の積と同じ形にするには，上の $\pi_j \circ f \circ \sigma_i$ を行列の j 行 i 列成分とすればよい（補題 2.4.9 参照）．（これは f と g の合成を $g \circ f$ のように "右から左へ" 書くことによる．）このため右辺では J を左に I を右に書いた．この行列表示に合わせるために，(1.4) では列ベクトル，(1.5) では行ベクトルとして書いた．

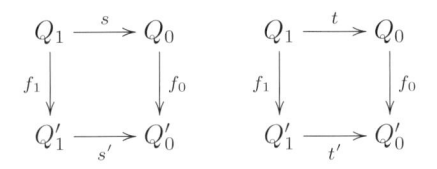

定義 1.2.3. $\mathscr{C} := (\mathscr{C}_0, \mathscr{C}_1, \mathrm{dom}, \mathrm{cod}, \circ, \mathbb{1})$ と $\mathscr{C}' := (\mathscr{C}_0', \mathscr{C}_1', \mathrm{dom}', \mathrm{cod}', \circ, \mathbb{1})$ を圏とする。以下の公理を満たすクイバー射［反変クイバー射］$F: \mathscr{C} \to \mathscr{C}'$ を，$\mathscr{C}$ から $\mathscr{C}'$ への**関手**［**反変関手**］とよぶ。

公理:

- $F(\mathbb{1}_x) = \mathbb{1}_{F(x)} \ (x \in \mathscr{C}_0)$,
- $F(g \circ f) = F(g) \circ F(f) \ [F(g \circ f) = F(f) \circ F(g)] \ ((g, f) \in \mathscr{C}(y, z) \times \mathscr{C}(x, y), \ x, y \in \mathscr{C}_0)$.

記号の乱用により F_0 も F_1 も (F_0, F_1) も単に F で表すことが多い。反変関手と対比するとき，関手は**共変関手**ともよばれる。反変関手 $\mathscr{C} \to \mathscr{C}'$ は共変関手 $\mathscr{C}^{\mathrm{op}} \to \mathscr{C}'$ と同一視できる。

注意 1.2.4. 単対象圏の間の関手は，モノイドの間の準同型に他ならない。また，定義から明らかに，関手は同型を保つ。すなわち，$F: \mathscr{C} \to \mathscr{C}'$ が関手で，$\mathscr{C}$ において $f: x \to y$ が同型であれば，$\mathscr{C}'$ において $F(f): F(x) \to F(y)$ も同型となる。

問 1.2.5. $\mathscr{C}$ を局所小圏とし，$x \in \mathscr{C}_0$ とする。このとき次を示せ。

(1) 関手 $\mathscr{C}(x, \text{-}): \mathscr{C} \to \mathbf{Set}$ が次で定義される。

各 $y \in \mathscr{C}_0$ に対して，$y \mapsto \mathscr{C}(x, y)$，$\mathscr{C}$ の各射 $y \xrightarrow{f} z$ に対して，$f \mapsto \mathscr{C}(x, f): \mathscr{C}(x, y) \to \mathscr{C}(x, z)$ ただし，$\mathscr{C}(x, f)(g) := f \circ g \ (g \in \mathscr{C}(x, y))$. この関手を x で表現される（共変）**表現関手**とよぶ。

(2) 関手 $\mathscr{C}(\text{-}, x): \mathscr{C}^{\mathrm{op}} \to \mathbf{Set}$ が次で定義される。

各 $y \in \mathscr{C}_0$ に対して，$y \mapsto \mathscr{C}(y, x)$，$\mathscr{C}$ の各射 $z \xrightarrow{f} y$ に対して，$f \mapsto \mathscr{C}(f, x): \mathscr{C}(y, x) \to \mathscr{C}(z, x)$ ただし，$\mathscr{C}(f, x)(g) := g \circ f \ (g \in \mathscr{C}(y, x))$. この関手を x で表現される（反変）**表現関手**とよぶ。

(3) $F: \mathscr{C} \to \mathscr{D}$ を関手とすると，関手 $F^{\mathrm{op}}: \mathscr{C}^{\mathrm{op}} \to \mathscr{D}^{\mathrm{op}}$ が $F^{\mathrm{op}}(x) := F(x), F^{\mathrm{op}}(f) := F(f), \ (x \in \mathscr{C}_0, f \in \mathscr{C}_1)$ で定義される。

ここで圏の直積を定義し，2 変数関手を導入しておく。

定義 1.2.6. (1) 圏 $\mathscr{C}$ と $\mathscr{D}$ に対して，その**直積圏** $\mathscr{C} \times \mathscr{D}$ を次で定義する。

- 対象集合は

$$(\mathscr{C} \times \mathscr{D})_0 := \mathscr{C}_0 \times \mathscr{D}_0$$

とする。

- 各 $(x, y), (x', y') \in (\mathscr{C} \times \mathscr{D})_0$ に対して，

$$(\mathscr{C} \times \mathscr{D})((x,y),(x',y')) := \mathscr{C}(x,x') \times \mathscr{D}(y,y')$$

とする.

- 射の列 $(x,y) \xrightarrow{(f,g)} (x',y') \xrightarrow{(f',g')} (x'',y'')$ に対して,

$$(f',g') \circ (f,g) := (f' \circ f, g' \circ g) \colon (x,y) \to (x'',y'')$$

と定義する.

- このとき, 恒等射は $\mathbb{1}_{(x,y)} = (\mathbb{1}_x, \mathbb{1}_y)$ $((x,y) \in (\mathscr{C} \times \mathscr{D})_0)$ となる.

(2) 定義域が直積圏となっている関手を **2 変数関手**とよぶ.

注意 1.2.7. 定義 1.2.6 の設定において, $\mathscr{C} \times \mathscr{D}$ の各射 $(f,g) \colon (x,y) \to (x',y')$ は, $(\mathbb{1}_x, g) \circ (f, \mathbb{1}_y) = (f,g) = (f, \mathbb{1}_y) \circ (\mathbb{1}_x, g)$ と書けるので, 2 変数関手 $F \colon \mathscr{C} \times \mathscr{D} \to \mathscr{E}$ は $F(\mathbb{1}_x, g) \circ F(f, \mathbb{1}_y) = F(f, \mathbb{1}_y) \circ F(\mathbb{1}_x, g)$ を満たす. すなわち, 次の図式は可換になっている:

$$
\begin{array}{ccc}
F(x,y) & \xrightarrow{F(x,g)} & F(x,y') \\
{\scriptstyle F(f,y)}\downarrow & & \downarrow{\scriptstyle F(f,y')} \\
F(x',y) & \xrightarrow[F(x',g)]{} & F(x',y').
\end{array}
$$

関手の直積も定義しておく.

定義 1.2.8. $F \colon \mathscr{C} \to \mathscr{D}, F' \colon \mathscr{C}' \to \mathscr{D}'$ を関手とする. このとき, 関手 $F \times F' \colon \mathscr{C} \times \mathscr{C}' \to \mathscr{D} \times \mathscr{D}'$ を次で定義する. $(F \times F')(x,x') := (F(x), F'(x')), (F \times F')(f,f') := (F(f), F'(f')), ((x,x'),(y,y') \in (\mathscr{C} \times \mathscr{C}')_0, (f,f') \in (\mathscr{C} \times \mathscr{C}')((x,x'),(y,y')))$. これが関手であることは容易に確認できる.

定義 1.2.9. $F \colon \mathscr{C} \to \mathscr{D}$ を圏 [クイバー] の間の関手 [クイバー射] とする. このとき, 各 $x,y \in \mathscr{C}_0$ に対して, 写像 $F_{y,x} \colon \mathscr{C}(x,y) \to \mathscr{D}(F(x),F(y))$ が $f \mapsto F(f)$ $(f \in \mathscr{C}(x,y))$ によって定義される.

(1) すべての $F_{y,x}$ $(x,y \in \mathscr{C}_0)$ が全射であるとき, F は**充満**であるという.

(2) すべての $F_{y,x}$ $(x,y \in \mathscr{C}_0)$ が単射であるとき, F は**忠実**であるという.

(3) 各 $y \in \mathscr{D}_0$ に対して, ある $x \in \mathscr{C}_0$ が, $\mathscr{D}$ のなかで $f(x) \cong y$ となるように とれるとき, F は**稠密**であるという. (この概念は $\mathscr{D}$ が圏の場合に定義される.)

これに関連して, 部分圏と充満部分圏の定義を述べる.

定義 1.2.10. $\mathscr{C}, \mathscr{D}$ を圏 [クイバー] とする. 各 $i = 0,1$ に対して $\mathscr{D}_i \subseteq \mathscr{C}_i$ であり, 包含写像 $F_i \colon \mathscr{D}_i \to \mathscr{C}_i$ の組 (F_0, F_1) が関手 [クイバー射] $\mathscr{D} \to \mathscr{C}$ となっているとき, $\mathscr{D}$ は $\mathscr{C}$ の**部分圏** [**部分クイバー**] であるという. この関手を**包含関手**とよぶ. ここで, F が充満関手であるとき, $\mathscr{D}$ は $\mathscr{C}$ の**充満部分**

圏［充満部分クイバー］であるという．直ちに分かるように，このことは，各 $x, y \in \mathscr{D}_0$ に対して，$\mathscr{D}(x, y) = \mathscr{C}(x, y)$ が成り立つことと同値である．

1.3 自然変換

関手と関手の間の関係を考えるために自然変換という概念を用いる．

定義 1.3.1. $\mathscr{C}$ と $\mathscr{D}$ を圏とし，$F, F' \colon \mathscr{C} \to \mathscr{D}$ を2つの関手とする．以下の公理を満たす射の族 $\alpha := (\alpha_x)_{x \in \mathscr{C}_0} \in \prod_{x \in \mathscr{C}_0} \mathscr{D}(F(x), F'(x))$（$\alpha_x$ を αx と書くこともある）を，F から F' への **自然変換** とよび $\alpha \colon F \Rightarrow F'$ で表す（注意 1.3.9 参照）．

公理: $\mathscr{C}$ の各射 $f \colon x \to y$ に対して次の図式は可換である:

$$
\begin{array}{ccc}
F(x) & \xrightarrow{\ \alpha_x\ } & F'(x) \\
{\scriptstyle F(f)}\big\downarrow & & \big\downarrow{\scriptstyle F'(f)} \\
F(y) & \xrightarrow[\ \alpha_y\ ]{} & F'(y)
\end{array}
$$

ここですべての α_x $(x \in \mathscr{C}_0)$ が $\mathscr{D}$ での同型射であるとき，α を **自然同型** とよぶ．また，自然同型 $\alpha \colon F \Rightarrow F'$ が存在するとき，関手 F と F' は **同型** であるといい，$F \cong F'$ で表す．

例 1.3.2. $F \colon \mathscr{C} \to \mathscr{D}$ を圏の間の関手とする．このとき，$\mathbb{1}_F := (\mathbb{1}_{F(x)})_{x \in \mathscr{C}_0}$ は，自然変換 $F \Rightarrow F$ になる．これを F の **恒等自然変換** とよぶ．

問 1.3.3. $\mathscr{C}$ を圏とし，$f \colon x \to y$ を $\mathscr{C}$ の射とする．このとき次を示せ．

(1) $\mathscr{C}(f, \text{-}) \colon \mathscr{C}(y, \text{-}) \to \mathscr{C}(x, \text{-})$ を $\mathscr{C}(f, \text{-}) := (\mathscr{C}(f, z) \colon \mathscr{C}(y, z) \to \mathscr{C}(x, z))_{z \in \mathscr{C}_0}$ で定めると，これは自然変換になる．

(2) $\mathscr{C}(\text{-}, f) \colon \mathscr{C}(\text{-}, x) \to \mathscr{C}(\text{-}, y)$ を $\mathscr{C}(\text{-}, f) := (\mathscr{C}(z, f) \colon \mathscr{C}(z, x) \to \mathscr{C}(z, y))_{z \in \mathscr{C}_0}$ で定めると，これは自然変換になる．

問 1.3.4. $\mathscr{C}$ を圏，I を集合とし $(x_i)_{i \in I}$ を $\mathscr{C}$ の対象の族とする．注意 1.1.26 の式 (1.4), (1.5) から，次の自然同型が得られることを示せ．

$$
\begin{cases}
(\mathscr{C}(\text{-}, \pi_i))_{i \in I} := (\mathscr{C}(z, \pi_i))_{i \in I})_{z \in \mathscr{C}_0} \colon \mathscr{C}(\text{-}, \prod_{i \in I} x_i) \xrightarrow{\sim} \prod_{i \in I} \mathscr{C}(\text{-}, x_i), \\
(\mathscr{C}(\sigma_i, \text{-}))_{i \in I} := ((\mathscr{C}(\sigma_i, z))_{i \in I})_{z \in \mathscr{C}_0} \colon \mathscr{C}(\coprod_{i \in I} x_i, \text{-}) \xrightarrow{\sim} \prod_{i \in I} \mathscr{C}(x_i, \text{-}).
\end{cases}
\tag{1.6}
$$

定義 1.3.5. 圏，関手，自然変換からなる図式

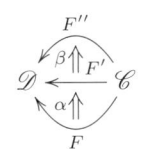

に対して, $\beta \bullet \alpha := (\beta_x \circ \alpha_x \colon F(x) \to F''(x))_{x \in \mathscr{C}_0}$ はまた自然変換 $F \Rightarrow F''$ となる. これを α と β の**垂直合成**とよぶ.

次に関手と自然変換との 2 種類の合成を定義する.

定義 1.3.6. 圏, 関手, 自然変換からなる図式

$$\mathscr{E} \xleftarrow{\ G\ } \mathscr{D} \overset{F'}{\underset{F}{\Leftarrow\!\!\Uparrow\ \alpha}} \mathscr{C} \xleftarrow{\ E\ } \mathscr{B}$$

に対して, 関手と自然変換の合成 $\alpha \circ E$ および $G \circ \alpha$ を次で定義する:

$$\alpha \circ E := (\alpha_{E(x)} \colon F(E(x)) \to F'(E(x)))_{x \in \mathscr{B}_0} \colon F \circ E \Rightarrow F' \circ E,$$

$$G \circ \alpha := (G(\alpha_x) \colon G(F(x)) \to G(F'(x)))_{x \in \mathscr{C}_0} \colon G \circ F \Rightarrow G \circ F'.$$

容易に分かるように, これらもまた自然変換になる.

定義 1.3.7. 圏, 関手, 自然変換からなる図式

$$\mathscr{E} \overset{G'}{\underset{G}{\Leftarrow\!\!\Uparrow\ \beta}} \mathscr{D} \overset{F'}{\underset{F}{\Leftarrow\!\!\Uparrow\ \alpha}} \mathscr{C}$$

に対して, 定義 1.3.5 と 1.3.6 より

$$(\beta \circ F') \bullet (G \circ \alpha) = (G' \circ \alpha) \bullet (\beta \circ F)$$

が成り立つことが分かる. この共通の自然変換を $\beta \circ \alpha$ とおき, α と β の**水平合成**とよぶ. 定義より特に, $\mathbb{1}_G \circ \alpha = G \circ \alpha$, $\beta \circ \mathbb{1}_F = \beta \circ F$ となる.

定義 1.3.8. $\mathscr{C}$ と $\mathscr{D}$ を圏とする. $\mathscr{C}$ から $\mathscr{D}$ への**関手圏** $\mathscr{F} := \mathrm{Fun}(\mathscr{C}, \mathscr{D})$ を次のように定義する. この $\mathscr{F}$ はしばしば, $\mathscr{D}^{\mathscr{C}}$ とも表される.

- $\mathscr{F}_0 := \{F \mid F \colon \mathscr{C} \to \mathscr{D}$ は関手$\}$.
- $F, F' \in \mathscr{F}_0$ のとき, $\mathscr{F}(F, F') := \{\alpha \colon F \Rightarrow F'$ は自然変換$\}$.
- $\mathscr{F}$ における合成は, 自然変換の垂直合成とする.
- 各 $F \in \mathscr{F}_0$ に対して, $\mathbb{1}_F$ は例 1.3.2 で定義された F の恒等自然変換とする.

注意 1.3.9. 上の定義において,

(1) 自然変換 α が自然同型ということと α が $\mathscr{F}$ で同型ということとは同値である.

(2) $\mathscr{C}$ が小圏であるときには, $\mathscr{F}$ は普通の圏 (軽度の圏) であるが, $\mathscr{C}$ が小圏でない軽度の圏である場合, $\mathscr{F}$ は**適度 2** の圏 (命題 A.3.4 参照) になる.

1.4 圏の同型と同値

定義 1.4.1. $\mathscr{C}, \mathscr{D}$ を圏とし，$F\colon \mathscr{C} \to \mathscr{D}$ を関手とする．

(1) $G \circ F = \mathbb{1}_{\mathscr{C}}, F \circ G = \mathbb{1}_{\mathscr{D}}$ を満たす関手 $G\colon \mathscr{D} \to \mathscr{C}$ が存在するとき，F は**同型**であるという．この G を F の**逆**とよぶ．

(2) $G \circ F \cong \mathbb{1}_{\mathscr{C}}, F \circ G \cong \mathbb{1}_{\mathscr{D}}$ を満たす関手 $G\colon \mathscr{D} \to \mathscr{C}$ が存在するとき，F は**同値**であるという．この G を F の**擬逆**とよぶ．

注意 1.4.2. (1) 上の (1) において，G は F によって一意的に定まる．実際，G' が F のもう 1 つの逆とすると，$(G' \circ F) \circ G = G' \circ (F \circ G)$ から逆の持つ性質により $G = G'$ が得られる．そこで，F の逆を F^{-1} で表す．

(2) ところが，上の (2) においては，次の例に見るように，G は F によって一意的に定まるとは限らない．

例 1.4.3. $\mathscr{C} := \mathscr{C}(\{-1, 1\}, |)$ を例 1.1.17 で定義された圏，$\mathscr{D} := \mathbf{1}$ を単対象離散圏とする．関手 $F\colon \mathscr{C} \to \mathscr{D}$ を，$F(x) := 1, F(f) := \mathbb{1}_1$ $(x \in \mathscr{C}_0, f \in \mathscr{C}_1)$ で定義する．また，関手 $G_i\colon \mathscr{D} \to \mathscr{C}$ を $G(1) := i, G(\mathbb{1}_1) := \mathbb{1}_i$ $(i = \pm 1)$ で定義すると，G_{-1} も G_1 も F の擬逆になるが，$G_{-1} \neq G_1$.

次の定理は，関手 F が同値であるための条件を F 自身の性質で特徴付けている．なお，証明については注意 4.4.6 も参照のこと．

定理 1.4.4. $F\colon \mathscr{C} \to \mathscr{D}$ を圏の間の関手とするとき，次は同値である．

(1) F は同値関手である．

(2) F は，充満，忠実，稠密である．

証明. $(1) \Rightarrow (2)$. $G\colon \mathscr{D} \to \mathscr{C}$ を F の擬逆とする．このとき，自然同型 $\eta\colon \mathbb{1}_{\mathscr{C}} \Rightarrow G \circ F$ および $\varepsilon\colon F \circ G \Rightarrow \mathbb{1}_{\mathscr{D}}$ が存在する．F が稠密であることは，各 $u \in \mathscr{D}_0$ に対して，$G(u) \in \mathscr{C}_0$ と同型 $\varepsilon_u\colon F(G(u)) \to u$ が存在することから分かる．

F が充満かつ忠実であることを示すために，$x, y \in \mathscr{C}_0$ を任意にとり，F の誘導する写像 $F_{y,x}\colon \mathscr{C}(x, y) \to \mathscr{D}(F(x), F(y))$ を考える．これが全単射であることを示せばよい．そのために，$F_{y,x}^{-1}$ が次で与えられることを示す．

$$F'\colon \mathscr{D}(F(x), F(y)) \to \mathscr{C}(x, y), F'(g) := \eta_y^{-1} \circ G(g) \circ \eta_x \ (g \in \mathscr{D}(F(x), F(y))).$$

任意の $f \in \mathscr{C}(x, y)$ に対して，η の自然性から可換図式

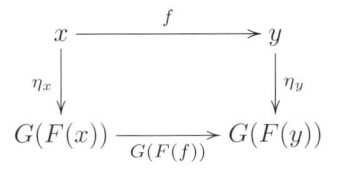

が存在するので, $f = \eta_y^{-1} \circ G(F(f)) \circ \eta_x = (F' \circ F_{y,x})(f)$ が成り立つ. すなわち, $F' \circ F_{y,x} = \mathbb{1}_{\mathscr{C}(x,y)}$. 特に, $F_{y,x}$ は単射であるから, F は忠実となる. ここで自然同型 ε を用いて同様の議論により, G も忠実であることに注意しておく. 次に $F_{y,x} \circ F' = \mathbb{1}_{\mathscr{D}(F(x),F(y))}$ を示すために, $g \in \mathscr{D}(F(x), F(y))$ を任意にとる. $f := F'(g) = \eta_y^{-1} \circ G(g) \circ \eta_x$ ととると, この f に対しても上の可換図式が成り立つので, $G(g) = \eta_y \circ f \circ \eta_x^{-1} = G(F(f))$ となる. ここで G が忠実であることから, $g = F(f) = (F_{y,x} \circ F')(g)$ が得られ, $F_{y,x} \circ F' = \mathbb{1}_{\mathscr{D}(F(x),F(y))}$ となる. 以上より, $F_{y,x}^{-1} = F'$.

(2) $\Rightarrow$ (1). 関手 $G \colon \mathscr{D} \to \mathscr{C}$ および自然同型 $\varepsilon \colon F \circ G \Rightarrow \mathbb{1}_{\mathscr{D}}$ と $\varepsilon' \colon G \circ F \Rightarrow \mathbb{1}_{\mathscr{C}}$ を構成すればよい. 各 $u \in \mathscr{D}_0$ に対して, F が稠密なので, $x \in \mathscr{C}_0$ と $\mathscr{D}$ における同型 $\varepsilon_u \colon F(x) \to u$ がとれる. そこで, $G(u) := x$ とおく. すると同型 $\varepsilon_u \colon F(G(u)) \to u$ が得られる. 次に, $u, v \in \mathscr{D}_0$ を任意にとり $g \in \mathscr{D}(u, v)$ とする. このとき, $\varepsilon_v^{-1} \circ g \circ \varepsilon_u \in \mathscr{D}(F(G(u)), F(G(v)))$ であり, F が充満忠実なので $F(f) = \varepsilon_v^{-1} \circ g \circ \varepsilon_u$ となる $f \in \mathscr{D}(G(u), G(v))$ がただ 1 つ存在する. そこで, $G(g) := f$ とおく.

以上によりクイバー射 $G \colon \mathscr{D} \to \mathscr{C}$ が得られる. これが関手になっていることは容易に分かる. 以上の構成より, すべての $u, v \in \mathscr{D}_0$, $g \in \mathscr{D}(u, v)$ に対して $F(G(g)) = \varepsilon_v^{-1} \circ g \circ \varepsilon_u$ が成り立つので, $\varepsilon := (\varepsilon_u)_{u \in \mathscr{D}_0} \colon F \circ G \Rightarrow \mathbb{1}_{\mathscr{D}}$ は自然同型となる. 最後に, 自然同型 $\varepsilon' \colon G \circ F \to \mathbb{1}_{\mathscr{C}}$ を構成する. 各 $x \in \mathscr{C}_0$ に対して, 上の構成を $u := F(x)$ に適用すると, $G(F(x)) \in \mathscr{C}_0$ であり, $\varepsilon_{F(x)} \in \mathscr{D}(F(G(F(x))), F(x))$ は同型である. 再び F が充満忠実であることより, $F(\varepsilon_x') = \varepsilon_{F(x)}$ を満たす $\varepsilon_x' \in \mathscr{C}(G(F(x)), x)$ がただ 1 つ存在する. この ε_x' も同型となることは, F が充満忠実であることと, $\varepsilon_{F(x)}$ が同型であることから分かる. このとき, $\varepsilon' := (\varepsilon_x')_{x \in \mathscr{C}_0} \colon G \circ F \Rightarrow \mathbb{1}_{\mathscr{C}}$ が自然変換となることは, ε が自然変換であることから各 $x, y \in \mathscr{C}_0$ と $f \in \mathscr{C}(x, y)$ に対して,

$$
\begin{aligned}
F(f \circ \varepsilon_x') &= F(f) \circ F(\varepsilon_x') = F(f) \circ \varepsilon_{F(x)} = \varepsilon_{F(y)} \circ F(G(F(f))) \\
&= F(\varepsilon_y') \circ F(G(F(f))) = F(\varepsilon_y' \circ G(F(f)))
\end{aligned}
$$

となることと, F が忠実であることから分かる. □

圏の間の関手 $F \colon \mathscr{C} \to \mathscr{D}$ は, 定義から明らかに, 同型であれば同値である. 以下, 同値が同型になるための条件を挙げて, 同型と同値の違いを明確にしておく. まず次の事実を挙げておく. 証明は容易 (群の間の準同型は, 逆準同型を持つことと全単射であることとが同値であるが, この証明とほとんど同じ) なので練習問題とする.

問 1.4.5. $F = (F_0, F_1) \colon \mathscr{C} \to \mathscr{D}$ を圏の間の関手とするとき, 次は同値である.

(1) F は同型である.

(2) F_0, F_1 ともに全単射である.

次の命題が同型と同値の違いを述べている.

命題 1.4.6. $F = (F_0, F_1)\colon \mathscr{C} \to \mathscr{D}$ を圏の間の関手とするとき,次は同値である.
(1) F は同型である.
(2) F は同値であり,F_0 は全単射である.

証明. (1) $\Rightarrow$ (2). これは上の問 1.4.5 から明らか.

(2) $\Rightarrow$ (1). (2) を仮定する.このとき,問 1.4.5 より F_1 が全単射であることを示せばよい.定理 1.4.4 より,F は充満,忠実である.すなわち,各 $x, y \in \mathscr{C}_0$ に対して,$F_{y,x}\colon \mathscr{C}(x, y) \to \mathscr{D}(F(x), F(y))$ は全単射であるから,

$$F_1 = \bigsqcup_{x,y \in \mathscr{C}_0} F_{y,x}\colon \mathscr{C}_1 = \bigsqcup_{x,y \in \mathscr{C}_0} \mathscr{C}(x, y) \to \bigsqcup_{x,y \in \mathscr{C}_0} \mathscr{D}(F(x), F(y)) = \mathscr{D}_1$$

も全単射である(この最後の等号は F_0 が全単射であることから従う). $\square$

定義 1.4.7. $\mathscr{C}$ を圏とする.$\mathscr{C}_0$ の元 x, y の間の関係 $x \cong y$ は $\mathscr{C}_0$ 上の同値関係になっている.この同値関係による類を**同型類**とよぶ.$\mathscr{C}$ の充満部分圏 $\mathscr{C}'$ は $\mathscr{C}'_0$ が $\mathscr{C}_0$ の同型類の完全代表系になっているとき,$\mathscr{C}$ の**骨格**であるという.$\mathscr{C}$ の異なる対象が非同型となるとき,$\mathscr{C}$ は**基本的**あるいは**骨格的**であるという.明らかに,$\mathscr{C}$ の骨格は基本的である.

補題 1.4.8. $F\colon \mathscr{C} \to \mathscr{D}$ を圏の間の関手とし,$\mathscr{C}, \mathscr{D}$ ともに基本的とすると,次は同値である.
(1) F は同型である.
(2) F は同値である.

証明. (1) $\Rightarrow$ (2) は自明なので (2) $\Rightarrow$ (1) を示す.F を同値とする.このとき,命題 1.4.6 より,F_0 が全単射であることを示せばよい.F' を F の擬逆とする.各 $y \in \mathscr{D}_0$ に対して,基本的圏 $\mathscr{D}$ において $F(F'(y)) \cong y$ であるから,$F(F'(y)) = y$. ゆえに F_0 は全射である.また,各 $x, x' \in \mathscr{C}_0$ に対して,$F(x) = F(x')$ とすると,基本的圏 $\mathscr{C}$ において $x \cong F'(F(x)) = F'(F(x')) \cong x'$ より,$x = x'$. したがって,F_0 は全単射である. $\square$

命題 1.4.9. $\mathscr{C}$ を圏とする.
(1) $\mathscr{C}'$ が圏 $\mathscr{C}$ の骨格であれば,$\mathscr{C}'$ と $\mathscr{C}$ とは同値である.
(2) $\mathscr{C}', \mathscr{C}''$ がともに $\mathscr{C}$ の骨格であれば,$\mathscr{C}'$ と $\mathscr{C}''$ は同型である.

証明. (1) 包含関手 $\mathscr{C}' \to \mathscr{C}$ が充満忠実であり稠密であるから,定理 1.4.4 より主張が従う.

(2) $F\colon \mathscr{C}' \to \mathscr{C}, G\colon \mathscr{C}'' \to \mathscr{C}$ を包含関手とする．これらは仮定より同値になっている．定理 1.4.4 より G は擬逆 $G'\colon \mathscr{C} \to \mathscr{C}''$ を持っている．このとき，補題 1.4.8 より，$G' \circ F\colon \mathscr{C}' \to \mathscr{C}''$ が同値になることを示せばよい．F, G' ともに充満忠実であるから，$G' \circ F$ も充満忠実である．任意の $x \in \mathscr{C}''_0$ に対して，$\mathscr{C}'$ が $\mathscr{C}$ の骨格であることから，$G(x) \cong F(y)$ となる $y \in \mathscr{C}'_0$ が存在する．すると，$(G' \circ F)(y) \cong (G' \circ G)(x) \cong x$. したがって，$G' \circ F$ は稠密でもある．ゆえに，定理 1.4.4 より主張が従う． $\square$

以上より直ちに次が得られる．

命題 1.4.10. $\mathscr{C}\ [\mathscr{D}]$ を圏，$\mathscr{C}'\ [\mathscr{D}']$ をその骨格とする．このとき，$\mathscr{C}$ と $\mathscr{D}$ が同値であるためには，$\mathscr{C}'$ と $\mathscr{D}'$ が同型であることが必要十分である．

1.5 多元環と線形圏

定義 1.5.1. 以下の公理を満たすモノイド $(A, \mu, 1)$ を**多元環**とよぶ．
公理：

- A はベクトル空間である，
- $\mu\colon A \times A \to A$ は双線形である（この μ を A の**乗法**とよぶ）．

モノイド A が小モノイドである多元環を**小多元環**という．以後，断らない限り，多元環はすべて小多元環とする．多元環 A のベクトル空間としての次元を，A の**次元**とよぶ．多元環は，次元が有限であるとき，**有限次元多元環**であるという．

注意 1.5.2. 各 $c \in \Bbbk$ に対して $(c1)a = ca = a(c1)$ が成り立つ．実際，μ が双線形であるから，

$$(c1)a = \mu(c1, a) = c\mu(1, a) = ca,$$
$$a(c1) = \mu(a, c1) = c\mu(a, 1) = ca.$$

注意 1.5.3. (1) 上の定義は $\Bbbk$ が可換環でも同じように定義できる．特に $\Bbbk = \mathbb{Z}$ であるとき多元環は環と一致する．

(2) $\Bbbk$ が体であるときの多元環は，そのベクトル空間の構造のおかげで，線形代数を用いて構造を調べることができる．

例 1.5.4. 次の 3 つ組は多元環になる．

(1)
- $\Bbbk$,
- $\Bbbk$ の乗法，
- $1 \in \Bbbk$.

(2)
- $\Bbbk[x] := (x$ を変数とする $\Bbbk$ 係数の 1 変数多項式全体のなすベクトル空間),

- 普通の多項式の乗法,
- $1 \in \Bbbk$.

(3) V をベクトル空間として,
- $\mathrm{End}_\Bbbk(V) := (V$ の 1 次変換全体のなすベクトル空間$)$,
- 1 次変換の合成,
- $\mathbb{1}_V$ (恒等写像).

(4) n を自然数として,
- $M_n(\Bbbk) := (\Bbbk$ 上の n 次正方行列の全体のなすベクトル空間$)$,
- 普通の行列の乗法,
- E_n (単位行列).

(4′) n を自然数, A を多元環として,
- $M_n(A) := (A$ 上の n 次正方行列の全体のなすベクトル空間$)$,
- 普通の行列の乗法,
- E_n (単位行列).

(5) n を自然数, A を多元環として,
- $T_n(A) := (M_n(A)$ の下三角行列全体のなすベクトル空間$)$,
- 普通の行列の乗法,
- E_n.

(6) $A = (A, \mu, 1)$ が多元環であるとき,
- A,
- $\mu^{\mathrm{op}} \colon A \times A \to A, \ \mu^{\mathrm{op}}(a, b) := \mu(b, a) \ ((a, b) \in A \times A)$,
- 1.

この多元環を A^{op} で表し, A の**反転多元環**とよぶ.

定義 1.5.5. 以下の公理を満たす圏 $\mathscr{C} = (\mathscr{C}_0, \mathscr{C}_1, \mathrm{dom}, \mathrm{cod}, \circ, \mathbb{1})$ を**線形圏** (**$\Bbbk$-linear category, $\Bbbk$-category**) とよぶ.

公理:
- $\mathscr{C}(x, y)$ はベクトル空間である $(x, y \in \mathscr{C}_0)$,
- $\circ_{x,y,z} \colon \mathscr{C}(y, z) \times \mathscr{C}(x, y) \to \mathscr{C}(x, z)$ は双線形である $(x, y, z \in \mathscr{C}_0)$.

例 1.5.6.

(0) ベクトル空間全体 (小ベクトル空間とは限らない) とそれらの間の線形写像の全体のなす圏

$$\mathrm{MOD}\,\Bbbk = ((\mathrm{MOD}\,\Bbbk)_0, (\mathrm{MOD}\,\Bbbk)_1, \mathrm{dom}, \mathrm{cod}, \circ, \mathbb{1})$$

は線形圏である. ただし,

$(\mathrm{MOD}\,\Bbbk)_0 := ($ベクトル空間 (小ベクトル空間とは限らない) 全体$)$,

$(\mathrm{MOD}\,\Bbbk)_1 := ($ベクトル空間の間の線形写像の全体$)$,

$(\mathrm{MOD}\,\Bbbk)_1$ の元 $f \colon X \to Y$ に対して, $\mathrm{dom}(f) := X, \mathrm{cod}(f) := Y$,

$(\mathrm{MOD}\,\Bbbk)_1$ の 2 つの元 $X \xrightarrow{f} Y \xrightarrow{g} Z$ に対して, $(g \circ f)(x) := g(f(x))$ $(x \in X)$,

$(\mathrm{MOD}\,\Bbbk)_0$ の元 X に対して, $\mathbb{1}_X :=$ 恒等写像 $X \to X$.

実際, 各 $(\mathrm{MOD}\,\Bbbk)(X,Y) = \mathrm{Hom}_\Bbbk(X,Y)$ は次の加法とスカラー倍でベクトル空間になっていて, 合成は双線形である: $f, g \in \mathrm{Hom}_A(X,Y), c \in \Bbbk$ に対して,

$$
\begin{cases}
(f+g)(x) := f(x) + g(x), \\
\quad (cf)(x) := c(f(x)) \qquad (x \in X).
\end{cases}
$$

(1) 小ベクトル空間全体を対象の全体とする $\mathrm{MOD}\,\Bbbk$ の充満部分圏(定義 1.2.10 参照)$\mathrm{Mod}^{\mathfrak{U}}\,\Bbbk$ は線形圏である. $\mathfrak{U}$ は普通省略して, $\mathrm{Mod}\,\Bbbk$ で表す.

(2) 有限次元ベクトル空間全体からなる $\mathrm{Mod}\,\Bbbk$ の充満部分圏 $\mathrm{mod}\,\Bbbk$ も線形圏になっている.

(3) $\mathscr{C} = (\mathscr{C}_0, \mathscr{C}_1, \mathrm{dom}, \mathrm{cod}, \circ, \mathbb{1})$ が線形圏であるとき, $\mathscr{C}$ の反転圏 $\mathscr{C}^{\mathrm{op}}$ も線形圏になる.

注意 1.5.7. (1) $(\mathrm{Mod}\,\Bbbk)_0 \subsetneq (\mathrm{MOD}\,\Bbbk)_0$ であることに注意すること. 本書では, ほとんどすべての議論を集合全体のなすクラス SET 内で行うために, 余りに大きすぎる $\mathrm{MOD}\,\Bbbk$ は扱わず, その代わり $\mathrm{Mod}\,\Bbbk$ を扱う. また, 本書では宇宙 $\mathfrak{U}$ を固定して変更しないので問題は生じないが, $\mathfrak{U}$ を別の宇宙 $(\mathfrak{U} \subsetneq)\ \mathfrak{U}'$ に取り替えると $(\mathrm{Mod}^{\mathfrak{U}}\,\Bbbk)_0 \subsetneq (\mathrm{Mod}^{\mathfrak{U}'}\,\Bbbk)_0$ となることに注意しておく.

(2) 集合の階層に合わせた議論を行うときは(例えば米田の補題 2.5.8 では), 次の記号を用いる. $k \geq 0$ に対して, 基礎集合が k-クラス(定義 A.2.5 参照)であるようなベクトル空間全体からなる $\mathrm{MOD}\,\Bbbk$ の充満部分圏を $\mathrm{Mod}^k\,\Bbbk$ で表す. したがって特に, $\mathrm{Mod}^0\,\Bbbk = \mathrm{Mod}\,\Bbbk$ であり, $(\mathrm{Mod}^k\,\Bbbk)_0 \subsetneq (\mathrm{Mod}^{k+1}\,\Bbbk)_0$ $(k \geq 0)$.

(3) 単対象圏であるような線形圏と多元環は同一視できる. この意味で, 線形圏とは多元環の "多対象化" であると見なせる.

問 1.5.8. I を小集合, $M_i \in (\mathrm{Mod}\,\Bbbk)_0$ $(i \in I)$ とする. $(M_i)_{i \in I}$ の直積ベクトル空間, 直和ベクトル空間をそれぞれ $\prod_{i \in I} M_i$, $\coprod_{i \in I} M_i$ で表す[*2]. 各 $j \in I$ に対して, 線形写像 $\pi_j\colon \prod_{i \in I} M_i \to M_j$, $(m_i)_{i \in I} \mapsto m_j$ を第 j- **射影**とよび, 線形写像 $\sigma_j\colon M_j \to \coprod_{i \in I} M_i$, $m \mapsto (\delta_{ij}\, m)_{i \in I}$ を第 j- **入射**とよぶ. このとき圏 $\mathrm{Mod}\,\Bbbk$ において, $(\prod_{i \in I} M_i, (\pi_i)_{i \in I})$ と $(\coprod_{i \in I} M_i, (\sigma_i)_{i \in I})$ は, それぞれ $(M_i)_{i \in I}$ の積, 余積であることを示せ. これらをそれぞれ, $(M_i)_{i \in I}$ の**標準直積**, **標準直和**とよぶ.

[*2] これらの定義を知らないときは, $A = \Bbbk$ として, 例 2.1.7 を参照.

1.5.a　線形圏の射の核と余核

　小ベクトル空間の圏 $\mathrm{Mod}\,\Bbbk$ における射（線形写像）の核，余核の持つ性質を圏の言葉で特徴付けることにより，これらの概念は一般の線形圏では次のように定義される．

定義 1.5.9.　$\mathscr{C}$ を線形圏，$f\colon x \to y$ を $\mathscr{C}$ の射とする．

(1) 次のデーターの組で以下の公理を満たすものを f の**核**とよぶ．

　　データー：

　　　・$\mathscr{C}$ の対象 u（**核対象**とよぶ），

　　　・$\mathscr{C}$ の射 $a\colon u \to x$（**核射**とよぶ）

　　公理：

　(a) $fa = 0$;

　(b) a は上の性質のもとで普遍的である．すなわち，$fb = 0$ となる任意の $b\colon v \to x$ に対して，$b = ac$ となる $c\colon v \to u$ がただ 1 つ存在する．

(2) 次のデーターの組で以下の公理を満たすものを f の**余核**とよぶ．

　　データー：

　　　・$\mathscr{C}$ の対象 u（**余核対象**とよぶ），

　　　・$\mathscr{C}$ の射 $a\colon y \to u$（**余核射**とよぶ）

　　公理：

　(a) $af = 0$;

　(b) a は上の性質のもとで普遍的である．すなわち，$bf = 0$ となる任意の $b\colon y \to v$ に対して，$b = ca$ となる $c\colon u \to v$ がただ 1 つ存在する．

注意 1.5.10.　$\mathscr{C}$ を線形圏，$f\colon x \to y$ を $\mathscr{C}$ の射とする．f の核，余核の性質を線形写像の言葉で表すと次のようになる．

(1) $a\colon u \to x$ が f の核射であることは，任意の $z \in \mathscr{C}_0$ に対して，

$$0 \to \mathscr{C}(z,u) \xrightarrow{\ \mathscr{C}(z,a)\ } \mathscr{C}(z,x) \xrightarrow{\ \mathscr{C}(z,f)\ } \mathscr{C}(z,y)$$

が $\mathrm{Mod}\,\Bbbk$ における完全列であることと同値である．すなわち，$\mathscr{C}(z,a)$ が $\mathscr{C}(z,f)$ の核射であることと同値である．

(2) $a\colon y \to u$ が f の余核射であることは，任意の $z \in \mathscr{C}_0$ に対して，

$$0 \to \mathscr{C}(u,z) \xrightarrow{\ \mathscr{C}(a,z)\ } \mathscr{C}(y,z) \xrightarrow{\ \mathscr{C}(f,z)\ } \mathscr{C}(x,z)$$

が $\mathrm{Mod}\,\Bbbk$ における完全列であることと同値である．すなわち，$\mathscr{C}(a,z)$ が $\mathscr{C}(f,z)$ の核射であることと同値である．

　核および余核は以下の意味で同型を除いて一意的に定まる．証明は容易であるので練習問題とする．

命題 1.5.11.　$\mathscr{C}$ を線形圏，$f\colon x \to y$ を $\mathscr{C}$ の射とする．

(1) (u, a), (v, b) がともに f の核であれば，$b = ac$ となる同型 $c : v \to u$ がただ 1 つ存在する．そこで，f の核対象を $\mathrm{Ker}\, f$ で，核射を $\ker f : \mathrm{Ker}\, f \to x$ で表す．また，核射 $\ker f$ は単射である（定義 1.1.19 参照）．

(2) (u, a), (v, b) がともに f の余核であれば，$b = ca$ となる同型 $c : u \to v$ がただ 1 つ存在する．そこで，f の余核対象を $\mathrm{Coker}\, f$ で，余核射を $\mathrm{coker}\, f : y \to \mathrm{Coker}\, f$ で表す．また，余核射 $\mathrm{coker}\, f$ は全射である．

問 1.5.12. 命題 1.5.11 を証明せよ（補題 1.1.25 の証明参照）．

1.5.b 線形圏における有限積と有限余積

この小節を通して $\mathscr{C}$ を線形圏，$1 \le n \in \mathbb{N}$ とし，$x, x_i \in \mathscr{C}_0$ $(1 \le i \le n)$ とする．ここでは，$\mathscr{C}$ における積や余積を考えるときの添字集合 I が有限集合である場合について考察する．したがって，$I = \{1, 2, \ldots, n\}$ の形としてよい．この場合，$\coprod_{i \in I} x_i$ を $[\prod_{i \in I} x_i$ を$]$ $\coprod_{i=1}^{n} x_i$ や $x_1 \amalg x_2 \amalg \cdots \amalg x_n$ $[\prod_{i=1}^{n} x_i$ や $x_1 \times x_2 \times \cdots \times x_n]$ とも表す．

定義 1.5.13. $\mathscr{C}$ の射の族 $(x_i \xrightarrow{\sigma_i} x \xrightarrow{\pi_i} x_i)_{i=1}^{n}$ は次の性質を持つとき（有限）**直和系**であるという．

(1) $\pi_i \circ \sigma_j = \delta_{i,j} \mathbb{1}_{x_i}$ $(1 \le i, j \le n)$（記号の約束 (8) 参照）；

(2) $\sum_{i=1}^{n} \sigma_i \circ \pi_i = \mathbb{1}_x$.

命題 1.5.14. 次は同値である．

(1) $\mathscr{C}$ の射のある列 $(\pi_i : x \to x_i)_{i=1}^{n}$ によって $(x, (\pi_i)_{i=1}^{n})$ が $(x_i)_{i=1}^{n}$ の積となる．

(2) $\mathscr{C}$ の射のある列 $(\sigma_i : x_i \to x)_{i=1}^{n}$ によって $(x, (\sigma_i)_{i=1}^{n})$ が $(x_i)_{i=1}^{n}$ の余積となる．

(3) 直和系 $(x_i \xrightarrow{\sigma_i} x \xrightarrow{\pi_i} x_i)_{i=1}^{n}$ が存在する．

以上より，$\prod_{i=1}^{n} x_i$ が存在することと $\coprod_{i=1}^{n} x_i$ が存在することとは同値であり，$(x_i)_{i=1}^{n}$ の積と余積が一致する：$\prod_{i=1}^{n} x_i \cong \coprod_{i=1}^{n} x_i$．そこでこの場合，積および余積を**直和**とよぶ．

証明．(1) $\Rightarrow$ (3)．$\mathscr{C}$ の射の列 $(\pi_i : x \to x_i)_{i=1}^{n}$ によって $(x, (\pi_i)_{i=1}^{n})$ が $(x_i)_{i=1}^{n}$ の積になると仮定する．各 $1 \le j \le n$ に対して，元 $(\delta_{i,j} \mathbb{1}_{x_i})_{i=1}^{n} \in \prod_{i=1}^{n} \mathscr{C}(x_j, x_i)$ の射影族 $(\pi_i)_{i \in I}$ の普遍性による標準射（注意 1.1.26 参照）として

$$\sigma_j := [\delta_{i,j} \mathbb{1}_{x_i}]_{i=1}^{n} \in \mathscr{C}(x_j, x)$$

ととる．すると，$(x_i \xrightarrow{\sigma_i} x \xrightarrow{\pi_i} x_i)_{i=1}^{n}$ は直和系になる．実際，σ_j の取り方より，任意の $1 \le i, j \le n$ に対して，$\pi_i \circ \sigma_j = \delta_{i,j} \mathbb{1}_{x_i}$ が成り立つから，あとは

$$\sum_{i=1}^{n} \sigma_i \circ \pi_i = \mathbb{1}_x$$

を示せばよい．これは次のように両辺を列ベクトル表示することによって確かめられる．

$$(\text{左辺}) = \left[\pi_j \circ \sum_{i=1}^{n} \pi_j \circ \sigma_i \circ \pi_i\right]_{j=1}^{n} = \left[\sum_{i=1}^{n} \delta_{i,j}\pi_i\right]_{j=1}^{n} = [\pi_j]_{j=1}^{n}$$

$$= [\pi_j \circ \mathbb{1}_x]_{j=1}^{n} = (\text{右辺}).$$

(3) $\Rightarrow$ (1)．直和系 $(x_i \xrightarrow{\sigma_i} x \xrightarrow{\pi_i} x_i)_{i=1}^{n}$ が存在したとする．このとき，$(x,(\pi_i)_{i=1}^{n})$ が $(x_i)_{i=1}^{n}$ の積になることを示す．それには，任意の $y \in \mathscr{C}_0$ に対して，写像

$$\alpha_y \colon \mathscr{C}(y,x) \to \prod_{i=1}^{n} \mathscr{C}(y,x_i), \quad f \mapsto (\pi_i \circ f)_{i=1}^{n}$$

が全単射であることを示せばよい．そこでその逆となる写像 β_y を次で構成する．

$$\beta_y \colon \prod_{i=1}^{n} \mathscr{C}(y,x_i) \to \mathscr{C}(y,x), \quad (f_i)_{i=1}^{n} \mapsto \sum_{i=1}^{n} \sigma_i \circ f_i.$$

これが実際に α_y の逆になることは，直和系の 2 つの条件から直ちに従う．

(2) $\Leftrightarrow$ (3)．これは (1) $\Leftrightarrow$ (3) の双対であるから，同じ議論を $\mathscr{C}^{\mathrm{op}}$ で行えば証明される． $\square$

上の命題の証明の議論から次が成り立つ．

系 1.5.15. (1) $(x_i)_{i=1}^{n}$ の積 $(x,(\pi_i)_{i=1}^{n})$ は，一意的に直和系 $(x_i \xrightarrow{\sigma_i} x \xrightarrow{\pi_i} x_i)_{i=1}^{n}$ に拡張される．

(2) $(x_i)_{i=1}^{n}$ の余積 $(x,(\sigma_i)_{i=1}^{n})$ は，一意的に直和系 $(x_i \xrightarrow{\sigma_i} x \xrightarrow{\pi_i} x_i)_{i=1}^{n}$ に拡張される．

(3) 直和系 $(x_i \xrightarrow{\sigma_i} x \xrightarrow{\pi_i} x_i)_{i=1}^{n}$ において，$(x,(\pi_i)_{i=1}^{n})$ は $(x_i)_{i=1}^{n}$ の積であり，$(x,(\sigma_i)_{i=1}^{n})$ は $(x_i)_{i=1}^{n}$ の余積である．このとき，任意の $y \in \mathscr{C}_0$ に対して，同型

$$\mathscr{C}\left(y, \prod_{i=1}^{n} x_i\right) \to \prod_{i=1}^{n} \mathscr{C}(y,x_i), \ f \mapsto (\pi_i \circ f)_{i=1}^{n}$$

の逆は次の対応で与えられる：

$$\sum_{i=1}^{n} \sigma_i \circ f_i \leftarrow (f_i)_{i=1}^{n}.$$

証明．(1) および (2) での拡張が一意的であることを示すことが残っているだけである．どちらも同様に示せるので，(1) での一意性だけを示す．

$(x_i \xrightarrow{\sigma_i'} x \xrightarrow{\pi_i} x_i)_{i=1}^n$ をもう 1 つの直和系とする. このとき, 任意の $1 \leq j \leq n$ に対して, $\sum_{i=1}^n \sigma_i \circ \pi_i = \sum_{i=1}^n \sigma_i' \circ \pi_i$ の両辺に右から σ_j を作用させると, $\sigma_j = \sigma_j'$ が得られる. $\qquad\qquad\qquad\qquad\qquad\qquad\qquad\qquad\qquad\square$

定義 1.5.16. $x \cong x_1 \amalg x_2$ となるとき, 各 x_i を x の**直和因子**とよぶ. $x \cong \coprod_{i=1}^n x_i$ のとき, $x \cong x_i \amalg \left(\coprod_{j \neq i} x_j \right)$ であるから, どの x_i $(i \in I)$ も x の直和因子であることに注意する.

1.5.c 線形圏での余積

この小節でも $\mathscr{C}$ を線形圏とする. また, I を小集合, $x, x_i \in \mathscr{C}_0$ $(i \in I)$ とし, $(\coprod_{i \in I} x_i, (\sigma_i)_{i \in I})$ をその余積とする. ここでは, $\mathscr{C}(x, \coprod_{i \in I} x_i)$ と $\coprod_{i \in I} \mathscr{C}(x, x_i)$ との関係を考察する.

補題 1.5.17. $(\coprod_{i \in I} \mathscr{C}(x, x_i), (\overline{\sigma_i})_{i \in I})$ を $\mathrm{Mod}\, \Bbbk$ における標準直和とし, 次の図式を考える.

$$
\begin{array}{ccc}
\mathscr{C}(x, x_i) & \xrightarrow{\mathscr{C}(x, \sigma_i)} & \mathscr{C}(x, \coprod_{i \in I} x_i) \\
\scriptstyle{\overline{\sigma_i}} \downarrow & \nearrow \scriptstyle{\phi} & \\
\coprod_{i \in I} \mathscr{C}(x, x_i) & &
\end{array}
\tag{1.7}
$$

$\coprod_{i \in I} \mathscr{C}(x, x_i)$ の普遍性よりこれを可換にする ϕ がただ 1 つ存在する. すなわち, $\phi = {}^t[\mathscr{C}(x, \sigma_i)]_{i \in I}$. このとき

(1) 各 $(f_i)_{i \in I} \in \coprod_{i \in I} \mathscr{C}(x, x_i)$ に対して次が成り立つ.

$$
\phi((f_i)_{i \in I}) = \sum_{i \in I} \sigma_i \circ f_i.
$$

(2) 各 $j \in I$ に対して, $\pi_j \circ \sigma_i = \delta_{i,j} \mathbb{1}_j$ $(i, j \in I)$ を満たす $\pi_j \in \mathscr{C}(\coprod_{i \in I} x_i, x_j)$ が存在する.

(3) ϕ は単射である.

証明. (1) 線形写像 $\psi \colon \coprod_{i \in I} \mathscr{C}(x, x_i) \to \mathscr{C}(x, \coprod_{i \in I} x_i)$ を, 各 $(f_i)_{i \in I} \in \coprod_{i \in I} \mathscr{C}(x, x_i)$ に対して, $\{i \in I \mid f_i \neq 0\}$ は有限集合なので, $\psi((f_i)_{i \in I}) = \sum_{i \in I} \sigma_i \circ f_i$ で定めることができる. これが図式 (1.7) を可換にすることを確かめれば, 余積の普遍性により $\phi = \psi$ が従い, (1) が示される. このことは, 任意の $i \in I$ と $f \in \mathscr{C}(x, x_i)$ に対する次の計算で確かめられる:

$$
\psi(\overline{\sigma_i}(f)) = \psi((\delta_{i,j} f)_{j \in I}) = \sum_{j \in I} \sigma_j \circ \delta_{i,j} f = \sigma_i \circ f = \mathscr{C}(x, \sigma_i)(f).
$$

(2) これは命題 1.5.14 の (1) $\Rightarrow$ (3) の証明と同様にできる. すなわち, 各 $j \in I$ に対して, $(\delta_{i,j} \mathbb{1}_{x_j})_{i \in I} \in \coprod_{i \in I} \mathscr{C}(x_i, x_j)$ をとり, 入射族 $(\sigma_i)_{i \in I}$ の普遍性によ

る標準射を $\pi_j := {}^t[\delta_{i,j}\mathbb{1}_{x_j}]$ とおけばよい．このとき，定義から $\pi_j \circ \sigma_i = \delta_{i,j}\mathbb{1}_{x_j}$ が成り立つ.

(3) ϕ の単射性を示すために $f := (f_i)_{i \in I} \in \coprod_{i \in I} \mathscr{C}(x, x_i)$ をとり，$\phi(f) = 0$ と仮定する．すると，$\sum_{i \in I} \sigma_i \circ f_i = 0$. 任意の $j \in I$ に対して，両辺に左から π_j を作用させると，$\sum_{i \in I} \pi_j \circ \sigma_i \circ f_i = 0$ より，$f_j = 0$. したがって，$f = 0$ となり，ϕ が単射であることが分かる． $\square$

問 1.5.18. 上の ϕ は同型になるとは限らない．例えば，$\mathscr{C} := \mathrm{Mod}\,\Bbbk$, $I = \mathbb{N}$, $x = \coprod_{i \in \mathbb{N}} \Bbbk$, $x_i = \Bbbk$ のときにこのことを確かめよ.

上の ϕ が同型となる x をコンパクトであるという．すなわち，まとめると，

定義 1.5.19. $\mathscr{C}$ を線形圏とする．対象 $x \in \mathscr{C}_0$ は，次の条件を満たすとき，コンパクトであるという．

条件: 任意の小集合 I, 任意の $(x_i)_{i \in I} \in \mathscr{C}_0^I$ およびその任意の余積 $(\coprod_{i \in I} x_i, (\sigma_i)_{i \in I})$ に対して，標準入射族 $(\overline{\sigma_i} \colon \mathscr{C}(x, x_i) \to \coprod_{i \in I} \mathscr{C}(x, x_i))_{i \in I}$ の普遍性による標準射 ${}^t[\mathscr{C}(x, \sigma_i)]_{i \in I} \colon \coprod_{i \in I} \mathscr{C}(x, x_i) \to \mathscr{C}(x, \coprod_{i \in I} x_i)$ が同型となる．

1.6 多元環の準同型と線形関手

定義 1.6.1. A と A' を多元環とする．モノイド準同型 $f \colon A \to A'$ が線形であるとき，これを A から A' への（多元環）準同型とよぶ.

例 1.6.2. A を多元環とし，$e \in A$ とする．このとき，$Ae := \{ae \mid a \in A\}$ も $eA := \{ea \mid a \in A\}$ もともに A の部分空間になっている．次はともに多元環の準同型である:

$$\lambda \colon A \to \mathrm{End}_{\Bbbk}(Ae), \lambda(a)(x) := ax \ (a \in A, x \in Ae),$$
$$\rho \colon A^{\mathrm{op}} \to \mathrm{End}_{\Bbbk}(eA), \rho(a)(x) := xa \ (a \in A^{\mathrm{op}}, x \in eA).$$

定義 1.6.3. $\mathscr{C}$ と $\mathscr{C}'$ を線形圏とする．関手 $F \colon \mathscr{C} \to \mathscr{C}'$ において，写像 $F_{y,x} \colon \mathscr{C}(x, y) \to \mathscr{C}'(F(x), F(y))$ $(x, y \in \mathscr{C}_0)$ がすべて線形であるとき，F を $\mathscr{C}$ から $\mathscr{C}'$ への**線形関手**とよぶ.

問 1.6.4. $\mathscr{C}$ を線形圏とし $x \in \mathscr{C}_0$ とする．このとき表現関手（問 1.2.5 参照）$\mathscr{C}(x, \text{-})$ は線形関手 $\mathscr{C} \to \mathrm{Mod}\,\Bbbk$, $\mathscr{C}(\text{-}, x)$ は線形関手 $\mathscr{C}^{\mathrm{op}} \to \mathrm{Mod}\,\Bbbk$ になることを示せ.

例 1.6.5. $\mathscr{C}$ を線形圏とする．線形関手 $F \colon \mathscr{C} \to \mathrm{Mod}\,\Bbbk$ を $F(x) := 0$ $(x \in \mathscr{C}_0)$, $F(f) := 0 \colon 0 \to 0$ $(f \in \mathscr{C}(x, y), x, y \in \mathscr{C}_0)$ で定義することができる．この関手を単に，0 で表す．$0 \colon \mathscr{C}^{\mathrm{op}} \to \mathrm{Mod}\,\Bbbk$ も同様に定義する.

注意 1.6.6. 線形単対象圏の間の線形関手は，多元環の間の準同型に他ならない．

定義 1.6.7. 多元環の全体を対象とし，多元環の間の準同型全体を射とする圏を $\mathrm{Alg}_{\Bbbk}$ で表す．

第 2 章
表現

2.1 表現と加群

　一般に，よく分からないもの X をよく分かるもの Y に関係付けることを，"X を Y によって**表現する**" という．またその関係付けを X の Y による**表現**とよぶ．多元環 A の乗法は，多様な演算表によって与えられ，よく分からないものであるが，1 つのベクトル空間 M 上の線形変換全体のなす多元環 $\mathrm{End}_{\Bbbk}(M)$ の乗法は，写像の合成というよく分かるものになっている．そこで，A をよく分からないもの，$\mathrm{End}_{\Bbbk}(M)$ をよく分かるものと考え，それらを関係付けるものとして多元環の構造を保つ写像，すなわち多元環準同型

$$\lambda\colon A \to \mathrm{End}_{\Bbbk}(M)$$

をとる．このとき，上の一般的な言い方に従って，次のように定義する．

定義 2.1.1. 上の設定において，λ を A の $\mathrm{End}_{\Bbbk}(M)$ による**表現**，あるいは，A の M 上の**表現**とよぶ．または，短く (M, λ) を A の表現ともよぶ．

　ここで一般に，集合 X, Y, Z について，直積とベキの間の随伴による全単射

$$Z^{X \times Y} \xrightarrow{\sim} (Z^Y)^X$$

が存在することを思い出しておこう．（ただし，集合 U, V に対して，V^U は U から V への写像の全体を表す．）これは $\mu \in Z^{X \times Y}$ と $\lambda \in (Z^Y)^X$ の間に等式

$$\mu(x, y) = [\lambda(x)](y) \ (x \in X, y \in Y) \tag{2.1}$$

が成り立つように，互いに他を定義することによって得られていた．このことを，上の設定で $(X, Y, Z) := (A, M, M)$ に適用すると，次の全単射が得られる．

$$M^{A \times M} \xrightarrow{\sim} (M^M)^A. \tag{2.2}$$

この対応で, $\mu \in M^{A \times M}$ と $\lambda \in (M^M)^A$ が対応しているとする. このとき, $\lambda \in \mathrm{Alg}_{\Bbbk}(A, \mathrm{End}_{\Bbbk}(M))$ (定義 1.6.7) となるための必要十分条件を書き下すと,

(R1) $\lambda(1_A) = \mathbb{1}_M$,

(R2) $\lambda(ab) = \lambda(a) \circ \lambda(b)$,

(R3) $\lambda(a + b) = \lambda(a) + \lambda(b)$,

(R4) $\lambda(k \cdot a) = k \cdot \lambda(a)$,

(R5) $\lambda(a)(v + w) = \lambda(a)(v) + \lambda(a)(w)$,

(R6) $\lambda(a)(k \cdot v) = k \cdot \lambda(a)(v)$,

$(a, b \in A, v, w \in M, k \in \Bbbk)$ となる (A の乗法と区別するために, $\Bbbk$ から M へのスカラー乗法を $k \cdot v$ $(k \in \Bbbk, v \in M)$ で表した). 関係 (2.1) を用いて, この λ に対する条件を, 対応する μ に対する条件に書き直すと次のようになる. ただし, 簡単のために $\mu(a, v) := av$ $(a \in A, v \in M)$ とおいた.

(M1) $1_A v = v$,

(M2) $(ab)v = a(bv)$,

(M3) $(a + b)v = av + bv$,

(M4) $(k \cdot a)v = k \cdot (av)$,

(M5) $a(v + w) = av + aw$,

(M6) $a(k \cdot v) = k \cdot (av)$,

$(a, b \in A, v, w \in M, k \in \Bbbk)$. そこで, 次の概念を定義する.

定義 2.1.2. A を多元環とする. 次のデーターの組で以下の公理を満たすものを左 A-**加群**とよぶ.

データー:

- ベクトル空間 M,
- 写像 $\mu \colon A \times M \to M$, $\mu(a, v) := av$ $(a \in A, v \in M)$

公理: 上の (M1) から (M6) が成り立つ.

以上より直ちに次が得られる.

命題 2.1.3. M をベクトル空間とする. このとき, 全単射 (2.2) は A の M 上の表現 λ の全体から M の左 A-加群の構造 μ の全体への全単射を導く.

したがって, 上の全単射で加群と表現を同一視して, 次のように定義することもできる.

定義 2.1.4. A を多元環とする. 次のデーターの組を左 A-**加群**とよぶ.

データー:

- ベクトル空間 M,
- 多元環の準同型 $\lambda \colon A \to \mathrm{End}_{\Bbbk}(M)$

同様にして写像 $\rho \in (M^M)^{A^{\mathrm{op}}}$ が A^{op} の表現 $\rho \in \mathrm{Alg}(A^{\mathrm{op}}, \mathrm{End}_{\Bbbk}(M))$ とな

る条件を書き下すと，(R1) から (R6) の λ を ρ に変え，さらに (R2) だけを

(R2') $\rho(ab) = \rho(b) \circ \rho(a)$

に変えたものになる．この式は，A が右から作用するように $va := [\rho(a)](v)$ $(a \in A, v \in M)$ と書くと，次のように結合法則と同じ形に書くことができる：

(M2') $v(ab) = (va)b$ $(a, b \in A, v \in M)$.

そこで，A^{op} の表現に対応する概念を次のように定義する．

定義 2.1.5. A を多元環とする．次のデーターの組で以下の公理を満たすものを右 A-加群とよぶ．

データー：

- ベクトル空間 M,
- 写像 $\mu\colon M \times A \to M$, $\mu(v, a) := va$ $(a \in A, v \in M)$

公理：次の (M1') から (M6') が成り立つ．

(M1') $v1_A = v$,

(M2') $v(ab) = (va)b$,

(M3') $v(a + b) = va + vb$,

(M4') $v(k \cdot a) = k \cdot (va)$,

(M5') $(v + w)a = va + wa$,

(M6') $(k \cdot v)a = k \cdot (va)$,

$(a, b \in A, v, w \in M, k \in \Bbbk)$.

左加群を扱ったときのように，表現と加群を同一視して，次のように定義することもできる．

定義 2.1.6. A を多元環とする．次のデーターの組を右 A-加群とよぶ．

データー：

- ベクトル空間 M,
- 多元環の準同型 $\rho\colon A^{\mathrm{op}} \to \mathrm{End}_{\Bbbk}(M)$

以下，形式的には左加群，右加群の定義としては後者の方を採用し，前者の方の定義と同一視して話を進める．また，単に加群と言えば，右加群のことを意味するものとする．

例 2.1.7. (1) A を多元環とし，$e \in A$ とする．また，$\lambda\colon A \to \mathrm{End}_{\Bbbk}(Ae)$, $\rho\colon A^{\mathrm{op}} \to \mathrm{End}_{\Bbbk}(eA)$ を例 1.6.2 の多元環準同型とする．このとき，$Ae := (Ae, \lambda)$ は左 A-加群，$eA := (eA, \rho)$ は右 A-加群となる．

(2) A を多元環，I を小集合，各 $i \in I$ に対して，M_i を A-加群とする．このとき直積集合

$$\prod_{i \in I} M_i := \{(m_i)_{i \in I} \mid m_i \in M_i \ (i \in I)\}$$

は成分ごとの和, スカラー倍, A 作用で A-加群になっている:

$$(m_i)_{i \in I} + (m'_i)_{i \in I} := (m_i + m'_i)_{i \in I},$$
$$c(m_i)_{i \in I} := (cm_i)_{i \in I},$$
$$(m_i)_{i \in I} a := (m_i a)_{i \in I} \quad ((m_i)_{i \in I}, (m'_i)_{i \in I} \in \prod_{i \in I} M_i, \; c \in \Bbbk, \; a \in A).$$

これを $M_i \; (i \in I)$ の**直積** A-加群とよぶ.

$M_i = M \; (i \in I)$ のとき, $M^I := \prod_{i \in I} M_i$ と書く. また, $I = \{1, \ldots, n\}$ のとき, $M^n := M^I$ と書く.

(3) 上と同じ設定のもとで, 次は直積 A-加群の部分加群になる:

$$\coprod_{i \in I} M_i := \{(m_i)_{i \in I} \mid \{i \in I \mid m_i \neq 0\} \text{ が有限集合}\}.$$

これを $M_i \; (i \in I)$ の**直和** A-加群とよぶ. もちろん I が有限集合のときは $\coprod_{i \in I} M_i = \prod_{i \in I} M_i$.

$M_i = M \; (i \in I)$ のとき, $M^{(I)} := \coprod_{i \in I} M_i$ と書く. また, $I = \{1, \ldots, n\}$ のとき, $M^{(n)} := M^{(I)}$ と書く.

命題 2.1.8. A を多元環, M を右 A-加群, I を小集合, 各 $i \in I$ に対して, $M_i \leq M$ とする. このとき, 各 $m = (m_i)_{i \in I} \in \coprod_{i \in I} M_i$ に対して, $\{i \in I \mid m_i \neq 0\}$ は有限集合であるから, 写像

$$\Sigma \colon \coprod_{i \in I} M_i \to M, \; (m_i)_{i \in I} \mapsto \sum_{i \in I} m_i$$

が定義できる. Σ は準同型であり, 次は同値である.

(1) Σ は同型である.

(2) (a) $M = \sum_{i \in I} M_i$;
    (b) 任意の $(m_i)_{i \in I} \in \coprod_{i \in I} M_i$ に対して, 式 $\sum_{i \in I} m_i = 0$ から $m_i = 0 \; (i \in I)$ が導かれる.

上が成り立つとき, M は $(M_i)_{i \in I}$ の (内部) **直和**であるといい, $M = \bigoplus_{i \in I} M_i$ で表す. これに対応して, $\coprod_{i \in I} M_i$ を $(M_i)_{i \in I}$ の**外部直和**ともよぶ.

証明. Σ が準同型であることは明らかである. $\mathrm{Im}\,\Sigma = \sum_{i \in I} M_i$ であるから, (a) は Σ が全射であることと同値である. また, (b) は $\mathrm{Ker}\,\Sigma = 0$ であることとすなわち Σ が単射であることと同値である. したがって, (a), (b) がともに成り立つことは, Σ が全単射であることと同値である. $\qquad\square$

多元環 A に対して, 左および右 A-加群が, A および A^{op} の表現と見られることを参考にして, 一般の線形圏に対してその左および右加群を次のように定

義する.

定義 2.1.9. $\mathscr{C}$ を線形圏とする. 線形関手 $M\colon \mathscr{C} \to \mathrm{Mod}\,\Bbbk$ $[M\colon \mathscr{C}^{\mathrm{op}} \to \mathrm{Mod}\,\Bbbk]$ を左 $\mathscr{C}$-**加群** [右 $\mathscr{C}$-**加群**] とよぶ.

例 2.1.10. $\mathscr{C}$ を線形圏とし, $x \in \mathscr{C}_0$ とする. このとき, $\mathscr{C}(x,\text{-})$ は左 $\mathscr{C}$-加群, $\mathscr{C}(\text{-},x)$ は右 $\mathscr{C}$-加群になる (問 1.2.5 参照).

注意 2.1.11. 線形単対象圏の加群は, 多元環の加群に他ならない.

2.2 多元環と線形圏の加群圏

定義 2.2.1. (1) A を多元環, $M = (M,\rho)$ と $M' = (M',\rho')$ を A-加群とする. 以下の公理を満たす線形写像 $f\colon M \to M'$ を, M から M' への A-**準同型**とよぶ.

公理:

- $f(ma) = f(m)a$ $(x \in M, a \in A)$.

言い換えると, 各 $a \in A$ に対して次の図式が可換となることである:

$$
\begin{array}{ccc}
M & \xrightarrow{\;f\;} & M' \\
\rho(a)\Big\downarrow & & \Big\downarrow\rho'(a) \\
M & \xrightarrow[\;f\;]{} & M'
\end{array}
$$

(2) M から N への A-準同型の全体を $\mathrm{Hom}_A(M,N)$ とおく. これは $\mathrm{Hom}_\Bbbk(M,N)$ の部分空間になっている. 特に, $\mathrm{End}_A(M) := \mathrm{Hom}_A(M,M)$ とおく. これは A-準同型の合成を乗法として $\Bbbk$-多元環になる. そこでこれを M の**自己準同型多元環**とよぶ.

(3) A-準同型 f は, それが写像として単射 [全射] であるとき, **単型** [**全型**] であるという.

例 2.2.2. A を多元環とし, M を左 A-加群とする. また, I を小集合とし, M_i $(i \in I)$ を左 A-加群とする.

(1) 恒等写像 $\mathbb{1}_M\colon M \to M$ は A-準同型である.

(2) 各 $j \in I$ に対して, 写像 $\pi_j\colon \prod_{i \in I} M_i \to M_j$, $(m_i)_{i \in I} \mapsto m_j$ は A-準同型である. これを第 j- **射影**とよぶ.

(3) 各 $j \in I$ に対して, 写像 $\sigma_j\colon M_j \to \coprod_{i \in I} M_i$, $m \mapsto (\delta_{ij}\,m)_{i \in I}$ は A-準同型である. これを第 j- **入射**とよぶ.

定義 2.2.3. A を多元環とし, $L = (L,\lambda_L), M = (M,\lambda_M)$ を左 A-加群とする. 次の 2 つの条件が満たされるとき, L は M の**部分加群**であるといい,

$L \leq M$ で表す：

(1) $\Bbbk$-ベクトル空間として $L \leq M$（部分空間）であり，

(2) 包含写像 $\sigma\colon L \hookrightarrow M$ が A-準同型である．

A-準同型の定義より，上の条件 (2) は，次と同値である．

(a) $\lambda_M(a)(L) \leq L\ (a \in A)$，かつ

(b) $\lambda_L(a) = \lambda_M(a)|_L\ (a \in A)$．

したがって，部分空間 $L \leq M$ が条件 (a) を満たせば，(b) によって M の部分加群 L を定義することができる．このとき，部分空間 L は M の**部分加群を定義する**，あるいは λ_L は明らかなので単に L は M の**部分加群**であるという．

例 2.2.4. A を多元環，M を左 A-加群，$m \in M$ とすると，$Am := \{am \mid a \in A\}$ は M の部分加群である．

　周知のように，アーベル群 M とその部分群の族 $(M_i)_{i \in I}$ に対して，$\bigcap_{i \in I} M_i$ と $\sum_{i \in I} M_i$ はともにまた M の部分群となるが，全く同様の証明によって次が成り立つ．

補題 2.2.5. A を多元環とし，M を左 A-加群とする．また，I を集合とし，各 $i \in I$ に対して $M_i \leq M$ とする．このとき，部分空間 $\bigcap_{i \in I} M_i$ および $\sum_{i \in I} M_i$ はともに M の部分加群を定義する．これらの部分加群をそれぞれ $\bigcap_{i \in I} M_i$ および $\sum_{i \in I} M_i$ で表す．

問 2.2.6. 上の補題を証明せよ．

定義 2.2.7. A を多元環，M を左 A-加群とし，$S \subseteq M$ とする．

(1) S を含む最小の M の部分加群を，S で**生成された** M の部分加群とよび，$\langle S \rangle$ で表す．すなわち，

$$\langle S \rangle := \bigcap_{S \subseteq L \leq M} L.$$

(2) $M = \langle S \rangle$ となる有限集合 $S\ (\subseteq M)$ が存在するとき，M は**有限生成**であるという．

問 2.2.8. A を多元環，M を左 A-加群とするとき次を示せ．

(1) S を M の部分集合とするとき，$\langle S \rangle = \sum_{m \in S} Am$ が成り立つ．

(2) 次は同値であることを示せ．

　(a) M は有限生成である．

　(b) $M = Am_1 + \cdots + Am_n$ となる有限個の M の元 $m_1, \ldots, m_n$ が存在する．

　(c) ある自然数 n に対して全射準同型 $A^{(n)} \to M$ が存在する．

(3) A が有限次元であるとき，M が有限生成であるためには，M が有限次元

であることが必要十分である.

定義 2.2.9. A を多元環, M を左 A-加群, L を M の部分加群とする. M, L を $\Bbbk$-ベクトル空間と見て, 剰余空間 M/L を考え,

$$\pi \colon M \to M/L$$

を標準全型 (すなわち, $\pi(x) := x + L \in M/L \ (x \in M)$) とすると, π が 左 A-加群の準同型となるように, M/L に左 A-加群の構造を一意的に定義 することができる. すなわち, $a\pi(x) := \pi(ax) \ (a \in A, x \in M)$. (実際, $\pi(x) = \pi(y) \ (x, y \in M)$ とすると, $x - y \in \mathrm{Ker}\,\pi = L$ で $L \leq M$ より $ax - ay = a(x - y) \in L$ となるから, $\pi(ax) = \pi(ay)$ となる. すなわち $\pi(ax)$ は M/L の元 $\pi(x)$ の代表元 $x \in M$ の取り方に依らずに定まる.) この左 A-加 群 M/L を M の L による**剰余加群**とよぶ. また, 上の π をこの剰余加群構成 の**標準全型**とよぶ.

例 2.2.10. A を多元環とする.

(0) (右) A-加群 (基礎集合は小集合とは限らない) 全体とそれらの間の準同 型の全体のなす圏

$$\mathrm{MOD}\,A = ((\mathrm{MOD}\,A)_0, (\mathrm{MOD}\,A)_1, \mathrm{dom}, \mathrm{cod}, \circ, \mathbb{1})$$

は線形圏である. ただし,
$(\mathrm{MOD}\,A)_0 := ($右 A-加群の全体 (基礎集合は小集合とは限らない$))$,
$(\mathrm{MOD}\,A)_1 := ($右 A-加群の間の準同型の全体$)$,
$(\mathrm{MOD}\,A)_1$ の元 $f \colon X \to Y$ に対して, $\mathrm{dom}(f) := X, \mathrm{cod}(f) := Y$,
$(\mathrm{MOD}\,A)_1$ の 2 つの元 $X \xrightarrow{f} Y \xrightarrow{g} Z$ に対して, $(g \circ f)(x) := g(f(x)) \ (x \in X)$,
$(\mathrm{MOD}\,A)_0$ の元 X に対して, $\mathbb{1}_X := $ 恒等写像 $X \to X$.
実際, 各 $\mathrm{MOD}\,A(X, Y) = \mathrm{Hom}_A(X, Y)$ はベクトル空間で, 合成は双線 形である. $\mathrm{MOD}\,A$ を A の (右)**加群圏**とよぶ. また, $\mathrm{MOD}\,A^{\mathrm{op}}$ を A の **左加群圏**とよび, $A\text{-}\mathrm{MOD}$ で表す.

(1) (右) A-加群 (基礎集合が小集合となっているもの) 全体を対象の全体と する $\mathrm{MOD}\,A$ の充満部分圏 $\mathrm{Mod}^{\mathfrak{U}}\,A$ は線形圏である. $\mathfrak{U}$ は普通省略して $\mathrm{Mod}\,A$ で表す. $\mathrm{Mod}\,A$ を A の (右)**加群圏**とよぶ. また, $\mathrm{Mod}\,A^{\mathrm{op}}$ を A の**左加群圏**とよび, $A\text{-}\mathrm{Mod}$ で表す.

(2) 有限生成加群全体からなる $\mathrm{Mod}\,A$ の充満部分圏 $\mathrm{mod}\,A$ も線形圏になっ ている.

注意 2.2.11. A を多元環とする.

(1) $\mathrm{Mod}\,\Bbbk$ での注意と同じように, $(\mathrm{Mod}\,A)_0 \subsetneq (\mathrm{MOD}\,A)_0$ となっているこ

と，また宇宙 $\mathfrak{U}, \mathfrak{U}'$ に対して $\mathfrak{U} \subsetneq \mathfrak{U}'$ なら $(\mathrm{Mod}^{\mathfrak{U}} A)_0 \subsetneq (\mathrm{Mod}^{\mathfrak{U}'} A)_0$ となることに注意.

(2) 命題 2.1.3 によって，左 A-加群 (M, μ) と A の表現 (M, λ) とは同一視できるが，このことは次のように定式化することもできる．すなわち，A の表現の全体を対象集合とする圏 REP A をうまく定義すると，この圏は A- MOD と同型になる.

問 2.2.12. A を多元環とする．Mod A（あるいは MOD A）において，射 f が圏の意味で単射［全射］（定義 1.1.19）であることと単型［全型］であることとは同値であることを示せ.

問 2.2.13. A を多元環とし，I を小集合とする．また，$M, M_i \in (\mathrm{Mod}\, A)_0$（$i \in I$）とし，$\pi_i, \sigma_i$ を例 2.2.2 のように定義する．このとき，$(\prod_{i \in I} M_i, (\pi_i)_{i \in I})$，$(\coprod_{i \in I} M_i, (\sigma_i)_{i \in I})$ はそれぞれ $(M_i)_{i \in I}$ の積，余積となることを示せ.

定義 2.2.14. A を多元環，$M \in (\mathrm{Mod}\, A)_0$ とする．このとき次が同値であることはすぐに分かる.

(1) Mod A において，$M \cong M_1 \amalg M_2$ ならば，$M_1 = 0$ または $M_2 = 0$ となる.

(2) $M_1, M_2 \leq M, M = M_1 \oplus M_2$ ならば，$M_1 = 0$ または $M_2 = 0$ となる.

このどちらかが（したがって両方が）成り立つとき，M は**直既約**であるという.

問 2.2.15. 上の同値を証明せよ.

定義 2.2.16. $\mathscr{C}$ と $\mathscr{D}$ を線形圏とする．定義 1.3.8 と同様にして，$\mathscr{C}$ から $\mathscr{D}$ への（線形）関手圏 $\mathscr{F} := \mathrm{Fun}_{\Bbbk}(\mathscr{C}, \mathscr{D})$ を次のように定義する.

- $\mathscr{F}_0 := \{F \mid F \colon \mathscr{C} \to \mathscr{D}$ は線形関手$\}$.
- $F, F' \in \mathscr{F}$ のとき，$\mathscr{F}(F, F') := \{\alpha \colon F \Rightarrow F'$ は自然変換$\}$.
- $\mathscr{F}$ における合成は，自然変換の垂直合成とする.
- 各 $F \in \mathscr{F}_0$ に対して，$\mathbb{1}_F$ は例 1.3.2 で定義された F の恒等自然変換とする.

注意 2.2.17. 上で特に $\mathscr{C}$ を線形単対象圏，$\mathscr{D} = \mathrm{Mod}\, \Bbbk$ とすると，F も F' もともに多元環 $A := G_{\mathscr{C}}$（注意 1.1.15 参照）上の左加群となり，α はそれらの間の A 準同型になる．したがって，$\mathrm{Fun}_{\Bbbk}(\mathscr{C}, \mathrm{Mod}\, \Bbbk)$ は左加群圏 A- Mod と同一視でき，$\mathrm{Fun}_{\Bbbk}(\mathscr{C}^{\mathrm{op}}, \mathrm{Mod}\, \Bbbk)$ は右加群圏 Mod A と同一視できる.

定義 2.2.18. 線形圏 $\mathscr{C}$ に対して，$\mathscr{C}$- Mod $:= \mathrm{Fun}_{\Bbbk}(\mathscr{C}, \mathrm{Mod}\, \Bbbk)$, Mod $\mathscr{C} := \mathrm{Fun}_{\Bbbk}(\mathscr{C}^{\mathrm{op}}, \mathrm{Mod}\, \Bbbk)$ とおき，それぞれ，$\mathscr{C}$ の**左加群圏**，$\mathscr{C}$ の**右加群圏**とよぶ．$\mathscr{C}$- Mod の射 $\alpha \colon L \to M$ は，すべての $x \in \mathscr{C}_0$ に対して，$\alpha_x \colon L(x) \to M(x)$ が単射［全射］であるとき，**単型**［**全型**］であるという．Mod $\mathscr{C}$ の射についても同様に単型と全型を定義する.

問 **2.2.19.** $\mathscr{C}$ を線形圏とする．$\operatorname{Mod}\mathscr{C}$（あるいは $\operatorname{MOD}\mathscr{C}$）において，射 f が圏の意味で単射［全射］（定義 1.1.19）であることと単型［全型］であることとは同値であることを示せ．

注意 **2.2.20.** これらの加群圏は，$\mathscr{C}$ が小圏のとき軽度の圏であり，$\mathscr{C}$ が小圏でない軽度の圏であるときは，軽度でない適度 2 の圏になる．例えば，$\mathscr{C}$ が小圏であっても，$\operatorname{Mod}\mathscr{C}$ は小圏でない軽度の圏であるため，$\operatorname{Mod}(\operatorname{Mod}\mathscr{C})$ は軽度でない適度 2 の圏になる（定義 A.3.1 参照）．以下，特に断らなければ，**圏はすべて軽度の圏と仮定する**．軽度の圏であることを仮定しないときには，"一般の圏" ということにする．その場合，第 A 章の付録を参照のこと．

定義 **2.2.21.** $\mathscr{C}$ を線形圏とし，L, M を左 $\mathscr{C}$-加群とする．次の 2 つの条件が満たされるとき，L は M の**部分加群**であるといい，$L \leq M$ で表す：
(1) 各 $x \in \mathscr{C}_0$ に対して，$L(x) \leq M(x)$ であり，
(2) 包含写像の族 $\sigma := (\sigma_x \colon L(x) \hookrightarrow M(x))_{x \in \mathscr{C}_0}$ が $\mathscr{C}$-Mod における射となる．

$\mathscr{C}$-Mod における射の定義より，上の条件 (2) は，次と同値である．
(a) $M(f)(L(x)) \leq L(y)$ $(x, y \in \mathscr{C}_0, f \in \mathscr{C}(x, y))$，かつ
(b) $L(f) = M(f)|_{L(x)}$ $(x, y \in \mathscr{C}_0, f \in \mathscr{C}(x, y))$．

したがって，部分空間の族 $L(x) \leq M(x)$, $(x \in \mathscr{C}_0)$ が条件 (a) を満たせば，(b) によって M の部分加群 L を定義することができる．このとき，部分空間の族 $(L(x))_{x \in \mathscr{C}_0}$ は M の**部分加群を定義する**，という．

　補題 2.2.5 と同様の証明によって次が成り立つ．

補題 **2.2.22.** $\mathscr{C}$ を線形圏とし，M を左 $\mathscr{C}$-加群とする．また，I を集合とし，各 $i \in I$ に対して $M_i \leq M$ とする．このとき，部分空間の族 $(\bigcap_{i \in I} M_i(x))_{x \in \mathscr{C}_0}$ および $(\sum_{i \in I} M_i(x))_{x \in \mathscr{C}_0}$ はともに M の部分加群を定義する．これらの部分加群をそれぞれ $\bigcap_{i \in I} M_i$ および $\sum_{i \in I} M_i$ で表す．

問 **2.2.23.** 上の補題を証明せよ．

定義 **2.2.24.** $\mathscr{C}$ を線形圏とし，M を左 $\mathscr{C}$-加群とし，$S \subseteq \bigsqcup_{x \in \mathscr{C}_0} M(x)$ とする．
(1) M の部分加群 L が $S \subseteq \bigsqcup_{x \in \mathscr{C}_0} L(x)$ を満たすとき，L は S を**含む**といい，$S \subseteq L$ で表す．このとき，S を含む最小の M の部分加群を，S で**生成された M の部分加群**とよび，$\langle S \rangle$ で表す．すなわち，
$$\langle S \rangle := \bigcap_{S \subseteq L \leq M} L.$$
(2) $M = \langle S \rangle$ となる有限集合 S $(\subseteq M)$ が存在するとき，M は**有限生成であ**

るという.

(3) 有限生成左 $\mathscr{C}$-加群全体からなる $\mathscr{C}$-Mod の充満部分圏を $\mathscr{C}$-mod で表す.

定義 2.2.25. $\mathscr{C}$ を線形圏, M を左 $\mathscr{C}$-加群, L を M の部分加群とする. このとき, 左 $\mathscr{C}$-加群 M/L が次のように定義される:

$(M/L)(x) := M(x)/L(x)$ $(x \in \mathscr{C}_0)$ とし, $\mathscr{C}$ の各射 $f\colon x \to y$ に対して, $(M/L)(f)$ は 2 つの短完全列からなる可換図式

$$
\begin{CD}
0 @>>> L(x) @>\sigma_x>> M(x) @>\pi_x>> M(x)/L(x) @>>> 0 \\
@. @VL(f)VV @VM(f)VV @V(M/L)(f)VV @. \\
0 @>>> L(y) @>\sigma_y>> M(y) @>\pi_y>> M(y)/L(y) @>>> 0
\end{CD}
$$

によって定める. ただし, π_x, π_y は標準全型とする. (左の可換な四辺形に対して $\Bbbk$-ベクトル空間の準同型定理を適用する.) このとき, この可換図式により, $\pi := (\pi_x)_{x \in \mathscr{C}_0}$ は $\mathrm{Mod}\,\mathscr{C}$ における全型 $\pi\colon M \to M/L$ となる. この左 $\mathscr{C}$-加群 M/L を M の L による**剰余加群**とよぶ. また, 上の π をこの剰余加群構成の**標準全型**とよぶ.

2.3 多元環と線形圏のより細かい対応

定義 2.3.1. A を多元環とする.

(1) $e \in A$ は, $e^2 = e$ が成り立つとき**冪等元 (idempotent)** とよぶ.

(2) $e, f \in A$ を冪等元とする. $ef = 0 = fe$ が成り立つとき, e と f は**直交している (orthogonal)** という.

(3) $e \in A$ を冪等元とする. 次の条件が満たされるとき e は**原始的 (primitive)** であるという: $e = e_1 + e_2$ $(e_1, e_2$: 直交冪等元$)$ ならば, $e_1 = 0$ または $e_2 = 0$.

(4) $e_1, \dots, e_n \in A$ を冪等元とする. $e_1 + \cdots + e_n = 1$ であるとき, $e_1, \dots, e_n$ は**完全系**であるという.

(5) $e_1, \dots, e_n \in A$ を冪等元の完全系とする. どの 2 つも直交するとき, これらを**直交冪等元の完全系**とよぶ. さらに, どの e_i $(i = 1, \dots, n)$ も原始的であるとき, これらを**直交原始冪等元の完全系**とよぶ.

次は容易に示すことができる.

問 2.3.2. A を多元環とし, e を A の冪等元とするとき, 以下を証明せよ.

(1) $1 - e$ も冪等元である.

(2) e が A のなかに左逆元または右逆元を持てば, $e = 1$ となる.

(3) A の部分集合 S が eS を含めば, $eS = \{a \in S \mid a = ea\}$ が成り立つ.

補題 2.3.3. A を多元環, $0 \neq e \in A$ を冪等元とする. このとき次は同値である.

(1) e は原始的である.

(2) eA は直既約右 A-加群である (定義 2.2.14 参照).

(3) Ae は直既約左 A-加群である.

証明. (1) $\Rightarrow$ (2). e が原始的でないとする. このとき, 0 でない直交冪等元 e_1, e_2 によって $e = e_1 + e_2$ と書ける. すると, $eA = e_1 A \oplus e_2 A$ が成り立つ. 実際, 任意の $a \in A$ に対して $ea = (e_1 + e_2)a = e_1 a + e_2 a \in e_1 A + e_2 A$ より $eA \leq e_1 A + e_2 A$. 他方 $ee_1 = e_1 e_1 + e_2 e_1 = e_1 e_1 = e_1$ より, $e_1 A \leq eA$. 同様に $e_2 A \leq eA$ であるから, $e_1 A + e_2 A \leq eA$. 上と合わせて, $eA = e_1 A + e_2 A$. また, $a \in e_1 A \cap e_2 A$ ならば, 問 2.3.2(3) より $e_1 a = a = e_2 a$ となるから, $a = e_1(e_2 a) = 0$. 以上より, $eA = e_1 A \oplus e_2 A$. ここで $e_1 A \neq 0, e_2 A \neq 0$ であるから, eA は直既約ではない.

(2) $\Rightarrow$ (1). eA が直既約でないとすると, 0 でない部分加群 P_1, P_2 によって $eA = P_1 \oplus P_2$ となる. このとき,

$$e = e_1 + e_2 \tag{2.3}$$

となる $(e_1, e_2) \in P_1 \times P_2$ がただ 1 つ存在する. $e_1 \in P_1 \leq eA$ より, 問 2.3.2(3) を用いて $e_1 = ee_1 = e_1 e_1 + e_2 e_1$. すなわち,

$$e_1 = e_1 e_1 + e_2 e_1. \tag{2.4}$$

他方, $ee = e$ より, $e_1 e_1 + e_1 e_2 + e_2 e_1 + e_2 e_2 = e_1 + e_2$. ここで, $e_1 e_1 + e_1 e_2 \in P_1, e_2 e_1 + e_2 e_2 \in P_2$ より,

$$e_1 = e_1 e_1 + e_1 e_2. \tag{2.5}$$

式 (2.4), (2.5) より, $e_2 e_1 = e_1 e_2 \in P_2 \cap P_1 = 0$. すなわち, $e_2 e_1 = e_1 e_2 = 0$. これと式 (2.4) から, $e_1 e_1 = e_1$ も従う. 同様にして, $e_2 e_2 = e_2$. したがって, 式 (2.3) は e の直交冪等元の和への分解を与えている. ここで, $e_1 A = P_1 \neq 0$ より $e_1 \neq 0$ であり, 同様に, $e_2 \neq 0$ であるから, e は原始的でない. なお, ここで, $e_1 A = P_1, e_2 A = P_2$ となっていることに注意しておく. 実際, $e_1 A \leq P_1, e_2 A \leq P_2$ であり, $eA \leq e_1 A + e_2 A \leq P_1 \oplus P_2 = eA$ であるから.

(1) $\Leftrightarrow$ (3). 以上と同様に示される. $\square$

次は, 比例と比例定数の間の 1 対 1 対応の一般化である.

命題 2.3.4. A を多元環, $e \in A$ を冪等元, M を A-加群とすると, 写像

$$\phi \colon \operatorname{Hom}_A(eA, M) \to Me, f \mapsto f(e)$$

は, ベクトル空間としての同型になる. ただし, $Me := \{me \mid m \in M\}$. 逆写

像は次で与えられる.

$$\psi\colon Me \to \mathrm{Hom}_A(eA, M), me \mapsto \lambda_{me}, (\lambda_{me}(x) := mex \ (x \in eA)).$$

特に, $\mathrm{Hom}_A(eA, A) \cong Ae$, $\mathrm{End}_A(eA) \cong eAe$.

問 2.3.5. 上の ϕ と ψ が互いに逆写像となっていることを確かめよ. また, ベクトル空間の同型 $\mathrm{Hom}_A(eA, A) \cong Ae$, $\mathrm{End}_A(eA) \cong eAe$ は, それぞれ, 左 A-加群, $\Bbbk$-多元環としての同型にもなっていることを確かめよ.

注意 2.3.6. 上の命題の多元環を線形圏に一般化したものが, よく知られている（線形圏における）米田の補題（補題 2.5.8）である.

多元環と線形圏の間には以下のようなもっと詳しい関係がある.

定義 2.3.7. 対象を有限個しか持たない小線形圏全体からなる, $\Bbbk$-**Cat** の充満部分圏を $\Bbbk$-**Cat**$_\mathrm{f}$ とおく. また, 線形圏 $\Bbbk$-**Alg**$_\mathrm{coi}$ を次で定義する.

(1) $(\Bbbk\text{-}\mathbf{Alg}_\mathrm{coi})_0 := \{(A, E) \mid A$ は多元環, E は A の直交冪等元の完全系$\}$.

(2) 各 $(A, E), (A', E') \in (\Bbbk\text{-}\mathbf{Alg}_\mathrm{coi})_0$ に対して

$$\Bbbk\text{-}\mathbf{Alg}_\mathrm{coi}((A, E), (A', E'))$$
$$:= \{f \mid f\colon A \to A' \text{ は多元環準同型}, f(E) \subseteq E'\}.$$

(3) $\Bbbk$-**Alg**$_\mathrm{coi}$ における射の合成は写像としての合成とする.

(4) 各 $(A, E) \in (\Bbbk\text{-}\mathbf{Alg}_\mathrm{coi})_0$ に対して $\mathbb{1}_{(A,E)} := \mathbb{1}_A$.

このとき, 圏の対象間の同型の定義より, $(A, E), (A', E') \in \Bbbk\text{-}\mathbf{Alg}_\mathrm{coi}$ が同型であることは, $f(E) = E'$ を満たす, 多元環の同型 $f\colon A \to A'$ が存在することと同値であることに注意する.

命題 2.3.8. 2 つの線形圏 $\Bbbk$-**Alg**$_\mathrm{coi}$ と $\Bbbk$-**Cat**$_\mathrm{f}$ とは同値である. すなわち, 雑にいうと, 多元環 A とその直交冪等元の完全系 E との組 (A, E) と, 対象を有限個しか持たない線形圏とは同一視できる.

証明. まず, 線形関手 $\mathrm{Cat}\colon \Bbbk\text{-}\mathbf{Alg}_\mathrm{coi} \to \Bbbk\text{-}\mathbf{Cat}_\mathrm{f}$ を次で定義する.
各 $(A, E) \in (\Bbbk\text{-}\mathbf{Alg}_\mathrm{coi})_0$ に対して, $\mathscr{C} = \mathscr{C}_{A,E} = \mathrm{Cat}(A, E)$ を,

$$\mathscr{C}_0 := E, \ \mathscr{C}(x, y) := yAx \ (x, y \in \mathscr{C}_0)$$

で定義する. ただし, 合成は A の乗法で与える. また, 各 $x \in \mathscr{C}_0$ に対して $\mathbb{1}_x = x \,(= x1x)$ である.

逆に, 線形関手 $\mathrm{Mat}\colon \Bbbk\text{-}\mathbf{Cat}_\mathrm{f} \to \Bbbk\text{-}\mathbf{Alg}_\mathrm{coi}$ を次で定義する.
各 $\mathscr{C} \in \Bbbk\text{-}\mathbf{Cat}_\mathrm{f}$ に対して, $(A_\mathscr{C}, E_\mathscr{C}) = \mathrm{Mat}(\mathscr{C})$ を

$$\mathrm{Mat}_\mathscr{C} := A_\mathscr{C} := \coprod_{x, y \in \mathscr{C}_0} \mathscr{C}(x, y),$$

$$E_{\mathscr{C}} := \{e_{x,x} := (\mathbb{1}_x \delta_{(j,i),(x,x)})_{j,i \in \mathscr{C}_0} \mid x \in \mathscr{C}_0\}$$

で定義する．ただし，乗法は各元を行列 $(a_{yx})_{y,x}$, $a_{yx} \in \mathscr{C}(x,y)$ と見て，普通の行列の積で与える．単位元は $(\mathbb{1}_x \delta_{y,x})_{y,x \in \mathscr{C}_0}$ となる．

これらが互いに擬逆になっていることを確かめる．$(A, E) \in (\mathbb{k}\text{-}\mathbf{Alg}_{\mathrm{coi}})_0$ とする．このとき，$\mathscr{C} := \mathrm{Cat}(A, E)$ とおくと，$\mathrm{Mat}(\mathrm{Cat}(A,E)) = (A_{\mathscr{C}}, E_{\mathscr{C}})$ で，これと (A, E) の間には（外部直和から内部直和への）自然な同型 $\Sigma \colon A_{\mathscr{C}} = \coprod_{x,y \in E} yAx \to \bigoplus_{x,y \in E} yAx = A$ があり，$\Sigma(E_{\mathscr{C}}) = E$ となっている．

逆に $\mathscr{C} \in (\mathbb{k}\text{-}\mathbf{Cat}_{\mathrm{f}})_0$ とする．このとき，$\mathrm{Cat}(\mathrm{Mat}(\mathscr{C})) = \mathscr{C}_{A_{\mathscr{C}}, E_{\mathscr{C}}}$. これと $\mathscr{C}$ の対象の間に全単射 $\mathscr{C}_0 \to E_{\mathscr{C}} = \mathrm{Cat}(\mathrm{Mat}(\mathscr{C}))_0$, $x \mapsto e_{x,x}$ があり，対応する局所射集合 $\mathscr{C}(x,y)$ と $e_{y,y} A_{\mathscr{C}} e_{x,x} = \mathrm{CatMat}(\mathscr{C})(\mathrm{CatMat}(x), \mathrm{CatMat}(y))$ は自然に同型である． $\square$

問 2.3.9. 上の命題 2.3.8 の証明で，自然変換 $\mathrm{Mat} \circ \mathrm{Cat} \Rightarrow \mathbb{1}_{\mathbb{k}\text{-}\mathbf{Alg}_{\mathrm{coi}}}$ と $\mathbb{1}_{\mathbb{k}\text{-}\mathbf{Cat}_{\mathrm{f}}} \Rightarrow \mathrm{Cat} \circ \mathrm{Mat}$ を正確に定義して，これらが自然同型であることを確かめよ．

注意 2.3.10. 多元環 A に対して $E := \{1_A\}$ とおくと，$(A, E) \in (\mathbb{k}\text{-}\mathbf{Alg}_{\mathrm{coi}})_0$. このとき，$\mathrm{Cat}(A, E)$ は単対象圏としての A と同型である．

命題 2.3.11. $(A, E) \in (\mathbb{k}\text{-}\mathbf{Alg}_{\mathrm{coi}})_0$ とする．$\{eA \mid e \in E\}$ を［$\{Ae \mid e \in E\}$ を］対象集合とする，$\mathrm{Mod}\,A$ の［$A\text{-}\mathrm{Mod}$ の］充満部分圏を $\mathscr{C}_E$ と［$\mathscr{C}'_E$ と］おく．このとき，3 つの線形圏 $\mathrm{Cat}(A, E)$, $\mathscr{C}_E$, $\mathscr{C}'^{\mathrm{op}}_E$ はすべて同型である．

証明．線形関手 $F \colon \mathrm{Cat}(A, E) \to \mathscr{C}_E$ を次で定義する．

$$F(e) := eA, F(fae) := fae \cdot (\text{-}) \colon eA \to fA \quad (e, f \in E, a \in A).$$

次に，線形関手 $F' \colon \mathscr{C}_E \to \mathrm{Cat}(A, E)$ を次で定義する．

$$F'(eA) := e, F'(u) := u(e) \colon e \to f \quad (e, f \in E, u \in \mathscr{C}_E(eA, fA)).$$

すぐに分かるように，F と F' は互いに逆となる．したがって F は同型である．

線形関手 $G \colon \colon \mathscr{C}_E \to \mathscr{C}'^{\mathrm{op}}_E$ を次で定義する．

$$G(eA) := Ae, G(u) := (\text{-}) \cdot u(e) \colon Af \to Ae \quad (e, f \in E, u \in \mathscr{C}_E(eA, fA)).$$

次に，線形関手 $G' \colon \mathscr{C}'^{\mathrm{op}}_E \to \mathscr{C}_E$ を次で定義する．

$$G'(Ae) := eA, G'(u) := u(e) \cdot (\text{-}) \colon eA \to fA \quad (e, f \in E, u \in \mathscr{C}'_E(Af, Ae)).$$

これもすぐ分かるように，G と G' は互いに逆となる．したがって G は同型である． $\square$

注意 2.3.12. 多元環 A とその冪等元からなる集合 E に対しても上と同様に $\mathscr{C}(A, E)$ を定義することができる．この (A, E) に対しても，上の主張は成り立つ．

系 2.3.13. $(A, E) \in (\Bbbk\text{-}\mathbf{Alg}_{\mathrm{coi}})_0$ とし，$e, f \in E$ をとるとき，次は同値である．

(1) e と f は線形圏 $\mathrm{Cat}(A, E)$ のなかで同型である $(e \cong f)$．すなわち，$(fae)(ebf) = f$ かつ $(ebf)(fae) = e$ となるような $a, b \in A$ が存在する．

(2) 右加群 eA と fA は圏 $\mathrm{Mod}\,A$ のなかで同型である．

(3) 左加群 Ae と Af は圏 $A\text{-}\mathrm{Mod}$ のなかで同型である．

証明. 命題 2.3.11 の証明で用いた記号をそのまま使う．

(1) $\Leftrightarrow$ (2). 同型 F, F' による．

(2) $\Leftrightarrow$ (3). 同型 G, G' による． $\qquad\square$

上の系は，後に系 2.5.11 に一般化される．

命題 2.3.14. 有限次元多元環は，直交原始冪等元の完全系を持つ．

証明. 直交原始冪等元の完全系の作り方だけを述べる．

- A を有限次元多元環とすると，有限次元であることから，A は右 A-加群として，$A = P_1 \oplus \cdots \oplus P_n$（$P_1, \ldots, P_n$ は直既約右加群）のように分解できる．

- これより，$1 \in A$ は $1 = e_1 + \cdots + e_n$（$e_1 \in P_1, \ldots, e_n \in P_n$）の形に書ける．

- このとき，$E := \{e_1, \ldots, e_n\}$ が求めるものである． $\qquad\square$

問 2.3.15. 補題 2.3.3 の証明を参考にして，上の命題の証明を完成せよ．また，$P_i = e_i A\ (i = 1, \ldots, n)$ が成り立つことも示せ．

次の定理を証明なしに引用する．詳しくは例えば [1, 12.9 The Krull–Schmidt Theorem] を参照のこと．

定理 2.3.16（クルル・シュミットの定理）．多元環 A 上の任意の有限次元加群 M は，有限個の直既約加群の直和として $M = \bigoplus_{i=1}^{m} M_i$ と表すことができる．また，他に直既約加群への分解 $M = \bigoplus_{i=1}^{n} N_i$ が与えられても，$m = n$ であり，$\{1, \ldots, n\}$ のある置換 σ によって，$N_i \cong M_{\sigma(i)}\ (1 \leq i \leq n)$ が成り立つ．

注意 2.3.17. 上の命題 2.3.14 の証明において，

- $P_i = e_i A\ (i = 1, \ldots, n)$ も成り立っているので，クルル・シュミットの定理より，他にもう 1 つの直交原始冪等元の完全系 $E' = \{e'_1, \ldots, e'_m\}$ が

あったとしても，$m = n$ であり，$e_i A \cong e'_{\sigma(i)} A \ (i = 1, \ldots, n)$ となる n 次の置換 σ が存在する．

- このことから，E を $E = \{e_{11}, \ldots, e_{1a_1}, \ldots, e_{n1}, \ldots, e_{na_n}\}$ とおき，$\mathrm{Cat}(A, E)$ において "$e_{ij} \cong e_{pq} \iff i = p$" となるように並べかえると，同型類の重複度である数 $a_1, \ldots, a_n$ は E の取り方によらないことが分かる．

定義 2.3.18. A を有限次元多元環，$E = \{e_{11}, \ldots, e_{1a_1}, \ldots, e_{n1}, \ldots, e_{na_n}\}$ を A の直交原始冪等元の完全系とする．ただし，$\mathrm{Cat}(A, E)$ において "$e_{ij} \cong e_{pq} \iff i = p$" となるように並べてあるものとする．

(1) $a_1 = \cdots = a_n = 1$ となるとき，すなわち，E の元がすべて $\mathrm{Cat}(A, E)$ のなかで非同型であるとき，A は**基本多元環**であるという．

(2) $e := e_{11} + e_{21} + \cdots + e_{n1}$ とおくと，eAe は e を単位元とする基本多元環となる．これを A の**基本多元環**とよぶ．この e を A の**基本冪等元**とよぶ．

次の森田の定理を証明なしに引用する．例えば [1, 22.4 Corollary] を参照のこと．

定理 2.3.19（森田）．A を有限次元多元環，e をその基本冪等元とする．このとき関手

$$\mathrm{Hom}_A(eA, \text{-}) \colon \mathrm{Mod}\, A \to \mathrm{Mod}\, eAe, M \mapsto \mathrm{Hom}_A(eA, M) \cong Me$$

は同値である．

この定理より，$\mathrm{Mod}\, A$ の研究は，A のかわりに eAe という基本多元環に対する $\mathrm{Mod}\, eAe$ の研究に帰着される．したがって，A が基本多元環であると仮定しても一般性は失わない．

定義 2.3.20. A を多元環，$a \in A$ とする．a が A のなかに逆元を持つとき，a を A の**単元**とよび，そうでないとき**非単元**とよぶ．A の非単元と非単元の和がまた非単元であるとき，A は**局所的**であるという．

問 2.3.21. A を多元環とする．次が同値であることを示せ．

(1) A は局所的である．

(2) 任意の $a \in A$ に対して，a または $1 - a$ は単元である．

注意 2.3.22. A を多元環とし，M を直既約右 A-加群とする．

(1) 問 2.3.2(1), (2) より，局所多元環には冪等元は 0 と 1 しかないことが直ちに分かる．したがって，M の自己準同型多元環 $\mathrm{End}_A(M)$ が局所的であれば，それは冪等元として 0 と $\mathbb{1}_M$ しか持たないので，M は直既約になる（下の問 2.3.23(3) 参照）．

(2) M が有限次元なら，逆に $\operatorname{End}_A(M)$ が局所的になる（下の問 2.3.24 参照）．特に，A が有限次元多元環であるとき，A の任意の原始冪等元 e に対して，eA は有限次元直既約右 A-加群であるから，$\operatorname{End}_A(eA) \cong eAe$ は局所的となる．

問 2.3.23. A を多元環とし，$M \in (\operatorname{Mod} A)_0$ とする．

(1) $M_1, M_2 \leq M, M = M_1 \oplus M_2$ であるとき，$e_i \colon M \xrightarrow{\pi_i} M_i \hookrightarrow M$ $(i = 1, 2)$ は $\operatorname{End}_A(M)$ の冪等元であり，$\mathbb{1}_M = e_1 + e_2$ となることを示せ．ただし，π_i は第 i 射影 $m_1 + m_2 \mapsto m_i$ $(m_1 \in M_1, m_2 \in M_2)$ とする．

(2) $e \in \operatorname{End}_A(M)$ が冪等元ならば，右 A-加群として
$M = e(M) \oplus (\mathbb{1}_M - e)(M)$ となることを示せ．

(3) 次が同値であることを示せ．
    (a) M は直既約である．
    (b) 多元環 $\operatorname{End}_A(M)$ の冪等元は 0 と $\mathbb{1}_M$ しかない．

問 2.3.24. A を多元環，M を有限次元右 A-加群とするとき，以下を示せ．

(1) $f \in \operatorname{End}_A(M)$ ならば，ある $n \geq 1$ によって $M = \operatorname{Ker} f^n \oplus \operatorname{Im} f^n$ となる．([1, Fitting's Lemma] 参照.)

(2) M が直既約ならば，$f \in \operatorname{End}_A(M)$ は同型か**冪零**（すなわち $f^n = 0$ となる $n \geq 1$ が存在する）となる．

(3) M が直既約ならば，$\operatorname{End}_A(M)$ は局所多元環である（問 2.3.21 参照）．

定義 2.3.25. $\mathscr{C}$ を線形圏とする．

(1) 次が満たされるとき，$\mathscr{C}$ を**多元圏 (spectroid)** とよぶ．
    (a) $\mathscr{C}$ は**基本的**である．すなわち，異なる対象は非同型である．
    (b) $\mathscr{C}(x, x)$ は局所多元環である $(x \in \mathscr{C}_0)$．
    (c) $\mathscr{C}$ は Hom-**有限**である．すなわち，$\mathscr{C}(x, y)$ が有限次元である $(x, y \in \mathscr{C}_0)$．

(2) さらに次を満たすとき $\mathscr{C}$ は**局所有界**であるという．
    $\{y \in \mathscr{C}_0 \mid \mathscr{C}(x, y) \neq 0 \text{ または } \mathscr{C}(y, x) \neq 0\}$ は有限集合である $(x \in \mathscr{C}_0)$．

(3) 対象を有限個しか持たない多元圏を**有限多元圏**とよぶ．

例 2.3.26. 有限生成直既約（右）A-加群の同型類の完全代表系を 1 つ選び，それのなす $\operatorname{mod} A$ の充満部分圏を $\operatorname{ind} A$ で表すと，これは多元圏である．

命題 2.3.8 より以下の命題が得られる．

定義 2.3.27. 有限次元基本多元環 A とその直交原始冪等元の完全系 E との組 (A, E) 全体からなる，$\Bbbk\text{-}\mathbf{Alg}_{\mathrm{coi}}$ の充満部分圏を $\Bbbk\text{-}\mathbf{alg}_{\mathrm{copi}}$ とおき，有限多元圏全体からなる $\Bbbk\text{-}\mathbf{Cat}_{\mathrm{f}}$ の充満部分圏を $\Bbbk\text{-}\mathbf{Spec}_{\mathrm{f}}$ とおく．

命題 2.3.28. 2 つの線形圏 $\Bbbk\text{-}\mathbf{alg}_{\mathrm{copi}}$ と $\Bbbk\text{-}\mathbf{Spec}_{\mathrm{f}}$ とは同値である．すなわち，

雑にいうと，有限次元基本多元環 A とその直交原始冪等元の完全系 E の組 (A, E) と，有限多元圏とは同一視できる．

証明．命題 2.3.8 の証明の記号をそのまま用いる．各 $(A, E) \in (\Bbbk\text{-}\mathbf{alg}_{\text{copi}})_0$ と $\mathscr{C} \in \Bbbk\text{-}\mathbf{Spec}_{\text{f}}$ に対して，

(1) $\mathrm{Cat}(A, E) \in (\Bbbk\text{-}\mathbf{Spec}_{\text{f}})_0$ と

(2) $\mathrm{Mat}(\mathscr{C}) \in (\Bbbk\text{-}\mathbf{alg}_{\text{copi}})_0$

を示せば，命題 2.3.8 より主張が従う．

(1) (a) A が基本的であるから，$\mathrm{Cat}(A, E)$ は基本的である．

(b) $e \in E$ とする．注意 2.3.22(2) より $\mathrm{Cat}(A, E)(e, e) = eAe$ は局所的である．

(c) $e, f \in E$ とする．A は有限次元多元環であるから，$\mathrm{Cat}(A, E)(e, f) = fAe$ も有限次元である．最後に，$\mathrm{Cat}(A, E)_0 = E$ が有限集合であることは明らか．

(2) $\mathscr{C}_0$ が有限集合であり，$\mathscr{C}$ が Hom-有限であるから $A := \mathrm{Mat}_{\mathscr{C}}$ は有限次元多元環である．$E_{\mathscr{C}} = \{e_{x,x} \mid x \in \mathscr{C}_0\}$ が直交冪等元の完全系であることは明らかである．あとは，各 $e_{x,x}$ が原始冪等元であることを示せばよい．すなわち，$e_{x,x}A$ が直既約であることを確かめればよい．A の定義から，多元環としての同型 $e_{x,x}Ae_{x,x} \cong \mathscr{C}(x, x)$ があり，これは $\mathscr{C}$ の定義から局所的である．したがって，$\mathrm{End}_A(e_{x,x}A) \cong e_{x,x}Ae_{x,x}$ も局所的であるので，注意 2.3.22(1) より $e_{x,x}A$ は直既約である． $\square$

例 2.3.29. $C := \Bbbk[x, y]/\langle x^2, y^2 \rangle, \bar{a} := a + \langle x^2, y^2 \rangle \in C \ (a \in \Bbbk[x, y])$ とおくと，C は $\bar{1}, \bar{x}, \bar{y}, \overline{xy}$ を基底とする 4 次元多元環となっている．また，$B := \Bbbk\bar{1} \oplus \Bbbk\overline{xy}$ は C の部分多元環[*1)]となっていて，$\Bbbk\overline{xy}$ は B の非単元全体であり和で閉じている．すなわち，B は局所的である．そこで，

$$A := \begin{pmatrix} B & \Bbbk\bar{y} \\ \Bbbk\bar{x} & B \end{pmatrix} := \left\{ \begin{pmatrix} a_{11} & a_{12} \\ a_{21} & a_{22} \end{pmatrix} \middle| a_{11}, a_{22} \in B, a_{21} \in \Bbbk\bar{x}, a_{12} \in \Bbbk\bar{y} \right\}$$

とおくと，これは 6 次元であり，多元環 $M_2(C)$（例 1.5.4 (4′) 参照）の部分多元環になっている．また，$e_{ij} := (\bar{1}\delta_{(x,y),(i,j)})_{x,y} \in M_2(C) \ (i, j \in \{1, 2\})$ とおくと，$E := \{e_{11}, e_{22}\}$ は A の直交冪等元の完全系であり，$e_{ii}Ae_{ii} \cong B \ (i = 1, 2)$ は局所的であるから $e_{ii} \ (i = 1, 2)$ は原始的である．すなわち，$(A, E) \in (\Bbbk\text{-}\mathbf{alg}_{\text{copi}})_0$．

　一般に，線形圏 $\mathscr{C}$ に対して，各局所射集合 $\mathscr{C}(x, y)$ の基底 $\mathscr{B}(x, y)$ を与えたとき，クイバー $\mathscr{B} := (\mathscr{C}_0, \bigsqcup_{x,y \in \mathscr{C}_0} \mathscr{B}(x, y), \mathrm{dom}, \mathrm{cod})$ を考える．すると，$\mathscr{C}$ は $\mathscr{B}$ を線形化した圏となる：$\mathscr{C} = \Bbbk\mathscr{B}$．このクイバー $\mathscr{B}$ の図示によって $\mathscr{C}$

[*1)]　すなわち，C の部分空間になっていて，C の加法と乗法の $B \times B$ への制限をそれぞれ加法，乗法として多元環になり，C と同じ単位元を持っている．

を表示することができる．すなわち，$\mathscr{B}(x, y)$ の各元 b を $x \xrightarrow{b} y$ として図示することによって $\mathscr{C}$ が表示できる．

そこで，この方法で，$\mathrm{Cat}(A, E)$ $(\in (\mathbb{k}\text{-}\mathbf{Spec}_{\mathrm{f}})_0)$ を表示すると，

$$
\overline{xy}e_{11} \mathrel{\substack{\overline{1}e_{11} \\ \circlearrowright}} e_{11} \mathrel{\substack{\overline{x}e_{21} \\ \rightleftarrows \\ \overline{y}e_{12}}} e_{22} \mathrel{\substack{\overline{1}e_{22} \\ \circlearrowright}} \overline{xy}e_{22} \cong \mathscr{C} := \overline{xy} \mathrel{\substack{\overline{1} \\ \circlearrowright}} e_{11} \mathrel{\substack{\overline{x} \\ \rightleftarrows \\ \overline{y}}} e_{22} \mathrel{\substack{\overline{1} \\ \circlearrowright}} \overline{xy}
$$

また，このとき逆に $(A, E) = \mathrm{Mat}(\mathscr{C}) = (\mathrm{Mat}_{\mathscr{C}}, E_{\mathscr{C}})$．特に，$A = \mathrm{Mat}_{\mathscr{C}}$．

定理 2.3.30. $(A, E) \in (\mathbb{k}\text{-}\mathbf{alg}_{\mathrm{copi}})_0$, $\mathscr{C} \in (\mathbb{k}\text{-}\mathbf{Spec}_{\mathrm{f}})_0$ とし，$(A, E) = \mathrm{Mat}(\mathscr{C})$ とする．このとき，2 つの線形圏 $A\text{-}\mathrm{Mod}$ と $\mathscr{C}\text{-}\mathrm{Mod}$ とは同値である．

証明．　線形関手 $\Phi \colon A\text{-}\mathrm{Mod} \to \mathscr{C}\text{-}\mathrm{Mod}$ を次で定義する．

対象に対して． $M \in A\text{-}\mathrm{Mod}_0$ とする．このとき，関手 $\Phi(M) \colon \mathscr{C} \to \mathrm{Mod}\,\mathbb{k}$ を

$$
\Phi(M)(x) := e_{x,x}M, \quad \Phi(M)(f) := f \cdot (\text{-}) \colon e_{x,x}M \to e_{y,y}M
$$

$(x, y \in \mathscr{C}_0, f \in \mathscr{C}(x, y))$ で定義する．

射に対して． $u \colon M \to N$ を $A\text{-}\mathrm{Mod}$ の射とする．このとき，$\Phi(u) \colon \Phi(M) \to \Phi(N)$ を

$$
\Phi(u)_x := u|_{e_{x,x}M} \colon e_{x,x}M \to e_{y,y}M \quad (x \in \mathscr{C}_0)
$$

で定める．u が A-加群の間の準同型であることから，$\Phi(u)$ が自然変換，すなわち $\mathrm{Mod}\,\mathscr{C}$ での射となっていることが分かる．

さらに，線形関手 $\Psi \colon \mathscr{C}\text{-}\mathrm{Mod} \to A\text{-}\mathrm{Mod}$ を次で定義する．

対象に対して． $V \in \mathscr{C}\text{-}\mathrm{Mod}_0$ とする．このとき，$\Psi(V) \in A\text{-}\mathrm{Mod}_0$ をベクトル空間としては $\Psi(V) := \coprod_{x \in \mathscr{C}_0} M(x)$ として与え，左 A-作用は各 $a = (a_{y,x})_{y,x \in \mathscr{C}_0} \in A$ $(a_{y,x} \in \mathscr{C}(x, y))$ と $v = (v_x)_{x \in \mathscr{C}_0} \in \Psi(V)$ に対して，次で定義する．

$$
a \cdot v := \left(\sum_{x \in \mathscr{C}_0} V(a_{y,x}) v_x \right)_{y \in \mathscr{C}_0}.
$$

すなわち，$\Psi(V)$ の元を列ベクトルと見て，普通の行列の乗法で作用を与える．

射に対して． $\alpha \colon V \to W$ を $\mathscr{C}\text{-}\mathrm{Mod}$ の射とする．このとき，$\Psi(\alpha) \colon \Psi(V) \to \Psi(W)$ を

$$
\coprod_{x \in \mathscr{C}_0} \alpha_x \colon \coprod_{x \in \mathscr{C}_0} V(x) \to \coprod_{x \in \mathscr{C}_0} W(x)
$$

として定義する．α が自然変換であることから，$\Psi(u)$ が A-加群の間の準同型であることが従う．

Φ と Ψ が互いに他の擬逆になっていることは容易に確かめられる． $\square$

問 2.3.31. 上の証明において，Φ, Ψ が線形関手になっていることと，これらが互いに他の擬逆になっていることを確かめよ．

注意 2.3.32. 以上の定理により，有限次元多元環 A の表現の問題は，A の基本多元環に対応する有限多元圏 $\mathscr{C} \in (\Bbbk\text{-}\mathbf{Spec}_{\mathrm{f}})_0$ の表現の問題に帰着されたことになる．

2.4 線形圏上の加群の直積と直和

定義 2.4.1. $\mathscr{C}$ を線形圏，I を小集合とし $M_i \in (\mathrm{Mod}\,\mathscr{C})_0$ $(i \in I)$ とする．このとき，

(1) 右 $\mathscr{C}$-加群 $\prod_{i \in I} M_i \, [\coprod_{i \in I} M_i]$ を次で定義し，これを $(M_i)_{i \in I}$ の**直積** [**直和**] とよぶ: $\mathscr{C}$ の各射 $f: x \to y$ に対して，

$$\left(\prod_{i \in I} M_i \right)(x) := \prod_{i \in I} M_i(x),$$

$$\left(\prod_{i \in I} M_i \right)(f) := \prod_{i \in I} M_i(f): \prod_{i \in I} M_i(y) \to \prod_{i \in I} M_i(x),$$

$$(m_i)_{i \in I} \mapsto (M_i(f)(m_i))_{i \in I}$$

$$\left(\coprod_{i \in I} M_i \right)(x) := \coprod_{i \in I} M_i(x),$$

$$\left(\coprod_{i \in I} M_i \right)(f) := \coprod_{i \in I} M_i(f): \coprod_{i \in I} M_i(y) \to \coprod_{i \in I} M_i(x).$$

$$(m_i)_{i \in I} \mapsto (M_i(f)(m_i))_{i \in I}$$

　　右辺の直積 [直和] は $\mathrm{Mod}\,\Bbbk$ における直積 [直和] である．このとき，構成法から $\coprod_{i \in I} M_i$ は $\prod_{i \in I} M_i$ の部分加群になっている．

(2) $j \in I$ とする．各 $x \in \mathscr{C}_0$ に対して，$\pi_{j,x}: \prod_{i \in I} M_i(x) \to M_j(x)$ を $\mathrm{Mod}\,\Bbbk$ における第 j-射影とし，$\pi_j := (\pi_{j,x})_{x \in \mathscr{C}_0}$ とおくと，これは $\mathrm{Mod}\,\mathscr{C}$ における射 $\prod_{i \in I} M_i \to M_j$ となる．これを第 j- **射影**とよび，$(\pi_i)_{i \in I}$ を直積 $\prod_{i \in I} M_i$ の**標準射影族**とよぶ．包含射 $\coprod_{i \in I} M_i \hookrightarrow \prod_{i \in I} M_i$ と π_j との合成を $\pi'_j = (\pi'_{j,x})_{x \in \mathscr{C}_0}: \coprod_{i \in I} M_i \to M_j$ とおく．

(3) $j \in I$ とする．各 $x \in \mathscr{C}_0$ に対して，$\sigma_{j,x}: M_j(x) \to \coprod_{i \in I} M_i(x)$ を $\mathrm{Mod}\,\Bbbk$ における第 j-入射とし，$\sigma_j := (\sigma_{j,x})_{x \in \mathscr{C}_0}$ とおくと，これは $\mathrm{Mod}\,\mathscr{C}$ における射 $M_j \to \coprod_{i \in I} M_i$ となる．これを第 j- **入射**とよび，$(\sigma_i)_{i \in I}$ を直和 $\coprod_{i \in I} M_i$ の**標準入射族**とよぶ．

問 2.4.2. 定義 2.4.1 において，$(\prod_{i \in I} M_i, (\pi_j)_{j \in I})$ は圏 $\mathrm{Mod}\,\mathscr{C}$ における積となり，$(\coprod_{i \in I} M_i, (\sigma_j)_{j \in I})$ は圏 $\mathrm{Mod}\,\mathscr{C}$ における余積となることを示せ（定

義 1.1.23 参照）.

定義 2.4.3. $\mathscr{C}$ を線形圏，I を小集合とし，$M, N, M_i \in (\mathrm{Mod}\,\mathscr{C})_0$ $(i \in I)$ とする．また，$\sigma\colon \coprod_{i \in I} M_i \hookrightarrow \prod_{i \in I} M_i$ を包含射，$(\pi_i\colon \prod_{j \in I} M_j \to M_i)_{i \in I}$ を標準射影族とする．

(1) $(\mathrm{Mod}\,\mathscr{C})(M, N)$ の元の族 $(f_i)_{i \in I}$ は，次の条件を満たすとき**総和可能**であるという：“各 $x \in \mathscr{C}_0, m \in M(x)$ に対して I のある有限部分集合 $I_{x,m}$ をうまくとると，すべての $i \in I \setminus I_{x,m}$ に対して $f_{i,x}(m) = 0$ が成り立つ．”

　このとき各 $x \in \mathscr{C}_0$ に対して，線形写像 $\sum_{i \in I} f_{i,x}\colon M(x) \to N(x)$ を各 $m \in M(x)$ に対して $\left(\sum_{i \in I} f_{i,x}\right)(m) := \sum_{i \in I} f_{i,x}(m)$ で定義することができる（この右辺は有限和であるので）．これを用いて射 $\sum_{i \in I} f_i \in (\mathrm{Mod}\,\mathscr{C})(M, N)$ を $\sum_{i \in I} f_i := \left(\sum_{i \in I} f_{i,x}\right)_{x \in \mathscr{C}_0}$ で定義する．

(2) 直積への射 $p\colon M \to \prod_{i \in I} M_i$ が包含射 σ を通過するとき，すなわち，ある射 $p'\colon M \to \coprod_{i \in I} M_i$ によって $p = \sigma \circ p'$ となるとき，p は**局所列有限**であるという．また，射の族 $(p_i)_{i \in I} \in \prod_{i \in I}(\mathrm{Mod}\,\mathscr{C})(M, M_i)$ に対して，族 $(\pi_i)_{i \in I}$ の普遍性による標準射 $[p_i]_{i \in I}\colon M \to \prod_{i \in I} M_i$ が局所列有限であるとき，族 $(p_i)_{i \in I}$ は**局所列有限**であるという．

(3) $\mathrm{Mod}\,\mathscr{C}$ における射の族 $(M_i \xrightarrow{q_i} M \xrightarrow{p_i} M_i)_{i \in I}$ は次の性質を持つとき，**直和系**であるという：

　(a) $p_i \circ q_j = \delta_{i,j} \mathbb{1}_{M_i}$ $(i, j \in I)$;

　(b) 族 $(p_i)_{i \in I}$ は局所列有限である;

　(c) $\sum_{i \in I} q_i \circ p_i = \mathbb{1}_M$.

上において条件 (b) によって条件

　(d) $(\mathrm{Mod}\,\mathscr{C})(M, M)$ の元の族 $(q_i \circ p_i)_{i \in I}$ は総和可能である．

が成り立ち，これのおかげで (c) の左辺が定義できることに注意する．実際，(b) より，各 $x \in \mathscr{C}_0$ に対して，$p_x = \sigma_x \circ p'_x$ が成り立つので，各 $m \in M(x)$ に対して，$p_x(m) = (p_{i,x}(m))_{i \in I} \in \coprod_{i \in I} M_i(x)$ となっている．すなわち，I の有限部分集合 $I_{x,m}$ がうまくとれて，すべての $i \in I \setminus I_{x,m}$ に対して $p_{i,x}(m) = 0$ が成り立つ．したがって，この i に対して $(q_{i,x} \circ p_{i,x})(m) = 0$. すなわち (d) が成り立つ．

　I が有限集合のときは (b) は自明に成り立つことに注意する．I が無限集合の場合，以上の概念は主に第 7.4 節で用いる．

補題 2.4.4. $\mathscr{C}$ を線形圏，I を小集合とし $M, M_i \in (\mathrm{Mod}\,\mathscr{C})_0$ $(i \in I)$ とする．このとき，

(1) $\mathrm{Mod}\,\mathscr{C}$ における射の族 $(M_i \xrightarrow{\sigma_i} \coprod_{i \in I} M_i \xrightarrow{\pi'_i} M_i)_{i \in I}$ は直和系である．これを族 $(M_i)_{i \in I}$ の**標準直和系**とよぶ．

(2) $\phi\colon M \to \coprod_{i \in I} M_i$ を $\mathrm{Mod}\,\mathscr{C}$ における同型とすると，$(M_i \xrightarrow{\phi^{-1} \circ \sigma_i} M \xrightarrow{\pi'_i \circ \phi} M_i)_{i \in I}$ は直和系である．

(3) 任意の直和系 $(M_i \xrightarrow{q_i} M \xrightarrow{p_i} M_i)_{i \in I}$ は上の形に表される．すなわち，ある同型 $\phi\colon M \to \coprod_{i \in I} M_i$ をうまくとると，すべての $i \in I$ に対して図式

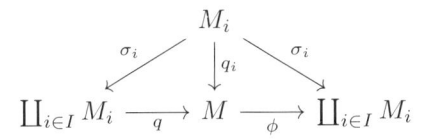

が可換になる．また，左の四角形の可換性から ϕ^{-1} は入射族 $(\sigma_i)_{i \in I}$ の普遍性による標準射 $\phi^{-1} = {}^t[q_i]_{i \in I}$ として定まるため，このような ϕ は一意的に決まる．そこで，この ϕ をこの直和系から定まる**標準同型**とよぶ．

証明．(1) (b) は π_i' の構成から明らか．(a), (c) は，各 $x \in \mathscr{C}_0$ に対して $\pi_{j,x}' \circ \sigma_{i,x} = \delta_{i,j} \mathbb{1}_{M_i(x)}$ と $\sum_{i \in I} \sigma_{i,x} \circ \pi_{i,x}' = \mathbb{1}_{M(x)}$ を示せばよいが，これらは定義から明らか．(2) も自明である．

(3) 直和の普遍性から，ただ 1 つの $q\colon \coprod_{i \in I} M_i \to M$ によって $q_i = q \circ \sigma_i\,(i \in I)$ が成り立っている．また，直積の普遍性から，ただ 1 つの $p\colon M \to \prod_{i \in I} M_i$ によって $p_i = \pi_i \circ p\ (i \in I)$ が成り立ち，$(p_i)_{i \in I}$ が局所有限族であることから，ある $\phi\colon M \to \coprod_{i \in I} M_i$ によって，$p = \sigma \circ \phi$ と書けている．ただし，$\sigma\colon \coprod_{i \in I} M_i \hookrightarrow \prod_{i \in I} M_i$ は包含射である．このとき，$\phi \circ q = \mathbb{1}_{\coprod_{i \in I} M_i}$ と $q \circ \phi = \mathbb{1}_M$ を示せばよい．実際，これらが示されれば，ϕ が同型となり，$q = \phi^{-1}$ より $q_i = q \circ \sigma_i = \phi^{-1} \circ \sigma_i\ (i \in I)$ が成り立ち，また $p_i = \pi_i \circ p = \pi_i \circ \sigma \circ \phi = \pi_i' \circ \phi\ (i \in I)$ も成り立つから，この ϕ が求める性質を持ち証明が終わる．

(i) $\phi \circ q = \mathbb{1}_{\coprod_{i \in I} M_i}$ の確認．各 $i \in I$ に対して次の図式を考える．

$$
\begin{array}{ccc}
& M_i & \\
\sigma_i \swarrow & \downarrow q_i & \searrow \sigma_i \\
\coprod_{i \in I} M_i \xrightarrow{\ q\ } & M & \xrightarrow{\ \phi\ } \coprod_{i \in I} M_i
\end{array}
$$

左の三角形は q の取り方から可換である．この右の三角形が可換であることを示せば，$\sigma_i = (\phi \circ q) \circ \sigma_i\ (i \in I)$ かつ $\sigma_i = \mathbb{1}_{\coprod_{i \in I} M_i} \circ \sigma_i\ (i \in I)$ に $\coprod_{i \in I} M_i$ の普遍性を適用することにより，$\phi \circ q = \mathbb{1}_{\coprod_{i \in I} M_i}$ が従う．したがって，$\sigma_i = \phi \circ q_i\ (i \in I)$ を示せばよい．$i \in I$ とする．このとき任意の $j \in I$ に対して，

$$
\pi_j \circ \sigma \circ \phi \circ q_i = \left\{
\begin{array}{ll}
\pi_i \circ p \circ q_i = p_i \circ q_i = \mathbb{1}_{M_i} & (j = i) \\
\pi_j \circ p \circ q_i = p_j \circ q_i = 0 & (j \neq i)
\end{array}
\right\} = \pi_j \circ \sigma \circ \sigma_i
$$

となるから，$\prod_{j \in I} M_j$ の普遍性と σ の単射性より，$\phi \circ q_i = \sigma_i$ となる．

(ii) $q \circ \phi = \mathbb{1}_M$ の確認．$(\sigma_i \circ \pi_i')_{i \in I}$ が総和可能なので次の式が成り立つ．

$$q \circ \phi = q \circ (\mathbb{1}_{\coprod_{i \in I} M_i}) \circ \phi = q \circ \left(\sum_{i \in I} \sigma_i \circ \pi'_i \right) \circ \phi$$

$$= \left(\sum_{i \in I} q \circ \sigma_i \circ \pi'_i \circ \phi \right) = \sum_{i \in I} q_i \circ p_i = \mathbb{1}_M.$$

$\square$

補題 2.4.4 より直ちに次が成り立つ.

命題 2.4.5. $\mathscr{C}$ を線形圏, I を小集合とし, $M, M_i \in (\mathrm{Mod}\,\mathscr{C})_0$ $(i \in I)$ とする. このとき $\mathrm{Mod}\,\mathscr{C}$ において次は同値である.

(1) $M \cong \coprod_{i \in I} M_i$;

(2) 直和系 $(M_i \xrightarrow{q_i} M \xrightarrow{p_i} M_i)_{i \in I}$ が存在する.

定義 2.4.6. I, J を小集合, $(L_i)_{i \in I}, (M_j)_{j \in J}$ を $(\mathrm{Mod}\,\mathscr{C})_0$ の族とし, $(f_{j,i})_{(j,i) \in J \times I} \in \prod_{j \in J} \prod_{i \in I} (\mathrm{Mod}\,\mathscr{C})(L_i, M_j)$ とする. 各 $i \in I$ に対して $(f_{j,i})_{j \in J}$ が局所列有限であるとき, $(f_{j,i})_{(j,i) \in J \times I}$ は**局所列有限**であるといい, その全体を $\prod'_{j \in J} \prod_{i \in I} (\mathrm{Mod}\,\mathscr{C})(L_i, M_j)$ で表す.

命題 2.4.7 (直和から直和への射の行列表示). I, J を小集合, $(L_i \xrightarrow{q_i} L \xrightarrow{p_i} L_i)_{i \in I}, (M_j \xrightarrow{s_j} M \xrightarrow{r_j} M_j)_{j \in J}$ を $\mathrm{Mod}\,\mathscr{C}$ における直和系とする. このとき, 次は $\mathrm{Mod}\,\Bbbk$ における同型である.

$$(\mathrm{Mod}\,\mathscr{C})(L, M) \to \prod'_{j \in J} \prod_{i \in I} (\mathrm{Mod}\,\mathscr{C})(L_i, M_j).$$

$$f \mapsto (r_j \circ f \circ q_i)_{(j,i) \in J \times I}$$

これの逆写像を

$$\prod'_{j \in J} \prod_{i \in I} (\mathrm{Mod}\,\mathscr{C})(L_i, M_j) \to (\mathrm{Mod}\,\mathscr{C})(L, M)$$

$$(f_{j,i})_{(j,i) \in J \times I} \mapsto [f_{j,i}]_{(j,i) \in J \times I}$$

で表す. したがって, $f_{j,i} := r_j \circ f \circ q_i$ $(i \in I, j \in J)$ とおくと, $f = [f_{j,i}]_{(j,i) \in J \times I}$ となる. 命題 1.1.27 のときと同様に, これを, これらの直和系に関する f の**行列表示**とよぶ.

証明. $(L_i \xrightarrow{\sigma_i} \coprod_{i \in I} L_i \xrightarrow{\pi'_i} L_i)_{i \in I}, (M_j \xrightarrow{\tau_j} \coprod_{j \in J} M_j \xrightarrow{\rho'_j} M_j)_{j \in J}$ を標準直和系とし, これらから定まる標準同型をそれぞれ $\phi \colon L \to \coprod_{i \in I} L_i$, $\psi \colon M \to \coprod_{j \in J} M_j$ とおく. また, $(\rho_j \colon \prod_{j \in J} M_j \to M_j)_{j \in J}$ を標準射影族, $\sigma \colon \coprod_{j \in J} M_j \to \prod_{j \in J} M_j$ を包含射とする. (このとき $\rho'_j = \rho_j \circ \sigma$ $(j \in J)$ となっていることに注意.) 積と余積の普遍性から得られる, 命題 1.1.27 の全単射を

$$\alpha \colon (\operatorname{Mod}\mathscr{C})(\coprod_{i\in I}L_i, \prod_{j\in J}M_j) \to \prod_{j\in J}\prod_{i\in I}(\operatorname{Mod}\mathscr{C})(L_i, M_j), g \mapsto (\rho_j \circ g \circ \sigma_i)_{j,i}$$

とおく．注意 1.1.20 より，$\sigma_* := (\operatorname{Mod}\mathscr{C})(\coprod_{i\in I}L_i, \sigma)$：

$$(\operatorname{Mod}\mathscr{C})(\coprod_{i\in I}L_i, \coprod_{j\in J}M_j) \to (\operatorname{Mod}\mathscr{C})(\coprod_{i\in I}L_i, \prod_{j\in J}M_j)$$

は単射である．したがって，合成写像 $\beta := \alpha \circ \sigma_*$ も単射である：

$$\beta \colon (\operatorname{Mod}\mathscr{C})(\coprod_{i\in I}L_i, \coprod_{j\in J}M_j) \to \prod_{j\in J}\prod_{i\in I}(\operatorname{Mod}\mathscr{C})(L_i, M_j),\ g \mapsto (\rho'_j \circ g \circ \sigma_i)_{j,i}.$$

像 $\operatorname{Im}\beta$ はその定義より，$\operatorname{Im}\beta = \prod'_{j\in J}\prod_{i\in I}(\operatorname{Mod}\mathscr{C})(L_i, M_j)$ であるから β は同型

$$(\operatorname{Mod}\mathscr{C})(\coprod_{i\in I}L_i, \coprod_{j\in J}M_j) \to \prod_{j\in J}{}'\prod_{i\in I}(\operatorname{Mod}\mathscr{C})(L_i, M_j),\ g \mapsto (\rho'_j \circ g \circ \sigma_i)_{j,i}$$

を与える．したがって，これと同型

$$(\operatorname{Mod}\mathscr{C})(L, M) \xrightarrow{(\operatorname{Mod}\mathscr{C})(\phi^{-1}, \psi)} (\operatorname{Mod}\mathscr{C})(\coprod_{i\in I}L_i, \coprod_{j\in J}M_j),\ f \mapsto \psi \circ f \circ \phi^{-1}$$

を合成すると，求める同型 $f \mapsto (\rho'_j \circ \psi \circ f \circ \phi^{-1} \circ \sigma_i)_{j,i} = (r_j \circ f \circ q_i)_{j,i}$ が得られる． $\qquad\qquad\square$

注意 2.4.8（局所列有限の意味）．$g \in (\operatorname{Mod}\mathscr{C})(\coprod_{i\in I}L_i, \prod_{j\in J}M_j)$ を命題 2.4.7 の設定のもとで任意にとる．g が局所列有限であるためには，各 $x\in\mathscr{C}_0$ と各 $l \in \coprod_{i\in I}L_i(x)$ に対して，$g_x(l) \in \coprod_{j\in J}M_j(x)$ となっていることが必要十分である．すなわち，J のある有限部分集合 $J_{x,l}$ をうまくとると，任意の $j \in J \setminus J_{x,l}$ に対して $\pi_j(g_x(l)) = 0$ となることと同値である．

補題 2.4.9. I, J, K を小集合，$(L_i \xrightarrow{q_i} \coprod_{i\in I}L_i \xrightarrow{p_i} L_i)_{i\in I}, (M_j \xrightarrow{s_j} \coprod_{j\in J}M_j \xrightarrow{r_j} M_j)_{j\in J}, (N_k \xrightarrow{u_k} \coprod_{k\in K}N_k \xrightarrow{t_k} N_k)_{k\in K}$ を $\operatorname{Mod}\mathscr{C}$ における標準直和系とする．

(1) $x\in\mathscr{C}_0$ とする．任意の $f = [f_{j,i}]_{(j,i)\in J\times I} \in (\operatorname{Mod}\mathscr{C})(\coprod_{i\in I}L_i, \coprod_{j\in J}M_j)$ と任意の $l = (l_i)_{i\in I} \in \coprod_{i\in I}L_i(x)$ に対して，

$$f_x(l) = [f_{j,i,x}]_{(j,i)\in J\times I}(l_i)_{i\in I} = \left(\sum_{i\in I}f_{j,i,x}(l_i)\right)_{j\in J}$$

が成り立つ．すなわち，$(l_i)_{i\in I}$ を列ベクトルと見れば，普通の行列と列ベクトルの積と同じ形になる．

(2) $f \in (\operatorname{Mod}\mathscr{C})(\coprod_{i\in I}L_i, \coprod_{j\in J}M_j), g \in (\operatorname{Mod}\mathscr{C})(\coprod_{j\in J}M_j, \coprod_{k\in K}N_k)$ とする．与えられた直和系に関する行列表示を $f = [f_{j,i}]_{(j,i)\in J\times I}, g = [g_{k,j}]_{(k,j)\in K\times J}$ とすると，各 $i\in I, k\in K$ に対して $(\operatorname{Mod}\mathscr{C})(L_i, N_k)$ の

元の族 $(g_{k,j} \circ f_{j,i})_{j \in J}$ は総和可能であり，

$$g \circ f = \left[\sum_{j \in J} g_{k,j} \circ f_{j,i} \right]_{(k,i) \in K \times I}$$

が成り立つ．すなわち，$\mathrm{Mod}\,\mathscr{C}$ の射の合成は，行列の積に対応する．

証明. $L := \coprod_{i \in I} L_i, M := \coprod_{j \in J} M_j, N := \coprod_{k \in K} N_k$ とおく．

(1) $l = \mathbb{1}_{L(x)}(l) = \sum_{i \in I} q_{i,x} \circ p_{i,x}(l), f_x = \mathbb{1}_{M(x)} \circ f_x = \sum_{j \in J} s_{j,x} \circ r_{j,x} \circ f_x$ であるから，

$$\begin{aligned}
f_x(l) &= \left(\sum_{j \in J} s_{j,x} \circ r_{j,x} \circ f_x \right) \left(\sum_{i \in I} q_{i,x} \circ p_{i,x}(l) \right) \\
&= \sum_{j \in J} \sum_{i \in I} s_{j,x} \circ r_{j,x} \circ f_x \circ q_{i,x} \circ p_{i,x}(l) = \sum_{j \in J} \sum_{i \in I} s_{j,x}(f_{j,i,x}(l_i)) \\
&= \sum_{j \in J} s_{j,x} \left(\sum_{i \in I} f_{j,i}(l_i) \right) = \left(\sum_{i \in I} f_{j,i,x}(l_i) \right)_{j \in J}.
\end{aligned}$$

(2) これは次の計算から分かる．

$$\begin{aligned}
g \circ f &= g \circ \mathbb{1}_M \circ f = g \circ \left(\sum_{j \in J} s_j \circ r_j \right) \circ f = \sum_{j \in J} g \circ s_j \circ r_j \circ f \\
&= \sum_{j \in J} \mathbb{1}_N \circ g \circ s_j \circ r_j \circ f \circ \mathbb{1}_L \\
&= \sum_{j \in J} \left(\sum_{k \in K} u_k \circ t_k \right) \circ g \circ s_j \circ r_j \circ f \circ \left(\sum_{i \in I} q_i \circ p_i \right) \\
&= \sum_{k \in K} \sum_{i \in I} u_k \circ \left(\sum_{j \in J} t_k \circ g \circ s_j \circ r_j \circ f \circ q_i \right) \circ p_i \\
&= \sum_{k \in K} \sum_{i \in I} u_k \circ \left(\sum_{j \in J} g_{k,j} \circ f_{j,i} \right) \circ p_i \\
&= \left[t_{k'} \circ \sum_{k \in K} \sum_{i \in I} u_k \circ \left(\sum_{j \in J} g_{k,j} \circ f_{j,i} \right) \circ p_i \circ q_{i'} \right]_{(k',i') \in K \times I} \\
&= \left[\sum_{j \in J} g_{k',j} \circ f_{j,i'} \right]_{(k',i') \in K \times I} = \left[\sum_{j \in J} g_{k,j} \circ f_{j,i} \right]_{(k,i) \in K \times I}.
\end{aligned}$$

$\square$

2.5 線形圏上の有限生成射影加群

この節を通じて $\mathscr{C}$ を線形圏とする．

定義 2.5.1. $f\colon L \to M$ を $\mathscr{C}$-加群の間の射とする．M の部分加群 $\operatorname{Ker} f$ が $(\operatorname{Ker} f)(x) := \operatorname{Ker}(f_x\colon L(x) \to M(x))$, $(x \in \mathscr{C}_0)$ で，N の部分加群 $\operatorname{Im} f$ が $(\operatorname{Im} f)(x) := \operatorname{Im}(f_x\colon L(x) \to M(x))$, $(x \in \mathscr{C}_0)$ で定義される．これらをそれぞれ f の**核**，f の**像**とよぶ．

注意 2.5.2. $f\colon L \to M$ を $\mathscr{C}$-加群の間の射とする．

(1) f が全型であることは $\operatorname{Im} f = M$ と同値である．

(2) f が単型であることは $\operatorname{Ker} f = 0$ と同値である．

問 2.5.3. $f\colon L \to M$ を $\operatorname{Mod}\mathscr{C}$ における射とする．このとき次を示せ．

(1) $\sigma\colon \operatorname{Ker} f \to L$ を包含射とすると，これは $\operatorname{Mod}\mathscr{C}$ における f の核（定義 1.5.9 参照）となる．

(2) $\pi\colon M \to M/\operatorname{Im} f$ を標準全型とすると，これは $\operatorname{Mod}\mathscr{C}$ における f の余核となる．これにより，$\operatorname{Coker} f := M/\operatorname{Im} f$ とおき，これを f の**余核**とよぶ．

定義 2.5.4. (1) $\mathscr{C}$-加群の射の列 $M_1 \xrightarrow{f_1} M_2 \xrightarrow{f_2} \cdots \xrightarrow{f_{n-1}} M_n$ は，$\operatorname{Im} f_i = \operatorname{Ker} f_{i+1}$ ($1 \le i \le n-2$) を満たすとき，**完全**であるという．

(2) $0 \to L \xrightarrow{f} M \xrightarrow{g} N \to 0$ の形の $\mathscr{C}$-加群の射の完全列を**短完全列**とよぶ．

注意 2.5.5. 上において，定義 2.5.1 の形より，$\mathscr{C}$-加群の射の列

$$0 \to L \xrightarrow{f} M \xrightarrow{g} N \to 0$$

が完全であることは，各 $x \in \mathscr{C}_0$ に対して $\mathbb{k}$-線形写像の列

$$0 \to L(x) \xrightarrow{f_x} M(x) \xrightarrow{g_x} N(x) \to 0$$

が完全であること同値である．

定義 2.5.6. X を $\mathscr{C}$-加群とする．任意の $\mathscr{C}$-加群の射の短完全列 $0 \to L \xrightarrow{f} M \xrightarrow{g} N \to 0$ に対して，列

$$0 \to (\operatorname{Mod}\mathscr{C})(X, L) \xrightarrow{(\operatorname{Mod}\mathscr{C})(X, f)} (\operatorname{Mod}\mathscr{C})(X, M)$$
$$\xrightarrow{(\operatorname{Mod}\mathscr{C})(X, g)} (\operatorname{Mod}\mathscr{C})(X, N) \to 0$$

がベクトル空間の線形写像の短完全列となるとき，X は**射影的**であるという．射影的 $\mathscr{C}$-加群全体のなす $\operatorname{Mod}\mathscr{C}$ の充満部分圏を $\operatorname{Prj}\mathscr{C}$ で表す．

補題 2.5.7. (1) I を小集合，$(X_i)_{i \in I}$ を $(\operatorname{Mod}\mathscr{C})_0$ の族とする．すべての $i \in I$ に対して X_i が射影的であれば，$\coprod_{i \in I} X_i$ も射影的である．

(2) $X, X_1 \in (\operatorname{Mod}\mathscr{C})_0$ とする．X が射影的で，X_1 が X の直和因子であれば，X_1 も射影的である（定義 1.5.16 参照）．

証明. $\operatorname{Mod}\mathscr{C}$ における短完全列

$$0 \to L \xrightarrow{f} M \xrightarrow{g} N \to 0 \tag{2.6}$$

を任意にとる.

(1) $X := \coprod_{i \in I} X_i$ とおく. 問 1.3.4 の式 (1.6) より自然同型

$$\alpha \colon (\mathrm{Mod}\,\mathscr{C})(X, \text{-}) \to \prod_{i \in I} (\mathrm{Mod}\,\mathscr{C})(X_i, \text{-})$$

が存在する. これを用いて, 短完全列 (2.6) から $\mathrm{Mod}\,\Bbbk$ における可換図式

$$
\begin{array}{ccccccccc}
0 & \longrightarrow & (\mathrm{Mod}\,\mathscr{C})(X, L) & \longrightarrow & (\mathrm{Mod}\,\mathscr{C})(X, M) & \longrightarrow & (\mathrm{Mod}\,\mathscr{C})(X, N) & \longrightarrow & 0 \\
& & \downarrow{\scriptstyle \alpha_L} & & \downarrow{\scriptstyle \alpha_M} & & \downarrow{\scriptstyle \alpha_N} & & \\
0 & \to & \prod_{i \in I}(\mathrm{Mod}\,\mathscr{C})(X_i, L) & \to & \prod_{i \in I}(\mathrm{Mod}\,\mathscr{C})(X_i, M) & \to & \prod_{i \in I}(\mathrm{Mod}\,\mathscr{C})(X_i, N) & \to & 0
\end{array}
$$

が得られ, これは上の列と下の列の同型を与える. 下の列は, 各 X_i が射影的であり, $\mathrm{Mod}\,\Bbbk$ では完全列の直積はまた完全列であるから完全である. したがって, 上の列も完全である.

(2) $(X_i \xrightarrow{\sigma_i} X \xrightarrow{\pi_i} X_i)_{i=1}^2$ を直和系とする. このとき, 短完全列 (2.6) から得られる列

$$0 \to (\mathrm{Mod}\,\mathscr{C})(X_1, L) \to (\mathrm{Mod}\,\mathscr{C})(X_1, M) \to (\mathrm{Mod}\,\mathscr{C})(X_1, N) \to 0$$

において, $(\mathrm{Mod}\,\mathscr{C})(X_1, L)$ と $(\mathrm{Mod}\,\mathscr{C})(X_1, M)$ における完全性は, 注意 1.5.10 より一般に成り立つ. あとは $(\mathrm{Mod}\,\mathscr{C})(X_1, g)$ が全射であることを確かめればよい. 可換図式

$$
\begin{array}{ccc}
(\mathrm{Mod}\,\mathscr{C})(X, M) & \xrightarrow{\ (\mathrm{Mod}\,\mathscr{C})(X,g)\ } & (\mathrm{Mod}\,\mathscr{C})(X, N) \\
{\scriptstyle (\mathrm{Mod}\,\mathscr{C})(\sigma_1, M)}\Big\downarrow & & \Big\downarrow{\scriptstyle (\mathrm{Mod}\,\mathscr{C})(\sigma_1, N)} \\
(\mathrm{Mod}\,\mathscr{C})(X_1, M) & \xrightarrow{\ (\mathrm{Mod}\,\mathscr{C})(X_1,g)\ } & (\mathrm{Mod}\,\mathscr{C})(X_1, N)
\end{array}
$$

において, X が射影的であることから $(\mathrm{Mod}\,\mathscr{C})(X, g)$ は全射である. $\pi_1 \sigma_1 = \mathbb{1}_{X_1}$ より, $(\mathrm{Mod}\,\mathscr{C})(\sigma_1, N)(\mathrm{Mod}\,\mathscr{C})(\pi_1, N) = \mathbb{1}_{(\mathrm{Mod}\,\mathscr{C})(X,N)}$ が成り立つから $(\mathrm{Mod}\,\mathscr{C})(\sigma_1, N)$ も全射である. したがって図式の右回りの合成も全射となり, 図式の可換性から, 左回りの合成も全射となる. ゆえに $(\mathrm{Mod}\,\mathscr{C})(X_1, g)$ も全射となる. $\qquad\square$

次に述べる米田の補題は, 命題 2.3.4 の証明を多対象化することによって得られる. 結局は, 比例と比例定数が 1 対 1 対応していることの一般化になっている. これはすぐ後で, 表現関手が射影的であることの証明に用いる.

補題 2.5.8 (米田の補題). $x \in \mathscr{C}_0$ と $F \in (\mathrm{Mod}\,\mathscr{C})_0$ について自然な同型

$$\phi_{x,F} \colon (\mathrm{Mod}\,\mathscr{C})(\mathscr{C}(\text{-}, x), F) \xrightarrow{\sim} F(x)$$

が存在する．この自然性を正確に記述するために，まず**米田の埋め込み**とよばれる関手

$$Y \colon \mathscr{C} \to \mathrm{Mod}\,\mathscr{C}$$

を $Y(x) := \mathscr{C}(\text{-},x), Y(f) := \mathscr{C}(\text{-},f),\ (x \in \mathscr{C}_0, f \in \mathscr{C}_1)$ で定義する．また，関手

$$\mathrm{ev} \colon \mathscr{C}^{\mathrm{op}} \times \mathrm{Mod}\,\mathscr{C} \to \mathrm{Mod}\,\Bbbk$$

を $\mathrm{ev}(x,F) := F(x),\ \mathrm{ev}(f,\alpha) := \alpha_{x'} \circ F(f) \colon F(x) \to F(x') \to F'(x')$ $(f \in \mathscr{C}(x',x),\ \alpha \in (\mathrm{Mod}\,\mathscr{C})(F,F'),\ x,x' \in \mathscr{C}_0,\ F,F' \in (\mathrm{Mod}\,\mathscr{C})_0)$ で定義する．このとき，次の自然同型が存在する:

$$
\begin{array}{ccc}
\mathscr{C}^{\mathrm{op}} \times \mathrm{Mod}\,\mathscr{C} & \xrightarrow{\ Y^{\mathrm{op}} \times \mathrm{Mod}\,\mathscr{C}\ } & (\mathrm{Mod}\,\mathscr{C})^{\mathrm{op}} \times \mathrm{Mod}\,\mathscr{C} \\
{\scriptstyle \mathrm{ev}} \downarrow & \quad {\scriptstyle \phi} \quad {\scriptstyle \sim} & \downarrow {\scriptstyle (\mathrm{Mod}\,\mathscr{C})(?,\text{-})} \\
\mathrm{Mod}\,\Bbbk & \longleftarrow & \mathrm{Mod}^2\,\Bbbk
\end{array}
$$

(表現関手と Y^{op} については問 1.2.5 を，直積圏，直積関手についてはそれぞれ定義 1.2.6, 1.2.8 を，$\mathrm{Mod}^2\,\Bbbk$ については注意 1.5.7(2) を参照．ただし，$\mathscr{C}$ が小圏であるときは上の $\mathrm{Mod}^2\,\Bbbk$ は $\mathrm{Mod}\,\Bbbk$ に置き換えられる．[29, Proposition 11] 参照．)

証明．$x \in \mathscr{C}_0,\ F \in (\mathrm{Mod}\,\mathscr{C})_0$ とする．まず，同型

$$\phi_{x,F} \colon (\mathrm{Mod}\,\mathscr{C})(\mathscr{C}(\text{-},x),F) \to F(x)$$

を定義する．任意の $\alpha \in (\mathrm{Mod}\,\mathscr{C})(\mathscr{C}(\text{-},x),F)$ に対して，$\alpha_x \colon \mathscr{C}(x,x) \to F(x)$ が $\mathrm{Mod}\,\Bbbk$ の射であることに注意して，

$$\phi_{x,F}(\alpha) := \alpha_x(\mathbb{1}_x)\ (\in F(x))$$

と定め，$\phi := (\phi_{x,F})_{(x,F) \in (\mathscr{C}^{\mathrm{op}} \times \mathrm{Mod}\,\mathscr{C})_0}$ と定義する．

次に $\phi_{x,F}$ の逆

$$\psi_{x,F} \colon F(x) \to (\mathrm{Mod}\,\mathscr{C})(\mathscr{C}(\text{-},x),F)$$

を定義する．任意の $v \in F(x)$ に対して，$\mathrm{Mod}\,\mathscr{C}$ の射である自然変換 $\psi_{x,F}(v) = (\psi_{x,F}(v)_y \colon \mathscr{C}(y,x) \to F(y))_{y \in \mathscr{C}_0}$ を次で定義する．各 $y \in \mathscr{C}_0$ と $f \in \mathscr{C}(y,x)$ に対して，$F(f) \colon F(x) \to F(y)$ が $\mathrm{Mod}\,\Bbbk$ の射であることに注意して，

$$\psi_{x,F}(v)_y(f) := F(f)(v)\ (\in F(y))$$

と定め，$\psi := (\psi_{x,F})_{(x,F) \in (\mathscr{C}^{\mathrm{op}} \times \mathrm{Mod}\,\mathscr{C})_0}$ と定義する．

以上で定めた $\phi_{x,F}, \psi_{x,F}$ が線形であり，互いに逆になっていることは容易に確認できる．ϕ が実際に自然変換となっていることの確認は読者に任せる．最後に，$(\mathrm{Mod}\,\mathscr{C})(\mathscr{C}(\text{-},x),F)$ が 2-クラスになっていること，すなわち，$(\mathrm{Mod}\,\mathscr{C})(\mathscr{C}(\text{-},x),F) \in (\mathrm{Mod}^2\,\Bbbk)_0$ については付録の例 A.3.5 を参照． □

問 2.5.9. 上の証明の $\phi_{x,F}, \psi_{x,F}$ が線形であり，互いに逆になっていることを確かめよ．また，ϕ が自然変換であることを確かめよ．

補題 2.5.10. 米田の補題の証明において，特に F が $F = \mathscr{C}(\text{-},y),\ (\exists y \in \mathscr{C}_0)$ の形であるとき，同型 $\psi_{x,\mathscr{C}(\text{-},y)} \colon \mathscr{C}(x,y) \to \mathrm{Mod}\,\mathscr{C}(\mathscr{C}(\text{-},x),\mathscr{C}(\text{-},y))$ は次で与えられる：

$$\psi_{x,\mathscr{C}(\text{-},y)}(f) = \mathscr{C}(\text{-},f)\ (f \in \mathscr{C}(x,y)).$$

証明．簡単のために $\alpha := \psi_{x,\mathscr{C}(\text{-},y)}$ とおくとき，任意の $z \in \mathscr{C}_0$ と任意の $g \in \mathscr{C}(x,y)$ に対して，$\alpha(f)_z(g) = \mathscr{C}(z,f)(g)(= fg)$ を示せばよい．$\alpha(f)$ の自然性より図式

$$
\begin{array}{ccc}
\mathscr{C}(x,x) & \xrightarrow{\ \alpha(f)_x\ } & \mathscr{C}(x,y) \\
{\scriptstyle \mathscr{C}(g,x)}\downarrow & & \downarrow{\scriptstyle \mathscr{C}(g,y)} \\
\mathscr{C}(z,x) & \xrightarrow[\ \alpha(f)_z\ ]{} & \mathscr{C}(z,y)
\end{array}
$$

は可換である．したがって，

$$
\begin{aligned}
\alpha(f)_z(g) &= (\alpha(f)_z \circ \mathscr{C}(g,x))(\mathbb{1}_x) = (\mathscr{C}(g,y) \circ \alpha(f)_x)(\mathbb{1}_x) \\
&= \mathscr{C}(g,y)(f) = fg.
\end{aligned}
$$

□

上の補題から，$\mathscr{C}$ における 2 つの対象の同型性がそれに対応する表現関手の関手圏における同型性と同値であることが従う（系 2.3.13 の一般化）．

系 2.5.11. 任意の $x,y \in \mathscr{C}_0$ に対して，次は同値である．
(1) 圏 $\mathscr{C}$ において $x \cong y$．
(2) 圏 $\mathrm{Mod}\,\mathscr{C}$ において $\mathscr{C}(\text{-},x) \cong \mathscr{C}(\text{-},y)$．

証明．(1) $\Rightarrow$ (2)．$f \colon x \to y$ と $g \colon y \to x$ が $\mathscr{C}$ において互いに逆であるとすると，$\alpha := \mathscr{C}(\text{-},f) \colon \mathscr{C}(\text{-},x) \to \mathscr{C}(\text{-},y)$ と $\beta := \mathscr{C}(\text{-},g) \colon \mathscr{C}(\text{-},y) \to \mathscr{C}(\text{-},x)$ は $\mathrm{Mod}\,\mathscr{C}$ において互いに逆になっている．実際，$\beta \circ \alpha = \mathscr{C}(\text{-},g \circ f) = \mathscr{C}(\text{-},\mathbb{1}_x) = \mathbb{1}_{\mathscr{C}(\text{-},x)}$ であり同様に，$\alpha \circ \beta = \mathbb{1}_{\mathscr{C}(\text{-},y)}$．

(2) $\Rightarrow$ (1)．$\alpha \colon \mathscr{C}(\text{-},x) \to \mathscr{C}(\text{-},y)$ と $\beta \colon \mathscr{C}(\text{-},y) \to \mathscr{C}(\text{-},x)$ が $\mathrm{Mod}\,\mathscr{C}$ において互いに逆になっているとする．このとき，補題 2.5.10 より，$\alpha = \mathscr{C}(\text{-},f), \beta = \mathscr{C}(\text{-},g)$ となる，$\mathscr{C}$ の射 $f \colon x \to y$ と $g \colon y \to x$ が存在

する．このとき，$\beta \circ \alpha = \mathbb{1}_{\mathscr{C}(\text{-},x)}$ より，$\mathscr{C}(\text{-}, g \circ f) = \mathscr{C}(\text{-}, \mathbb{1}_x)$ が成り立ち，補題 2.5.10 より，$g \circ f = \mathbb{1}_x$ が従う．同様に，$\alpha \circ \beta = \mathbb{1}_{\mathscr{C}(\text{-},y)}$ より $f \circ g = \mathbb{1}_y$ が従う． $\qquad\qquad\square$

同様な証明により，左加群（共変関手）についても次が成り立つ．

補題 2.5.12. $x \in \mathscr{C}_0$ と $F \in (\mathscr{C}\text{-Mod})_0$ について自然な同型

$$\phi'_{x,F} \colon (\mathscr{C}\text{-Mod})(\mathscr{C}(x,\text{-}), F) \xrightarrow{\sim} F(x)$$

が存在する．特に F が $F = \mathscr{C}(y,\text{-})$, $(\exists y \in \mathscr{C}_0)$ の形であるとき，同型 $\phi'^{-1}_{x,\mathscr{C}(y,\text{-})} \colon \mathscr{C}(y,x) \to \mathscr{C}\text{-Mod}(\mathscr{C}(x,\text{-}), \mathscr{C}(y,\text{-}))$ は次で与えられる：

$$f \mapsto \mathscr{C}(f,\text{-}) \ (f \in \mathscr{C}(x,y)).$$

また，任意の $x, y \in \mathscr{C}_0$ に対して，次は同値である．
(1) 圏 $\mathscr{C}$ において $x \cong y$.
(2) 圏 $\mathscr{C}\text{-Mod}$ において $\mathscr{C}(x,\text{-}) \cong \mathscr{C}(y,\text{-})$.

注意 2.5.13. 以上，線形圏において米田の補題を解説したが，一般の圏においても同様の主張が同様に証明できる．すなわち，$\mathscr{C}$ が軽度の圏であるとき，$x \in \mathscr{C}_0$ と $F \in \mathrm{Fun}(\mathscr{C}^{\mathrm{op}}, \mathbf{Set})_0$ について自然な同型

$$\phi_{x,F} \colon \mathrm{Fun}(\mathscr{C}^{\mathrm{op}}, \mathbf{Set})(\mathscr{C}(\text{-},x), F) \xrightarrow{\sim} F(x)$$

が存在する．特に F が $F = \mathscr{C}(\text{-},y)$, $(\exists y \in \mathscr{C}_0)$ の形であるとき，同型 $\phi^{-1}_{x,\mathscr{C}(\text{-},y)} \colon \mathscr{C}(x,y) \to \mathrm{Fun}(\mathscr{C}^{\mathrm{op}}, \mathbf{Set})(\mathscr{C}(\text{-},x), \mathscr{C}(\text{-},y))$ は次で与えられる：

$$f \mapsto \mathscr{C}(\text{-},f) \ (f \in \mathscr{C}(x,y)).$$

また，任意の $x, y \in \mathscr{C}_0$ に対して，次は同値である．
(1) 圏 $\mathscr{C}$ において $x \cong y$.
(2) 圏 $\mathrm{Fun}(\mathscr{C}^{\mathrm{op}}, \mathbf{Set})$ において $\mathscr{C}(\text{-},x) \cong \mathscr{C}(\text{-},y)$.
共変関手についても同様の主張が成り立つ．

命題 2.5.14. $x \in \mathscr{C}_0$ とする．このとき，表現関手 $\mathscr{C}(\text{-},x)$ および $\mathscr{C}(x,\text{-})$ はともに射影的である．

証明. どちらも同様に証明できるので，$\mathscr{C}(\text{-},x)$ の方だけを証明する．

$$(E) \colon 0 \to L \xrightarrow{f} M \xrightarrow{g} N \to 0$$

を $\mathscr{C}$-加群の射の短完全列とする．このとき，米田の補題より列

$$(E') \colon 0 \to (\mathrm{Mod}\,\mathscr{C})(\mathscr{C}(\text{-},x), L) \xrightarrow{(\mathrm{Mod}\,\mathscr{C})(\mathscr{C}(\text{-},x),f)} (\mathrm{Mod}\,\mathscr{C})(\mathscr{C}(\text{-},x), M)$$

$$\xrightarrow{(\mathrm{Mod}\,\mathscr{C})(\mathscr{C}(\text{-},x),g)} (\mathrm{Mod}\,\mathscr{C})(\mathscr{C}(\text{-},x), N) \to 0$$

は列

$$0 \to L(x) \xrightarrow{f_x} M(x) \xrightarrow{g_x} N(x) \to 0$$

と同型である．注意 2.5.5 よりこの列は完全であるから，(E') も完全である．$\qquad \square$

補題 2.5.15. M を右 $\mathscr{C}$-加群とするとき次は同値である．

(1) M は有限生成である．

(2) $\mathscr{C}$ のある有限個の対象 $x_1, \ldots, x_n$ と全型 $\alpha \colon \coprod_{i=1}^{n} \mathscr{C}(\text{-}, x_i) \to M$ が存在する．

証明．　$(1) \Rightarrow (2)$．$M = \langle v_1, \ldots, v_n \rangle$ となる $\{v_1, \ldots, v_n\} \subseteq \sqcup_{x \in \mathscr{C}_0} M(x)$ が存在すると仮定する．このとき，各 $i = 1, \ldots, n$ に対して $v_i \in M(x_i)$ となる $x_i \in \mathscr{C}_0$ が存在する．ここで

$$\alpha := {}^{t}[\psi_{x_i, M}(v_i)]_{i=1}^{n} \colon \coprod_{i=1}^{n} \mathscr{C}(\text{-}, x_i) \to M$$

をとれば，$\psi_{x_i, M}(v_i)(\mathbb{1}_{x_i}) = v_i \ (i = 1, \ldots, n)$ より $M = \langle v_1, \ldots, v_n \rangle \leq \operatorname{Im} \alpha \leq M$ となり，α は全型となる．

　$(2) \Rightarrow (1)$．(2) を仮定し，$v_i := \alpha_{x_i}(\mathbb{1}_{x_i}) \ (i = 1, \ldots, n)$ とおく．このとき，$\{v_1, \ldots, v_n\} \subseteq L \leq M$ となる任意の L と任意の $x \in \mathscr{C}_0$ に対して $(\operatorname{Im} \alpha)(x) = \sum_{i=1}^{n} \{M(f)v_i \mid f \in \mathscr{C}(x, x_i)\} = \sum_{i=1}^{n} \{L(f)v_i \mid f \in \mathscr{C}(x, x_i)\} \leq L(x)$ より $\operatorname{Im} \alpha \leq L$ となる．よって $M = \operatorname{Im} \alpha \leq \langle v_1, \ldots, v_n \rangle \leq M$ より $M = \langle v_1, \ldots, v_n \rangle$．$\qquad \square$

定義 2.5.16. 有限生成で射影的 $\mathscr{C}$-加群全体のなす $\operatorname{Mod} \mathscr{C}$ の充満部分圏を $\operatorname{prj} \mathscr{C}$ で表す．

定義 2.5.17. $x \in \mathscr{C}_0, e \in \mathscr{C}(x, x)$ とする．

(1) $e^2 = e$ が成り立つとき，e を $\mathscr{C}$ の**冪等射**とよぶ．

(2) 冪等射 e がある $y \in \mathscr{C}_0$ と $\pi\sigma = \mathbb{1}_y$ を満たす $\mathscr{C}$ の射の組 $y \xrightarrow{\sigma} x \xrightarrow{\pi} y$ によって $e = \sigma\pi$ と書けるとき，e は**分裂する**という．

(3) $\mathscr{C}$ の任意の冪等射が分裂するとき，$\mathscr{C}$ は**冪等完備**であるという．

例 2.5.18. $\mathscr{C}$ のなかで $x \cong x_1 \amalg x_2$ となっているとし，$(x_i \xrightarrow{\sigma_i} x \xrightarrow{\pi_i} x_i)_{i=1}^{2}$ をこの分解に対応する $\mathscr{C}$ の直和系とする．このとき，$e_i := \sigma_i \pi_i \ (i = 1, 2)$ は冪等射になっている．実際，$e_i^2 = \sigma_i(\pi_i \sigma_i)\pi_i = \sigma_i \pi_i = e_i$.

補題 2.5.19. $x, x_1 \in \mathscr{C}_0$ とする．$\mathscr{C}$ が冪等完備であれば，次は同値である．

(1) x_1 は x の直和因子である．

(2) $\pi\sigma = \mathbb{1}_{x_1}$ となる射の組 $x_1 \xrightarrow{\sigma} x \xrightarrow{\pi} x_1$ が存在する．（この等式より特に，

σ は切断，π は引き戻しである.）

証明.　(1) $\Rightarrow$ (2). これは定義から自明である.

(2) $\Rightarrow$ (1). (2) を仮定する. このとき，$\mathbb{1}_x - \sigma\pi \in \mathscr{C}(x,x)$ も冪等射であることはすぐに分かる. よって $\mathscr{C}$ の冪等完備性より，ある $x_2 \in \mathscr{C}_0$ と $\pi'\sigma' = \mathbb{1}_{x_2}$ を満たす $\mathscr{C}$ の射の組 $x_2 \xrightarrow{\sigma'} x \xrightarrow{\pi'} x_2$ によって $\mathbb{1}_x - \sigma\pi = \sigma'\pi'$ と書ける. したがって，

$$\mathbb{1}_x = \sigma\pi + \sigma'\pi'. \tag{2.7}$$

あとは，$\pi'\sigma = 0, \pi\sigma' = 0$ を示せば，$\sigma, \sigma'[\pi, \pi']$ を入射［射影］として $x \cong x_1 \amalg x_2$ となることが分かる. 式 (2.7) より，$\sigma = \mathbb{1}_x\sigma = \sigma\pi\sigma + \sigma'\pi'\sigma = \sigma + \sigma'\pi'\sigma$. これより，$0 = \sigma'\pi'\sigma$. 両辺に π' を左から作用させて，$0 = \pi'\sigma$ が得られる. 残りの式も同様にして得られる. □

注意 2.5.20.　上の補題より，$\mathscr{C}$ が冪等完備であることは，$\mathscr{C}$ のすべての冪等射が例 2.5.18 の形で与えられることと同値である.

命題 2.5.21.　次は同値である.
(1) $\mathscr{C}$ のすべての冪等射が核を持つ.
(2) $\mathscr{C}$ は冪等完備である.

証明.　(1) $\Rightarrow$ (2). $e\colon X \to X$ を $\mathscr{C}$ の冪等射とする. このとき $\mathbb{1}_X - e$ も $\mathscr{C}$ の冪等射であるから，(1) より $\mathbb{1}_X - e$ の核 $K := \mathrm{Ker}(\mathbb{1}_X - e) \xrightarrow{\sigma} X$ が存在する（定義 1.5.9 参照）. $(\mathbb{1}_x - e)e = e - e^2 = 0$ から核の普遍性により $e = \sigma\pi$ となる $\pi\colon X \to K$ がただ 1 つ存在する. ここで

$$\sigma\pi\sigma = e\sigma = (\mathbb{1}_X - (\mathbb{1}_X - e))\sigma = \sigma - (\mathbb{1}_X - e)\sigma = \sigma = \sigma\mathbb{1}_K$$

であり，σ は核として単射であるから $\pi\sigma = \mathbb{1}_K$ が得られる. したがって e は分裂する.

(2) $\Rightarrow$ (1). $e\colon X \to X$ を $\mathscr{C}$ の冪等射とする. このとき $\mathbb{1}_X - e$ も $\mathscr{C}$ の冪等射であるから，(2) より $\sigma\pi = \mathbb{1}_X - e, \pi\sigma = \mathbb{1}_K$ を満たす射 $X \xrightarrow{\pi} K \xrightarrow{\sigma} X$ が存在する. このとき，σ が e の核であることを示す.

(i) $e\sigma = 0$ であること. π は引き戻しとして全射であるから，$e\sigma\pi = e(\mathbb{1}_X - e) = e - e = 0$ より $e\sigma = 0$ となる.

(ii) σ の普遍性，すなわち，$ef = 0$ を満たす $\mathscr{C}$ の任意の射 $Y \xrightarrow{f} X$ に対して，$f = \sigma g$ を満たす $g\colon Y \to K$ がただ 1 つ存在すること. $f = f - ef = (\mathbb{1}_X - e)f = \sigma\pi f$ より $g = \pi f\colon Y \to K$ ととれる. σ は単射であるからそのような g はただ 1 つしかない. □

例 2.5.22.　線形アーベル圏（例えば $\mathrm{Mod}\,\mathscr{C}$）は，加法圏でありそのすべての

射が核を持つので，冪等完備な線形加法圏である．

補題 2.5.23. X が射影的 $\mathscr{C}$-加群で，$Y \xrightarrow{\pi} X$ が全型であれば，π は引き戻しになる．よって特に X は Y の直和因子になる．

証明． $Z := \operatorname{Ker}\pi$ ととると，短完全列 $0 \to Z \hookrightarrow Y \xrightarrow{\pi} X \to 0$ が得られる．これより，完全列 $(\operatorname{Mod}\mathscr{C})(X,Y) \xrightarrow{(\operatorname{Mod}\mathscr{C})(X,\pi)} (\operatorname{Mod}\mathscr{C})(X,X) \to 0$ が得られ，$\pi\sigma = (\operatorname{Mod}\mathscr{C})(X,\pi)(\sigma) = \mathbb{1}_X$ となる $\sigma \in (\operatorname{Mod}\mathscr{C})(X,Y)$ がとれる．　□

補題 2.5.24. M を右 $\mathscr{C}$-加群とするとき次は同値である．
(1) M は有限生成射影的ある．
(2) M が $\coprod_{i=1}^{n} \mathscr{C}(\text{-},x_i)$ の直和因子となるような $\mathscr{C}$ の有限個の対象 $x_1,\dots,x_n$ が存在する．

証明． (1) $\Rightarrow$ (2)． (1) を仮定すると，M が有限生成であることから，補題 2.5.15 より，全型 $\alpha\colon \coprod_{i=1}^{n} \mathscr{C}(\text{-},x_i) \to M$ $(x_1,\dots,x_n \in \mathscr{C}_0)$ が存在する．M が射影的であるから，補題 2.5.23 より α は引き戻しとなり M は $\coprod_{i=1}^{n} \mathscr{C}(\text{-},x_i)$ の直和因子になる．

　(2) $\Rightarrow$ (1)． (2) を仮定すると，各 $\mathscr{C}(\text{-},x_i)$ が射影的であるから補題 2.5.7 より M も射影的となる． (2) より全射である引き戻し $\coprod_{i=1}^{n} \mathscr{C}(\text{-},x_i) \to M$ が存在するから M は有限生成である．　□

　上の $\mathscr{C}$ が冪等完備な線形加法圏であれば（例えば $\mathscr{C}$ の代わりに $\operatorname{Mod}\mathscr{C}$ をとれば），有限生成射影的加群はもっと簡単な形に書ける．

補題 2.5.25. $\mathscr{D}$ を冪等完備な線形加法圏，M を右 $\mathscr{D}$-加群とするとき次は同値である．
(1) M は有限生成射影的である．
(2) $M \cong \mathscr{D}(\text{-},x)$ となる $\mathscr{D}$ の対象 x が存在する．

証明． (2) $\Rightarrow$ (1)． これは補題 2.5.24 より明らか．

　(1) $\Rightarrow$ (2)． (1) を仮定すると，補題 2.5.24 より M が $\coprod_{i=1}^{n} \mathscr{D}(\text{-},x_i)$ の直和因子となるような $x_1,\dots,x_n \in \mathscr{D}$ が存在する．$\mathscr{D}$ は加法的であるから，$\mathscr{D}$ のなかに $y := \coprod_{i=1}^{n} x_i$ が存在する．このとき，$\mathscr{D}(\text{-},y) \cong \coprod_{i=1}^{n} \mathscr{D}(\text{-},x_i)$ より M は $\mathscr{D}(\text{-},y)$ の直和因子になる．すなわち，$\pi\sigma = \mathbb{1}_M$ を満たす射の組 $M \underset{\pi}{\overset{\sigma}{\rightleftarrows}} \mathscr{D}(\text{-},y)$ が存在する．このとき，$\varepsilon := \sigma\pi \in \mathscr{D}(\text{-},y)$ は冪等射である． $e := \phi_{y,\mathscr{D}(\text{-},y)}(\varepsilon) \in \mathscr{D}(y,y)$ とおく．補題 2.5.10 より $\psi_{y,\mathscr{D}(\text{-},y)}\colon \mathscr{D}(y,y) \to (\operatorname{Mod}\mathscr{D})(\mathscr{D}(\text{-},y),\mathscr{D}(\text{-},y))$ は，$\psi_{y,\mathscr{D}(\text{-},y)}(f) = \mathscr{D}(\text{-},f)$ $(f \in \mathscr{D}(y,y))$ で与えられるから，$\mathscr{D}(\text{-},e) = \varepsilon$．したがって，$\mathscr{D}(\text{-},e^2) = \varepsilon^2 = \varepsilon = \mathscr{D}(\text{-},e)$．この両辺に $\phi_{y,\mathscr{D}(\text{-},y)}$ を作用させると $e^2 = e$．すなわち，e も $\mathscr{D}$ の冪等射となる．$\mathscr{D}$ は冪等完備であるから，ある $x \in \mathscr{D}_0$ に対して $rs = \mathbb{1}_x$ を満たす射の組 $y \underset{s}{\overset{r}{\rightleftarrows}} x$

が $\mathscr{D}$ のなかに存在して，$e = sr$ と書ける．以上より次の図式が得られる．

$$M \underset{\pi}{\overset{\sigma}{\rightleftarrows}} \mathscr{D}(\text{-},y) \underset{\mathscr{D}(\text{-},s)}{\overset{\mathscr{D}(\text{-},r)}{\rightleftarrows}} \mathscr{D}(\text{-},x)$$

左向きの合成と右向きの合成が互いに他の逆であることが次の計算から分かる．

$$(\pi\mathscr{D}(\text{-},s))(\mathscr{D}(\text{-},r)\sigma) = \pi\mathscr{D}(\text{-},sr)\sigma = \pi\mathscr{D}(\text{-},e)\sigma = \pi\varepsilon\sigma$$
$$= \pi\sigma\pi\sigma = \mathbb{1}_M,$$
$$(\mathscr{D}(\text{-},r)\sigma)(\pi\mathscr{D}(\text{-},s)) = \mathscr{D}(\text{-},r)\varepsilon\mathscr{D}(\text{-},s) = \mathscr{D}(\text{-},r)\mathscr{D}(\text{-},e)\mathscr{D}(\text{-},s) = \mathscr{D}(\text{-},res)$$
$$= \mathscr{D}(\text{-},rsrs) = \mathscr{D}(\text{-},\mathbb{1}_x) = \mathbb{1}_{\mathscr{D}(\text{-},x)}.$$

したがって，$M \cong \mathscr{D}(\text{-},x)$. $\qquad\qquad\square$

2.6 イデアルと剰余線形圏

環 R のイデアル I の定義と剰余環 R/I の構成は，線形圏において次のように自然に一般化される．

定義 2.6.1. $\mathscr{C}$ を線形圏とする．左 $(\mathscr{C}^{\mathrm{op}} \times \mathscr{C})$-加群 $\mathscr{C}(\text{-},?) \colon \mathscr{C}^{\mathrm{op}} \times \mathscr{C} \to \mathrm{Mod}\,\Bbbk, (x,y) \mapsto \mathscr{C}(x,y)$ $((x,y) \in (\mathscr{C}_0^{\mathrm{op}} \times \mathscr{C}_0) \cup (\mathscr{C}_1^{\mathrm{op}} \times \mathscr{C}_1))$ の部分加群を $\mathscr{C}$ のイデアルとよぶ[*2]．すなわち定義 2.2.18 より，$\mathscr{C}$ のイデアル I は，部分空間の族 $I(x,y) \le \mathscr{C}(x,y)$, $((x,y) \in \mathscr{C}_0^{\mathrm{op}} \times \mathscr{C}_0)$ で，条件 $g \circ I(x,y) \circ f \le I(x',y')$, $(x,y,x',y' \in \mathscr{C}_0, f \in \mathscr{C}(x',x), g \in \mathscr{C}(y,y'))$ を満たすものによって定義される．

定義 2.6.2. $\mathscr{C}$ を線形圏，I をそのイデアルとする．このとき，線形圏 $\mathscr{C}/I$ が次のようにして定義される．この圏を $\mathscr{C}$ の I による**剰余圏**とよぶ．

- $(\mathscr{C}/I)_0 := \mathscr{C}_0$.
- $(\mathscr{C}/I)(x,y) := \mathscr{C}(x,y)/I(x,y)$, $(x,y \in (\mathscr{C}/I)_0)$. 標準全射 $\mathscr{C}(x,y) \to \mathscr{C}(x,y)/I(x,y)$ を $\pi_{x,y}$ とおく．
- $a := \pi_{x,y}(f)\colon x \to y$ と $b := \pi_{y,z}(g)\colon y \to z$ $(f \in \mathscr{C}(x,y), g \in \mathscr{C}(y,z))$ が $\mathscr{C}/I$ の射であるとき，

$$\pi_{y,z}(g) \circ \pi_{x,y}(f) := \pi_{x,z}(g \circ f) \tag{2.8}$$

で合成を定義する．

この右辺は a, b それぞれの代表 f, g の取り方によらない．実際，$f' \in \mathscr{C}(x,y), g' \in \mathscr{C}(y,z)$ が $\pi_{x,y}(f) = \pi_{x,y}(f'), \pi_{y,z}(g) = \pi_{y,z}(g')$ を満たすとき，$u := f' - f \in I(x,y), v := g' - g \in I(y,z)$ より，$g' \circ f' = (g+v) \circ (f+u) = $

*2) $\mathscr{C}$ は線形圏なので実は，$\mathscr{C}(\text{-},?)$ は $\mathscr{C}$-$\mathscr{C}$-両側加群になっていて，上の I は自動的にその $\mathscr{C}$-$\mathscr{C}$-両側部分加群になっている（定義 7.2.1 参照）．

$g \circ f + g \circ u + v \circ f + v \circ u \in g \circ f + I(x,z)$. したがって，$\pi_{x,z}(g' \circ f') = \pi_{x,z}(g \circ f)$.

クイバー射 $\pi \colon \mathscr{C} \to \mathscr{C}/I$ が，$\pi_0 := \mathbb{1}_{\mathscr{C}_0}$, $\pi(f) := \pi_{x,y}(f)$ ($\exists x, y \in \mathscr{C}_0$, $f \in \mathscr{C}(x,y)$) で定義されるが，式 (2.8) により，各 $x \in \mathscr{C}_0$ に対して $\pi(\mathbb{1}_x)$ が x の $\mathscr{C}/I$ での恒等射となり，π が線形関手となることが分かる．この関手 π を剰余圏への**標準関手**とよぶ．

環の間の準同型定理は次のように一般化される．

定理 2.6.3. $F \colon \mathscr{C} \to \mathscr{D}$ を線形圏の間の線形関手とし，次を満たすとする．

(1) $F_0 \colon \mathscr{C}_0 \to \mathscr{D}_0$ は全単射である；かつ

(2) 各 $x, y \in \mathscr{C}_0$ に対して，F は全準同型 $\mathscr{C}(x,y) \to \mathscr{D}(Fx, Fy)$ を導く．

このとき，$\mathscr{C}$ のイデアル $\operatorname{Ker} F$ が

$$(\operatorname{Ker} F)(x,y) := \{ f \in \mathscr{C}(x,y) \mid F(f) = 0 \} \quad (x, y \in \mathscr{C}_0)$$

で定義され，$F = \bar{F} \circ \pi$ を満たす同型 $\bar{F} \colon \mathscr{C}/\operatorname{Ker} F \to \mathscr{D}$ がただ 1 つ存在する．ただし，$\pi \colon \mathscr{C} \to \mathscr{C}/\operatorname{Ker} F$ は標準関手とする．

問 2.6.4. 上の定理を証明せよ．

2.7 クイバーによる多元環と線形圏の構成

以下，断らなければ，クイバーは局所有限とする．この節では，例の計算ができるように，クイバーを用いて多元環と線形圏を構成する方法について簡単に解説する．

例 2.7.1. (1) $Q_0 = \{1, 2\}, Q_1 = \{\alpha, \beta\}, s(\alpha) = t(\beta) = 1, t(\alpha) = s(\beta) = 2$ なら Q は，$1 \underset{\beta}{\overset{\alpha}{\rightleftarrows}} 2$ で表される．

(2) クイバー $\tilde{Q} = (\tilde{Q}_0, \tilde{Q}_1, s, t)$ を

$$\tilde{Q}_0 := \mathbb{Z}, \quad \tilde{Q}_1 := \{\alpha_i \mid i \in \mathbb{Z}\},$$
$$s(\alpha_i) := i, t(\alpha_i) := i+1$$

で定義する．これは，

$$\tilde{Q} = (\cdots - 1 \xrightarrow{\alpha_{-1}} 0 \xrightarrow{\alpha_0} 1 \xrightarrow{\alpha_1} \cdots)$$

で表される．クイバー射 $f \colon \tilde{Q} \to Q$ を，$i \in \mathbb{Z}$ が奇数のとき $f(i) := 1, f(\alpha_i) := \alpha$，偶数のとき $f(i) := 2, f(\alpha_i) := \beta$ で定める．このクイバー射は，図形としての被覆 $\tilde{Q} \to Q$ に対応している．

定義 2.7.2. Q をクイバーとする．

(1) Q の矢の列 $\mu := (\alpha_n, \ldots, \alpha_1)$ ($n \geq 1$) は，この順に右から左に向かって

つながっているとき，すなわち $s(\alpha_{i+1}) = t(\alpha_i)$ $(i = 1,\ldots,n-1)$ となっているとき，Q の**道**であるといい，$|\mu| := n$ をその**長さ**，$s(\mu) := s(\alpha_1)$，$t(\mu) := t(\alpha_n)$ をそれぞれ μ の**始点**，**終点**とよぶ．また，各頂点 $x \in Q_0$ に対して，記号 e_x を長さ 0 の道とよび，$s(e_x) := x =: t(e_x)$ を e_x の**始点**，**終点**とよぶ．

(2) Q から次のように圏 $\mathbb{P}Q$ を定義する：

$(\mathbb{P}Q)_0 := Q_0$，各 $x, y \in (\mathbb{P}Q)_0$ に対して

$$(\mathbb{P}Q)(x, y) := (\text{始点を } x, \text{ 終点を } y \text{ とする } Q \text{ のすべての道}),$$

合成は，e_x $(x \in Q_0)$ を恒等射とし，道をつなぐことによって与える．すなわち，道 $(\alpha_m,\ldots,\alpha_1) \in \mathbb{P}Q(x,y)$，$(\beta_n,\ldots,\beta_1) \in \mathbb{P}Q(y,z)$ に対して $(\beta_n,\ldots,\beta_1) \cdot (\alpha_m,\ldots,\alpha_1) := (\beta_n,\ldots,\beta_1,\alpha_m,\ldots,\alpha_1)$．この圏を Q の**自由圏**とよぶ．

(3) 圏 $\mathbb{P}Q$ を $\Bbbk$-線形化した圏を $\Bbbk[Q]$ で表し，Q の**道圏**とよぶ．すなわち，$\Bbbk[Q]_0 := Q_0$，各 $x, y \in (\Bbbk[Q])_0$ に対して

$$\Bbbk[Q](x, y) := ((\mathbb{P}Q)(x, y) \text{ を基底とするベクトル空間}),$$

合成は，$\mathbb{P}Q$ の合成を $\Bbbk$-線形化して与える．$\Bbbk[Q]$ は線形圏になっている．クイバー Q と $\Bbbk[Q]$ のイデアル I の組 (Q, I) を**関係付きクイバー**とよぶ．関係付きクイバーにおいては，特に断らなければ，一般性を失うことなく，$I \cap (Q_1 \cup \{e_x \mid x \in Q_0\}) = \emptyset$ を仮定する．

(4) 長さ 1 以上の道で生成される $\Bbbk[Q]$ のイデアルを $\Bbbk[Q]^+$ とおき，$\Bbbk[Q]$ のイデアル $I \leq (\Bbbk[Q]^+)^2$ は，各 $x, y \in Q_0$ に対して，$(\Bbbk[Q]^+)^{h_{x,y}}(x, y) \subseteq I(x, y)$ となる $h_{x,y} \geq 2$ が存在するとき，**容認イデアル**であるといい，クイバー Q と $\Bbbk Q$ の容認イデアル I との組 (Q, I) を**制限クイバー**とよぶ．

定義 2.7.3. Q を有限クイバーとする．

(1) $\Bbbk Q := \mathrm{Mat}_{\Bbbk[Q]}$ を Q の**道多元環**とよぶ（命題 2.3.8 の証明での記号参照）．これは，Q の道全体 $(\mathbb{P}Q)_1$ を基底とするベクトル空間に，道 μ と λ の積を，$s(\mu) = t(\lambda)$ のとき（つながるとき）は合成 $\mu \cdot \lambda$ とし，そうでないときは 0 として定義できる多元環 A と同一視できる．すなわち，同型 $A \to \Bbbk Q$, $a \mapsto e_{y,y} a e_{x,x}$ $(a \in (\mathbb{P}Q)_1)$ が存在する．この同型で，$\Bbbk[Q]$ の直交冪等元の完全系 $E_{\Bbbk[Q]} = \{e_{x,x} \mid x \in Q_0\}$ は $\{e_x \mid x \in Q_0\}$ に対応している．普通，$\Bbbk Q$ と $\Bbbk[Q]$ とは同一視する．

(2) 圏 $k[Q]$ のときと同様に，長さ 1 以上の道で生成される $\Bbbk Q$ のイデアルを $\Bbbk Q^+$ とおき，イデアル I は，$(\Bbbk Q^+)^h \subseteq I \subseteq (\Bbbk Q^+)^2$ $(\exists h \geq 2)$ を満たすとき，**容認イデアル**であるといい，クイバー Q と $\Bbbk Q$ の容認イデアル I との組 (Q, I) を**制限クイバー**とよぶ．

注意 2.7.4. (1) Q がクイバー［有限クイバー］であるとき，関係付きクイ

バー (Q, I) から，線形圏［多元環］が $\Bbbk[Q, I] := \Bbbk[Q]/I$ ［$\Bbbk(Q, I) := \Bbbk Q/I$］として定義できる．この形で非常に多くの線形圏［多元環］を作ることができる*3)．Q が有限のとき，$\Bbbk(Q, I) = \mathrm{Mat}_{k[Q,I]}$ となっていることに注意する．

(2) Q を有限クイバーとして制限クイバー (Q, I) をとると，$\Bbbk(Q, I)$ は有限次元基本多元環になり*4)，そのジャコブソン根基は，$\Bbbk Q^+/I$ として求まる．

(3) $(Q, I), (Q', I')$ が制限クイバー（Q, Q' は有限）であるとき，$\Bbbk(Q, I) \cong \Bbbk(Q', I')$ ならば，$Q \cong Q'$ となる．

例 2.7.5. (1) $Q = (1 \,\circlearrowleft\, \alpha)$（1 個の頂点と 1 本の矢）のとき，$\Bbbk Q$ は $e_1 =: \alpha^0$ を単位元とし $\{\alpha^n \mid n \geq 0\}$ を基底とする多元環で，対応 $\alpha^n \mapsto x^n \ (0 \leq n \in \mathbb{Z})$ が 1 変数多項式環 $\Bbbk[x]$ との同型を与える．

(2) $Q = (1 \xrightarrow{\alpha_1} 2 \xrightarrow{\alpha_2} \cdots \xrightarrow{\alpha_{n-1}} n)$ のとき，$\Bbbk Q$ は $\{\mu_{ji} \mid 1 \leq i \leq j \leq n\}$ を基底とする多元環（$\mu_{ji} := \alpha_{j-1} \cdots \alpha_i \ (i < j), e_i \ (i = j)$）で，三角行列多元環 $T_n(\Bbbk)$ と同型になる．同型は，$\mu_{ji} \mapsto e_{ji}$ で与えられる．ただし，e_{ji} は (j, i) 成分だけが 1 でその他の成分は 0 となる行列である．

(3) 例 2.7.1 のクイバー Q に対して $\Bbbk Q$ は，無限次元多元環である．イデアル

$$I := \langle \beta\alpha - e_1, \alpha\beta - e_2 \rangle$$

は認容イデアルではないが，剰余多元環 $A := \Bbbk Q/I$ は 4 次元で，$\Bbbk$ 上の 2 次全行列環 $M_2(\Bbbk)$ と同型になる．同型は $e_i \mapsto e_{ii} \ (i = 1, 2)$, $\alpha \mapsto e_{21}$, $\beta \mapsto e_{12}$ で与えられる．

(4) 例 2.7.1 のクイバー Q に対して $I := \langle \alpha\beta\alpha, \beta\alpha\beta \rangle$ は $\Bbbk Q$ の認容イデアルであり，剰余多元環 $A := \Bbbk Q/I$ は 6 次元で，これは自己入射多元環（A が入射的右 A-加群）になっている．

(5) 例 2.7.1 のクイバー射 $f \colon \tilde{Q} \to Q$ を考える．これを $\Bbbk$-線形化して関手 $\Bbbk f \colon \Bbbk[\tilde{Q}] \to \Bbbk[Q]$ が定義できる．上の (4) のイデアル I に対して，$\Bbbk[\tilde{Q}]$ のイデアルを $\tilde{I} := \langle \alpha_{i+2}\alpha_{i+1}\alpha_i \mid i \in \mathbb{Z} \rangle$ で定義すると，$\Bbbk f(\tilde{I}) = I$ であるから，$\Bbbk f$ は，関手 $\Bbbk[\tilde{Q}]/\tilde{I} \to \Bbbk Q/I$ を導く．これが，多元環 $A := \Bbbk Q/I$ の被覆のモデルとなる．この例をスマッシュ積として計算する方法については，問 6.2.22 を参照．

例 2.7.6. Q を（局所有限）クイバー，I を $\Bbbk[Q]$ の認容イデアルとすると，$\Bbbk[Q]/I$ は局所有界多元圏である．

最後に証明なしに次の定理を上げておく（詳しくは [6], [12] 等を参照）．

定理 2.7.7（ガブリエルの定理）．$\Bbbk$ が代数的閉体で，A がその上の有限次

---

*3) $\Bbbk$ が代数的閉体なら基本多元環はすべてこの形に書ける．

*4) 例えば $M_n(\Bbbk) \ (n \geq 2)$ は基本多元環ではない．しかしその加群圏は $\Bbbk$ の加群圏と同値である．

元多元環であれば，ある有限クイバー Q と $\Bbbk Q$ の認容イデアル I によって，A の基本多元環 A' は，$A' \cong \Bbbk(Q, I)$ と表される．したがって，$\operatorname{Mod} A$ と $\operatorname{Mod} \Bbbk(Q, I)$ は同値になる．またこの Q は（クイバーとクイバー射のなす圏のなかでの同型を除いて）A によって一意的に定まる．

2.8 クイバーの表現圏と線形圏の加群圏

この小節を通して，Q を局所有限クイバー，I を $\Bbbk[Q]$ のイデアルとする．

定義 2.8.1. 以下，この定義では，圏 $\operatorname{Mod} \Bbbk$ を，その合成と単位射を忘れることによりクイバーと見なす．

(1) クイバー Q からクイバー $\operatorname{Mod} \Bbbk$ へのクイバー射 V を，Q の**表現**とよぶ．すなわち，V は，各頂点 $x \in Q_0$ をベクトル空間 $V(x) \in (\operatorname{Mod} \Bbbk)_0$ に対応させ，Q の各矢 $a \colon x \to y$ を線形写像 $V(a) \colon V(x) \to V(y)$ に対応させるものである．

(2) V を Q の表現とする．$\Bbbk[Q]$ の各射 $\mu \colon x \to y$ に対して，線形写像 $V(\mu) \colon V(x) \to V(y)$ を以下のように定義する．

  (a) $\mu \in \mathbb{P}Q(x, y), |\mu| = 0$ のとき，すなわち，$\mu = e_x$ $(\exists x \in Q_0)$ のとき．$V(\mu) := \mathbb{1}_{V(x)}$;

  (b) $\mu \in \mathbb{P}Q(x, y), |\mu| = 1$ のとき，すなわち，$\mu = a$ $(\exists a \in Q(x, y))$ のとき．$V(\mu) := V(a)$;

  (c) $\mu \in \mathbb{P}Q(x, y), |\mu| \geq 2$ のとき，すなわち，$\mu = a_n \cdots a_2 a_1$ $(\exists a_1, a_2, \ldots, a_n \in Q_1)$ のとき．

$$V(\mu) := V(a_n) \circ \cdots \circ V(a_2) \circ V(a_1).$$

  (d) 一般の μ に対して，一意的に $\mu = \sum_{i=1}^{n} k_i \mu_i$ $(k_1, \ldots, k_n \in \Bbbk, \mu_1, \ldots, \mu_n \in \mathbb{P}Q(x, y))$ と書けているので，

$$V(\mu) := \sum_{i=1}^{n} k_i V(\mu_i)$$

と定める．

(3) Q の表現 V が，$V(\mu) = 0$ $(\mu \in I(x, y), x, y \in Q_0)$ を満たすとき，V を (Q, I) の**表現**とよぶ．

(4) V, W を Q の 2 つの表現とする．線形写像の族 $(f_x \colon V(x) \to W(x))_{x \in Q_0}$ で，以下の公理を満たすものを，V から W への**射**とよぶ．

  公理: Q の各矢 $a \colon x \to y$ に対して，図式

$$V(x) \xrightarrow{\ f_x\ } W(x)$$
$$V(a) \downarrow \qquad\qquad \downarrow W(a)$$
$$V(y) \xrightarrow[\ f_y\ ]{} W(y)$$

は可換である.

(5) $U \xrightarrow{f} V \xrightarrow{g} W$ を Q の表現の間の射とする.このとき,合成 $g \circ f\colon U \to W$ を

$$g \circ f := (g_x \circ f_x)_{x \in Q_0}$$

で定義する.また,$\mathbb{1}_V := (\mathbb{1}_{V(x)})_{x \in Q_0}$ は射 $V \to V$ になるが,上の合成のもとで,これは V の単位射となる.

(6) 以上の合成と単位射により,Q の表現の全体とその間の射の全体は圏になる.この圏を $\mathrm{Rep}_k Q$ で表す.さらに,各表現 V, W に対して,$(\mathrm{Rep}_k Q)(V, W)$ は次の演算でベクトル空間になり,$\mathrm{Rep}_k Q$ は線形圏になる:

$$f + g := (f_x + g_x)_{x \in Q_0} \ (f, g \in (\mathrm{Rep}_k Q)(V, W)),$$
$$kf := (kf_x)_{x \in Q_0} \ (f \in (\mathrm{Rep}_k Q)(V, W), k \in \mathbb{k}).$$

(7) (Q, I) の表現全体からなる $\mathrm{Rep}_k Q$ の充満部分圏を $\mathrm{Rep}_k(Q, I)$ で表す.

　次の定理により,線形圏 $\mathbb{k}[Q, I]$ の左加群圏は,(Q, I) の表現圏によって表示できることが分かる.前者の対象よりも,後者の対象の方が,$\mathbb{P}Q$ の矢より Q の矢が少ない分だけ単純に表せる.

定理 2.8.2. 線形圏の同型

$$\mathbb{k}[Q, I]\text{-Mod} \cong \mathrm{Rep}_{\mathbb{k}}(Q, I)$$

が成り立つ.

証明.　線形関手 $\phi\colon \mathbb{k}[Q, I]\text{-Mod} \to \mathrm{Rep}_{\mathbb{k}}(Q, I)$ を以下で定義する.
対象に対して. $M \in \mathbb{k}[Q, I]\text{-Mod}_0$ とする.このとき,標準関手との合成 $\mathbb{k}[Q] \to \mathbb{k}[Q, I] \xrightarrow{M} \mathrm{Mod}\,\mathbb{k}$ を M' とおく.これに対して,$\phi(M) \in (\mathrm{Rep}_{\mathbb{k}} Q)_0$ を

$$\phi(M)(x) := M'(x) = M(x) \ (x \in Q_0), \quad \phi(M)(a) := M'(a) \ (a \in Q_1)$$

で定義する.このとき,Q の任意の道 μ に対して,定義 2.8.1(2) より $\phi(M)(\mu) = M'(\mu)$ であり,M' の作り方から $\mu \in I$ なら $M'(\mu) = 0$ であるから,$\phi(M)(\mu) = 0 \ (\mu \in I)$.したがって,$\phi(M) \in \mathrm{Rep}_{\mathbb{k}}(Q, I)_0$ である.
射に対して. $f\colon M \to N$ を $k[Q, I]\text{-Mod}$ の射とする.$f = (f_x\colon M(x) \to N(x))_{x \in Q_0}$ は線形写像の族であり,M から N への自然変換であるから,特に

$a+I$ $(a \in Q_1)$ の形の $\Bbbk[Q,I]$ の射を考えると，$\phi(M)(a) = M'(a) = M(a+I)$ より，$f \colon \phi(M) \to \phi(N)$ は，定義 2.8.1(4) の公理を満たす．このとき，$\phi(f) := f$ で定義する．

次に，線形関手 $\psi \colon \mathrm{Rep}_\Bbbk(Q,I) \to \Bbbk[Q,I]\text{-Mod}$ を以下で定義する．

対象に対して． $V \in \mathrm{Rep}_\Bbbk(Q,I)$ とする．定義 2.8.1(2) によって V は $\Bbbk[Q]$ の表現に拡張される．$V(\mu) = 0$ $(\mu \in I)$ より，この V は $k[Q,I]$ の表現を導く．それを $\psi(V)$ とおく：$\psi(V)(\rho + I) := V(\rho)$ $(\rho \in \Bbbk[Q](x,y), x,y \in Q_0)$.

射に対して． $f \colon V \to W$ を $\mathrm{Rep}_\Bbbk(Q,I)$ の射とする．$\psi(f) := f$ は，f が定義 2.8.1(4) の図式の可換性を満たすから，これを何度か用いると，$\psi(V)$ から $\psi(W)$ への自然変換になっていることが容易に分かる．

ϕ と ψ は明らかに互いに逆になっている． $\square$

定理 2.8.3. Q が有限クイバーで，I が認容イデアルであるとき，線形圏の同値

$$\Bbbk(Q,I)\text{-Mod} \simeq \Bbbk[Q,I]\text{-Mod}$$

が成り立つ．

証明． この仮定のもとでは，命題 2.3.8 の圏同値のもとで，$\Bbbk(Q,I) \in (\Bbbk\text{-}\mathbf{alg}_{\mathrm{copi}})_0$ は $k[Q,I] \in (\Bbbk\text{-}\mathbf{Spec}_{\mathrm{f}})_0$ に対応している．すなわち，$\Bbbk(Q,I) = \mathrm{Mat}_{\Bbbk[Q,I]}$. したがって，定理 2.3.30 より主張が従う． $\square$

注意 2.8.4. 定理 2.8.2 と 2.8.3 を合わせて，同値

$$\Bbbk(Q,I)\text{-Mod} \simeq \mathrm{Rep}_\Bbbk(Q,I)$$

が成り立つ．したがって，多元環 A が $\Bbbk(Q,I)$ の形に表されているときは，これを用いて，A-加群を［A-加群の間の準同型を］(Q,I) の表現として［表現の間の射として］表示することができる．

例 2.8.5. 例 2.3.29 の多元環 A を考える．すなわち，$C := \Bbbk[x,y]/\langle x^2, y^2 \rangle$, $B := \Bbbk\bar{1} \oplus \Bbbk\overline{xy} \subseteq C$ として

$$A := \begin{pmatrix} B & \Bbbk\bar{y} \\ \Bbbk\bar{x} & B \end{pmatrix}.$$

このとき，$E := \{e_{11}, e_{22}\}$ ととると，$(A,E) \in (\Bbbk\text{-}\mathbf{alg}_{\mathrm{copi}})_0$ であり，

$$\mathrm{Cat}(A,E) \cong \mathscr{C} := \overline{xy} \circlearrowleft e_{11} \overset{\bar{x}}{\underset{\bar{y}}{\rightleftarrows}} e_{22} \circlearrowright \overline{xy} \quad \in (\Bbbk\text{-}\mathbf{Spec}_{\mathrm{f}})_0.$$

このとき，制限クイバー (Q,I) を $Q := 1 \underset{\bar{\beta}}{\overset{\bar{\alpha}}{\rightleftarrows}} 2$, $I := \langle \alpha\beta\alpha, \beta\alpha\beta \rangle$ で定義すると，$\Bbbk[Q,I] \cong \mathscr{C}, \Bbbk(Q,I) \cong A$ となる．すなわち，A は制限クイバー (Q,I) で表される．

第 3 章
古典的被覆理論

この章ではガブリエルによる古典的な被覆理論を概観する．以下，線形圏の間の関手 $F\colon \mathscr{C} \to \mathscr{B}$ はすべて**線形関手**（定義 1.6.3 参照）と仮定する．

3.1 ガロア被覆

以下に述べる命題は第 5 章において一般的に記述し証明を与えるので，この章では証明を省略する．

定義 3.1.1. 線形圏 $\mathscr{C}$ と群準同型 $X\colon G \to \mathrm{Aut}(\mathscr{C})$ の組 $(\mathscr{C}, X)$ を，G-**作用を持つ線形圏**，あるいは単に G-**圏**とよぶ．G-作用を持つ多元圏を G-**多元圏**とよぶ．混乱の恐れのないときは，$\mathscr{C} = (\mathscr{C}, X)$ と略記する．特に，自明な作用 $G \to \mathrm{Aut}(\mathscr{C}), a \mapsto \mathbb{1}_{\mathscr{C}} \ (a \in G)$ を 1 で表し，$\Delta(\mathscr{C}) := (\mathscr{C}, 1)$ とおく．

定義 3.1.2. $\mathscr{C} = (\mathscr{C}, X)$ を G-多元圏とする．
(1) 任意の $1 \neq a \in G$ と $x \in \mathscr{C}_0$ に対して，$X(a)x \neq x$ となるとき，すなわち，各 $x \in \mathscr{C}_0$ に対して，写像

$$\rho_x\colon G \to Gx, \quad \rho_x(a) := X(a)x \ (a \in G)$$

が全単射となるとき，G-作用 X は**自由**であるという．ただし，$Gx := \{X(a)x \mid a \in G\}$．
(2) 任意の $x, y \in \mathscr{C}_0$ に対して，$\{a \in G \mid \mathscr{C}(X(a)x, y) \neq 0\}$ が有限集合となるとき，G-作用 X は**局所有界**であるという．

注意 3.1.3. 上の (2) において，

$$\mathscr{C}(X(a)x, y) \cong \mathscr{C}(x, X(a^{-1})y) \quad (a \in G)$$

が成立するので，(2) の条件は，$\{a \in G \mid \mathscr{C}(x, X(a)y) \neq 0\}$ が有限集合とな

ることと同値である．

定義 3.1.4. $\mathscr{C}, \mathscr{B}$ を多元圏とし，$\mathscr{C} = (\mathscr{C}, X)$ の方は自由で局所有界な G-作用 X を持つとする．また，$F : \mathscr{C} \to \mathscr{B}$ を関手とする．

(1) $F = F \circ X(a)$ $(a \in G)$ が成り立つとき，F は G-**強不変**であるという．

(2) F が G-強不変であり，次の (a), (b) ［(a), (b), (c)］が成り立つとき，F は群 G を持つ**ガロア前被覆**［**ガロア被覆**］であるという．

(a) 各 $x \in \mathscr{C}_0$ に対して，$F^{-1}(Fx) = Gx$ となる．すなわち，写像 $G \to F^{-1}(Fx)$ $(a \mapsto X(a)x)$ が全射である（X が自由なので結局，全単射になる）．

(b) 各 $x, y \in \mathscr{C}_0$ に対して，F は次のベクトル空間の同型を導く．

$$\coprod_{a \in G} \mathscr{C}(X(a)x, y) \to \mathscr{B}(Fx, Fy),$$

$$(f_a)_{a \in G} \mapsto \sum_{a \in G} F(f_a)$$

$$\coprod_{b \in G} \mathscr{C}(x, X(b)y) \to \mathscr{B}(Fx, Fy).$$

$$(f_b)_{b \in G} \mapsto \sum_{b \in G} F(f_b)$$

(c) $F : \mathscr{C}_0 \to \mathscr{B}_0$ は全射である．

　次に，自由で局所有界な G-作用を持つ多元圏 $\mathscr{C}$ が与えられたとき，$\mathscr{C}$ からのガロア被覆を構成する．以下で定義される "古典的な軌道圏" は "第 5 章で定義される軌道圏" の骨格（定義 1.4.7 参照）となっている（このことは [5, Proposition 2.11] と命題 6.1.3 から従う）．これらを区別するために，古典的な軌道圏を $\mathscr{C}/_{\mathrm{c}}G$ のように（classical を表す）小さな c を付けて表し，一般の軌道圏は単に $\mathscr{C}/G$ と書いて表すことにする．

定義 3.1.5. $\mathscr{C} = (\mathscr{C}, X)$ を，自由で局所有界な G-作用を持つ多元圏とする．このとき，線形圏 $\mathscr{C}/_{\mathrm{c}}G$ を次で定義し，$\mathscr{C}/_{\mathrm{c}}G$ を $\mathscr{C}$ の G による（古典的）**軌道圏**とよぶ．

- $(\mathscr{C}/_{\mathrm{c}}G)_0 := \{Gx \mid x \in \mathscr{C}_0\}$．
- 各 $u, v \in (\mathscr{C}/_{\mathrm{c}}G)_0$ に対して，$(\mathscr{C}/_{\mathrm{c}}G)(u, v)$ は，次の条件を満たす $\prod_{\substack{x \in u \\ y \in v}} \mathscr{C}(x, y)$ の元 $(f_{yx})_{\substack{x \in u \\ y \in v}}$ 全体である：

$$X(a)(f_{yx}) = f_{X(a)y, X(a)x} \quad (a \in G, x, y \in \mathscr{C}_0).$$

ここで，$(\mathscr{C}/_{\mathrm{c}}G)(u, v)$ の各元の表示 $(f_{yx})_{\substack{x \in u \\ y \in v}}$ は，u, v の代表元に依存していないことに注意しておく．

- 各 $u \xrightarrow{f} v \xrightarrow{g} w$, $f = (f_{yx})_{\substack{x \in u \\ y \in v}}$, $g = (g_{zy})_{\substack{y \in v \\ z \in w}}$ に対して，$gf :=$

$$\left(\sum_{y\in v} g_{zy}\cdot f_{yx}\right)_{\substack{x\in u\\z\in w}}.$$ ここで，gf の各成分は，作用 X が局所有界であることから有限和であることに注意しておく．

定義 3.1.6. 上と同じ設定のもとで，標準関手 $P\colon \mathscr{C}\to \mathscr{C}/_{c}G$ を次のように定義する．各 $x\in \mathscr{C}_0$ に対して，$Px:=Gx$ とし，各 $h\in \mathscr{C}(x,y)$ に対して，

$$Ph:=(\delta_{\rho_x^{-1}(p),\rho_y^{-1}(q)}X(\rho_x^{-1}(p))h)_{\substack{p\in Gx\\q\in Gy}}:Px\to Py$$

とする．ここで Ph は，X が自由作用（すなわち各 ρ_x が全単射）であることから定義可能であることに注意しておく．逆写像を使わないで上の式を書き直すと，

$$Ph:=(\delta_{a,b}X(a)h)_{\substack{X(a)x\in Gx\\X(b)x\in Gx}}:Px\to Py$$

となり分かりやすくなる．

命題 3.1.7. $P\colon \mathscr{C}\to \mathscr{C}/_{c}G$ は群 G を持つガロア被覆である．

次の命題によって，自由で局所有界な G-作用を持つ多元圏 $\mathscr{C}$ からの任意のガロア被覆 $\mathscr{C}\to \mathscr{B}$ は，上の標準関手と同型 $\mathscr{C}/_{c}G\to \mathscr{B}$ との合成の形に一意的に書けることが分かる．

命題 3.1.8. 上と同じ設定のもとで，$P\colon \mathscr{C}\to \mathscr{C}/_{c}G$ は普遍的な G-強不変関手である．すなわち，それは G-強不変関手であり，任意の G-強不変関手 $E\colon \mathscr{C}\to \mathscr{C}'$ に対して，$E=HP$ となる関手 $H\colon \mathscr{C}/_{c}G\to \mathscr{C}'$ がただ 1 つ存在する．

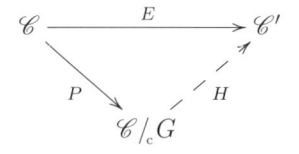

このとき，E が群 G を持つガロア被覆であることと，H が同型関手であることとは同値である．

3.2 $\mathscr{C}$ 加群圏と $\mathscr{C}/_{c}G$ 加群圏

次に，$\mathscr{C}$ 上の加群圏と $\mathscr{C}/_{c}G$ 上の加群圏との関係を述べる．ここでの内容も第 7 章で詳しく論ずるので，概略を述べるだけにとどめる．

定義 3.2.1. (1) 線形圏の間の線形関手 $F\colon \mathscr{A}\to \mathscr{B}$ に対して，$F^{\cdot}\colon \mathrm{Mod}\,\mathscr{B}\to \mathrm{Mod}\,\mathscr{C}$ を $F^{\cdot}M:=M\circ F^{\mathrm{op}}$ で定義する．これを F の引き上げという．

(2) $F_{\cdot}$ は左随伴 $F_{\cdot}$ を持つが，これを F の押し下げという．

(3) G-圏 $\mathscr{C} = (\mathscr{C}, X)$ に対して，$\mathrm{Mod}\,\mathscr{C}$ は，G-作用 $\mathrm{Mod}\,X\colon G \to \mathrm{Aut}(\mathrm{Mod}\,\mathscr{C})$ を

$$(\mathrm{Mod}\,X)(a)M := {}^{a}M := M \circ X(a^{-1})$$
$$(a \in G, M \in (\mathrm{Mod}\,\mathscr{C})_0)$$

で定義することにより，また G-圏になる．

注意 3.2.2. (1) 上の (3) において次が成り立つ（cf. (8.1)）：

$${}^{a}\mathscr{C}(\text{-},x) = \mathscr{C}(X(a^{-1})(\text{-}),x) \cong \mathscr{C}(\text{-},X(a)x) \quad (a \in G, x \in \mathscr{C}_0). \quad (3.1)$$

(2) $\mathscr{C} = (\mathscr{C}, X)$ を，自由で局所有界な G-作用を持つ，局所有限次元線形圏とし，$P\colon \mathscr{C} \to \mathscr{C}/_c G$ を標準関手とする．このとき，$P_{\cdot}\,\mathscr{C}(\text{-},x) \cong (\mathscr{C}/_c G)(\text{-},Gx)$ であり，(3) において $P_{\cdot}$ は右完全であるから，$P_{\cdot}$ は関手 $\mathrm{mod}\,\mathscr{C} \to \mathrm{mod}\,\mathscr{C}/_c G$ を導く．

次は古典的被覆理論の基本となる定理 ([21]) である．

定理 3.2.3. $\mathscr{C} = (\mathscr{C}, X)$ を自由で局所有界な G-作用を持つ局所有界線形圏とし，$P\colon \mathscr{C} \to \mathscr{C}/_c G$ を標準関手とする．このとき，次が成り立つ．
(1) M が直既約 $\mathscr{C}$-加群ならば，$P_{\cdot}\,M$ は直既約 $\mathscr{C}/_c G$-加群である．
(2) $P_{\cdot}\colon \mathrm{ind}\,\mathscr{C} \to \mathrm{ind}(\mathscr{C}/_c G)$ は，群 G を持つガロア前被覆である．
(3) $\mathscr{C}$ が局所有限表現型ならば，上の $P_{\cdot}$ は群 G を持つガロア被覆である．

ただし (2) において，$\mathrm{ind}\,\mathscr{C}\,[\mathrm{ind}(\mathscr{C}/_c G)]$ は，直既約 $\mathscr{C}$-加群 $[\mathscr{C}/_c G$-加群$]$ の完全代表系からなる $\mathrm{mod}\,\mathscr{C}\,[\mathrm{mod}(\mathscr{C}/_c G)]$ の充満部分圏で，$\mathrm{ind}\,\mathscr{C}$ はさらに，${}^{a}M \in \mathrm{ind}\,\mathscr{C}\ (a \in G, M \in \mathrm{ind}\,\mathscr{C})$ を満たすものとする．また，$\mathscr{C}$ が**局所有限表現型**であるとは，各 $x \in \mathscr{C}_0$ に対して，$M(x) \neq 0$ となる直既約 $\mathscr{C}$-加群 M が同型を除いて有限個しかないということである．

次にクイバーを用いて例を挙げる．制限クイバーの Auslander–Reiten クイバーについては，例えば文献 [12] を参照されたい．

例 3.2.4. 例 2.7.5(5) のクイバー $\tilde{Q}$ と $\tilde{I}$ を用いて，線形圏 $\mathscr{C} := \Bbbk[\tilde{Q}]/\tilde{I}$ を考える．G を無限巡回群とし a をその生成元とする．$\mathscr{C}$ への G-作用 X を，

$$X(a)(i) := i + 2\ (i \in \mathbb{Z})$$

で定義する．このとき，$\mathscr{C}/_c G$ は例 2.7.5(4) のクイバー Q と I を用いて，$\mathscr{C}/_c G = \Bbbk Q/I$ と書ける．標準関手で与えられるガロア被覆 $P\colon \mathscr{C} \to \mathscr{C}/_c G$ は，例 2.7.5(5) の $\Bbbk f$ で与えられる（この計算については例 6.1.4 を参照）．

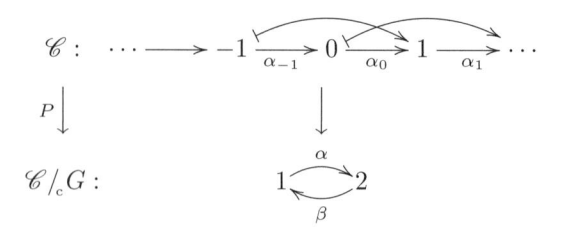

このとき，$\mathscr{C}$ は局所有限表現型であり，$P_{\cdot}\colon \mathrm{ind}\,\mathscr{C} \to \mathrm{ind}(\mathscr{C}/_{c}G)$ は次のクイバーの道圏の**編み目イデアル**[*1] による剰余圏で与えられる．

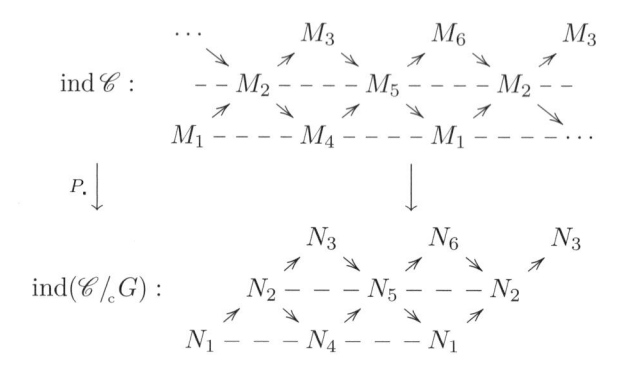

ただし，$\mathrm{ind}\,\mathscr{C}$ の図は左右に無限に続き，G の生成元 a は頂点を右に 2 つ（同じ記号のところに）移動させるように作用し，$\mathrm{ind}(\mathscr{C}/_{c}G)$ の図では同じ記号の加群を同一視する．また，$P_{\cdot}M_i = N_i$ $(i = 1,\dots,6)$ である．なお，$\deg(\alpha) := 1, \deg(\beta) := a^{-1}$ で $A := \mathscr{C}/_{c}G$ に G-次数を定義すると $\mathscr{C} \cong A\#G$ となる．$A\#G$ の定義については定義 5.6.1 を，計算法については第 6.2 節を参照．

[*1]　各破線の左端点から右端点への長さ 2 の道の和全体で生成されるイデアル．

第 4 章
2-圏論の基礎

この章では，後に必要となる 2-圏についての基本的事項をまとめておく．参考文献としては，[15] または [28] を挙げておく．

4.1 2-圏

圏とは，対象の集まり，射の集まり，射の合成，恒等射の集まりからなるもので，結合法則と単位法則を満たすものであった．そこでは，射が対象の間の関係を与えていた．2-圏というのは，圏にさらに，射の間の関係を与える 2-射，2-射の垂直合成と水平合成，2-恒等射を追加したものであり，やはり結合法則と単位法則を満たすものである．あるいは，別の見方として，$\mathscr{C}$ が圏のとき，各 $x, y \in \mathscr{C}_0$ に対して，$\mathscr{C}(x, y)$ は集合であったが，それを圏にしたものが 2-圏であると捉えることもできる．以下，定義はこちらの見方で行う．以下しばらく，軽度の圏だけでなく一般の圏を扱う．まず一般の 2-圏を定義する．

定義 4.1.1. 次のデーターの組で以下の公理を満たすものを **2-圏**とよぶ.
データー:
(1) 空でない集合 $\mathbf{C}_0$,
(2) 圏の族 $(\mathbf{C}(x, y))_{x, y \in \mathbf{C}_0}$,
(3) 2 変数関手の族 $\circ := (\circ_{x,y,z} \colon \mathbf{C}(y, z) \times \mathbf{C}(x, y) \to \mathbf{C}(x, z))_{x, y, z \in \mathbf{C}_0}$,
(4) 関手の族 $(u_x \colon \mathbf{1} \to \mathbf{C}(x, x))_{x \in \mathbf{C}_0}$ （$\mathbf{1}$ は単対象離散圏）
公理:
（結合法則）次の図式は可換である $(x, y, z, w \in \mathbf{C}_0)$:

$$
\begin{array}{ccc}
\mathbf{C}(z, w) \times \mathbf{C}(y, z) \times \mathbf{C}(x, y) & \xrightarrow{\circ \times \mathbf{1}} & \mathbf{C}(y, w) \times \mathbf{C}(x, y) \\
{\scriptstyle \mathbf{1} \times \circ} \downarrow & & \downarrow {\scriptstyle \circ} \\
\mathbf{C}(z, w) \times \mathbf{C}(x, z) & \xrightarrow[\circ]{} & \mathbf{C}(x, w)
\end{array}
$$

（単位法則）次の図式は可換である $(x, y \in \mathbf{C}_0)$:

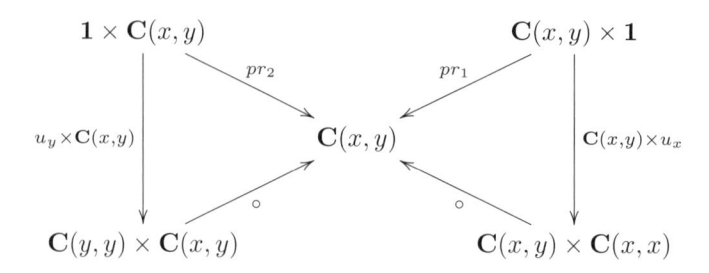

$\mathbf{C}_0$ の元を $\mathbf{C}$ の**対象**，$\mathbf{C}(x, y)$ $(x, y \in \mathbf{C}_0)$ の対象，射，合成をそれぞれ $\mathbf{C}$ の **1-射**，**2-射**，**垂直合成**とよぶ．また，$\circ_{x,y,z}$ $(x, y, z \in \mathbf{C}_0)$ を $\mathbf{C}$ の**水平合成**とよび，$\mathbb{1}_x := u_x(*), \mathbb{1}_{\mathbb{1}_x} := u_x(\mathbb{1}_*)(x \in \mathbf{C}_0)$ とおく．

　水平合成 $\circ$ と区別するため，垂直合成（すなわち各圏 $\mathbf{C}(x, y)$ での合成）は記号 $\bullet$ で表す．また，水平合成の記号は省略して，$g \circ f$ を gf などと書くことがある．

　2-圏 $\mathbf{C}$ における対象 $x, y \in \mathbf{C}_0$, 1-射 $f, g \in \mathbf{C}(x, y)_0$, 2-射 $\alpha \in \mathbf{C}(x, y)(f, g)$ を

$$x \underset{g}{\overset{f}{\Downarrow \alpha}} y \quad \text{や} \quad y \underset{f}{\overset{g}{\alpha \Uparrow}} x$$

のように図示する．また，対象，1-射，2-射からなる図式

$$z \underset{g}{\longleftarrow} y \underset{f}{\overset{f'}{\alpha \Uparrow}} x \ , \ z \underset{g}{\overset{g'}{\beta \Uparrow}} y \underset{f}{\longleftarrow} x$$

に対して，$g \circ \alpha := \mathbb{1}_g \circ \alpha, \ \beta \circ f := \beta \circ \mathbb{1}_f$ と略記することもある．

注意 4.1.2.　以上の法則を 1-射，2-射の等式で表すと次のようになる．
　結合法則: 2-圏 $\mathbf{C}$ における図式

$$w \underset{h}{\overset{h'}{\gamma \Uparrow}} z \underset{g}{\overset{g'}{\beta \Uparrow}} y \underset{f}{\overset{f'}{\alpha \Uparrow}} x$$

に対して，$(h \circ g) \circ f = h \circ (g \circ f), (\gamma \circ \beta) \circ \alpha = \gamma \circ (\beta \circ \alpha)$.
　単位法則: 2-圏 $\mathbf{C}$ における図式

$$y \underset{\mathbb{1}_y}{\overset{\mathbb{1}_y}{\mathbb{1}_{\mathbb{1}_y} \Uparrow}} y \underset{f}{\overset{f'}{\alpha \Uparrow}} x \underset{\mathbb{1}_x}{\overset{\mathbb{1}_x}{\mathbb{1}_{\mathbb{1}_x} \Uparrow}} x$$

に対して，$\mathbb{1}_y \circ f = f = f \circ \mathbb{1}_x, \mathbb{1}_{\mathbb{1}_y} \circ \alpha = \alpha = \alpha \circ \mathbb{1}_{\mathbb{1}_x}$.

記号 4.1.3.　2-圏 $\mathbf{C}$ に対して，

$$\mathbf{C}_1 := \bigcup_{x,y \in \mathbf{C}_0} \mathbf{C}(x,y)_0, \quad \mathbf{C}_2 := \bigcup_{x,y \in \mathbf{C}_0} \mathbf{C}(x,y)_1$$

とおく．これらは非交和になっている．

注意 4.1.4. 2-圏 $\mathbf{C}$ の各対象 x, y, z に対して，$\circ_{x,y,z}$ が関手であることは次の等式で表される．

(1) 合成を保つことは，次と同値である: 各図式

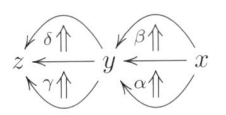

に対して $(\delta \bullet \gamma) \circ (\beta \bullet \alpha) = (\delta \circ \beta) \bullet (\gamma \circ \alpha)$（交替法則）．

(2) 恒等射を保つことは，次と同値である: 各図式

$$z \underset{g}{\overset{g}{\rightleftarrows}} \mathbb{1}_g \Uparrow \ y \ \mathbb{1}_f \Uparrow \underset{f}{\overset{f}{\rightleftarrows}} x$$

に対して $\mathbb{1}_g \circ \mathbb{1}_f = \mathbb{1}_{g \circ f}$．

実際，(1) 左辺 $= \circ_{x,y,z}(\delta \bullet \gamma, \beta \bullet \alpha) = \circ_{x,y,z}((\delta, \beta) \bullet (\gamma, \alpha)) = (\circ_{x,y,z}(\delta, \beta)) \bullet (\circ_{x,y,z}(\gamma, \alpha)) = $ 右辺．

(2) 左辺 $= \circ_{x,y,z}(\mathbb{1}_g, \mathbb{1}_f) = \circ_{x,y,z}(\mathbb{1}_{(g,f)}) = $ 右辺．

例 4.1.5. 任意の圏 I は，恒等 2-射の全体 $\{\mathbb{1}_a \mid a \in I_1\}$ を 2-射の全体とすることによって 2-圏と見ることができる．すなわち，I を次の 2-圏 $\mathbf{C}$ と同一視することができる．

(1) $\mathbf{C}_0 := I_0$．

(2) 各集合 $\mathbf{C}(x,y) := I(x,y) \ (x, y \in I_0)$ を離散圏（例 1.1.16 参照）と見なす．

(3) 2 変数関手 $\circ_{x,y,z}$ は $x = y = z$ のとき $(\mathbb{1}_x, \mathbb{1}_x) \mapsto \mathbb{1}_x$ で，その他は自明写像 $\emptyset \to \emptyset$（または $\emptyset \to \{\mathbb{1}_x\}$）とする．

(4) 関手 $u_x \colon \mathbf{1} \to \mathbf{C}(x,x)$ は $u_x(*) := \mathbb{1}_x, u_x(\mathbb{1}_*) := \mathbb{1}_{\mathbb{1}_x}$ できめる $(x \in I_0)$．

定義 4.1.6. $\mathbf{C}$ を 2-圏とする．

(1) $\mathbf{C}_0$ を $\mathbf{C}$ の**対象集合**，各 $\mathbf{C}(x,y)_0 \ (x, y \in \mathbf{C}_0)$ を $\mathbf{C}$ の**局所 1-射集合**，各 $\mathbf{C}(x,y)(f,g) \ (f, g \in \mathbf{C}(x,y)_0)$ を**局所 2-射集合**とよぶ．

(2) $\mathbf{C}$ が小さい 2-圏あるいは **2-小圏**であるとは，$\mathbf{C}_0$ も各 $r = 1, 2$ に対するすべての局所 r-射集合も小さいことである．

(3) $\mathbf{C}$ が**軽度**の 2-圏であるとは，$\mathbf{C}_0$ がクラスで各 $r = 1, 2$ に対するすべての局所 r-射集合が小さいことである．

(4) $\mathbf{C}$ が**適度**の 2-圏であるとは，$\mathbf{C}_0$ も各 $r = 1, 2$ に対するすべての局所 r-射

集合もクラスであることである.

例 4.1.7. （軽度の）圏からなるクラス $\mathscr{U}$ を1つ固定する（例えば, 小圏の全体）. このとき, 次のように 2-圏 $\mathbf{C}$ を定義する.

(1) $\mathbf{C}_0 := \mathscr{U}$ とする.

(2) 各 $x, y \in \mathbf{C}_0$ に対して, $\mathbf{C}(x, y)$ を関手圏（定義 2.2.16 参照）とする. すなわち, その対象集合 $\mathbf{C}(x, y)_0$ は, 関手 $x \to y$ の全体で, それらの間の自然変換を射, 自然変換の垂直合成（定義 1.3.5: $(\beta, \alpha) \mapsto \beta \bullet \alpha$）を圏の合成として定まる圏とする.

(3) 2変数関手の族 $\circ := (\circ_{x,y,z} \colon \mathbf{C}(y, z) \times \mathbf{C}(x, y) \to \mathbf{C}(x, z))_{x,y,z \in \mathbf{C}_0}$ を定めるために, 関手と自然変換

$$z \overset{g'}{\underset{g}{\rightleftarrows}} \beta\Uparrow y \overset{f'}{\underset{f}{\rightleftarrows}} \alpha\Uparrow x \qquad (x, y, z \in \mathbf{C}_0)$$

をとる. このとき, $g \circ f \colon x \to z$ を関手の普通の合成, $\beta \circ \alpha$ を自然変換の水平合成（定義 1.3.7）と定義する.

(4) 各 $x \in \mathbf{C}_0$ に対して, $u_x(*) := \mathbb{1}_x$, $u_x(\mathbb{1}_*) := \mathbb{1}_{\mathbb{1}_x}$ とする.

以上のデーターが結合法則と単位法則を満たすことは, 容易に確かめられる. この 2-圏 $\mathbf{C}$ を $\mathbf{Cat}(\mathscr{U})$ で表す. $\mathscr{U}$ が1つでも小圏でない軽度の圏 $\mathscr{C}$ を含めば $\mathbb{1}_{\mathscr{C}}$ が小集合でないため, 局所 2-射集合 $\mathrm{Fun}(\mathscr{C}, \mathscr{C})$ はクラスでなくなる. したがって $\mathbf{Cat}(\mathscr{U})$ は適度の圏でもなくなる.（詳しくは注意 A.4.3 参照.）$\mathscr{U}$ を小圏の全体とするとき, 単に $\mathbf{Cat}$ で表す. これは軽度の 2-圏である. また $\mathscr{U}$ を普通の圏（軽度の圏）の全体とするとき, $\mathbf{CAT}$ で表す（これは適度 2 の 2-圏になる. 命題 A.4.2 参照）.

例 4.1.8. 上と同様にして, 線形圏からなるクラス $\mathscr{S}$ を1つとり, これを対象集合とし, それらの間の線形関手の全体を 1-射, 線形関手の間の自然変換の全体を 2-射とする 2-圏を定義する. これを $\Bbbk\text{-}\mathbf{Cat}(\mathscr{S})$ で表す. $\mathscr{S}$ として線形小圏［軽度の線形圏］の全体をとるとき, $\Bbbk\text{-}\mathbf{Cat}$ ［$\Bbbk\text{-}\mathbf{CAT}$］で表す.

定義 4.1.9. 2-圏 $\mathbf{C}$ から次のように3種類の新しい 2-圏が構成される.

- $\mathbf{C}^{\mathrm{op}} := (\mathbf{C}$ から射を逆向きにして得られる 2-圏$)$
- $\mathbf{C}^{\mathrm{co}} := (\mathbf{C}$ から 2-射を逆向きにして得られる 2-圏$)$
- $\mathbf{C}^{\mathrm{coop}} := (\mathbf{C}^{\mathrm{co}})^{\mathrm{op}} = (\mathbf{C}^{\mathrm{op}})^{\mathrm{co}}$.

以下, 再び特に断らなければ, 圏はすべて軽度の圏とする. また 2-圏はすべて軽度の 2-圏とする.

定義 4.1.10. $\mathbf{C}$ を 2-圏, $x, y \in \mathbf{C}_0$, $f, g \in \mathbf{C}(x, y)_0$, $\alpha \in \mathbf{C}(x, y)(f, g)$ とする.

(1) $\beta \bullet \alpha = \mathbb{1}_f, \alpha \bullet \beta = \mathbb{1}_g$ となる $\beta \in \mathbf{C}(x,y)(g,f)$ が存在するとき，α は**同型**（**2-同型射**）であるという．このような β を α の**逆**とよぶ．α の逆は一意的に定まるので，それを α^{-1} で表す．

(2) 同型 $\alpha \in \mathbf{C}(x,y)(f,g)$ が存在するとき，f と g は**同型**であるという．このことを，$f \cong g$ で表す．

(3) $f'f = \mathbb{1}_x, ff' = \mathbb{1}_y$ となる $f' \in \mathbf{C}(y,x)$ が存在するとき，f は**同型**（**1-同型射**）であるという．このような f' を f の**逆**とよぶ．f の逆は一意的に定まるので（注意 1.1.13 参照），それを f^{-1} で表す．

(4) $f'f \cong \mathbb{1}_x, ff' \cong \mathbb{1}_y$ となる $f' \in \mathbf{C}(y,x)$ が存在するとき，f は**同値**であるという．このような f' を f の**擬逆**とよぶ．f の擬逆は一意的に定まるとは限らない．

(5) 同型 $f \in \mathbf{C}(x,y)$ が存在するとき，x と y は**同型**であるという．このことを，$x \cong y$ で表す．

(6) 同値 $f \in \mathbf{C}(x,y)$ が存在するとき，x と y は**同値**であるという．このことを，$x \simeq y$ で表す．

定義 4.1.11. $\mathbf{C}, \mathbf{D}$ を 2-圏とする．次のデーターの組で以下の公理を満たすものを，$\mathbf{C}$ から $\mathbf{D}$ への **2-関手**とよび，$\mathbf{C} \to \mathbf{D}$ で表す．

データー:

- 写像 $X \colon \mathbf{C}_0 \to \mathbf{D}_0$,
- 関手の族 $({}_y X_x \colon \mathbf{C}(x,y) \to \mathbf{D}(X(x), X(y)))_{(x,y) \in \mathbf{C}_0 \times \mathbf{C}_0}$. ただし，${}_y X_x(f)$ を $X(f)$ と略記する $(f \in \mathbf{C}(x,y)_0)$.

公理:

(1) 各 $x, y, z \in \mathbf{C}_0$ に対して，次は可換である:

$$
\begin{array}{ccc}
\mathbf{C}(y,z) \times \mathbf{C}(x,y) & \xrightarrow{\;\;\circ\;\;} & \mathbf{C}(x,z) \\
{\scriptstyle {}_z X_y \times {}_y X_x} \downarrow & & \downarrow {\scriptstyle {}_z X_x} \\
\mathbf{D}(X(y), X(z)) \times \mathbf{D}(X(x), X(y)) & \xrightarrow{\;\;\circ\;\;} & \mathbf{D}(X(x), X(z))
\end{array}
$$

(2) 各 $x \in \mathbf{C}_0$ に対して，次は可換である:

$$
\begin{array}{ccc}
\mathbf{1} & \xrightarrow{\;u_x\;} & \mathbf{C}(x,x) \\
& {\scriptstyle u_{X(x)}} \searrow & \downarrow {\scriptstyle {}_x X_x} \\
& & \mathbf{D}(X(x), X(x))
\end{array}
$$

すなわち 1-射，2-射の等式で書くと，

(1) $\mathbf{C}$ の各図式

$$
z \underset{g}{\overset{g'}{\rightrightarrows}} {}_{\beta\Uparrow}\, y \underset{f}{\overset{f'}{\rightrightarrows}} {}_{\alpha\Uparrow}\, x
$$

に対して，$X(g \circ f) = X(g) \circ X(f),\ X(\beta \circ \alpha) = X(\beta) \circ X(\alpha)$.

(2) $X(\mathbb{1}_x) = \mathbb{1}_{X(x)},\ X(\mathbb{1}_{\mathbb{1}_x}) = \mathbb{1}_{\mathbb{1}_{X(x)}}$.

注意 4.1.12. 上の定義において，各 $_yX_x$ は関手なので，X は圏 $\mathbf{C}(x, y)$ における恒等射と合成（すなわち 2-射の垂直合成）も保っている．すなわち，次の式も成り立っている．

$$X(\mathbb{1}_f) = \mathbb{1}_{X(f)}\ (f \in \mathbf{C}(x, y)_0),$$

$$X(\beta \bullet \alpha) = X(\beta) \bullet X(\alpha)\ (f \xrightarrow{\alpha} g \xrightarrow{\beta} h;\ \alpha, \beta \in \mathbf{C}(x, y)_1).$$

ここで，小圏をその左加群圏［右加群圏］に対応させる対応が 2-関手に拡張されることを見ておく（記号については定義 4.1.9 を参照）．

例 4.1.13. 次の 3 つの 2-関手を構成する．

(1) $(\text{-})\text{-Mod} := \text{Fun}_{\Bbbk}(\text{-}, \text{Mod}\,\Bbbk) \colon \Bbbk\text{-}\mathbf{Cat} \to \Bbbk\text{-}\mathbf{CAT}^{\text{op}}$；

(2) $(\text{-})^{\text{op}} \colon \Bbbk\text{-}\mathbf{Cat} \to \Bbbk\text{-}\mathbf{Cat}^{\text{co}}$；

(3) $\text{Mod}(\text{-}) \colon \Bbbk\text{-}\mathbf{Cat} \to \Bbbk\text{-}\mathbf{CAT}^{\text{coop}}$

(1) 2-関手 $(\text{-})\text{-Mod}$ の定義．

（**対象**）：$\Bbbk\text{-}\mathbf{Cat}$ の各対象 $\mathscr{C}$ に対して，$\mathscr{C}\text{-Mod} := \text{Fun}_{\Bbbk}(\mathscr{C}, \text{Mod}\,\Bbbk) \in \Bbbk\text{-}\mathbf{CAT}_0$．ここで命題 A.3.4 から，$\text{Fun}_{\Bbbk}(\mathscr{C}, \text{Mod}\,\Bbbk)$ は軽度の圏になることに注意する．

（**1-射**）：$\Bbbk\text{-}\mathbf{Cat}$ における各射 $F \colon \mathscr{C} \to \mathscr{D}$ に対して，$\Bbbk\text{-}\mathbf{CAT}$ の射

$$F\text{-Mod} \colon \mathscr{D}\text{-Mod} \to \mathscr{C}\text{-Mod}$$

を次で定める．$\mathscr{D}\text{-Mod}$ における各射 $\alpha \colon M \to N$ に対して，図式

$$\mathscr{C} \xrightarrow{F} \mathscr{D} \underset{N}{\overset{M}{\Downarrow \alpha}} \text{Mod}\,\Bbbk$$

を考えて，$(F\text{-Mod})(\alpha) \colon (F\text{-Mod})(M) \to (F\text{-Mod})(N)$ を

$$\alpha \circ F \colon M \circ F \to N \circ F$$

で定める（定義 1.3.6 参照）．

（**2-射**）：$\Bbbk\text{-}\mathbf{Cat}$ の 2-射 $\mathscr{C} \overset{E}{\underset{F}{\Downarrow \phi}} \mathscr{D}$ に対して，$\phi\text{-Mod} \colon E\text{-Mod} \Rightarrow F\text{-Mod}$ を次で定める．$\mathscr{D}\text{-Mod}$ の各対象 M に対して図式

$$\mathscr{C} \overset{E}{\underset{F}{\Downarrow \phi}} \mathscr{D} \xrightarrow{M} \text{Mod}\,\Bbbk$$

を考え，$(\phi\text{-Mod})_M \colon (E\text{-Mod})(M) \Rightarrow (F\text{-Mod})(M)$ を

$$M \circ \phi \colon M \circ E \Rightarrow M \circ F$$

で与え，$\phi\text{-Mod} := ((\phi\text{-Mod})_M)_{M \in (\mathscr{D}\text{-Mod})_0}$ とおく．

(2) 2-関手 $(\text{-})^{\mathrm{op}}$ の定義．問 1.2.5(3) での定義を拡張する．$(\text{-})^{\mathrm{op}}$ は，$\Bbbk\text{-}\mathbf{Cat}$ の対象，1-射，2-射からなる図式 $\mathscr{C} \underset{F}{\overset{E}{\Rrightarrow}} \mathscr{D}$ を $\Bbbk\text{-}\mathbf{Cat}$ の図式 $\mathscr{C}^{\mathrm{op}} \underset{F^{\mathrm{op}}}{\overset{E^{\mathrm{op}}}{\Rrightarrow}} \mathscr{D}^{\mathrm{op}}$ に移す．ただし，$F^{\mathrm{op}}, \phi^{\mathrm{op}}$ は $F^{\mathrm{op}}(x) := F(x), F^{\mathrm{op}}(f) := F(f), \phi_x^{\mathrm{op}} := \phi_x$ で定義する $(x \in \mathscr{C}_0, f \in \mathscr{C}_1)$．ここで 1-射の向きは変わらないが，2-射の向きは，$\phi_x^{\mathrm{op}} = \phi_x \in \mathscr{D}(E(x), F(x)) = \mathscr{D}^{\mathrm{op}}(F^{\mathrm{op}}(x), E^{\mathrm{op}}(x))$ となるため逆になることに注意する．

(3) 2-関手 $\text{Mod}(\text{-})$ の定義．これは以上の (1), (2) を合成して，$\text{Mod}(\text{-}) := (\text{-})\text{-Mod} \circ (\text{-})^{\mathrm{op}} = ((\text{-})^{\mathrm{op}})\text{-Mod} = \Bbbk\text{-}\mathbf{Cat}((\text{-})^{\mathrm{op}}, \text{Mod}\,\Bbbk)$ で定義する．このとき，1-射も 2-射も逆向きになることに注意すると，$\text{Mod}(\text{-}) \colon \Bbbk\text{-}\mathbf{Cat} \to \Bbbk\text{-}\mathbf{CAT}^{\mathrm{coop}}$ となることが分かる．

定義 4.1.14. $X, Y \colon \mathbf{C} \to \mathbf{D}$ を 2-圏の間の 2-関手とする．以下の公理を満たす $\mathbf{D}$ の 1-射の族 $(\rho_x \colon X(x) \to Y(x))_{x \in \mathbf{C}_0}$ を，X から Y への**厳格な 2-自然変換**とよび $\rho \colon X \Rightarrow Y$ で表す．

公理: 各 $x, y \in \mathbf{C}_0$ に対して次は可換である:

$$
\begin{CD}
\mathbf{C}(x,y) @>{{}_y X_x}>> \mathbf{D}(X(x), X(y)) \\
@V{{}_y Y_x}VV @VV{\mathbf{D}(X(x), \rho_y)}V \\
\mathbf{D}(Y(x), Y(y)) @>>{\mathbf{D}(\rho_x, Y(y))}> \mathbf{D}(X(x), Y(y))
\end{CD}
$$

すなわち 1-射，2-射の等式で書くと，$\mathbf{C}$ の各図式

$$x \underset{g}{\overset{f}{\Downarrow\alpha}} y$$

に対して，$\rho_y \circ X(f) = Y(f) \circ \rho_x, \quad \mathbb{1}_{\rho_y} \circ X(\alpha) = Y(\alpha) \circ \mathbb{1}_{\rho_x}$．

最初の式 [2 番目の式] が成立することを，ρ は**厳格な 1-自然性** [**厳格な 2-自然性**] を持つという．

厳格な 2-自然変換は，後で用いるときに条件が強すぎて適用できないことがある．そのため，2-射を用いて，この概念を次のように弱める．

定義 4.1.15. $X, Y \colon \mathbf{C} \to \mathbf{D}$ を 2-圏の間の 2-関手とする．次のデーターの組で以下の公理を満たすものを，X から Y への **2-自然変換**とよび，$\rho \colon X \Rightarrow Y$ で表す．

データー:
- $\mathbf{D}$ の 1-射の族 $(\rho_x \colon X(x) \to Y(x))_{x \in \mathbf{C}_0}$,

- **D** の 2-同型射の族 $(\rho_f \colon \rho_y \circ X(f) \Rightarrow Y(f) \circ \rho_x)_{f \in \mathscr{C}_1, f \colon x \to y}$

公理:

- 各 $x, y \in \mathbf{C}_0$ に対して $\rho_{x,y} := (\rho_f)_{f \in \mathbf{C}(x,y)_0}$ は関手の間の自然同型である:

$$
\begin{array}{ccc}
\mathbf{C}(x,y) & \xrightarrow{\ _yX_x\ } & \mathbf{D}(X(x), X(y)) \\
{\scriptstyle _yY_x}\downarrow & \ \ \overset{\rho_{x,y}}{\Longleftarrow} & \downarrow{\scriptstyle \mathbf{D}(X(x),\rho_y)} \\
\mathbf{D}(Y(x), Y(y)) & \underset{\mathbf{D}(\rho_x, Y(y))}{\longrightarrow} & \mathbf{D}(X(x), Y(y))
\end{array}
$$

すなわち 1-射, 2-射の図式で書くと, **C** の各図式

$$
x \underset{g}{\overset{f}{\rightrightarrows}} \Downarrow{\scriptstyle \alpha}\ y
$$

に対して, 2-同型射

$$
\begin{array}{ccc}
X(x) & \xrightarrow{X(f)} & X(y) \\
{\scriptstyle \rho_x}\downarrow & \overset{\rho_f}{\underset{\sim}{\ }} & \downarrow{\scriptstyle \rho_y} \\
Y(x) & \xrightarrow{Y(f)} & Y(y)
\end{array}
\ \text{があり}
\qquad
\begin{array}{ccc}
\rho_y \circ X(f) & \overset{\rho_f}{\underset{\sim}{\Longrightarrow}} & Y(f) \circ \rho_x \\
{\scriptstyle \mathbb{1}_{\rho_y} \circ X(\alpha)}\Big\Vert & & \Big\Vert{\scriptstyle Y(\alpha) \circ \mathbb{1}_{\rho_x}} \\
\rho_y \circ X(g) & \underset{\rho_g}{\overset{\sim}{\Longrightarrow}} & Y(g) \circ \rho_x
\end{array}
\ \text{が可換,}
$$

すなわち, $\rho_g \bullet (\mathbb{1}_{\rho_y} \circ X(\alpha)) = (Y(\alpha) \circ \mathbb{1}_{\rho_x}) \bullet \rho_f$. 左の図の 2-同型射 ρ_f が存在すること [右の図式が可換であること] を, ρ は **1-自然性** [**2-自然性**] を持つという. したがって特に, 厳格な 2-自然変換とは, 2-自然変換 ρ のうち, すべての $f \in \mathbf{C}_1$ に対して ρ_f が恒等 2-射であるものに他ならない.

例 4.1.16. $X \colon \mathbf{C} \to \mathbf{D}$ を 2-圏の間の 2-関手とする. このとき, $\mathbb{1}_X := ((\mathbb{1}_{X(x)})_{x \in \mathbf{C}_0}, (\mathbb{1}_{X(f)})_{f \in \mathbf{C}_1})$ は, 2-自然変換 $X \Rightarrow X$ になる. これを X の**恒等 2-自然変換**とよぶ.

2-自然変換の間にも普通の自然変換と同様に, 垂直合成と水平合成が以下のように定義される.

定義 4.1.17 (垂直合成). 2-圏, 2-関手, 2-自然変換からなる図式

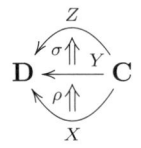

に対して, ρ と σ の**垂直合成** $\sigma \bullet \rho \colon X \Rightarrow Z$ を次で定義する.

$$\sigma \bullet \rho := (((\sigma \bullet \rho)_x)_{x \in \mathbf{C}_0}, ((\sigma \bullet \rho)_f)_{f \in \mathbf{C}_1}),$$

$$(\sigma \bullet \rho)_x := \sigma_x \circ \rho_x \quad (x \in \mathbf{C}_0),$$

$$(\sigma \bullet \rho)_f = (\sigma_f \circ \rho_x) \bullet (\sigma_y \circ \rho_f) \quad (f \in \mathbf{C}_1, f \colon x \to y).$$

これがまた 2-自然変換になることは次の可換図式から直ちに分かる.

$$
\begin{array}{ccccc}
\sigma_y \circ \rho_y \circ X(f) & \overset{\sigma_y \circ \rho_f}{\Longrightarrow} & \sigma_y \circ Y(f) \circ \rho_x & \overset{\sigma_f \circ \rho_x}{\Longrightarrow} & Z(f) \circ \sigma_x \circ \rho_x \\
{\scriptstyle \sigma_y \circ \rho_y \circ X(\alpha)} \Big\Downarrow & & \Big\Downarrow {\scriptstyle \sigma_y \circ Y(\alpha) \circ \rho_x} & & \Big\Downarrow {\scriptstyle Z(\alpha) \circ \sigma_x \circ \rho_x} \\
\sigma_y \circ \rho_y \circ X(g) & \underset{\sigma_y \circ \rho_g}{\Longrightarrow} & \sigma_y \circ Y(g) \circ \rho_x & \underset{\sigma_g \circ \rho_x}{\Longrightarrow} & Z(g) \circ \sigma_x \circ \rho_x
\end{array}
$$

定義 4.1.18（2-関手と 2-自然変換との水平合成）．2-圏，2-関手，2-自然変換からなる図式

$$\mathbf{E} \xleftarrow{V} \mathbf{D} \ \underset{X}{\overset{Y}{\rho \Uparrow}} \ \mathbf{C} \xleftarrow{U} \mathbf{B}$$

に対して，2-関手と 2-自然変換の合成 $\rho \circ U$ および $V \circ \rho$ を次で定義する:

$$\rho \circ U := ((\rho_{U(y)})_{y \in \mathbf{B}_0}, (\rho_{U(g)})_{g \in \mathbf{B}_1}) \colon X \circ U \Rightarrow Y \circ U,$$

$$V \circ \rho := ((V(\rho_x))_{x \in \mathbf{C}_0}, (V(\rho_f))_{f \in \mathbf{C}_1}) \colon V \circ X \Rightarrow V \circ Y.$$

容易に分かるように，これらもまた 2-自然変換になる.

定義 4.1.19（水平合成）．2-圏，2-関手，2-自然変換からなる図式

$$\mathbf{E} \ \underset{X'}{\overset{Y'}{\sigma \Uparrow}} \ \mathbf{D} \ \underset{X}{\overset{Y}{\rho \Uparrow}} \ \mathbf{C}$$

に対して，定義 4.1.17 と 4.1.18 より

$$(\sigma \circ Y) \bullet (X' \circ \rho) = (Y' \circ \rho) \bullet (\sigma \circ X)$$

が成り立つことが分かり，これらは 2-自然変換 $X' \circ X \Rightarrow Y' \circ Y$ である．この共通の 2-自然変換を $\sigma \circ \rho$ とおき，ρ と σ の**水平合成**とよぶ．定義より特に，$\mathbb{1}_{X'} \circ \rho = X' \circ \rho$，$\sigma \circ \mathbb{1}_X = \sigma \circ X$ となる．具体的に書くと，

$$\sigma \circ \rho := (((\sigma \circ \rho)_x)_{x \in \mathbf{C}_0}, ((\sigma \circ \rho)_f)_{f \in \mathbf{C}_1}),$$

$$(\sigma \circ \rho)_x := \sigma_{Y(x)} \circ X'(\rho_x) = Y'(\rho_x) \circ \sigma_{X(x)} \quad (x \in \mathbf{C}_0),$$

$$(\sigma \circ \rho)_f = \sigma_{Y(f)} \bullet X'(\rho_f) = Y'(\rho_f) \bullet \sigma_{X(f)} \quad (f \in \mathbf{C}_1).$$

次に 2-自然変換の間の関係を与える概念を導入する.

定義 4.1.20. $X, Y \colon \mathbf{C} \to \mathbf{D}$ を 2-圏の間の 2-関手，$\rho, \sigma \colon X \Rightarrow Y$ を

それらの間の 2-自然変換とする．以下の公理を満たす $\mathbf{D}$ の 2-射の族 $\Phi = (\Phi_x \colon \rho_x \Rightarrow \sigma_x)_{x \in \mathbf{C}_0}$ を，ρ から σ への**修正射**とよび，$\Phi \colon \rho \rightsquigarrow \sigma$ で表す．

公理: $\mathbf{C}$ の各図式

$$x \underset{g}{\overset{f}{\rightrightarrows}} \Downarrow\alpha \; y$$

に対して，次の図式が可換:

$$
\begin{array}{ccc}
\rho_y \circ X(f) & \overset{\rho_f}{\underset{\sim}{\Longrightarrow}} & Y(f) \circ \rho_x \\
{\scriptstyle \Phi_y \circ X(\alpha)} \Big\Downarrow & & \Big\Downarrow {\scriptstyle Y(\alpha) \circ \Phi_x} \\
\sigma_y \circ X(g) & \underset{\sigma_g}{\overset{\sim}{\Longrightarrow}} & Y(g) \circ \sigma_x
\end{array}
$$

すなわち，$\sigma_g \bullet (\Phi_y \circ X(\alpha)) = (Y(\alpha) \circ \Phi_x) \bullet \rho_f$.

定義 4.1.21. $X, Y \colon \mathbf{C} \to \mathbf{D}$ を 2-圏の間の 2-関手，$\rho, \sigma \colon X \Rightarrow Y$ を 2-自然変換，$\Phi \colon \rho \rightsquigarrow \sigma$ を修正射とする．

(1) すべての $x \in \mathbf{C}_0$ に対して Φ_x が 2-同型射になっているとき，$\Phi = (\Phi_x)_{x \in \mathbf{C}_0}$ は**同型**（**同型修正射**）であるという．

(2) 同型修正射 $\Phi \colon \rho \rightsquigarrow \sigma$ が存在するとき，ρ と σ は**同型**であるという．このことを $\rho \cong \sigma$ で表す．

(3) $\rho'\rho = \mathbb{1}_X, \rho\rho' = \mathbb{1}_Y$ となる 2-自然変換 $\rho' \colon Y \Rightarrow X$ が存在するとき，ρ は **2-自然同型**であるという．このとき，ρ' は ρ に対して一意的に定まるので，それを ρ^{-1} で表し，ρ の**逆**（**2-逆自然変換**）とよぶ．

(4) $\rho'\rho \cong \mathbb{1}_X, \rho\rho' \cong \mathbb{1}_Y$ となる 2-自然変換 $\rho' \colon Y \Rightarrow X$ が存在するとき，ρ は **2-自然同値**であるという．この ρ' を ρ の **2-擬逆**とよぶ．

例 4.1.22. 2-圏からなるクラス $\mathbf{U}$ を 1 つ固定する（例えば，2-小圏の全体）．このとき，次のように 2-圏 $\mathbf{C}$ を定義する．

(1) $\mathbf{C}_0 := \mathbf{U}$ とする．

(2) 各 $x, y \in \mathbf{C}_0$ に対して，$\mathbf{C}(x, y)$ を 2-関手圏とする．すなわち，その対象集合 $\mathbf{C}(x, y)_0$ は，2-関手 $x \to y$ の全体で，それらの間の 2-自然変換を射，2-自然変換の垂直合成を圏の合成として定まる圏とする．

(3) 2 変数関手の族 $\circ := (\circ_{x,y,z} \colon \mathbf{C}(y, z) \times \mathbf{C}(x, y) \to \mathbf{C}(x, z))_{x,y,z \in \mathbf{C}_0}$ を定めるために，2-関手と 2-自然変換

$$z \underset{g}{\overset{g'}{\rightleftarrows}} {\scriptstyle\beta\Uparrow} \; y \underset{f}{\overset{f'}{\rightleftarrows}} {\scriptstyle\alpha\Uparrow} \; x \quad (x, y, z \in \mathbf{C}_0)$$

をとる．このとき，$g \circ f \colon x \to z$ を 2-関手の普通の合成，$\beta \circ \alpha$ を 2-自然

変換の水平合成と定義する.

(4) 各 $x \in \mathbf{C}_0$ に対して, $u_x(*) := \mathbb{1}_x,\ u_x(\mathbb{1}_*) := \mathbb{1}_{\mathbf{1}_x}$ とする.

以上のデーターが結合法則と単位法則を満たすことは, 容易に確かめられる. この 2-圏 $\mathbf{C}$ を 2-$\mathbf{Cat}(\mathbf{U})$ で表す. 2-圏 2-$\mathbf{Cat}(\mathbf{U})$ は, 普通の 2-圏にはない修正射を持ち, これを "3-射" として "3-圏" をなす.

上において, 2-射を厳格な 2-自然変換に制限して得られる 2-圏を, 2-$\mathbf{Cat}^{\mathrm{st}}(\mathbf{U})$ で表す.

4.2　ストリング図

ストリング図を使うと, 多くの場合に 2-圏における 2-射の計算および自然変換の計算を劇的に簡単にすることができる. 本書では 2-射および自然変換に関する命題の証明は大抵ストリング図で行うことにする. 以下, $\mathbf{C}$ を 2-圏として, 描き方の規則を述べる.（本書での合成の方向は [41][*1)] にならって, 1-射では右から左, 2-射では下から上としている. 参考文献として [31, §2] を挙げておくが, そこでは 1-射の合成は左から右, 2-射の合成は下から上となっている.）

(1) $\mathbf{C}$ の対象 x は領域で表す.

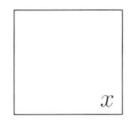

(2) 1-射 $f\colon x \to y$ はストリング（縦線）で表す（右から左へ進むように描く）:

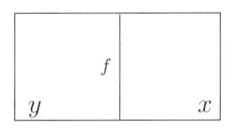

ただし, 各 $x \in \mathbf{C}_0$ に対して, $\mathbb{1}_x\colon x \to x$ は縦の点線で表すか, 何も書かない:

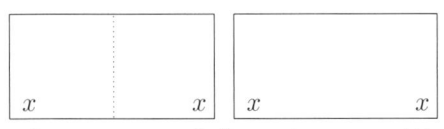

(3) 1-射 $f\colon x \to y$ と $g\colon y \to z$ の合成 $g \circ f\colon x \to z$ は次の図で表す（右から左に合成する）:

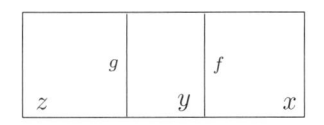

_____

*1)　筆者は最初にこの動画でストリング図を学んだ.

(4) 2-射 $y \overset{g}{\underset{f}{\rotatebox{90}{$\rightleftarrows$}}} x$ は白丸の頂点（中に名前を書く）で次のように表す（下から上に進むように描く）：

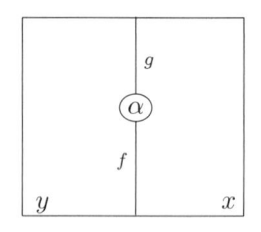

特に，$f = f_m \circ \cdots \circ f_1$，$g = g_n \circ \cdots \circ g_1$ のとき，1-射の合成から 1-射の合成への 2-射 $\alpha\colon f_m \circ \cdots f_1 \Rightarrow g_n \circ \cdots g_1$ は次の図で表すことになる．

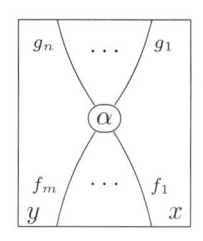

(5) 2 つの 2-射 $y \overset{\beta\Uparrow}{\underset{\alpha\Uparrow}{\longleftarrow}} x$ の垂直合成 $\beta \bullet \alpha$ は次の図で表す（下から上に合成する）：

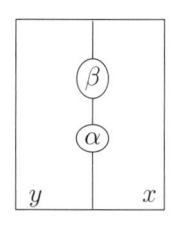

(6) 2 つの 2-射 $z \overset{g'}{\underset{g}{\beta\Uparrow}} y \overset{f'}{\underset{f}{\alpha\Uparrow}} x$ の水平合成 $\beta \circ \alpha$ は次の図で表す：

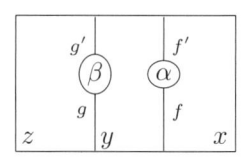

(7) 恒等 2-射 $1_f\colon f \Rightarrow f$ は省略する：

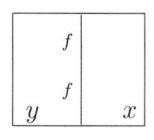

(8) 4 つの 2-射 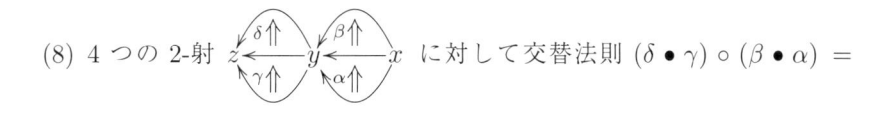 に対して交替法則 $(\delta \bullet \gamma) \circ (\beta \bullet \alpha) =$

$(\delta \circ \beta) \bullet (\gamma \circ \alpha)$ が成り立つので，次の図はこの式の左辺および右辺に共通の 2-射を表す：

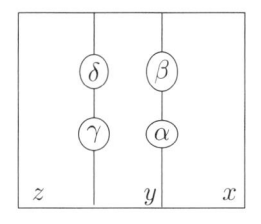

(9) 上の 2-射に適当に恒等 2-射を代入することにより次の**スライド等式**が得られる：

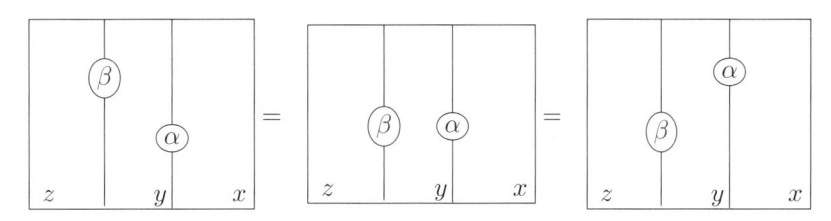

この (8), (9) のお陰で 2-射の計算が非常に簡素化される．以下，スライド等式は断りなく用いる．

(10) 大抵の場合，**C** の対象を表す領域は省略し，線と頂点だけで表す．

以上の規則は，圏，関手，自然変換のなす 2-圏 $\mathbf{Cat}(\mathscr{U})$ （例 4.1.7）に対しても適用する．

例 4.2.1. 2-自然変換および修正射の公理は，ストリング図ではそれぞれ次のように表される．

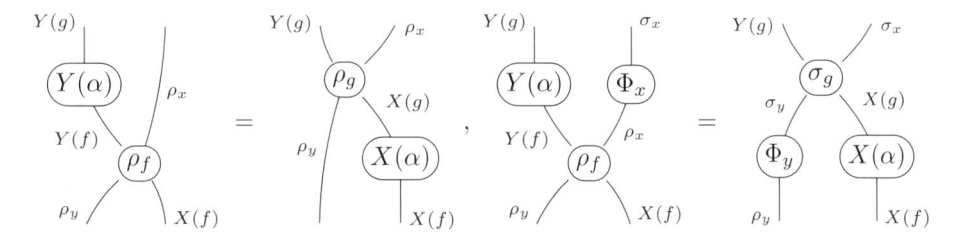

例 4.2.2. $\mathscr{C}$ を圏とする．次のようにすると，圏の対象や射に対してもストリング図を使うことができる（[31, §2.1] 参照）．**1** を単対象離散圏とする．$\mathscr{C}$ の各対象 x は，関手 $\mathbf{1} \to \mathscr{C}$ $(* \mapsto x, \mathbb{1}_* \mapsto \mathbb{1}_x)$ と同一視することができる．この関手も x で表す．すなわち，$x(*) := x, x(\mathbb{1}_*) := \mathbb{1}_x$. このように見ると，$\mathscr{C}$ における射 $f \colon x \to y$ は，自然変換

$$1 \underset{y}{\overset{x}{\Downarrow f}} \mathscr{C} \ , \ (f_* \colon x(*) \to y(*)) := (f \colon x \to y)$$

と見なすことができる．このとき，圏の間の 2 つの関手

$$\mathscr{C} \underset{F'}{\overset{F}{\Downarrow}} \mathscr{D}$$

に対して，$\alpha := (\alpha_x \colon F(x) \to F'(x))_{x \in \mathscr{C}_0}$ を $\mathscr{D}$ の射の列とするとき，これが自然変換であることは，$\mathscr{C}$ の各射 $f \colon x \to y$ に対して，

$$\begin{array}{ccc} F(x) & \xrightarrow{\ \alpha_x\ } & F'(x) \\ {\scriptstyle F(f)}\downarrow & & \downarrow{\scriptstyle F'(f)} \\ F(y) & \xrightarrow{\ \alpha_y\ } & F'(y) \end{array}$$

が可換であること，すなわち，$F'(f) \circ \alpha_x = \alpha_y \circ F(f)$ が成り立つことであるから，次のスライド等式が成り立つことと同値になる：

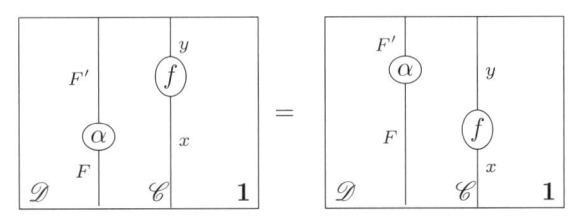

$(F \circ x = F(x), \alpha \circ x = \alpha_x$ 等となるので，上の式は $(F' \circ f) \bullet (\alpha \circ x) = (\alpha \circ y) \bullet (F \circ f)$ と書けることに注意．）したがって，この共通の値を次の図で表してもよい：

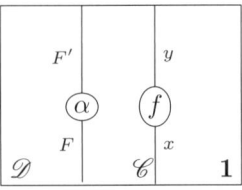

この描き方は，あとで随伴関手の意味付けを与える定理 4.4.7 の証明で用いる．

4.3 弱関手，余弱関手と擬関手

　2-圏の一般論を展開するとき，2-関手や 2-自然変換の定義は強すぎることがある．2-圏のなかにある 2-射を用いてもう少し弱くしたものを以下に定義する．条件を弱くした (relax) 関手 (functor) という意味で弱関手 (lax functor) とよばれる．一般に 2-圏から 2-圏への弱関手などが定義される（定義 8.2.1）が，差し当ってはそこまで必要ないので，ここでは圏から 2-圏への弱関手などの定義を与えるだけにする．まず，余弱関手の定義から始める．これは関手の

条件のなかにある等号を，2-射に取り替えて得られる．

定義 4.3.1. I を圏，$\mathbf{C}$ を 2-圏とする．次のデーターの組で以下の公理を満たすものを，I から $\mathbf{C}$ への**余弱関手 (colax functor)** とよび，$X\colon I \to \mathbf{C}$ で表す．

データー:

- 写像 $X\colon I_0 \to \mathbf{C}_0$,
- 写像の族 $({}_jX_i\colon I(i,j) \to \mathbf{C}(X(i),X(j)))_{i,j\in I_0}$（ただし，${}_jX_i(a)$ を $X(a)$ と略記する $(a \in I(i,j))$），
- $\mathbf{C}$ の 2-射の族 $(X_i\colon X(\mathbb{1}_i) \Rightarrow \mathbb{1}_{X(i)})_{i\in I_0}$,
- $\mathbf{C}$ の 2-射 の 族 $(X_{b,a}\colon X(ba) \Rightarrow X(b)X(a))_{(b,a)\in\mathrm{com}(I_1)}$，ただし，$\mathrm{com}(I_1) := \{(b,a) \in I_1 \times I_1 \mid \mathrm{dom}(b) = \mathrm{cod}(a)\}$.

公理:

(a) I の各射 $a\colon i \to j$ に対して次はどちらも可換である:

$$X(a\mathbb{1}_i) \overset{X_{a,\mathbb{1}_i}}{\Longrightarrow} X(a)X(\mathbb{1}_i) \quad \Downarrow X(a)X_i \quad X(a)\mathbb{1}_{X(i)}$$

$$X(\mathbb{1}_ja) \overset{X_{\mathbb{1}_j,a}}{\Longrightarrow} X(\mathbb{1}_j)X(a) \quad \Downarrow X_jX(a) \quad \mathbb{1}_{X(j)}X(a)$$

(b) I の各道 $i \overset{a}{\to} j \overset{b}{\to} k \overset{c}{\to} l$ に対して次は可換である:

$$
\begin{array}{ccc}
X(cba) & \overset{X_{c,ba}}{\Longrightarrow} & X(c)X(ba) \\
{\scriptstyle X_{cb,a}}\Downarrow & & \Downarrow{\scriptstyle X(c)X_{b,a}} \\
X(cb)X(a) & \underset{X_{c,b}X(a)}{\Longrightarrow} & X(c)X(b)X(a).
\end{array}
$$

注意 4.3.2. 余弱関手 $X\colon I \to \mathbf{C}$ の公理をストリング図で表すと以下のようになる．まず 2-射 $X_i, X_{b,a}$ はそれぞれ次の図で表される．

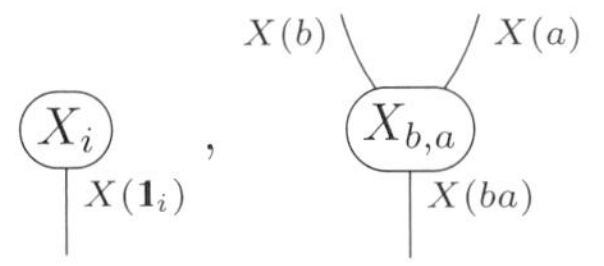

$$\boxed{X_i}\quad,\quad \boxed{X_{b,a}}$$

これらにより公理 (a), (b) はそれぞれ次のストリング図で表される．

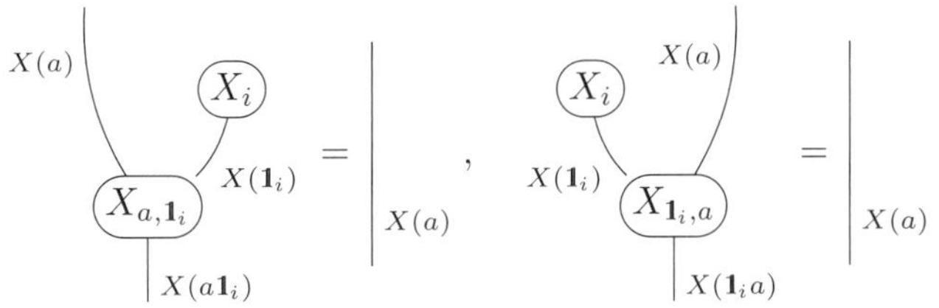

$$\text{(図式)} \qquad = \qquad \text{(図式)}$$

例 4.3.3. 単対象離散圏 **1** から小圏全体のなす 2-圏 **Cat** への余弱関手 $X\colon \mathbf{1} \to \mathbf{Cat}$ は，小圏 $\mathscr{C} := X(*)$ 上の comonad $T := X(\mathbb{1}_*)$ に他ならない．

定義 4.3.4. 2-圏 **C** に対して，

- 余弱関手 $I \to \mathbf{C}^{\mathrm{co}}$ を**弱関手** (lax functor)$I \to \mathbf{C}$ とよぶ．
- 余弱関手 $X\colon I \to \mathbf{C}$ で，すべての $X_i, X_{b,a}$ が 2-同型となっているものを，**擬関手** $I \to \mathbf{C}$ とよぶ．弱関手 $X\colon I \to \mathbf{C}$ で，すべての $X_i, X_{b,a}$ が 2-同型となっているものを，上の擬関手と区別するために本書では**弱擬関手**とよぶことにする．この言い方によると，上の擬関手は余弱擬関手とよぶべきであるが，本書ではこちらを単に擬関手とよぶ．
- 余弱関手 $X\colon I \to \mathbf{C}$ で，すべての $X_i, X_{b,a}$ が恒等 2-射となっているものが **2-関手** $I \to \mathbf{C}$ となる．

4.4 随伴と同値

2-圏のなかの 1-射の対に対して随伴（内部の随伴）を考えることもできるし，2-圏と 2-圏の間の 2-関手の対に対して随伴（外部の随伴）を考えることもできる．まず内部の随伴から始める．

定義 4.4.1. **C** を 2-圏とする．

(1) 次のデーターの組 $(f, g, \eta, \varepsilon)$ を **C** における**前随伴系**とよぶ．
データー：

- **C** の 1-射 $x \underset{g}{\overset{f}{\rightleftarrows}} y$
- **C** の 2-射 $\eta\colon \mathbb{1}_x \Rightarrow g \circ f$ と $\varepsilon\colon f \circ g \Rightarrow \mathbb{1}_y$

すなわち，1 つの **C** の図式にまとめると，

$$\text{(図式)}$$

(2) 前随伴系 $(f, g, \eta, \varepsilon)$ において，η, ε がともに 2-同型であるとき，これを同値系とよぶ．

(3) 次の公理を満たす前随伴系を随伴系とよぶ．

公理： 次の図式は可換である：

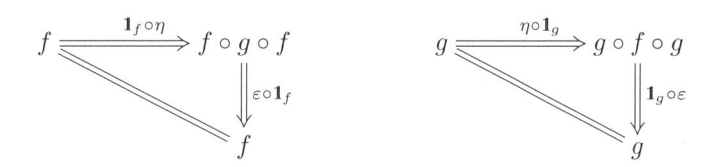

このとき，f は g の**左随伴**，g は f の**右随伴**であるといい，記号 $f \dashv g$ で表す．2-射 η, ε をそれぞれこの随伴系の**単位射**，**余単位射**とよぶ．

(4) 随伴系 $(f, g, \eta, \varepsilon)$ において，ε と η がともに 2-同型であるとき，これを**随伴同値系**とよぶ．また，(f, g) は**随伴同値**であるという．

注意 4.4.2. 随伴系 $(f, g, \eta, \varepsilon)$ の公理をストリング図で表すと次のようになる．

$$\tag{4.1}$$

この形からこれらの式は**ジグザグ等式**ともよばれる．これは，ストリングを，N 字型や И 字型（キリル文字の「イー」，逆 N 字型）に折りたたんだり，引き延ばしたりしてよい，と解釈できる．

補題 4.4.3. 2-圏 **C** における同値系 $(f, g, \eta, \varepsilon)$ がジグザグ等式の一方を満たせば，残りの等式も満たす．

証明. ジグザグ等式 (4.1) の右側が成り立っていると仮定する．このとき左側が成り立つことを示す．右側の式の両辺の逆をとることにより次が成り立つ．

これを左側の左辺の g に代入して変形していくと，次のように $\mathbb{1}_f$ に等しいことが示される：

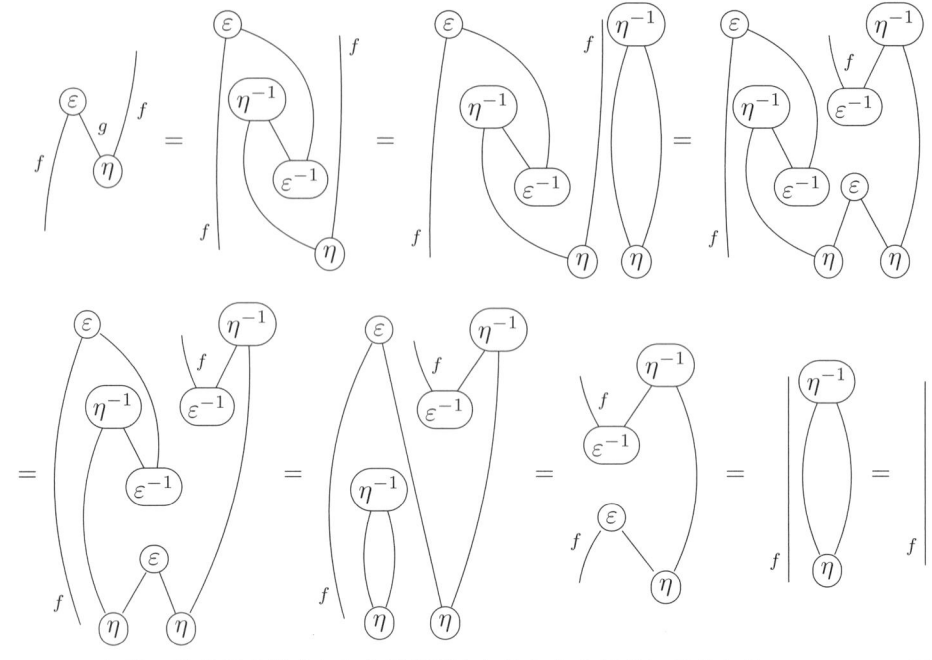

左側のジグザグ等式から右側が導かれることも同様に示される. □

定理 4.4.4. 2-圏 **C** において $f\colon x \to y$ を同値, $g\colon y \to x$ を 1-射, $\eta\colon \mathbb{1}_x \Rightarrow gf$ を 2-同型とすると, $(f, g, \eta, \varepsilon)$ が随伴同値系となるような 2-同型 $\varepsilon\colon fg \Rightarrow \mathbb{1}_y$ がただ 1 つ存在する.

証明. $f\colon x \to y$ が同値であるので, その擬逆 $g'\colon y \to x$ が存在する. すなわち 2-同型 $\alpha\colon fg' \Rightarrow \mathbb{1}_y$ と $\beta\colon \mathbb{1}_x \Rightarrow g'f$ が存在する. $\varepsilon :=$ $\alpha \bullet (f\eta^{-1}g) \bullet (fg\alpha^{-1})\colon fg \Rightarrow fgfg' \Rightarrow fg' \Rightarrow \mathbb{1}_y$ とおくと, これも 2-同型である. ストリング図で表すと,

$$\varepsilon :=$$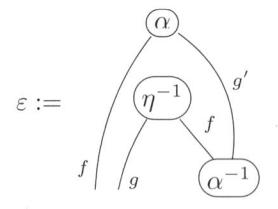

これが求めるものであることを示す. 補題 4.4.3 より右側のジグザグ等式が成り立つことを示せば十分である. この証明は次のストリング図で与えられる.

ε の一意性を示すために，$\varepsilon': fg \Rightarrow \mathbb{1}_y$ をもう 1 つの 2-同型で η との間にジグザグ等式が成り立つものをとる．このとき $\varepsilon = \varepsilon'$ となることは次のストリング図で示される．

この定理から次のことが直ちに従う．

系 4.4.5. 2-圏 **C** において $x \underset{g}{\overset{f}{\rightleftarrows}} y$ を対象の間の 1-射とする．このとき次は同値である．

(1) f と g は互いに擬逆な同値である．

(2) (f, g) は随伴同値である．

注意 4.4.6. 2-圏 **C** が圏，関手，自然変換からなる場合，すなわち **C** = **CAT**（例 4.1.7 参照）である場合，**C** の 1-射の対 $\mathscr{C} \underset{G}{\overset{F}{\rightleftarrows}} \mathscr{D}$ に対して，定理 1.4.4 より，次は同値である．

(1) F は圏の同値である．

(2) (F, G) が随伴同値となる $G: \mathscr{D} \to \mathscr{C}$ が存在する．

(3) F は，充満，忠実，稠密である．

マクレーンの本 [30, IV. Adjoints, 4. Equivalence of categories] では，(1) から (2) を証明する際，(3) を経由している．ここでは 2-圏の一般論として (1) と (2) の同値を証明している．

また，(1) と (2) の同値の証明を先に上の系で与えておく場合，定理 1.4.4 の証明では，(1) から (3) を証明しているが，(2) から (3) を証明してもよいことになる．その際，$F_{y,x} \circ F' = \mathbb{1}_{\mathscr{D}(F(x), F(y))}$ の証明は，次のように G の忠実性を用いない形で行うことができる：任意の $g \in \mathscr{D}(F(x), F(y))$ に対して，図式

$$
\begin{array}{ccccc}
F(x) & \xrightarrow{F(\eta_x)} & F(G(F(x))) & \xrightarrow{\varepsilon_{F(x)}} & F(x) \\
{\scriptstyle F(F'(g))}\downarrow & & \downarrow{\scriptstyle F(G(g))} & & \downarrow{\scriptstyle g} \\
F(y) & \xrightarrow[F(\eta_y)]{} & F(G(F(y))) & \xrightarrow[\varepsilon_{F(y)}]{} & F(y)
\end{array}
$$

を考える．$F'(g)$ の定義と ε が自然変換であることからこの図式は可換であり，ジグザグ等式より水平な矢の合成はどちらも恒等写像であるから，$F(F'(g)) = g$ となる．

次に，2-圏が圏，関手，自然変換からなる場合，随伴系の名前の由来となる同値条件を与える．

定理 4.4.7. 2-圏 **CAT** において $\mathscr{C} \underset{R}{\overset{L}{\rightleftarrows}} \mathscr{D}$ を圏の間の関手とする．このとき次は同値である．

(1) 随伴系 $(L, R, \eta, \varepsilon)$ が存在する．

(2) 2 つの 2 変数関手 $\mathscr{D}(L(\text{-}), ?), \mathscr{C}(\text{-}, R(?)) \colon \mathscr{C}^{\mathrm{op}} \times \mathscr{D} \to \mathbf{Set}$ は自然同型である．

証明．(1) $\Rightarrow$ (2)．(1) が成り立っているとする．このとき，自然同型 $\omega \colon \mathscr{D}(L(\text{-}), ?) \Rightarrow \mathscr{C}(\text{-}, R(?))$ を次で定義する．各 $(x, y) \in (\mathscr{C}^{\mathrm{op}} \times \mathscr{D})_0$ に対して，$\omega_{x,y} \colon \mathscr{D}(L(x), y) \to \mathscr{C}(x, R(y))$ および $\omega'_{x,y} \colon \mathscr{C}(x, R(y)) \to \mathscr{D}(L(x), y)$ を次で定め，$\omega := (\omega_{x,y}), \omega' := (\omega'_{x,y})$ と定義する：

$$
\begin{cases}
\omega_{x,y}(f) := R(f) \circ \eta_x \colon x \to RL(x) \to R(y) & (f \in \mathscr{D}(L(x), y)), \\
\omega'_{x,y}(g) := \varepsilon_y \circ L(g) \colon L(x) \to LR(y) \to y & (g \in \mathscr{C}(x, R(y))).
\end{cases}
\tag{4.2}
$$

例 4.2.2 の描き方を用いると，これらは次で表すことができる．

したがって，ジグザグ等式により次が成り立つ．

同様にして，$\omega_{x,y} \circ \omega'_{x,y}(g) = g$．すなわち，$\omega_{x,y}$ と $\omega'_{x,y}$ は互いに逆写像であり，$\omega_{x,y}$ は全単射となる．ω が自然変換であることは，任意の $\mathscr{C}$ の射 $a \colon x' \to x$，$\mathscr{D}$ の道 $L(x) \xrightarrow{f} y \xrightarrow{b} y'$, に対して，

$$
\omega(b \circ f \circ L(a)) = R(b) \circ \omega(f) \circ a
$$

が満たされることと同値であるが，これは次のように，η が自然変換であるこ

とから従う：

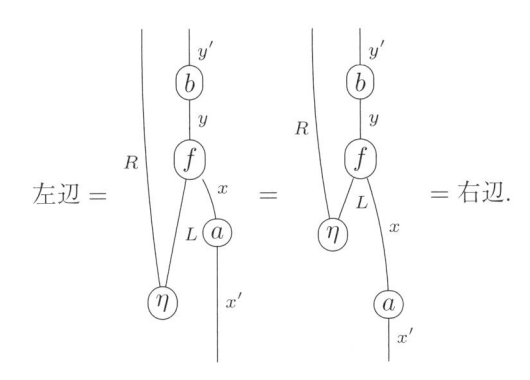

$$左辺 = \qquad = \qquad = 右辺.$$

(2) $\Rightarrow$ (1). 自然同型 $\omega\colon \mathscr{D}(L(\text{-}), ?) \Rightarrow \mathscr{C}(\text{-}, R(?))$ が存在するとする．このとき，自然変換 $\eta\colon \mathbb{1}_{\mathscr{C}} \Rightarrow RL$ と $\varepsilon\colon LR \Rightarrow \mathbb{1}_{\mathscr{D}}$ を次で定義する．

$$\eta_x := \omega_{x, L(x)}(\mathbb{1}_{L(x)}) \in \mathscr{C}(x, RL(x)) \quad (x \in \mathscr{C}_0^{\mathrm{op}}),$$
$$\varepsilon_y := \omega_{R(y), y}^{-1}(\mathbb{1}_{R(y)}) \in \mathscr{D}(LR(y), y) \quad (y \in \mathscr{D}_0)$$

とおき，$\eta := (\eta_x)_{x \in \mathscr{C}_0^{\mathrm{op}}}, \varepsilon := (\varepsilon_y)_{y \in \mathscr{D}_0}$ と定義する．すると，(i) これらが自然変換であり，(ii) ジグザグ等式を満たすことが容易に確かめられる． $\qquad \square$

問 4.4.8. 上の証明中にある最後の 2 つの主張 (i), (ii) を確かめよ．

2-圏 **CAT** における随伴についてよく用いられる事実を挙げておく．

系 4.4.9. 2-圏 **CAT** において $\mathscr{C} \underset{R}{\overset{L}{\rightleftarrows}} \mathscr{D}$ を圏の間の関手とし，$(L, R, \eta, \varepsilon)$ を随伴系とする．このとき次が成り立つ．

(1) L と η の関係：

    (a) L が充満である $\iff \eta_x$ が引き戻しである $(x \in \mathscr{C}_0)$．

    (b) L が忠実である $\iff \eta_x$ が単射である $(x \in \mathscr{C}_0)$．

    (c) L が充満忠実である $\iff \eta$ が自然同型である．

(2) R と η との関係：

    (a) R が充満である $\iff \varepsilon_y$ が切断である $(y \in \mathscr{D}_0)$．

    (b) R が忠実である $\iff \varepsilon_y$ が全射である $(y \in \mathscr{D}_0)$．

    (c) R が充満忠実である $\iff \varepsilon$ が自然同型である．

(3) 稠密性について：

    (a) η が自然同型であれば，R は稠密である．

    (b) ε が自然同型であれば，L は稠密である．

証明． (3) は自明であり，(2) は (1) と同様に示されるので，(1) だけを示す．$x', x \in \mathscr{C}_0$ とする．このとき定理 4.4.7 の証明における定義式 (4.2) を用いて

次の図式が得られる.

$$\begin{array}{ccc} & \mathscr{C}(x',x) & \\ {}^{L(\text{-})}\swarrow & & \searrow^{\mathscr{C}(x',\eta_x)} \\ \mathscr{D}(Lx',Lx) & \xrightarrow[\cong]{\omega_{x',Lx}} & \mathscr{C}(x',RLx) \end{array}$$

この図式の可換性は, 各 $f \in \mathscr{C}(x',x)$ が次のように移されることから分かる:

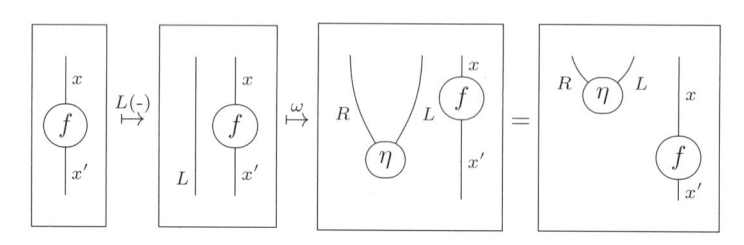

この右端が $\mathscr{C}(x',\eta_x)(f)$ である. このとき (a) は次の同値から分かる.

$$\begin{aligned} L \text{ が充満} &\iff \forall x',x \in \mathscr{C}_0, L(\text{-}) \text{ が全射 (定義より)} \\ &\iff \forall x',x \in \mathscr{C}_0, \mathscr{C}(x',\eta_x) \text{ が全射 (ω が同型であるから)} \\ &\iff \forall x \in \mathscr{C}_0, \eta_x \text{ が引き戻し (命題 1.1.22(2) より)}. \end{aligned}$$

(b) は次の同値から分かる.

$$\begin{aligned} L \text{ が忠実} &\iff \forall x',x \in \mathscr{C}_0, L(\text{-}) \text{ が単射 (定義より)} \\ &\iff \forall x',x \in \mathscr{C}_0, \mathscr{C}(x',\eta_x) \text{ が単射 (ω が同型であるから)} \\ &\iff \forall x \in \mathscr{C}_0, \eta_x \text{ が単射 (注意 1.1.20(1) より)}. \end{aligned}$$

(c) は, 容易に分かるように, 単射かつ引き戻しは同型であるから, (a) と (b) から従う. □

再び, 一般の随伴にもどり, これらの持つ性質について述べる. まず, 左 [右] 随伴は同型を除いて高々 1 つしかないことと, 左 [右] 随伴に同型なものは左 [右] 随伴であることを示す.

命題 4.4.10. 2-圏 **C** において, $f,f'\colon x \to y$, $g,g'\colon y \to x$ を対象の間の 1-射とし, $f \dashv g$ とする. このとき, 次が成り立つ.

(1) $f \dashv g' \iff g \cong g'$.

(2) $f' \dashv g \iff f \cong f'$.

証明. (f,g,η,ε) を随伴系とする. (2) も同様にして証明されるので, (1) だけを示す.

($\Rightarrow$). $(f,g',\eta',\varepsilon')$ を随伴系とする. このとき $\alpha\colon g \Rightarrow g'$, $\beta\colon g' \Rightarrow g$ をそれぞれ次のストリング図で定義する.

$$\alpha := \begin{array}{c} g' \quad f \quad \varepsilon \\ \eta' \quad g \end{array} \quad , \quad \beta := \begin{array}{c} g \quad f \quad \varepsilon' \\ \eta \quad g' \end{array}$$

このとき，$\alpha \bullet \beta = \mathbb{1}_{g'}$ であることが次の計算から分かる．

$$\begin{array}{c} g' \quad f \quad \varepsilon \\ \eta' \quad g \\ \eta \quad g' \end{array} = \begin{array}{c} g' \quad \varepsilon \quad f \quad \varepsilon' \\ \eta \quad g' \\ \eta' \end{array} = \begin{array}{c} g' \quad \varepsilon' \\ \eta' \quad g' \end{array} = \begin{array}{c} \\ g' \end{array}$$

同様にして $\beta \bullet \alpha = \mathbb{1}_g$ であることも示される．したがって，$g \cong g'$ となる．

（⇐）．$\alpha\colon g \Rightarrow g'$ を自然同型とする．$\eta'\colon \mathbb{1}_x \Rightarrow g' \circ f,\ \varepsilon'\colon f \circ g' \Rightarrow \mathbb{1}_y$ をそれぞれ次のストリング図で定義する．

$$\eta' := \begin{array}{c} g' \\ \alpha \quad f \\ g \\ \eta \end{array} \quad , \quad \varepsilon' := f \begin{array}{c} \varepsilon \quad g \\ \alpha^{-1} \\ g' \end{array}$$

このとき，η', ε' がジグザグ等式を満たすことを示せばよい．一方の式は次の計算から分かる．

$$\begin{array}{c} g' \quad f \quad \varepsilon' \\ \eta' \quad g' \end{array} = \begin{array}{c} g' \quad \varepsilon \quad g \\ f \quad \alpha^{-1} \\ \alpha \quad g' \\ g \quad \eta \end{array} = \begin{array}{c} g' \\ \alpha \\ g \quad f \quad \varepsilon \\ \eta \quad g \\ \alpha^{-1} \\ g' \end{array} = \begin{array}{c} g' \\ \alpha \\ g \\ \alpha^{-1} \\ g' \end{array} = \begin{array}{c} \\ g' \end{array}$$

残りの式も同様に示される．したがって，$(f, g', \eta', \varepsilon')$ が随伴系となり $f \dashv g'$ が成り立つ． $\square$

命題 4.4.11. 2-圏 $\mathbf{C}$ における 2 つの随伴 $x \underset{g}{\overset{f}{\rightleftarrows}} \bot y \underset{g'}{\overset{f'}{\rightleftarrows}} \bot z$ から随伴 $x \underset{g \circ g'}{\overset{f' \circ f}{\rightleftarrows}} \bot z$ が得られる．

証明． $(f, g, \eta, \varepsilon), (f', g', \eta', \varepsilon')$ を随伴系とする．$\eta''\colon \mathbb{1}_x \Rightarrow (g \circ g') \circ (f' \circ f)$

と $\varepsilon'' \colon (f' \circ f) \circ (g \circ g') \Rightarrow \mathbb{1}_z$ をそれぞれ次のストリング図で定義する:

$$\eta'' := \quad \raisebox{-1em}{[ストリング図]} \quad , \quad \varepsilon'' := \quad \raisebox{-1em}{[ストリング図]}$$

このとき，η, ε と η', ε' のジグザグ等式よりスライド等式を用いて η'', ε'' のジグザグ等式が成り立つ:

$$\raisebox{-2em}{[ストリング図]} \; f = f' \bigg| \bigg| f \;, \quad g \; \raisebox{-2em}{[ストリング図]} \; g' = g \bigg| \bigg| g'$$

したがって，$f' \circ f \dashv g \circ g'$ が成り立つ. $\qquad\square$

次の命題は，左随伴［右随伴］関手が余連続［連続］であることのストリング図による証明を一般化して得られたものである.

命題 4.4.12. 2-圏 **C** における 4 組の随伴

$$\raisebox{-3em}{[図]} \tag{4.3}$$

において，$l \circ f \cong f' \circ l' \iff r' \circ g' \cong g \circ r$.

証明. まず，4 つの随伴系 (4.3) から命題 4.4.11 を用いて，2 つの随伴

$$l \circ f \dashv g \circ r, \quad f' \circ l' \dashv r' \circ g'$$

が得られる．したがって命題 4.4.10 より $l \circ f \cong f' \circ l'$ ならば，$l \circ f \dashv r' \circ g'$ となり，これと $l \circ f \dashv g \circ r$ より再び命題 4.4.10 を用いて $r' \circ g' \cong g \circ r$ が従う．逆も同様に示される. $\qquad\square$

注意 4.4.13. 命題 4.4.12 の別証明. この設定のもとで，ストリング図を用いて直接に同型を構成することによって証明することもできる.

$(f, g, \alpha, \beta), (f', g', \alpha', \beta'), (l, r, \eta, \varepsilon), (l', r', \eta', \varepsilon')$ を随伴系とする．必要性も十分性も同様にして示すことができるので，ここでは必要性だけを示す．そこで左辺を仮定する．すなわち，自然同型 $\gamma \colon l \circ f \Rightarrow f' \circ l'$ が存在したとする.

このとき，自然変換 $\delta\colon r'\circ g' \Rightarrow g\circ r$ と $\delta'\colon g\circ r \Rightarrow r'\circ g'$ をそれぞれ次のストリング図で定義する．

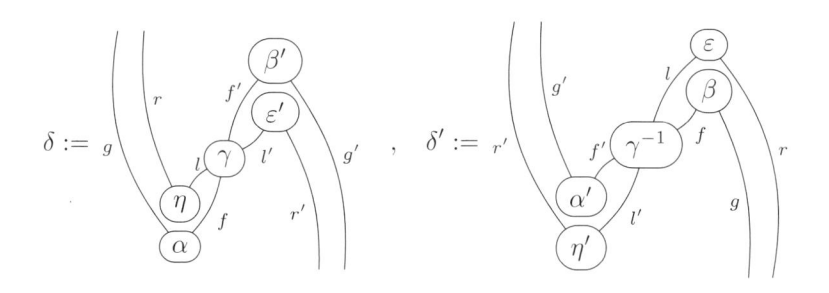

このとき，$\delta\bullet\delta' = \mathbb{1}_{g\circ r}$ および $\delta'\bullet\delta = \mathbb{1}_{r'\circ g'}$ を示せばよい．第 1 式の左辺は，スライド等式を用いると，次のストリング図で与えられる．

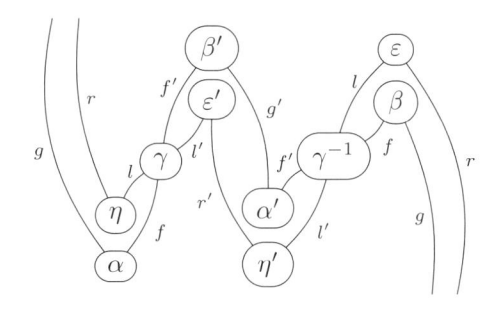

したがって，スライド等式，4 つの随伴の持つジグザグ等式および $\gamma^{-1}\bullet\gamma = \mathbb{1}_{l\circ f}$ より，これは第 1 式の右辺 $\mathbb{1}_{g\circ r}$ に等しい．第 2 式も同様の計算から従う．以上より，δ が自然同型となり，$g\circ r \cong r'\circ g'$ が得られる． $\square$

4.5　随伴と極限，余極限

この節では，前節の結果を **CAT** での随伴に適用する．その際，I を小圏，$\mathscr{C}\in\mathbf{CAT}_0$ とするとき，各 $F\in\mathrm{Fun}(I,\mathscr{C})_0 = (\mathscr{C}^I)_0$ に対する，極限 $\varprojlim F$，余極限 $\varinjlim F$ およびそれらから定義される極限関手 $\varprojlim\colon \mathscr{C}^I \to \mathscr{C}$，余極限関手 $\varinjlim\colon \mathscr{C}^I \to \mathscr{C}$ と，対角関手 $\Delta\colon \mathscr{C}\to\mathscr{C}^I$ の知識が必要になる．これらについての解説は圏論の入門書（例えば [34, 2.3.2 極限と余極限]）に譲るが，これらの定義と，随伴 $\varinjlim\dashv \Delta,\ \Delta\dashv \varprojlim$ については以下に手短に書いておく[*2)]．

定義 4.5.1. I を小圏，$\mathscr{C}\in\mathbf{CAT}_0$ とする．対角関手 $\Delta\colon \mathscr{C}\to\mathscr{C}^I$ を次で定義する．

- 各 $x\in\mathscr{C}_0$ に対して，関手 $\Delta(x)\colon I\to\mathscr{C}$ を $(i\xrightarrow{a}j)\mapsto(x\xrightarrow{\mathbf{1}_x}x)$ で定義

---

*2)　本質的な点はこれで網羅されている．読者には，積，余積の解説をまねて，それらの普遍性を図式で描くことを勧める．

する. すなわち, $\Delta(x)(i) := x, \Delta(x)(a) := \mathbb{1}_x \ (i \in I_0, a \in I_1)$.

- $\mathscr{C}$ の各矢 $x \xrightarrow{f} y$ に対して, 自然変換 $\Delta(f) : \Delta(x) \Rightarrow \Delta(y)$ を $\Delta(f)_i := f : \Delta(x)(i) = x \to y = \Delta(y)(i) \ (i \in I_0)$ で定める.

定義 4.5.2. $F : I \to \mathscr{C}$ を圏の間の関手とする. $\bigsqcup_{x \in \mathscr{C}_0} \mathscr{C}^I(\Delta(x), F)$ の元 (x, π) を F の**錐**とよび, これが次の普遍性を持つとき, F の**極限**とよぶ.

錐の普遍性. 任意の $z \in \mathscr{C}_0$ に対して, 次は全単射である:

$$\mathscr{C}^I(z, \pi) \circ \Delta : \mathscr{C}(z, x) \to \mathscr{C}^I(\Delta(z), F), f \mapsto \pi \circ \Delta(f). \tag{4.4}$$

この組 (x, π) は同型[*3] を除いて一意的に定まる. そこで, これを $(\varprojlim F, \pi_F)$ で表す. これは自然に関手 $\varprojlim : \mathscr{C}^I \to \mathscr{C}$ に拡張される.

双対的に, F の**余錐**, **余極限** $(\varinjlim F, \sigma_F)$, 関手 $\varinjlim : \mathscr{C}^I \to \mathscr{C}$ も定義される.

問 4.5.3. 上の定義の設定で, 全単射 (4.4) は, $z \in \mathscr{C}_0$ と $F \in (\mathscr{C}^I)_0$ について自然な同型

$$\mathscr{C}(z, \varprojlim F) \to \mathscr{C}^I(\Delta(z), F)$$

を導くことを示せ. このことから随伴 $\Delta \dashv \varprojlim$ が得られる. 双対的に, 随伴 $\varinjlim \dashv \Delta$ も得られる.

注意 4.5.4. I が小集合であるとき, これを離散圏と見なすと, 関手 $F \in (\mathscr{C}^I)_0$ は列 $(F(x))_{x \in I}$ と見なせる. このとき, 次が成り立つ.

$$\varprojlim F = \prod_{x \in I} F(x), \quad \varinjlim F = \coprod_{x \in I} F(x).$$

定義 4.5.5（関手の連続性および余連続性）. I を小圏, $R : \mathscr{C} \to \mathscr{D}$ を圏の間の関手とする. このとき, R から関手圏（定義 1.3.8 参照）の間の関手 $R^I := \mathrm{Fun}(I, R) : \mathscr{C}^I \to \mathscr{D}^I, (\alpha : F \Rightarrow F') \mapsto (R \circ \alpha : R \circ F \Rightarrow R \circ F')$, が導かれる.

(1) すべての $F \in (\mathscr{C}^I)_0$ に対して, 極限 $\varprojlim F, \varprojlim R^I(F)$ がともに存在すると仮定する. このとき, 各 $F \in (\mathscr{C}^I)_0$ に対して, 極限の普遍性により錐から錐への射

$$\varprojlim R^I(\pi_F) := \varprojlim R(\pi_{F,i})_{i \in I_0} : R(\varprojlim F) \to \varprojlim R^I(F)$$

が一意的に定まっている. ただし, $(\varprojlim F, \pi_F)$ は F の普遍錐である. これによって**標準自然変換** $\varprojlim R^I(\pi) := (\varprojlim R^I(\pi_F))_{F \in (\mathscr{C}^I)_0} : R \circ \varprojlim \Rightarrow \varprojlim \circ R^I$ が定義されるが, これが自然同型であるとき, R は I に関して**連続**である（あるいは**極限を保つ**）という.（I が小集合の離散圏であるとき

[*3] (x, π) と (x', π') は, $\pi' = \pi \circ \Delta(f)$ を満たす $\mathscr{C}$ の同型 $f : x' \to x$ が存在するとき, 同型であるという.

は，**積を保つ**という．）特に R がすべての小集合 [k-クラス] I に関して連続であるとき，R は**小連続** [$\boldsymbol{k}$-**連続**] であるという ($k \in \mathbb{N}$).

(2) すべての $F \in (\mathscr{C}^I)_0$ に対して，余極限 $\varinjlim F, \varinjlim R^I(F)$ がともに存在すると仮定する．このとき，各 $F \in (\mathscr{C}^I)_0$ に対して，余極限の普遍性により余錐から余錐への射

$$\varinjlim R^I(\sigma_F) := \varinjlim R(\sigma_{F,i})_{i \in I_0} \colon \varinjlim R^I(F) \to R(\varinjlim F)$$

が一意的に定まっている．ただし，$(\varinjlim F, \sigma_F)$ は F の普遍余錐である．これによって**標準自然変換** $\varinjlim R^I(\sigma) := (\varinjlim R^I(\sigma_F))_{F \in (\mathscr{C}^I)_0} \colon \varinjlim \circ R^I \Rightarrow R \circ \varinjlim$ が定義されるが，これが自然同型であるとき，R は I に関して**余連続**である（あるいは**余極限を保つ**）という．（I が小集合の離散圏であるときは，**余積を保つ**という．）特に R がすべての小集合 [k-クラス] I に関して余連続であるとき，R は**小余連続** [$\boldsymbol{k}$-**余連続**] であるという ($k \in \mathbb{N}$).

補題 4.5.6. I を小圏，$R\colon \mathscr{C} \to \mathscr{D}$ を圏の間の関手とする．このとき $R^I \circ \Delta = \Delta \circ R$ が成り立つ．

証明. 各 $x \in \mathscr{C}_0, f \in \mathscr{C}_1, i \in I_0, a \in I_1$ に対して，

$$(R^I \circ \Delta)(x)(i) = R(\Delta(x)(i)) = R(x) = \Delta(R(x))(i),$$
$$(R^I \circ \Delta)(x)(a) = R(\Delta(x)(a)) = R(\mathbb{1}_x) = \mathbb{1}_{R(x)} = \Delta(R(x))(a),$$
$$(R^I \circ \Delta)(f)_i = R(\Delta(f)_i) = R(f) = \Delta(R(f))_i.$$

$\square$

補題 4.5.7. I を小圏，$R\colon \mathscr{C} \to \mathscr{D}$ を圏の間の関手とする．

(1) すべての $F \in (\mathscr{C}^I)_0$ に対して，極限 $\varprojlim F, \varprojlim R^I(F)$ がともに存在すると仮定する．このとき，R が I に関して連続であるためには，圏 $\mathrm{Fun}(\mathscr{C}^I, \mathscr{D})$ のなかで $R \circ \varprojlim \cong \varprojlim \circ R^I$ となることが必要十分である．

(2) すべての $F \in (\mathscr{C}^I)_0$ に対して，余極限 $\varinjlim F, \varinjlim R^I(F)$ がともに存在すると仮定する．このとき，R が I に関して余連続であるためには，圏 $\mathrm{Fun}(\mathscr{C}^I, \mathscr{D})$ のなかで $\varinjlim \circ R^I \cong R \circ \varinjlim$ となることが必要十分である．

証明. どちらも同様に証明できるので，(1) だけを示す．連続性の定義から，必要性は自明である．十分性を示すために，圏 $\mathrm{Fun}(\mathscr{C}^I, \mathscr{D})$ のなかに自然同型 $\delta\colon R \circ \varprojlim \Rightarrow \varprojlim \circ R^I$ が存在すると仮定する．このとき，各 $F \in (\mathscr{C}^I)_0$ に対して，$\varprojlim R^I(\pi_F)$ が同型であることを示せばよい．すべての $F \in (\mathscr{C}^I)_0$ に対して，δ_F が錐 $(R(\varprojlim F), R(\pi_F))$ から錐 $(\varprojlim R^I(F), \pi_{R^I(F)})$ への射であれば極限の普遍性から $\delta_F = \varprojlim R^I(\pi_F)$ となるので主張は明らかであるが，必

ずしもこれは成り立たないことに注意する[*4)]．さて，$F \in (\mathscr{C}^I)_0$ をとると，$\pi_F = (\pi_{F,i}\colon \varprojlim F \to F(i))_{i \in I_0}$ は $\mathscr{C}^I$ の射 $\pi_F = (\pi_{F,i})_{i \in I_0}\colon \Delta(\varprojlim F) \to F$ と見なすことができる．このとき，δ の自然性から次の図式が可換になる：

$$
\begin{array}{ccc}
(R \circ \varprojlim)(\Delta(\varprojlim F)) & \xrightarrow[\cong]{\delta_{\Delta(\varprojlim F)}} & (\varprojlim \circ R^I)(\Delta(\varprojlim F)) \\
{\scriptstyle (R \circ \varprojlim)(\pi_F)} \downarrow & & \downarrow {\scriptstyle (\varprojlim \circ R^I)(\pi_F)} \\
(R \circ \varprojlim)(F) & \xrightarrow[\delta_F]{\cong} & (\varprojlim \circ R^I)(F)
\end{array}
$$

ところが極限の普遍性より直ちに $(R \circ \varprojlim)(\pi_F) = \mathbb{1}_{R(\varprojlim F)}$ が従う．したがって，上の可換図式より $\varprojlim R^I(\pi_F)$ は同型になる． □

命題 4.5.8. I を小圏，$\mathscr{C} \underset{R}{\overset{L}{\rightleftarrows}} \mathscr{D}$ を 2-圏 **CAT** における随伴とする．

(1) すべての $F \in (\mathscr{D}^I)_0$ に対して，$\varprojlim F, \varprojlim R^I(F)$ が存在すると仮定する．このとき，I に関して，R は連続である．

(2) すべての $F \in (\mathscr{C}^I)_0$ に対して $\varinjlim F, \varinjlim L^I(F)$ が存在すると仮定する．このとき，I に関して，L は余連続である．

証明． (1) 2-圏 **CAT** において次の随伴が存在する．

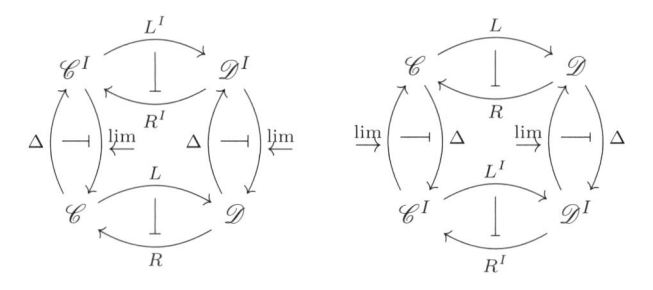

左の 4 つの随伴に命題 4.4.12 を適用すると，

$$
L^I \circ \Delta \cong \Delta \circ L \iff R \circ \varprojlim \cong \varprojlim \circ R^I
$$

が得られる．ところが，補題 4.5.6 より $L^I \circ \Delta = \Delta \circ L$ であるから，$R \circ \varprojlim \cong \varprojlim \circ R^I$ が成り立つ．すなわち，補題 4.5.7 より R は I に関して連続である．

(2) 右の 4 つの随伴と $R^I \circ \Delta = \Delta \circ R$ から同様にして示される． □

注意 4.5.9. **CAT** においては，随伴の特徴付けを与える定理 4.4.7 が成り立つので，この定理の条件 (2) を用いて以下を示すことができる．

(1) $\mathbf{C} = \mathbf{CAT}$ の場合の命題 4.4.12. これには米田の補題（注意 2.5.13）を用

[*4)] 例えば，$R \circ \varprojlim$ が $\mathbb{1}_{R \circ \varprojlim}$ 以外の自己同型 γ を持つとき，$\beta := \varprojlim R^I(\pi) \bullet \gamma$ は自然同型 $R \circ \varprojlim \Rightarrow \varprojlim \circ R^I$ であるが，ある F で，β_F は錐 $(R(\varprojlim F), R(\pi_F))$ から錐 $(\varprojlim R^I(F), \pi_{R^I(F)})$ への射ではない．

いる．2変数関手の間の自然な同型

$$u(\text{-}, (r' \circ g')(?)) \cong v(l'(\text{-}), g'(?)) \cong y((f' \circ l')(\text{-}), ?),$$

$$u(\text{-}, (g \circ r)(?)) \cong x(f(\text{-}), r(?)) \cong y((l \circ f)(\text{-}), ?)$$

より，$f' \circ l' \cong l \circ f$ ならば $u(\text{-}, (r' \circ g')(?)) \cong u(\text{-}, (g \circ r)(?))$．これより $r' \circ g' \cong g \circ r$．

(2) 命題 4.5.8(1) において，$\varprojlim F$ が存在する場合，$(R(\varprojlim F), R^I(\pi_F))$ は $R^I(F)$ の普遍錐となること．（したがって，$\varprojlim R^I(F)$ の存在は仮定しなくてもよくなる．）

(3) 命題 4.5.8(2) において，$\varinjlim F$ が存在する場合，$(L(\varinjlim F), L^I(\sigma_F))$ は $L^I(F)$ の普遍余錐となること．（したがって，$\varinjlim L^I(F)$ の存在は仮定しなくてもよくなる．）

問 4.5.10. 上の注意 4.5.9(2) を証明せよ．

アーベル圏においては定義より，任意の射 f に対してその核 ［余核］が存在する．また，f の核 ［余核］は f と 0 との差核 ［余差核］という特殊な極限 ［余極限］である．他方，アーベル圏の間の線形関手 $F \colon \mathscr{C} \to \mathscr{D}$ において，F が左完全 ［右完全］であることと，F が核 ［余核］を保つこととは同値である（[34, 系 4.2.31, 4.2.32]）．したがって，命題 4.5.8 より次が成り立つ．

系 4.5.11. アーベル圏の随伴 $\mathscr{C} \underset{R}{\overset{L}{\rightleftarrows}} \mathscr{D}$ において，L は右完全，R は左完全である．

注意 4.5.12. 以上において圏 I を小圏としたが，適度 k の圏と仮定しても同じ主張が成り立つ．その場合，定義 4.5.5 の連続 ［余連続］は，**適度 k 連続 ［適度 k 余連続］**と言い換えることにする．

4.6 2-随伴と2-同値

次に外部での随伴を定義する．2-圏と2-圏の間の関係を調べるには，2-圏のなす "3-圏"（修正射を "3-射" とする）を考え，そのなかで議論する必要がある．しかし，複雑になるので本書では3-圏については特に説明しない．強い意味での随伴の定義は，考えている2-圏 **C**, **D** を含む2-圏のクラス **U** を1つとり2-圏 2-**Cat**(**U**) のなかで前節の定義を適用することにより行う．（"3-圏"2-**Cat**(**U**) のなかで考えるとき "強" という言葉を除く．）具体的にまとめると次のようになる．

定義 4.6.1. **C**, **D** を2-圏とする．

(1) 2-関手と 2-自然変換からなる図式

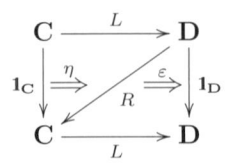

においてデーターの組 $(L, R, \eta, \varepsilon)$ を **2-前随伴系**とよぶ.

(2) 2-前随伴系 $(L, R, \eta, \varepsilon)$ において，η, ε がともに 2-自然同型であるとき，これを **2-強同値系**とよぶ. また，L および R は **2-強同値**であり，L, R は互いに他の **2-強擬逆**であるという. 2-強同値 $L\colon \mathbf{C} \to \mathbf{D}$ が存在するとき，$\mathbf{C}$ と $\mathbf{D}$ は **2-強同値**であるという.

(3) 2-前随伴系 $(L, R, \eta, \varepsilon)$ において，η, ε がともに 2-自然同値（定義 4.1.21 参照）であるとき，すなわち，2-自然変換 $\eta'\colon R \circ L \Rightarrow \mathbb{1}_{\mathbf{C}}$ と $\varepsilon'\colon \mathbb{1}_{\mathbf{D}} \Rightarrow L \circ R$ が $\eta' \bullet \eta \cong \mathbb{1}_{\mathbb{1}_{\mathbf{C}}}, \eta \bullet \eta' \cong \mathbb{1}_{R \circ L}, \varepsilon' \bullet \varepsilon \cong \mathbb{1}_{L \circ R}, \varepsilon \bullet \varepsilon' \cong \mathbb{1}_{\mathbb{1}_{\mathbf{D}}}$ を満たすようにとれるとき，L および R は **2-同値**であるといい，これらは互いに他の **2-擬逆**であるという. また，2-同値 $L\colon \mathbf{C} \to \mathbf{D}$ が存在するとき，$\mathbf{C}$ と $\mathbf{D}$ は **2-同値**であるという.

(4) 次の公理を満たす 2-前随伴系 $(L, R, \eta, \varepsilon)$ を，**厳格な 2-随伴系**とよぶ.
公理: 次の図式は可換である:

すなわちジグザグ等式 (4.1) を満たす. このとき，L は R の **2-左随伴**，R は L の **2-右随伴**であるといい，記号 $L \dashv R$ で表す. 2-自然変換 η, ε をそれぞれこの厳格な 2-随伴系の **2-単位射**，**2-余単位射**とよぶ.

(5) 厳格な 2-随伴系 $(L, R, \eta, \varepsilon)$ において，η, ε がともに 2-自然同型であるとき，これを**厳格な 2-随伴強同値系**とよぶ. また，(L, R) は**厳格な 2-随伴強同値**であるという. 系 4.4.5 より，L, R が互いに他の 2-強擬逆であることと，(L, R) が厳格な 2-随伴強同値であることとは同値である.

(6) 次の公理を満たす 2-前随伴系 $(L, R, \eta, \varepsilon)$ を，**2-随伴系**とよぶ.
公理:

$$(\varepsilon \circ \mathbb{1}_L) \bullet (\mathbb{1}_L \circ \eta) \cong \mathbb{1}_L, \quad (\mathbb{1}_R \circ \varepsilon) \bullet (\eta \circ \mathbb{1}_R) \cong \mathbb{1}_R.$$

次は，2-関手の定義から明らかになり立つ.

命題 4.6.2. 2-圏の間の 2-関手 $L\colon \mathbf{C} \to \mathbf{D}$ は，$\mathbf{C}$ における 2-同型，［厳格な］2-随伴系，2-同値をそれぞれ $\mathbf{D}$ における 2-同型，［厳格な］2-随伴系，2-同値に移す.

定理 **4.6.3.** 2-圏からなるクラス **U** を 1 つ固定し，2-圏 2-**Cat(U)**（例 4.1.22 参照）において $\mathbf{C} \underset{R}{\overset{L}{\rightleftarrows}} \mathbf{D}$ を 2-圏の間の 2-関手とする．このとき次は同値である．

(1) 厳格な 2-随伴系 $(L, R, \eta, \varepsilon)$ が存在する．

(2) 2 つの 2 変数 2-関手 $\mathbf{D}(L(\text{-}), ?), \mathbf{C}(\text{-}, R(?)) \colon \mathbf{C}^{\mathrm{op}} \times \mathbf{D} \to \mathbf{Cat}$ は 2-自然同値である．

証明．(1) $\Rightarrow$ (2)．$x \in \mathbf{C}_0, y \in \mathbf{D}_0$ とする．定理 4.4.7 での (1) $\Rightarrow$ (2) の証明の構成を拡張して，関手 $\omega_{x,y} \colon \mathbf{D}(Lx, y) \to \mathbf{C}(x, Ry)$ と $\omega'_{x,y} \colon \mathbf{C}(x, Ry) \to \mathbf{D}(Lx, y)$ を次のように定義する．$\mathbf{D}(Lx, y)$ の任意の射 $\alpha \colon f \Rightarrow g$ および $\mathbf{C}(x, Ry)$ の任意の射 $\alpha' \colon f' \Rightarrow g'$ に対して，

$$\omega_{x,y} \colon (\alpha \colon f \Rightarrow g) \mapsto (R(\alpha) \circ \eta_x \colon R(f) \circ \eta_x \Rightarrow R(g) \circ \eta_x),$$

$$\omega'_{x,y} \colon (\alpha' \colon f' \Rightarrow g') \mapsto (\varepsilon_y \circ L(\alpha) \colon \varepsilon_y \circ L(f) \Rightarrow \varepsilon_y \circ L(g)).$$

このとき，

$$\Phi_{x,y} := (\varepsilon_f \circ L\eta_x)_{f \in \mathbf{D}(Lx,y)_0} \colon \omega'_{x,y} \circ \omega_{x,y} \Rightarrow \mathbb{1}_{\mathbf{D}(Lx,y)},$$

$$\Psi_{x,y} := (R\varepsilon_y \circ \eta_{f'})_{f' \in \mathbf{C}(x,Ry)_0} \colon \omega_{x,y} \circ \omega'_{x,y} \Rightarrow \mathbb{1}_{\mathbf{C}(x,Ry)}$$

はともに自然同型となり，

$$\omega := (\omega_{x,y})_{x,y} \colon \mathbf{D}(L(\text{-}), ?) \Rightarrow \mathbf{C}(\text{-}, R(?)),$$

$$\omega' := (\omega'_{x,y})_{x,y} \colon \mathbf{C}(\text{-}, R(?)) \Rightarrow \mathbf{D}(L(\text{-}), ?)$$

はともに 2-自然変換であり，

$$\Phi := (\Phi_{x,y})_{x,y} \colon \omega' \circ \omega \rightsquigarrow \mathbb{1}_{\mathbf{D}(L(\text{-}),?)},$$

$$\Psi := (\Psi_{x,y})_{x,y} \colon \omega \circ \omega' \rightsquigarrow \mathbb{1}_{\mathbf{C}(\text{-}, R(?))}$$

はともに同型修正射となるため，ω は 2-自然同値となり，ω' はその擬逆となる．

(2) $\Rightarrow$ (1)．定理 4.4.7 での (2) $\Rightarrow$ (1) の証明の構成を同様に拡張して確かめることができる． $\qquad\square$

問 **4.6.4.** 上の証明で省略された議論を埋めて，証明を完成せよ．

注意 **4.6.5.** 定理 4.6.3 の (2) より特に，任意の $x \in \mathbf{C}_0, y \in \mathbf{D}_0$ に対して，圏の間の同値が存在する：

$$\mathbf{D}(L(x), y) \simeq \mathbf{C}(x, R(y)). \tag{4.5}$$

また，定理 4.6.3 において，2-**Cat(U)** の代わりに 2-**Cat**st(**U**) をとると，すなわち，η, ε が厳格な 2-自然変換であれば，(2) の 2-自然同値は，2-自然同型となり，上の圏同値 (4.5) は同型となる．

第 5 章
群擬作用での 2-圏論的被覆理論

この章では $\Bbbk$ は一般の可換環[*1)]とする．記号 $\Bbbk$-**Cat** で，小線形圏全体と線形関手と自然変換のなす 2-圏を表す．第 3 章で見たように，被覆理論の古典的な設定では，次の条件が仮定されていた:

(1) $\mathscr{C}$ は**骨格的**である（すなわち，異なる対象は非同型である）．

(2) $\mathscr{C}(x,x)$ は局所多元環である（$x \in \mathscr{C}_0$）．

(3) G-作用は**自由**である（すなわち，$1 \neq a \in G, x \in \mathscr{C}_0$ ならば $ax \neq x$）;

(4) G-作用は**局所有界**である（すなわち，$\{a \in G \mid \mathscr{C}(ax,y) \neq 0\}$ は有限集合（$x, y \in \mathscr{C}_0$））．

これらは一般の線形圏への応用上，かなりの障害になる．この章では，これらすべての仮定を取り除いて一般化した被覆理論を紹介する．以下の議論は，文献 [7] において厳格な群作用の設定で行われたものを，擬作用の設定に一般化したものである．この論文では，細かい証明が省略されている．特に，修正射であることの記述と証明が省略されている．この点については本書で補った．一般化のために必要な概念は文献 [9] から補い，群の擬作用への一般化のために必要となる精密な議論は本書で初めて公表した．

5.1 G-圏および擬 G-圏のなす 2-圏

$\mathscr{C}$ を線形圏とする．G の $\mathscr{C}$ への**作用**とは，群準同型 $X\colon G \to \mathrm{Aut}(\mathscr{C})$ のことであり，組 $(\mathscr{C}, X)$ を G-作用を持つ圏，あるいは単に G-**圏**とよぶ．この概念を次のように一般化する．

まず，例 4.1.8 で定義した $\Bbbk$-**CAT** を，2-射や 2-射の垂直合成，水平合成などを忘れることで圏と見なす．ここで，群 $G = (G, \cdot)$ を単対象圏 $(\{*\}, G, \mathrm{dom}, \mathrm{cod}, \cdot)$ と見なすと，G-圏 $(\mathscr{C}, X)$ は，

[*1)] これにともない，ベクトル空間の代わりに $\Bbbk$-加群を考える．可換環上の加群のことを知らなければ，これまで通り $\Bbbk$ を体として読んでも差し支えない．

$$X'(*) := \mathscr{C}, X'(a) := X(a) \ (a \in G)$$

を満たす関手 $X'\colon G \to \Bbbk\text{-}\mathbf{CAT}$ と同一視できる．そこで，上で用いていなかった $\Bbbk\text{-}\mathbf{CAT}$ の 2-圏構造を活用して，G-圏の概念を次のように一般化する．

定義 5.1.1. 擬関手 [弱関手，余弱関手，弱擬関手] $X\colon G \to \Bbbk\text{-}\mathbf{CAT}$ を G-擬作用を持つ圏 [G-弱作用を持つ圏，G-余弱作用を持つ圏，G-弱擬作用を持つ圏]（あるいは短く擬 G-**圏** [弱 G-圏，余弱 G-圏，弱擬 G-圏]）とよぶ．$G(*) = \mathscr{C}$ のとき，これを組 $(\mathscr{C}, X)$ で表す．余弱 G-圏 $(\mathscr{C}, X)$ について具体的に書くと，これは次のデーターからなり以下の公理を満たすものである．

データー:

(1) $\Bbbk$-圏 $\mathscr{C}$,

(2) 関手の族 $(X(a)\colon \mathscr{C} \to \mathscr{C})_{a \in G}$,

(3) 自然変換 $X_*\colon X(1) \Rightarrow \mathbb{1}_{\mathscr{C}}$,

(4) 自然変換の族 $(X_{b,a}\colon X(ba) \Rightarrow X(b) \circ X(a))_{a,b \in G}$.

公理:

特に $\mathscr{C}$ が小圏であるとき，$(\mathscr{C}, X)$ は余弱関手 $X\colon G \to \Bbbk\text{-}\mathbf{Cat}$ で $X(*) = \mathscr{C}$ を満たすものとなる．

擬 G-圏とは余弱 G-圏 $(\mathscr{C}, X)$ のうち，X_* およびすべての $X_{b,a}$ が自然同型となっているものである．

注意 5.1.2. $(\mathscr{C}, X)$ を擬 G-圏とすると，各 $X(a) \ (a \in G)$ は $\mathscr{C}$ の自己同値になっている．実際，$X(a) \circ X(a^{-1}) \cong X(aa^{-1}) = X(1) \cong \mathbb{1}_{\mathscr{C}}$．同様にして，$X(a^{-1}) \circ X(a) \cong \mathbb{1}_{\mathscr{C}}$.

補題 5.1.3. 擬 G-圏のデーター (1), (2), (4) の組が公理 (b) を満たし，$X(1)\colon \mathscr{C} \to \mathscr{C}$ が圏の同値であると仮定する．すると，随伴同値系 $(X(1), Y, \eta, \varepsilon)$ が存在する．このとき，条件 (a_1)，条件 (a_2) および次の 4

つの条件はすべて互いに同値である：

(a_1'): $a = 1$ に対する (a_1)，　　　　(a_2'): $a = 1$ に対する (a_2)，

したがって特に，(a_1') または (a_2') が成り立てば次が成り立つ．

証明．$(a_1) \Rightarrow (a_1')$. これは自明である．

$(a_1') \Rightarrow (a_1'')$. (a_1') を仮定する．その両辺の下から $X_{1,1}^{-1}$ を垂直合成すると，

これより (a_1'') が次のように示される．

$(a_1'') \Rightarrow (a_2)$. 条件 (b) において，$b = 1$ とおき，両辺に下から $X_{c,a}^{-1}$ を合成すると次が得られる：

$$(a, c \in G).$$

ここで (a_1'') を仮定する．上の式を $c := 1$ に適用して，(a_2) が次のように示される：

$$(\text{左辺}) = \quad\cdots\quad = \quad\cdots\quad (\text{右辺}).$$

以上と同様にして $(a_2) \Rightarrow (a_2') \Rightarrow (a_2'') \Rightarrow (a_1).$ が示される． $\square$

注意 5.1.4. 以上の補題より，

 (a') $X(1)$ は自己同値である

という条件を考えると，擬 G-圏は，定義 5.1.1 のデーター (1), (2), (4) と公理 (a'), (b) だけで定まる．すなわち，この定義は Deligne 等 [19], [20], [16] による群の圏への弱い作用[*2] の定義と同値である．

定義 5.1.5. 擬 G-圏 $(\mathscr{C}, X)$ から擬 G-圏 $(\mathscr{C}', X')$ への G-**同変関手**とは，次のデーターの組 (E, ρ) で，以下の公理を満たすものである．

データー：

- 関手 $E\colon \mathscr{C} \to \mathscr{C}'$,
- 自然同型の族 $\rho = (\rho_a\colon X'(a)E \Rightarrow EX(a))_{a\in G}$

公理： 各 $a, b \in G$ に対して次の 2 つの等式が成り立つ：

$$\tag{5.1}$$

$$\tag{5.2}$$

[*2] (a') よりも強く，すべての $X(a)$ $(a \in G)$ が自己同値と仮定しているが，この部分も注意 5.1.2 から従う．またそこでは，X は擬関手ではなく弱擬関手の方を採用している．

また特に，上の ρ_a がすべて恒等射にとれるとき，すなわち各 $a \in G$ に対して $X'(a)E = EX(a)$ となるとき，E は**厳格な** G-同変関手であるという．

G-同変関手 (E, ρ) は，E が同値であるとき，G- **同変同値**とよばれる．

注意 5.1.6. 上の図で，E を表すストリングは，強調するために二重線にした．二重線に注目すると，式 (5.1) は，E のストリングを $X'(1)$ のストリング上をスライドさせて交差させたり外したりしてもよい，と解釈でき，式 (5.2) は，E のストリングを $X_{b,a}$ の作る Y 字型の上下にスライドさせてもよい，と解釈できる．

定義 5.1.7. $(E, \rho), (E', \rho') \colon (\mathscr{C}, X) \to (\mathscr{C}', X')$ を擬 G-圏の間の G-同変関手とする．(E, ρ) から (E', ρ') への**射**とは自然変換 $\eta \colon E \Rightarrow E'$ で，各 $a \in G$ に対して次の等式を満たすものである．

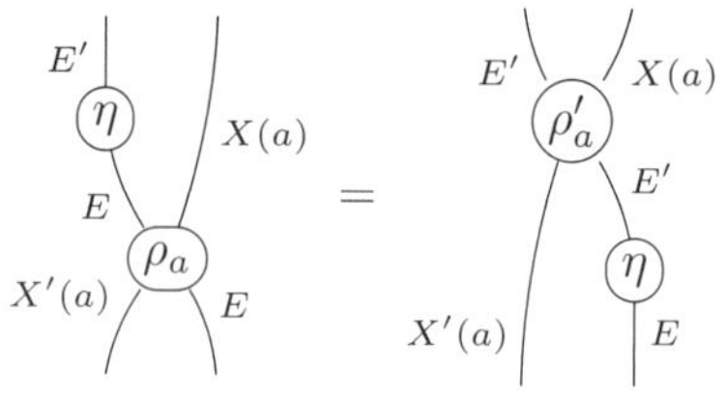

補題 5.1.8. $(\mathscr{C}, X) \xrightarrow{(E, \rho)} (\mathscr{C}', X') \xrightarrow{(E', \rho')} (\mathscr{C}'', X'')$ を擬 G-圏の間の G-同変関手とすると，

$$(E', \rho') \circ (E, \rho) := (E' \circ E, \rho' \circ \rho) \colon \mathscr{C} \to \mathscr{C}''$$

も G-同変関手となる．これを (E, ρ) と (E', ρ') の**合成**という．ただし，$\rho' \circ \rho := ((E' \circ \rho_a) \bullet (\rho'_a \circ E))_{a \in G}$，つまり $\rho' \circ \rho$ は次の自然変換の族である：

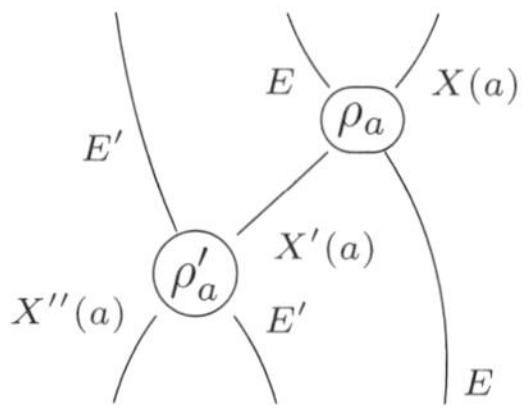

ここで，各 ρ_a, ρ'_a が自然同型であるから，各 $(\rho' \circ \rho)_a$ も自然同型である．

問 5.1.9. 上の補題を証明せよ．

定義 5.1.10. 次で 2-圏 G-**Cat** $[G$-**Cat**$^{\mathrm{s}}]$ が定義される．
- 対象は擬 G-小圏 $[G$-小圏$]$ $(\mathscr{C}, X) \colon G \to \Bbbk$-**Cat** の全体．
- 1-射はそれらの間の G-同変関手の全体．
- 対象 $(\mathscr{C}, X)$ の恒等 1-射は，$(\mathbb{1}_{\mathscr{C}}, (\mathbb{1}_{\mathbf{1}_{\mathscr{C}}})_{a \in G})$ に等しい．

- 2-射は G-同変関手の間の射の全体.
- 1-射 $(E, \rho) \colon (\mathscr{C}, X) \to (\mathscr{C}', X')$ の恒等 2-射は, E の恒等自然変換 $\mathbb{1}_E$.
- 1-射の合成は上の補題で与えられたもの.
- 2-射の垂直合成, 水平合成は自然変換に対して普通に定義されるもの.

注意 5.1.11. 次の充満 2-部分圏の包含関係がある.

$$G\text{-}\mathbf{Cat}^{\mathrm{s}} \subseteq G\text{-}\mathbf{Cat}.$$

5.2　G-次数圏のなす 2-圏

この節では G-次数圏とそれらのなす 2-圏を定義する. ここでの 1-射は, 普通の次数を保つ関手を少し弱めたものになる. それは, 後に定義する G-次数圏 $\mathscr{B}$ に対する関手 $\omega'_{\mathscr{B}} \colon (\mathscr{B}\#G)/G \to \mathscr{B}$ が普通の意味では次数を保たないからである. ここでは G-次数圏として考える圏はすべて線形圏とする.

定義 5.2.1. (1) G-**次数圏**とは, 次のデーターからなり以下の公理を満たすものである.

データー:

- 線形圏 $\mathscr{B}$,
- $\mathscr{B}(x,y)$ の部分空間 $D^a(x,y)$ $(x,y \in \mathscr{B}_0)$ の族 $D = (D^a(x,y))_{x,y \in \mathscr{B}_0, a \in G}$ でベクトル空間の内部直和による分解 $\mathscr{B}(x,y) = \bigoplus_{a \in G} D^a(x,y)$ $(x,y \in \mathscr{B}_0)$ を与えるもの. この D を $\mathscr{B}$ の**次数付け**とよぶ.

公理:

$$D^b(y,z) \circ D^a(x,y) \subseteq D^{ba}(x,z) \quad (x,y \in \mathscr{B}; a,b \in G).$$

次数付けを取り替えたりするとき (例えば注意 5.10.5) には正確な記号を用いることにするが, 普通は各 $\mathscr{B}$ に対して D を 1 つ固定しておき, $(\mathscr{B}, D)$ を単に $\mathscr{B}$ と書く. また, その場合, $D^a(x,y)$ も単に $\mathscr{B}^a(x,y)$ と書く.

各 $a \in G$ に対して, $\mathscr{B}^a(x,y)$ の元 f を $\mathscr{B}(x,y)$ の**斉次元** ($\mathscr{B}$ の**斉次射**), a を f の**次数**といい, $\deg f := a$ とおく $(x,y \in \mathscr{B})$.

(2) **次数保存関手**とは, G-次数圏の間の線形関手 $H \colon \mathscr{B} \to \mathscr{A}$ と写像 $r \colon \mathscr{B}_0 \to G$ との対 (H, r) であり, 条件

$$H(\mathscr{B}^{r_y a}(x,y)) \subseteq \mathscr{A}^{a r_x}(Hx, Hy) \quad (x,y \in \mathscr{B}, a \in G)$$

を満たすものである (上の条件は, $H(\mathscr{B}^a(x,y)) \subseteq \mathscr{A}^{r_y^{-1} a r_x}(Hx, Hy)$ と同値). この r を H の**次数調整**とよぶ.

(3) G-次数圏の間の線形関手 $H \colon \mathscr{B} \to \mathscr{A}$ は, $H(\mathscr{B}^a(x,y)) \subseteq \mathscr{A}^a(Hx, Hy)$ $(x,y \in \mathscr{B}; a \in G)$ を満たすとき, **厳格な次数保存関手**であるという. この条件は, 1 を定数写像 $\mathscr{B}_0 \to G, x \mapsto 1 \in G$ $(x \in \mathscr{B}_0)$ とするとき, $(H, 1)$ が次

数保存関手であることと同値であることに注意する.

(4) $(H, r), (I, s) \colon \mathscr{B} \to \mathscr{A}$ を次数保存関手とする. このとき, 自然変換 $\theta \colon H \Rightarrow I$ は, $\theta x \in \mathscr{A}^{s_x^{-1} r_x}(Hx, Ix)$ $(x \in \mathscr{B})$ を満たすとき, 次数保存関手の間の**射**であるという.

次の補題は容易に確かめられる.

補題 5.2.2. $\mathscr{B} \xrightarrow{(H, r)} \mathscr{B}' \xrightarrow{(H', r')} \mathscr{B}''$ を次数保存関手とする. このとき,

$$(H' \circ H, (r_x r'_{Hx})_{x \in \mathscr{B}}) \colon \mathscr{B} \to \mathscr{B}''$$

も次数保存関手になる. これを (H, r) と (H', r') の**合成**とよび $(H', r') \circ (H, r)$ で表す.

定義 5.2.3. 次で 2-圏 G-**GrCat**［および G-**GrCat**^{s}］が定義される.

- 対象は G-次数小圏の全体.
- 1-射はそれらの間の次数保存関手の全体［厳格な次数保存関手の全体］.
- 対象 $\mathscr{B}$ の恒等 1-射は $(\mathbb{1}_{\mathscr{B}}, 1)$.
- 2-射は次数保存関手の間の射の全体.
- 1-射 $(H, r) \colon \mathscr{B} \to \mathscr{A}$ の恒等 2-射は H の恒等 $\mathbb{1}_H$. これは, $(\mathbb{1}_H)x = \mathbb{1}_{Hx} \in \mathscr{A}^1(Hx, Hx) = \mathscr{A}^{r_x^{-1} r_x}(Hx, Hx)$ $(x \in \mathscr{B}_0)$ より 2-射になっている.
- 1-射の合成は上の補題で与えられたもの.
- 2-射の垂直合成, 水平合成は自然変換に対して普通に定義されるもの.

5.3 G-被覆関手

この節では第 3 章で導入されたガロア被覆を一般化する.

定義 5.3.1. 2-関手 $\Delta \colon \Bbbk\text{-}\mathbf{Cat} \to G\text{-}\mathbf{Cat}$ を次で定義し, これを**対角 2-関手**とよぶ.

- $\mathscr{C}$ が $\Bbbk$-**Cat** の対象であるとき, $\Delta(\mathscr{C})(*) := \mathscr{C}, \Delta(\mathscr{C})(a) := \mathbb{1}_{\mathscr{C}}$ $(a \in G)$ とおく. すなわち, $\mathscr{C}$ に自明な G-作用を与えたものとする.
- $F \colon \mathscr{C} \to \mathscr{C}'$ が $\Bbbk$-**Cat** の 1-射であるとき, $\Delta(F) \colon \Delta(\mathscr{C}) \to \Delta(\mathscr{C}')$ は, G-**Cat** における 1-射 $(F, (\mathbb{1}_F \colon \mathbb{1}_{\mathscr{C}'} \circ F \Rightarrow F \circ \mathbb{1}_{\mathscr{C}})_{a \in G})$ とする.
- $F, F' \colon \mathscr{C} \to \mathscr{C}', \alpha \colon F \Rightarrow F'$ がそれぞれ $\Bbbk$-**Cat** の 1-射, 2-射であるとき, G-**Cat** における 2-射 $\Delta(\alpha) \colon \Delta(F) \Rightarrow \Delta(F')$ を $\Delta(\alpha) := \alpha$ で定義する.

注意 5.3.2. $F \colon \mathscr{C} \to \mathscr{C}'$ が $\Bbbk$-**Cat** の 1-射であるとき, $\Delta F \colon \Delta(\mathscr{C}) \to \Delta(\mathscr{C}')$ は G-**Cat** の厳格な G-同変関手である.

補題 5.1.8 の特別の場合として次が得られる.

補題 5.3.3. $H: \mathscr{B} \to \mathscr{A}$ が $\Bbbk\text{-}\mathbf{Cat}$ の 1-射で $(F, \psi): \mathscr{C} \to \Delta\mathscr{B}$ が $G\text{-}\mathbf{Cat}$ の 1-射ならば, $\Delta(H) \circ (F, \psi) = (H \circ F, (H \circ \psi_a)_{a \in G}): \mathscr{C} \to \Delta(\mathscr{A})$.

命題 5.3.4. $\mathscr{B}$ を線形圏とし, $(F, \psi): \mathscr{C} \to \Delta(\mathscr{B})$ を $G\text{-}\mathbf{Cat}$ の 1-射とする. 各 $x, y \in \mathscr{C}_0$ に対して, 次の 2 つの線形写像を定義する.

$$(F, \psi)^{(1)}_{x,y}: \coprod_{a \in G} \mathscr{C}(X(a)x, y) \to \mathscr{B}(Fx, Fy), \quad (f_a)_{a \in G} \mapsto \sum_{a \in G} F(f_a) \circ \psi_a x,$$

$$(F, \psi)^{(2)}_{x,y}: \coprod_{b \in G} \mathscr{C}(x, X(b)y) \to \mathscr{B}(Fx, Fy), \quad (f_b)_{b \in G} \mapsto \sum_{b \in G} (\psi_b y)^{-1} \circ F(f_b).$$

このとき, $(F, \psi)^{(1)}_{x,y}$ が同型であることと, $(F, \psi)^{(2)}_{x,y}$ が同型であることとは同値である.

証明. $x, y \in \mathscr{C}_0$ として次の図式を考える.

$$
\begin{array}{ccc}
\coprod_{a \in G} \mathscr{C}(X(a)x, y) & \xrightarrow{\;(F,\psi)^{(1)}_{x,y}\;} & \mathscr{B}(Fx, Fy) \\
{\scriptstyle X(a^{-1})}\Big\downarrow & & \Big\| \\
\coprod_{a \in G} \mathscr{C}(X(a^{-1})(X(a)x), X(a^{-1})y) & & \\
{\scriptstyle \coprod_{a \in G} \mathscr{C}(X_{a^{-1},a}x \circ (X_* x)^{-1}, X(a^{-1})y)}\Big\downarrow & & \\
\coprod_{a \in G} \mathscr{C}(x, X(a^{-1})y) & & \\
{\scriptstyle t}\Big\downarrow & & \\
\coprod_{a^{-1} \in G} \mathscr{C}(x, X(a^{-1})y) & \xrightarrow{\;(F,\psi)^{(2)}_{x,y}\;} & \mathscr{B}(Fx, Fy)
\end{array}
$$

ここで, t は $t((g_{a^{-1}})_{a \in G}) := (g_{a^{-1}})_{a^{-1} \in G}$ で定義される同型である. X は G-擬作用であるから, 縦の射はすべて同型である. したがって, 上の図の可換性を示せば, 主張が証明される. そこで任意に $(f_a)_{a \in G} \in \coprod_{a \in G} \mathscr{C}(X(a)x, y)$ をとる. このとき, 次の等式を示せばよい.

$$\sum_{a^{-1} \in G} (\psi_{a^{-1}} y)^{-1} \circ F(X(a^{-1}) f_a \circ X_{a^{-1}, a} x \circ (X_* x)^{-1}) = \sum_{a \in G} F f_a \circ \psi_a x.$$

これを示すには, 各 $a \in G$ に対して, 等式

$$F(X(a^{-1}) f_a \circ X_{a^{-1}, a} x) = \psi_{a^{-1}} y \circ F f_a \circ \psi_a x \circ F(X_* x) \tag{5.3}$$

が成立することを示せばよい. ここで, $\Delta(\mathscr{B}) = (\mathscr{B}, X')$ とおく. すなわち, $X'(a) = \mathbb{1}_{\mathscr{B}}\ (a \in G)$ であり, $X'_* = \mathbb{1}_{\mathbf{1}_{\mathscr{B}}}: X'(1) \Rightarrow \mathbb{1}_{\mathscr{B}}$, $X'_{b,a} = \mathbb{1}_{\mathbf{1}_{\mathscr{B}}}: X(ba) \Rightarrow X(b) \circ X(a)\ (a, b \in G)$ である. 式 (5.3) は次のストリング図の計算で確かめられる.

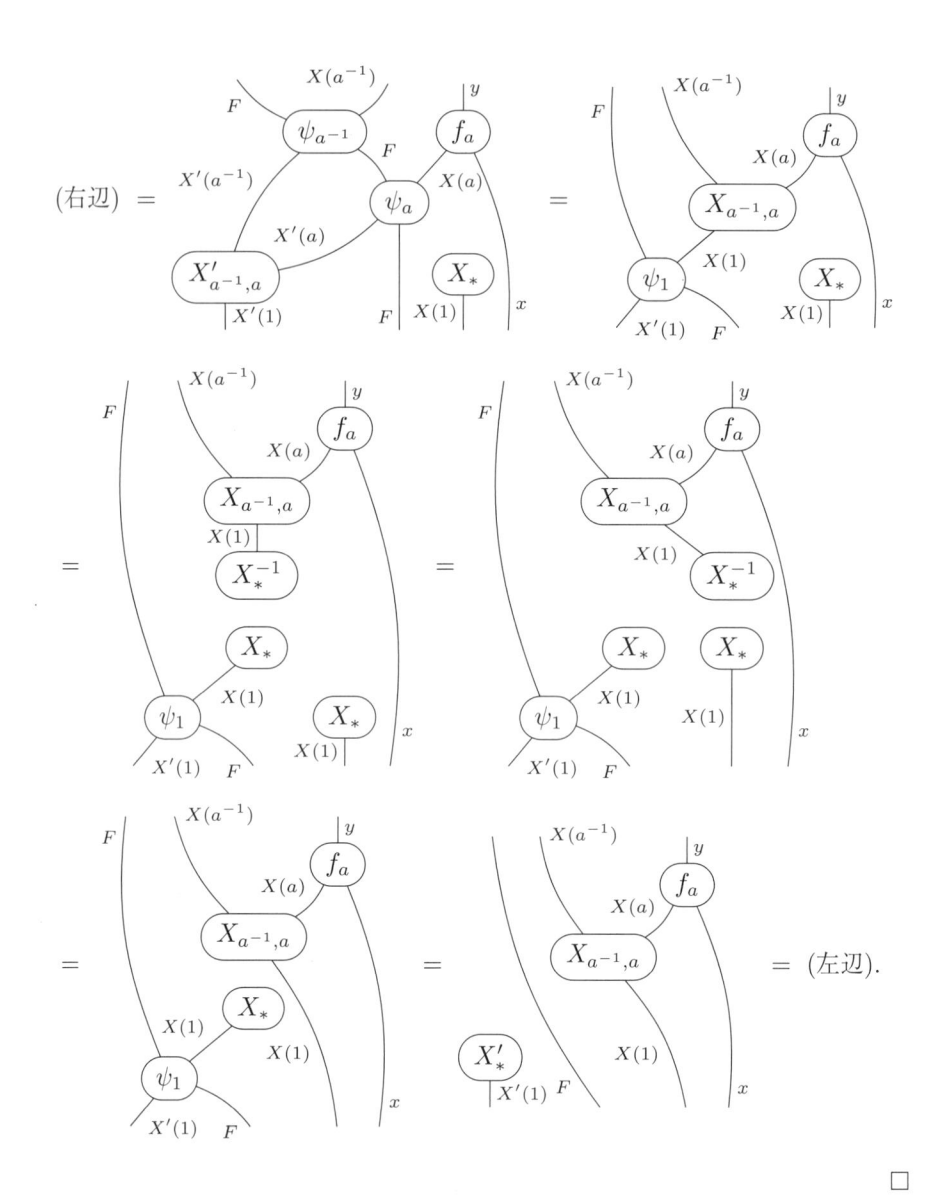

$$(\text{右辺}) = \cdots = \cdots = \cdots = \cdots = \cdots = \cdots = (\text{左辺}).$$

□

定義 5.3.5. $\mathscr{B}$ を線形圏とし，$(F, \psi)\colon \mathscr{C} \to \Delta(\mathscr{B})$ を G-**Cat** の 1-射とする.

(1) (F, ψ) は，各 $x, y \in \mathscr{C}_0$ に対して $(F, \psi)^{(1)}_{x,y}$ が同型であるとき，G-**前被覆**であるという.（命題 5.3.4 より，この条件は $(F, \psi)^{(2)}_{x,y}$ が同型であることと同値である.）

(2) (F, ψ) が G-前被覆で，関手 F が**稠密**である（すなわち，各 $y \in \mathscr{B}$ はある $x \in \mathscr{C}$ によって $Fx \cong y$ と書ける）とき，(F, ψ) は G-**被覆**であるという.

5.4 軌道圏

以下の定義において，加群の列 $(M_i)_{i \in I}$ に対する内部直和 $\bigoplus_{i \in I} M_i$ と外部

直和 $\coprod_{i \in I} M_i$ を区別する必要がある．ここではこのように厳密に区別するが，普通は外部直和から内部直和への標準的同型

$$\Sigma\colon \coprod_{i \in I} M_i \to \bigoplus_{i \in I} M_i, \quad (m_i)_{i \in I} \mapsto \sum_{i \in I} m_i$$

によって両者を同一視する．

定義 5.4.1. 2-関手 $?/G\colon G\text{-}\mathbf{Cat} \to \Bbbk\text{-}\mathbf{Cat}$, $x \mapsto x/G$ $(x \in (G\text{-}\mathbf{Cat})_i, i = 0, 1, 2)$ を次のように定義し，これを**軌道 2-関手**とよぶ．

(0) 対象に対して． 擬 G-圏 $\mathscr{C}$ に対して線形圏 $\mathscr{C}/G$ を次で定義し，これを $\mathscr{C}$ の G による**軌道圏**とよぶ．

- $(\mathscr{C}/G)_0 := \mathscr{C}_0$.
- 各 $x, y \in (\mathscr{C}/G)_0$ に対して，$(\mathscr{C}/G)(x, y) := \coprod_{a \in G} \mathscr{C}(X(a)x, y)$ とする．ここで，

$$\sigma_a^{\mathscr{C}/G}\colon \mathscr{C}(X(a)x, y) \to (\mathscr{C}/G)(x, y), \quad f \mapsto (\delta_{b,a} f)_{b \in G}$$

を標準入射とし

$$(\mathscr{C}/G)^a(x, y) := \sigma_a^{\mathscr{C}/G}(\mathscr{C}(X(a)x, y)), \tag{5.4}$$

$(x, y \in \mathscr{C}_0 = (\mathscr{C}/G)_0, a \in G)$ とおくと，

$$(\mathscr{C}/G)(x, y) = \bigoplus_{a \in G} (\mathscr{C}/G)^a(x, y) \tag{5.5}$$

と内部直和の形に書ける．

- 各 $f = (f_a)_{a \in G} \in (\mathscr{C}/G)(x, y), g = (g_b)_{b \in G} \in (\mathscr{C}/G)(y, z)$ に対して，

$$g \circ f := \left(\sum_{\substack{a, b \in G \\ ba = c}} g_b \circ X(b) f_a \circ X_{b,a} x \right)_{c \in G}. \tag{5.6}$$

ここで，各項は次の合成である：

$$X(ba)x \xrightarrow{X_{b,a}x} X(b)X(a)x \xrightarrow{X(b)f_a} X(b)y \xrightarrow{g_b} z.$$

- 各 $x \in (\mathscr{C}/G)_0$ に対して，$\mathscr{C}/G$ における恒等射 $\mathbb{1}_x^{\mathscr{C}/G}$ は次で与えられる：

$$\mathbb{1}_x^{\mathscr{C}/G} = \sigma_1^{\mathscr{C}/G}(X_* x) = (\delta_{a,1} X_* x)_{a \in G} \in \coprod_{a \in G} \mathscr{C}(X(a)x, x).$$

この形から $\deg \mathbb{1}_x^{\mathscr{C}/G} = 1$ であることに注意する．

(1) 1-射に対して． $\mathscr{C} = (\mathscr{C}, X), \mathscr{C}' = (\mathscr{C}', X')$ を擬 G-圏とし，$(F, \psi)\colon \mathscr{C} \to \mathscr{C}'$ を $G\text{-}\mathbf{Cat}$ での 1-射とする．このとき，$\Bbbk\text{-}\mathbf{Cat}$ での 1-射

$$(F, \psi)/G\colon \mathscr{C}/G \to \mathscr{C}'/G$$

を次で定義する.

- 各 $x \in (\mathscr{C}/G)_0 = \mathscr{C}_0$ に対して,

$$((F, \psi)/G)(x) := F(x). \tag{5.7}$$

- 各 $x, y \in (\mathscr{C}/G)_0$ と各 $f = (f_a)_{a \in G} \in (\mathscr{C}/G)(x, y)$ に対して, $((F, \psi)/G)(f) := (F(f_a) \circ \psi_a x)_{a \in G}$. ここで, 各成分は合成

$$X'(a)Fx \xrightarrow{\psi_a x} FX(a)x \xrightarrow{F(f_a)} Fy$$

で与えられる.

(2) 2-射に対して. $\mathscr{C} = (\mathcal{C}, X)$, $\mathscr{C}' = (\mathcal{C}', X')$ を G-**Cat** の対象, $(F, \psi), (F', \psi') \colon \mathscr{C} \to \mathscr{C}'$ を G-**Cat** での 1-射とし, $\zeta \colon (F, \psi) \Rightarrow (F', \psi')$ を G-**Cat** での 2-射とする. このとき, $\Bbbk$-**Cat** の 2-射

$$\zeta/G \colon (F, \psi)/G \Rightarrow (F', \psi')/G$$

を次で定義する. 各 $x \in \mathscr{C}_0$ に対して,

$$\zeta x \circ X_* F(x) \in \mathscr{C}'(X(1)F(x), F'(x))$$

であることに注意して,

$$(\zeta/G)x := \sigma_1^{\mathscr{C}'/G}(\zeta x \circ X_* F(x)) \in (\mathscr{C}'/G)^1(F(x), F'(x)) \tag{5.8}$$

とおく.

注意 5.4.2. (1) 上の軌道圏での合成をストリング図で表すと次のように なる.

$$\left(\begin{array}{c} z \\ g_b \\ X(b) \quad y \end{array} \right)_{b \in G} \circ \left(\begin{array}{c} y \\ f_a \\ X(a) \quad x \end{array} \right)_{a \in G} := \left(\sum_{\substack{a,b \in G \\ c = ba}} \begin{array}{c} z \\ g_b \\ X(b) \quad y \\ f_a \\ X_{b,a} \quad X(a) \quad x \\ X(c) \end{array} \right)_{c \in G} \tag{5.9}$$

(2) $\mathscr{C}$ が G-擬作用を持つ軽度の圏であれば, 定義より $\mathscr{C}/G$ も軽度の圏になっ ていることに注意する.

補題 5.4.3. 式 (5.6) で定義される $\mathscr{C}/G$ の合成は, 圏の定義 (定義 1.1.8) の 結合律を満たす.

証明. $x \xrightarrow{f} y \xrightarrow{g} z \xrightarrow{h} w$ を $\mathscr{C}/G$ の射とし, $f = (f_a \colon X(a)x \to y)_{a \in G}$, $g =$

$(g_b\colon X(b)y \to z)_{b\in G}$, $h = (h_c\colon X(c)z \to w)_{c\in G}$, とおく．公式 (5.9) より，$h \circ (g \circ f)$, $(h \circ g) \circ f$ はそれぞれ次で与えられる：

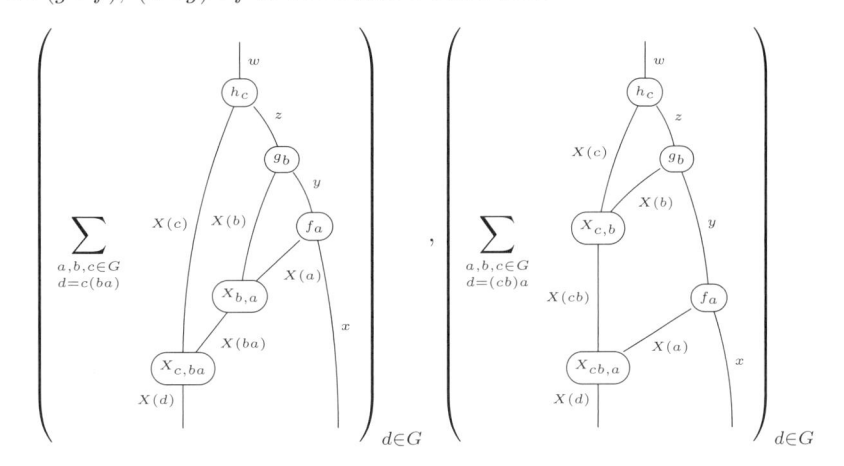

これらは定義 5.1.1 の公理 (b) より一致する．　　　　　　　　　　　□

問 5.4.4. 公式 (5.9) を用いて，各 $x \in (\mathscr{C}/G)_0$ に対して

$$\mathbb{1}_x^{\mathscr{C}/G} = (\delta_{a,1}X_* x)_{a\in G} = \left(\delta_{a,1}\ \underset{X(1)}{\boxed{X_*}}\ \Big|\ x \right)_{a\in G}$$

となることを示せ．

注意 5.4.5. 定義 5.4.1(0) における直和分解 (5.5) と合成の定義によって，軌道圏 $\mathscr{C}/G$ は G-次数圏になっていることに注意する．また，G-**Cat** の任意の 1-射 (F,ψ) に対して，$(F,\psi)/G$ は厳格な次数保存関手，任意の 2-射 ζ に対して，ζ/G は G-**GrCat** の 2-射になっている．したがって，軌道 2-関手は

$$?/G\colon G\text{-}\mathbf{Cat} \to G\text{-}\mathbf{GrCat}$$

と見ることができる．G-次数を忘れる，忘却 2-関手 $\mathrm{Fgt}\colon G$-**GrCat** $\to \Bbbk$-**Cat** を考えると，2-関手

$$?/G\colon G\text{-}\mathbf{Cat} \to \Bbbk\text{-}\mathbf{Cat}$$

は，合成 $\mathrm{Fgt} \circ (?/G)$ であると見ることができる．

例 5.4.6（軌道圏と歪群多元環）．まず歪群多元環の定義を復習しておく．多元環 A が G-作用 X を持つとき，自由 A-加群 $\bigoplus_{a\in G} A$ において，$f * a := (f\delta_{a,b})_{b\in G}$ $(f \in A, a \in G)$ とおくと，各元 $(f_a)_{a\in G}$ は有限和

$$(f_a)_{a\in G} = \sum_{a\in G} f_a * a \tag{5.10}$$

で表される．これに次のように乗法を定義することにより歪群多元環 $A * G$ が

定義されている:

$$(g*b)\cdot(f*a) := (g\cdot X(b)f)*(ba) \quad (f,g\in A, a,b\in G).$$

さて，$\mathscr{C} = A$ が G-作用 X を持つ $\Bbbk$-多元環（= 単対象線形圏）で $\mathscr{C}_0 = \{x\}$ であるとき，$A*G$ を x を対象に持つ単対象圏と見れば，圏としての相等

$$\mathscr{C}/G = A*G$$

が成り立つ．すなわち，G-圏に対する軌道圏は歪群多元環の "多対象化" になっている．

実際，$(\mathscr{C}/G)_0 = \mathscr{C}_0 = \{x\} = (A*G)_0$ であり，$\mathscr{C}_1 = \mathscr{C}(x,x) = A$ であるから，$(\mathscr{C}/G)(x,x) = \bigoplus_{g\in G}\mathscr{C}(X(g)x,x) = \bigoplus_{g\in G}\mathscr{C}(x,x) = \bigoplus_{g\in G}A$. ここで，$A*G$ の乗法を一般的に書くと，各元 $f := \sum_{a\in G}f_a*a$ と $g := \sum_{b\in G}g_b*b$ に対して，

$$g\cdot f := \sum_{c\in G}\left(\sum_{\substack{a,b\in G \\ ba=c}}g_b\cdot X(b)f_a\right)*c$$

となる．X が厳格な G-作用であるから対応 (5.10) により，この乗法は (5.6) で定義される $\mathscr{C}/G$ の合成と一致することが分かる．

定義 5.4.7. $\mathscr{C} = (\mathscr{C}, X) \in G\text{-}\mathbf{Cat}_0$ とする．$G\text{-}\mathbf{Cat}$ での 1-射である，**標準被覆関手** $(P,\phi)\colon \mathscr{C} \to \Delta(\mathscr{C}/G)$ を次で定義する（命題 5.4.12 でこれが実際に G-被覆であることが示される）．

(1) $\mathscr{C}$ の各対象 x に対して，$Px := x$.

(2) $\mathscr{C}$ の各射 $f\colon x\to y$ に対して，

$$Pf := \sigma_1^{\mathscr{C}/G}(f\circ X_*x) = (\delta_{a,1}f\circ X_*x)_{a\in G} \in (\mathscr{C}/G)^1(Px,Py).$$

(3) 各 $a\in G$ に対して，自然変換 $\phi_a\colon P \Rightarrow PX(a)$

$$
\begin{array}{ccc}
\mathscr{C} & \xrightarrow{\ P\ } & \mathscr{C}/G \\
{\scriptstyle X(a)}\downarrow & {\scriptstyle\phi_a}\!\!\diagup\!\!\diagup & \| \\
\mathscr{C} & \xrightarrow[\ P\ ]{} & \mathscr{C}/G
\end{array}
$$

を $\phi_a x := \sigma_a^{\mathscr{C}/G}(\mathbb{1}_{X(a)x}) = (\delta_{b,a}\mathbb{1}_{X(a)x})_{b\in G}\ (x\in\mathscr{C})$ で定義する．この形から $\deg\phi_a x = a$ であることに注意する．

問 5.4.8. 上の定義において，$P\colon \mathscr{C} \to \mathscr{C}/G$ が線形関手であることを示せ．

補題 5.4.9. 定義 5.4.7 において各 $a\in G$ に対して，$\phi_a := (\phi_a x)_{x\in\mathscr{C}}\colon P \Rightarrow PX(a)$ は自然同型であり，$\phi := (\phi_a)_{a\in G}$ とおくと，$(P,\phi)\colon \mathscr{C} \to \Delta(\mathscr{C}/G)$ は

G-同変関手になる.

証明.　以下のステップに分けて証明する.

主張 1.　各 $a \in G$ に対して, ϕ_a は自然変換である.

　これを示すには, $\mathscr{C}$ の各射 $f\colon x \to y$ に対して, 次の図式が可換であること
を示せばよい.

$$
\begin{array}{ccc}
Px & \xrightarrow{\ \phi_a x\ } & P(X(a)x) \\
{\scriptstyle Pf}\big\downarrow & & \big\downarrow{\scriptstyle P(X(a)f)} \\
Py & \xrightarrow[\ \phi_a y\ ]{} & P(X(a)y)
\end{array}
\tag{5.11}
$$

この図式の右回りの合成も, 左回りの合成も $(\delta_{b,a} X(a)f)_{b \in G}$ となることが,
公式 (5.9) を用いて容易に確かめられる. したがって, ϕ_a は自然変換である.

主張 2.　各 $a \in G, x \in \mathscr{C}_0$ に対して, $\phi_a x$ は $\mathscr{C}/G$ における同型である.

　$(\phi_a x)^{-1}$ が次で与えられることを示せばよい.

$$
(\phi_a x)^{-1} = (\delta_{b,a^{-1}} X_* x \circ X^{-1}_{a^{-1},a} x)_{b \in G}
$$

$$
= \left(\; \delta_{b,a^{-1}} \; \left|\, \begin{array}{c} \boxed{X_*} \\[2pt] {\scriptstyle X(1)} \\[2pt] \boxed{X^{-1}_{a^{-1},a}} \\[2pt] {\scriptstyle X(a^{-1})} \quad {\scriptstyle X(a)} \end{array} \right|_{x} \; \right)_{b \in G}
\tag{5.12}
$$

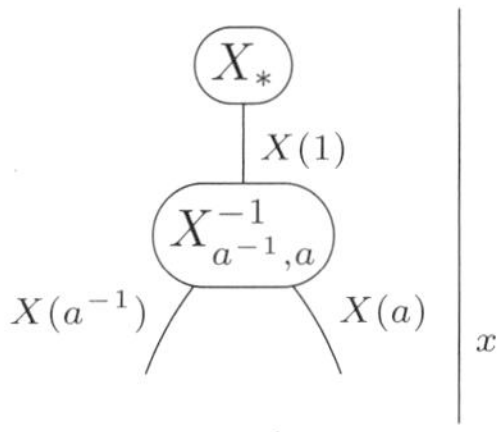

そのため, この右辺を $\phi'_a x$ とおく. $\phi'_a x \circ \phi_a x = \mathbb{1}^{\mathscr{C}/G}_x$ は, 合成の定義から直
ちに従う. $\phi_a x \circ \phi'_a x = \mathbb{1}^{\mathscr{C}/G}_{X(a)x}$ を示すために, まず次の等式を示す.

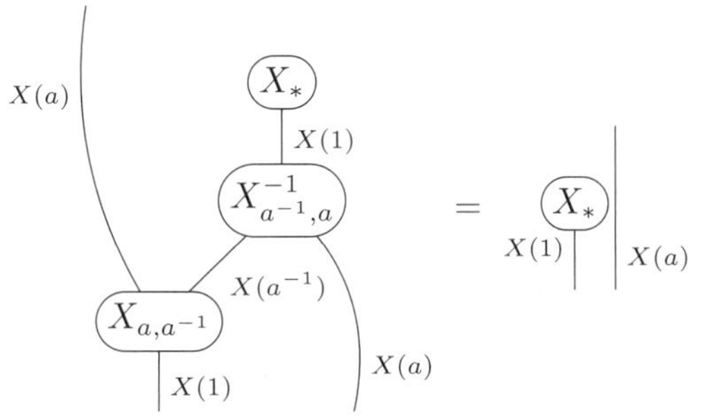

$$
\begin{array}{c}
{\scriptstyle X(a)} \quad \boxed{X_*} \\
{\scriptstyle X(1)} \\
\boxed{X^{-1}_{a^{-1},a}} \\
{\scriptstyle X(a^{-1})} \\
\boxed{X_{a,a^{-1}}} \\
{\scriptstyle X(1)} \quad {\scriptstyle X(a)}
\end{array}
\quad = \quad
\left. \boxed{X_*} \right| \begin{array}{c} \\ {\scriptstyle X(1)} \; {\scriptstyle X(a)} \end{array}
\tag{5.13}
$$

定義 5.1.1(b), (a_1), (a_2) より

$$(\text{左辺}) \bullet X_{1,a} = \quad = \quad$$

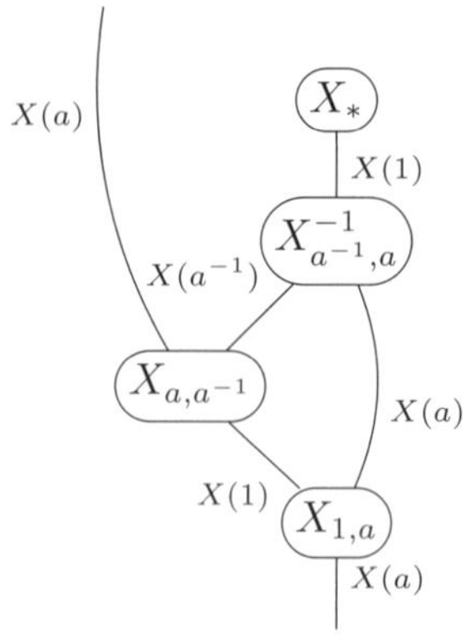

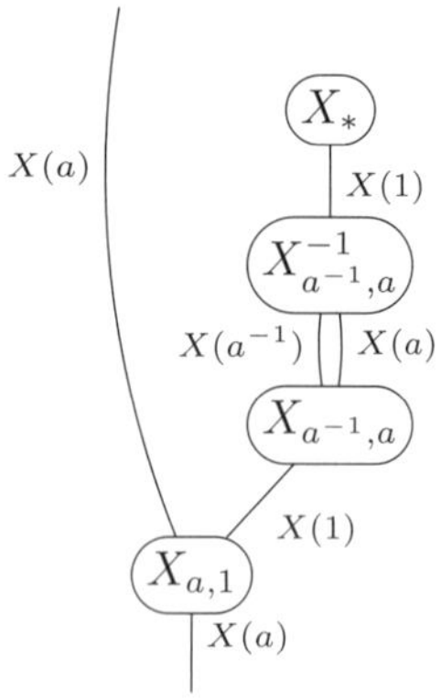

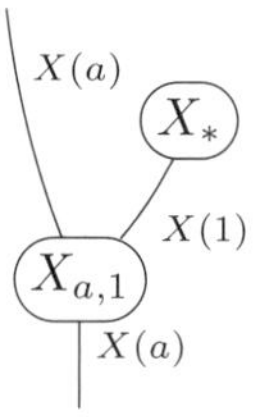

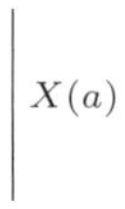

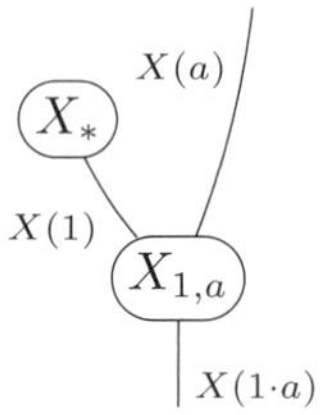

$$= \quad = \quad = (\text{右辺}) \bullet X_{1,a}.$$

ここで $X_{1,a}$ が同型なので，$(\text{左辺}) = (\text{右辺})$ となる．そこで，(5.13) を用いて，

$$\phi_a x \circ \phi'_a x$$

$$= \left(\delta_{d,1} \quad \right)_{d \in G} = \left(\delta_{d,1} \quad x \right)_{d \in G}$$

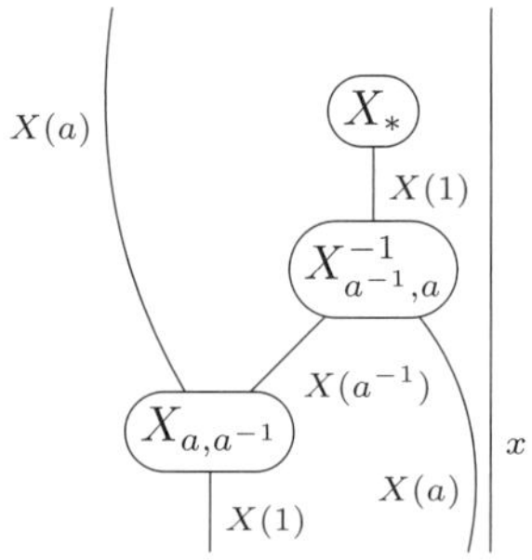

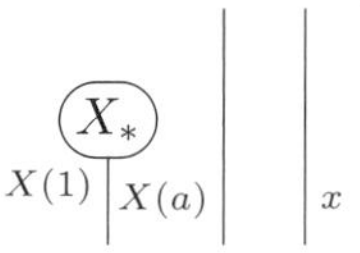

$$= \mathbb{1}^{\mathscr{C}/G}_{X(a)x}.$$

主張 3. (P, ϕ) は (5.1) を満たす．

これを示すには，次の図式が可換であることを示せばよい．

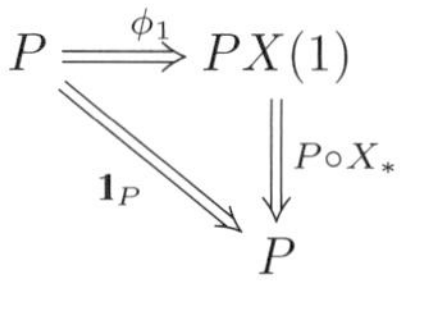

$$
\begin{array}{ccc}
P & \overset{\phi_1}{\Longrightarrow} & PX(1) \\
 & \underset{\mathbf{1}_P}{\searrow} & \Downarrow {\scriptstyle P \circ X_*} \\
 & & P
\end{array}
\tag{5.14}
$$

すなわち，各 $x \in \mathscr{C}_0$ に対して，等式 $(PX_* x) \circ \phi_1 x = \mathbb{1}_{Px}$ を示せばよい．これは公式 (5.9) と定義 5.1.1 の公理 (a_2) から従う．

主張 4. (P, ϕ) は (5.2) を満たす．

これを示すには，次の図式が可換であることを示せばよい．

$$\begin{array}{ccc} P & \xrightarrow{\phi_a} & PX(a) \\ {\scriptstyle\phi_{ba}}\Big\Downarrow & & \Big\Downarrow{\scriptstyle\phi_b X(a)} \\ PX(ba) & \xrightarrow[PX_{b,a}]{} & PX(b)X(a) \end{array} \qquad (5.15)$$

すなわち，各 $x \in \mathscr{C}_0$ に対して，等式 $\phi_b X(a)x \circ \phi_a x = PX_{b,a}x \circ \phi_{ba}x$ を示せばよい．やはり，公式 (5.9) と定義 5.1.1 の公理 (a_2) から両辺ともに $(\delta_{c,ba}X_{b,a}x)_{c\in G}$ に等しいことが容易に確かめられる．

以上 2 つの主張より (P,ϕ) は G-同変関手になる． $\qquad\square$

注意 5.4.10. 余弱 G-圏 $(\mathscr{C}, X)$ に対しても，全く同様に軌道圏 $\mathscr{C}/G$ が定義され，G-次数圏になる．補題 5.4.9 の証明にある主張 2 において，$X_{1,a}$ が自然同型であることを用いているため，余弱 G-圏のクラスについては，その間の射の定義として定義 5.1.5 の自然同型を自然変換に弱めたものを採用する必要がある．

注意 5.4.11. (1) 軌道圏の定義において，古典理論では，$\mathscr{C}$ の対象 x の G-軌道 Gx を対象としていたが，自由作用の仮定を取り去ったため，以前の方法では標準関手 P が定義できなくなっている（定義 3.1.6 の注意参照）．そのため対象はもとのままにしてある．しかし，G-軌道内の 2 つの対象は軌道圏のなかでは互いに同型になる（実際，$x \in \mathscr{C}_0, a \in G$ とすると $\phi_a x\colon x \to X(a)x$ は $\mathscr{C}/G$ のなかで同型）．したがって，同型を無視すれば，$\mathscr{C}$ の対象の軌道を対象としたものになっている．なお，$x \in \mathscr{C}_0$ を Px と書くことにより，それが $\mathscr{C}/G$ の対象であることを明示することができる．例えば，$\mathbb{1}^{\mathscr{C}/G}_x = \mathbb{1}_{Px}$ と書け，式 (5.4), (5.7), (5.8) はそれぞれ次のように書ける:

$$(\mathscr{C}/G)^a(Px, Py) = \sigma^{\mathscr{C}/G}_a(\mathscr{C}(X(a)x, y)) \quad (x, y \in \mathscr{C}_0, a \in G), \quad (5.16)$$

$$((F, \psi)/G)(Px) := P'F(x), \qquad (5.17)$$

$$(\zeta/G)Px := \sigma^{\mathscr{C}'/G}_1(\zeta x \circ X_* F(x)) \in (\mathscr{C}'/G)^1(P'F(x), P'F'(x)). \qquad (5.18)$$

ただし，$(P', \phi')\colon \mathscr{C}' \to \mathscr{C}'/G$ は標準被覆関手とする．

(2) 上では，左右非対称な "第 1 変数に偏った" 軌道圏の定義を述べたが，他にも "第 2 変数に偏った" ものもあり（定義 5.10.3 参照），G-圏についてはもとのガブリエル式により近い "左右対称な" 軌道圏の定義もある．こちらを選んだのは，主に歪群多元環構成の一般化とするためである．また第 8 章におけるグロタンディーク構成の形もこれに合わせた．なお，文献 [5] では，G-圏に対して左右対称な定義を採用し，それら 3 つの軌道圏の間の同型も具体的に与えている．

命題 5.4.12. $(\mathscr{C}, X) \in G\text{-}\mathbf{Cat}_0$ とすると，標準被覆関手 $(P, \phi)\colon \mathscr{C} \to$

$\Delta(\mathscr{C}/G)$ は G-被覆となる．詳しくいうと，すべての $x, y \in \mathscr{C}_0$ に対して，

$$(P, \phi)_{x,y}^{(1)} \colon \coprod_{a \in G} \mathscr{C}(X(a)x, y) \to (\mathscr{C}/G)(Px, Py)$$

は恒等写像になる．

証明．$\mathscr{C}/G$ と P の定義から，(P, ϕ) が稠密であることは明らかである．$x, y \in \mathscr{C}_0$ を任意にとる．このとき上の $(P, \phi)_{x,y}^{(1)}$ が恒等写像であることを示せばよい．これは次のように確かめられる．任意の $f = (f_a)_{a \in G} \in \coprod_{a \in G} \mathscr{C}(X(a)x, y)$ に対して，

$$\begin{aligned}
(P, \phi)_{x,y}^{(1)}(f) &= \sum_{a \in G} P(f_a) \circ \phi_a x \\
&= \sum_{a \in G} (\delta_{b,1} f_a \circ X_*(X(a)x))_{b \in G} \circ (\delta_{c,a} \mathbb{1}_{X(a)x})_{c \in G} \\
&= \sum_{a \in G} \left(\sum_{\substack{b,c \in G \\ d = bc}} \delta_{b,1} f_a \circ X_*(X(a)x) \circ \delta_{c,a} X(b)(\mathbb{1}_{X(a)x}) \circ X_{b,c}x \right)_{d \in G} \\
&\overset{*}{=} \sum_{a \in G} \left(\delta_{d,a} f_a \circ X_*(X(a)x) \circ \mathbb{1}_{X(1)X(a)x} \circ X_{1,a}x \right)_{d \in G} \\
&= (f_a \circ X_*(X(a)x) \circ X_{1,a}x)_{a \in G} = (f_a)_{a \in G} \\
&= f.
\end{aligned}$$

上の等号 $\overset{*}{=}$ では，$X(b) \colon \mathscr{C} \to \mathscr{C}$ が関手であることに注意すること（定義 5.1.1(2) 参照）．$\qquad\square$

問 5.4.13. 上の証明における等式をストリング図で描け．

補題 5.4.14. $(\mathscr{C}, X) \in G\text{-}\mathbf{Cat}_0$ とし，$H \colon \mathscr{C}/G \to \mathscr{D}$ を $\Bbbk\text{-}\mathbf{Cat}$ の 1-射とする．このとき合成 1-射 $(F, \psi) \colon \mathscr{C} \xrightarrow{(P, \phi)} \Delta(\mathscr{C}/G) \xrightarrow{\Delta(H)} \Delta(\mathscr{D})$ が G-被覆であるためには，H が同値であることが必要十分である．

証明．同値であることの証明に，定理 1.4.4 を用いる．F と H は対象の上で一致しているから，(F, ψ) が稠密であることと H が稠密であることとは同値である．さらに，各 $x, y \in \mathscr{C}_0$ に対して，命題 5.4.12 より可換図式

$$\begin{array}{ccc}
\coprod_{a \in G} \mathscr{C}(X(a)x, y) & \xrightarrow{(F, \psi)_{x,y}^{(1)}} & \mathscr{D}(Fx, Fy) \\
{\scriptstyle (P, \phi)_{x,y}^{(1)}} \big\| & \nearrow {\scriptstyle H_{x,y}} & \\
(\mathscr{C}/G)(x, y) & &
\end{array}$$

が得られ，これより $(F, \psi)_{x,y}^{(1)}$ が同型であることと，$H_{x,y}$ が同型であることとは同値になる．$\qquad\square$

5.4.a 自己同値による軌道圏

線形圏 $\mathscr{C}$ の自己同型 g が与えられると，整数全体のなす無限巡回群 $\mathbb{Z} = (\mathbb{Z}, +, 0, -)$［巡回群 $\langle g \rangle$］から $\mathscr{C}$ への作用 $\mathbb{Z} \overset{X}{\to} \langle g \rangle \hookrightarrow \mathrm{Aut}(\mathscr{C})$ が $X(n) := g^n \ (n \in \mathbb{Z})$ で定義され，$\mathscr{C}/\langle g \rangle = \mathscr{C}/\mathbb{Z}$ が本節の擬 G-圏の軌道圏の特殊な例としてが定義される．しかし，g が $\mathscr{C}$ の単なる自己同値で自己同型でない場合には，g^{-1} が存在しないため上の X は定義されないし，例え g の擬逆 $\bar{g}$ を g^{-1} の代わりにとったとしても，まえがきの群の擬作用のところで述べたように，上の X は $\mathscr{C}$ への G-作用を与えない．そのため上の構成は適用できない．（クラスター圏の構成 [13, 第 1 節] を参照．そこでの定義は上の g が自己同型でないので正確ではない．）

この小節では，擬 G-圏の軌道圏の例として，線形圏 $\mathscr{C}$ の自己同値 g による軌道圏を本節の構成を用いて正当化する方法を解説する．（その他の正当化については [5] を参照．）すなわち，線形圏 $\mathscr{C}$ の自己同値 $g \colon \mathscr{C} \to \mathscr{C}$ とその随伴同値系 $\mathbf{A} := (g, \bar{g}, \eta, \varepsilon)$ が与えられたとき，擬関手 $X = X_{\mathbf{A}} \colon \mathbb{Z} \to \Bbbk\text{-}\mathbf{CAT}$ で $X(*) = \mathscr{C}$ を満たすものが，したがって擬 $\mathbb{Z}$-圏 $(\mathscr{C}, X)$ が，標準的に定義されることを示す．この構成法により，$\mathscr{C}$ の**自己同値 g による軌道圏** $\mathscr{C}/g$ が，$\mathscr{C}/g := (\mathscr{C}, X)/\mathbb{Z}$（定義 5.4.1）として厳密に定義できる．また，線形関手 $E \colon \mathscr{C} \to \mathscr{C}'$ と $\mathscr{C}$［$\mathscr{C}'$］の自己同値 g［g'］，および自然同型 $\sigma \colon g' \circ E \Rightarrow E \circ g$ が与えられたとき，これらから標準的に $\mathbb{Z}$-同変関手 $(E, \Sigma) \colon (\mathscr{C}, X) \to (\mathscr{C}', X')$ が定義されることも示しておく．ただし，X, X' は上の方法で標準的に $\mathscr{C}, \mathscr{C}'$ 上に定義された擬 $\mathbb{Z}$-圏の構造である．

命題 5.4.15. $E \colon \mathscr{C} \to \mathscr{C}'$ を線形圏の間の線形関手，g［g'］を $\mathscr{C}$［$\mathscr{C}'$］の自己同値，$\mathbf{A} := (g, \bar{g}, \eta, \varepsilon)$［$\mathbf{A}' := (g', \bar{g}', \eta', \varepsilon')$］をその随伴同値系とする．また，$\sigma \colon g' \circ E \Rightarrow E \circ g$ を自然同型とする．

(1) $X(*) = \mathscr{C}, X(1) = g, X(-1) = \bar{g}$ を満たす擬関手 $X = X_{\mathbf{A}} \colon \mathbb{Z} \to \Bbbk\text{-}\mathbf{CAT}$ が標準的に構成できる．

(2) $X' := X_{\mathbf{A}'}$ とおくとき，(E, σ) の拡張となる（すなわち $\Sigma_1 = \sigma$ を満たす）ような $\mathbb{Z}$-同変関手 $(E, \Sigma) \colon (\mathscr{C}, X) \to (\mathscr{C}', X')$ が存在する．

証明． (1) まず関手の族 $(X(n) \colon \mathscr{C} \to \mathscr{C})_{n \in \mathbb{Z}}$ を次で定義する．各 $n \in \mathbb{Z}$ に対して，

$$
X(n) := \begin{cases} g^n & (n > 0) \\ \mathbb{1}_{\mathscr{C}} & (n = 0) \\ (\bar{g})^{|n|} & (n < 0). \end{cases}
$$

また，自然同型 $X_* \colon X(0)(= \mathbb{1}_{\mathscr{C}}) \Rightarrow \mathbb{1}_{X(*)}(= \mathbb{1}_{\mathscr{C}})$ を $X_* := \mathbb{1}_{\mathbf{1}_{\mathscr{C}}}$ で定義する．最後に，自然同型の族 $(X_{m,n} \colon X(m+n) \Rightarrow X(m) \circ X(n))_{m,n \in \mathbb{Z}}$ を次で定義する．

(i) $mn \geq 0$ のとき,

$$X(m+n) = \begin{cases} g^{m+n} = g^m \circ g^n = X(m) \circ X(n) & (m, n > 0) \\ X(n) = \mathbb{1}_{\mathscr{C}} \circ X(n) = X(0) \circ X(n) & (m = 0) \\ X(m) = X(m) \circ \mathbb{1}_{\mathscr{C}} = X(m) \circ X(0) & (n = 0) \\ (\bar{g})^{-m-n} = (\bar{g})^{-m} \circ (\bar{g})^{-n} = X(m) \circ X(n) & (m, n < 0) \end{cases}$$

と, つねに $X(m+n) = X(m) \circ X(n)$ が成り立っているので, $X_{m,n} := \mathbb{1}_{X(m+n)}$ とおく.

(ii) $m > 0, n < 0$ のとき. 次の 2 つの場合に分ける:

(ii-1) $m \geq |n|$ のとき,	(ii-2) $m < |n|$ のとき, $m+n < 0$ であり,
$\begin{cases} m+n = m - |n| \geq 0, \\ X(m+n) = g^{m-|n|}, \\ X(m) \circ X(n) = g^m \circ (\bar{g})^{|n|} \end{cases}$	$\begin{cases} |m+n| = |n| - m, \\ X(m+n) = (\bar{g})^{|n|-m}, \\ X(m) \circ X(n) = g^m \circ (\bar{g})^{|n|} \end{cases}$

となっている. そこで, $X_{m,n} \colon X(m+n) \Rightarrow X(m) \circ X(n)$ を (ii-1) [(ii-2)] のとき, 左の [右の] ストリング図で与える.

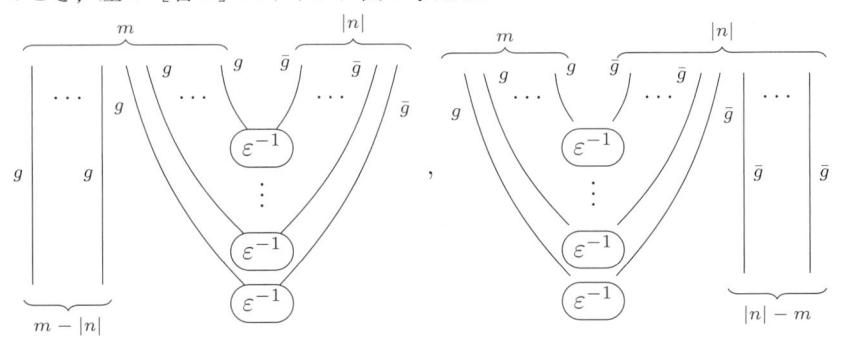

(iii) $m < 0, n > 0$ のとき. 次の 2 つの場合に分ける.

(iii-1) $|m| \geq |n|$ のとき, $m+n \leq 0$ であり,	(iii-2) $|m| < n$ のとき,
$\begin{cases} |m+n| = |m| - n, \\ X(m+n) = (\bar{g})^{|m|-n}, \\ X(m) \circ X(n) = (\bar{g})^{|m|} \circ g^n \end{cases}$	$\begin{cases} m+n = n - |m| > 0, \\ X(m+n) = g^{n-|m|}, \\ X(m) \circ X(n) = (\bar{g})^{|m|} \circ g^n \end{cases}$

となっている. そこで, $X_{m,n} \colon X(m+n) \Rightarrow X(m) \circ X(n)$ を (iii-1) [(iii-2)] のとき, 左の [右の] ストリング図で与える.

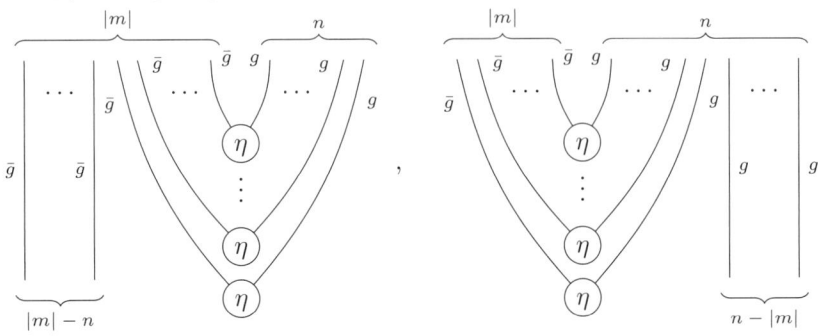

以上の定義のもとで，以下の式を確かめればよい．

(a_1), (a_2) は，ともに定義から明らかである．(b) は随伴のジグザグ等式から従う．ここでは，$l > 0, m < 0, n > 0$ の場合を $(l, m, n) = (4, -3, 5)$ の例で示すことにする．一般の場合も全く同様にして証明される．

定義に従って計算すると，(b) は次のストリング図の等式で表される．

左辺の点線で描いた恒等自然変換をそれに等しい $\varepsilon \circ \varepsilon^{-1}$ で置き換えジグザグ等式を用いると，左辺は次のようになる．

次に最後の図の点線で描いた恒等自然変換に対して同じことを行い，さらに同様の変形を行うと結局 (b) の右辺に等しくなる．

(2) 自然同型の族 $\Sigma = (\Sigma_n \colon X'(n) \circ E \Rightarrow E \circ X(n))_{n \in \mathbb{Z}}$ を次のように定義する．

(i) $n = 0$ のとき，$\Sigma_0 := \mathbb{1}_E$ とする．

(ii) $n > 0$ のとき，$\Sigma_n \colon g'^n \circ E \Rightarrow E \circ g^n$ を次のストリング図で定義する．

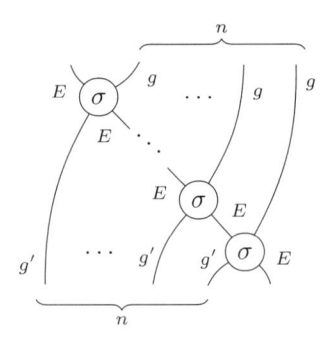

(iii) $n < 0$ のとき，まず $n = -1$ に対して，$\Sigma_{-1}\colon \bar{g'} \circ E \Rightarrow E \circ \bar{g}$ を以下の左のストリング図で定義する．これを用いて各 $n < 0$ に対して $\Sigma_n\colon X'(n) \circ E \Rightarrow E \circ X(n)$ を，$X'(n) = (\bar{g'})^{|n|}, X(n) = (\bar{g})^{|n|}$ に注意して次の右のストリング図で定義する．

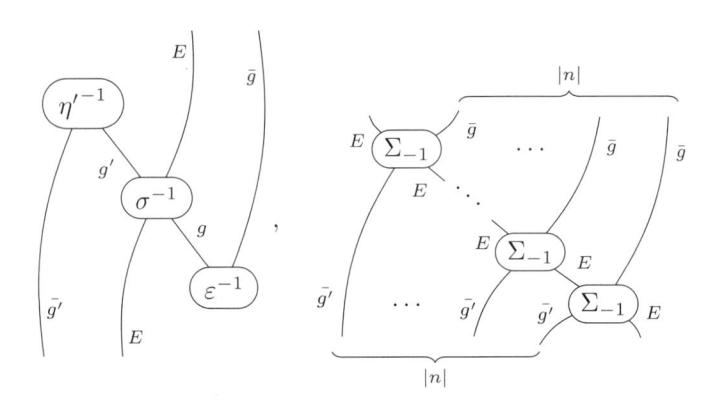

以上の定義のもとで，式 (5.1), (5.2) が成り立つことを確かめればよい．式 (5.1) の成立することは定義から明らかである．式 (5.2) をこの場合に合わせて描くと次の式になる．

$$
\begin{array}{c}
\text{（左図 } \Sigma_m, \Sigma_n, X'_{m,n} \text{）} = \text{（右図 } X_{m,n}, \Sigma_{m+n} \text{）}
\end{array}
\qquad (m, n \in \mathbb{Z}).
$$

$mn \geq 0$ のときは，$X_{m,n}$ も $X'_{m,n}$ も恒等自然変換となるので，式 (5.2) が成立する．$mn < 0$ のとき，以下，$m = 3, n = -2$ の場合の証明を書く．これ以外の一般の場合も全く同様にして証明される．このとき，上の式は計算すると次のようになる．

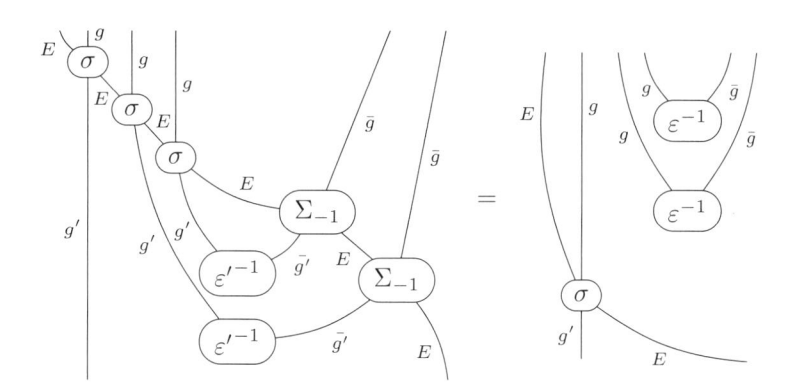

これを示すには，次の等式を示せば十分である．

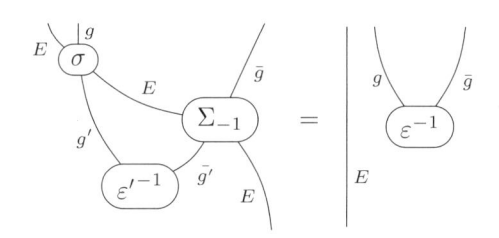

これは次の計算で確かめられる．

(左辺)

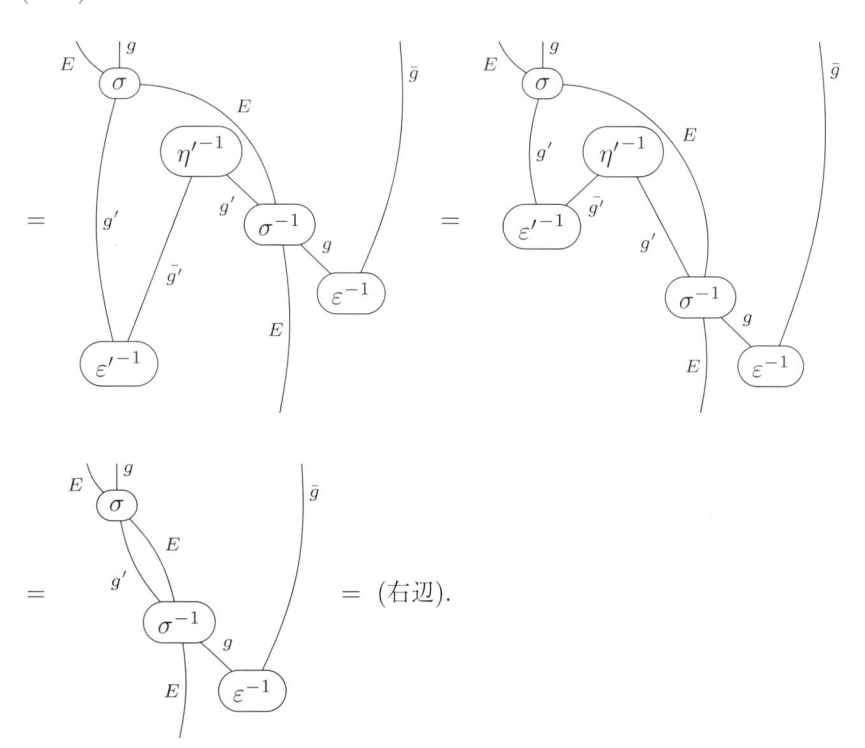

$=$ (右辺).

$\square$

5.5 軌道2-関手と対角2-関手の2-随伴

軌道圏 $\mathscr{C}/G$ の G-次数付けを忘れることにより $\mathscr{C}/G \in \Bbbk\text{-}\mathbf{Cat}_0$ と見なす（注意 5.4.5）．これにより 2-関手 $?/G\colon G\text{-}\mathbf{Cat} \to \Bbbk\text{-}\mathbf{Cat}$ が得られる．この節では，これが対角2-関手 $\Delta\colon \Bbbk\text{-}\mathbf{Cat} \to G\text{-}\mathbf{Cat}$ に対する厳格な2-左随伴であることを証明する．その証明から，標準被覆関手が随伴の2-単位射の成分となっていることが分かる．また，この随伴から，被覆関手の普遍性による特徴付けが得られる．

定義 5.5.1. 各 $\mathscr{D} \in \Bbbk\text{-}\mathbf{Cat}$ に対して，関手 $Q_{\mathscr{D}}\colon \Delta(\mathscr{D})/G \to \mathscr{D}$ を次で定義する．

- 各 $x \in (\Delta(\mathscr{D})/G)_0 = \mathscr{D}_0$ に対して，$Q_{\mathscr{D}}(x) := x$,
- 各 $(f_a)_{a \in G} \in (\Delta(\mathscr{D})/G)(x,y) = \coprod_{a \in G} \mathscr{D}(x,y)$ に対して，$Q_{\mathscr{D}}((f_a)_{a \in G}) := \sum_{a \in G} f_a$ $(x,y \in (\Delta(\mathscr{D})/G)_0)$.

容易に分かるように $Q_{\mathscr{D}}$ は線形関手である．

定理 5.5.2. 軌道2-関手 $?/G\colon G\text{-}\mathbf{Cat} \to \Bbbk\text{-}\mathbf{Cat}$ は対角2-関手 $\Delta\colon \Bbbk\text{-}\mathbf{Cat} \to G\text{-}\mathbf{Cat}$ の厳格な左2-随伴である．単位射は標準被覆関手の族 $((P_{\mathscr{C}}, \phi_{\mathscr{C}})\colon \mathscr{C} \to \Delta(\mathscr{C}/G))_{\mathscr{C} \in G\text{-}\mathbf{Cat}_0}$ で与えられ，余単位射は上で定義された関手の族 $(Q_{\mathscr{D}}\colon \Delta(\mathscr{D})/G \to \mathscr{D})_{\mathscr{D} \in \Bbbk\text{-}\mathbf{Cat}_0}$ で与えられる．

したがって一般論（定理 4.6.3，注意 4.6.5）により，各 $\mathscr{C} \in G\text{-}\mathbf{Cat}, \mathscr{D} \in \Bbbk\text{-}\mathbf{Cat}$ について自然な圏の同型

$$\Bbbk\text{-}\mathbf{Cat}(\mathscr{C}/G, \mathscr{D}) \cong G\text{-}\mathbf{Cat}(\mathscr{C}, \Delta(\mathscr{D})), \quad H \mapsto \Delta(H) \circ (P_{\mathscr{C}}, \phi_{\mathscr{C}})$$

$$(5.19)$$

が存在する．特に，$(P_{\mathscr{C}}, \phi_{\mathscr{C}})$ は次の意味の普遍性を持っている．すなわち，$G\text{-}\mathbf{Cat}$ の各 1-射 $(F, \psi)\colon \mathscr{C} \to \Delta(\mathscr{D})$, $(\mathscr{D} \in \Bbbk\text{-}\mathbf{Cat})$ に対して，次の $G\text{-}\mathbf{Cat}$ における図式を厳格に可換にする $\Bbbk\text{-}\mathbf{Cat}$ の 1-射 $H\colon \mathscr{C}/G \to \mathscr{D}$ がただ1つ存在する:

$$
\begin{array}{ccc}
\mathscr{C} & \xrightarrow{\ (F,\psi)\ } & \Delta(\mathscr{D}). \\
{\scriptstyle (P_{\mathscr{C}}, \phi_{\mathscr{C}})} \downarrow & \nearrow {\scriptstyle \Delta(H)} & \\
\Delta(\mathscr{C}/G) & &
\end{array}
$$

証明．$\eta := ((P_{\mathscr{C}}, \phi_{\mathscr{C}}))_{\mathscr{C} \in G\text{-}\mathbf{Cat}_0}$, $\varepsilon := (Q_{\mathscr{D}})_{\mathscr{D} \in \Bbbk\text{-}\mathbf{Cat}_0}$ とおく．

主張 1. $(\Delta \circ \varepsilon) \bullet (\eta \circ \Delta) = \mathbb{1}_{\Delta}$.

実際，$\mathscr{D} \in (\Bbbk\text{-}\mathbf{Cat})_0$ とする．このとき，$\Delta(Q_{\mathscr{D}}) \cdot (P_{\Delta(\mathscr{D})}, \phi_{\Delta(\mathscr{D})}) = \mathbb{1}_{\Delta(\mathscr{D})}$. を示せばよい．

$$(左辺) = \left(Q_{\mathscr{D}} \circ P_{\Delta(\mathscr{D})}, (Q_{\mathscr{D}}\phi_{\Delta(\mathscr{D})}(a))_{a \in G}\right), \quad かつ$$

$$(右辺) = (\mathbb{1}_{\mathscr{D}}, (\mathbb{1}_{\mathbf{1}_{\mathscr{D}}})_{a \in G}).$$

第 1 成分の相等: $Q_{\mathscr{D}} \circ P_{\Delta(\mathscr{D})} = \mathbb{1}_{\mathscr{D}}$ を示す. 各 $x, y \in \mathscr{D}_0$ と $f \in \mathscr{D}(x, y)$ に対して, $(Q_{\mathscr{D}} \circ P_{\Delta(\mathscr{D})})(x) = Q_{\mathscr{D}}(x) = x$ であり, $(Q_{\mathscr{D}} \circ P_{\Delta(\mathscr{D})})(f) = (\delta_{a,1}f \cdot (\eta_{\Delta(\mathscr{D})}x))_{a \in G} = \sum_{a \in G} \delta_{a,1}f = f$.

第 2 成分の相等: 各 $a \in G$ に対して, $Q_{\mathscr{D}}\phi_{\Delta(\mathscr{D})}(a) = \mathbb{1}_{\mathbf{1}_{\mathscr{D}}}$ を示す. 各 $x \in \mathscr{D}_0$ に対して, $Q_{\mathscr{D}}\left(\phi_{\Delta(\mathscr{D})}(a)x\right) = Q_{\mathscr{D}}\left((\delta_{b,a}\mathbb{1}_{\Delta(\mathscr{D})(a)x})_{b \in G}\right) = \sum_{b \in G} \delta_{b,a}\mathbb{1}_x = \mathbb{1}_x = \mathbb{1}_{\mathbf{1}_{\mathscr{D}}}x$. 以上より, (左辺) = (右辺).

主張 2. $(\varepsilon \circ (?/G)) \bullet ((?/G) \circ \eta) = \mathbb{1}_{?/G}$.

実際, $\mathscr{C} \in \mathbf{Cat}_0$ とする. このとき, $Q_{\mathscr{C}/G} \cdot (P_{\mathscr{C}}, \phi_{\mathscr{C}})/G = \mathbb{1}_{\mathscr{C}/G}$ を示せばよい.

対象について: 各 $x \in (\mathscr{C}/G)_0$ に対して, $Q_{\mathscr{C}/G}((P_{\mathscr{C}}, \phi_{\mathscr{C}})/G)(x)) = Q_{\mathscr{C}/G}(P_{\mathscr{C}}(x)) = x$.

射について: $\mathscr{C}/G$ の各射 $f = (f_a)_{a \in G}\colon X(a)x \to y$ に対して, $Q_{\mathscr{C}/G}((P_{\mathscr{C}}, \phi_{\mathscr{C}})/G)(f) = Q_{\mathscr{C}/G}((P_{\mathscr{C}}(f_a) \circ (\phi_{\mathscr{C}})_a x)_{a \in G}) = \sum_{a \in G} P_{\mathscr{C}}(f_a) \circ (\phi_{\mathscr{C}})_a x = (P_{\mathscr{C}}, \phi_{\mathscr{C}})^{(1)}_{x,y}(f) = f$. よって主張が成り立つ.

以上 2 つの主張より定理が成り立つ. $\qquad\qquad\square$

系 5.5.3. $G\text{-}\mathbf{Cat}$ の各 1-射 $(F, \psi)\colon \mathscr{C} \to \Delta(\mathscr{D})$ に対して次は同値である.

(1) (F, ψ) は G-被覆である;

(2) ある同値 $H\colon \mathscr{C}/G \to \mathscr{D}$ によって図式

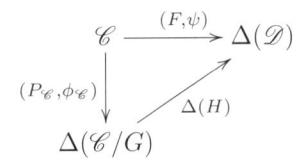

が厳格に可換になる. すなわち, 等式 $(F, \psi) = \Delta(H) \circ (P_{\mathscr{C}}, \phi_{\mathscr{C}})$ が成り立つ.

証明. これは定理 5.5.2 と補題 5.4.14 から直ちに従う. $\qquad\qquad\square$

注意 5.5.4. 以上, 軽度の 2-圏の範囲に収まるように, すべて小圏について論じてきたが, G-擬作用を持つ軽度の線形圏全体も $G\text{-}\mathbf{Cat}$ [$G\text{-}\mathbf{Cat}^{\mathrm{s}}$] と同様にして 2-圏 $G\text{-}\mathbf{CAT}$ [$G\text{-}\mathbf{CAT}^{\mathrm{s}}$] にすることができる. ただし, これらは適度 2 の 2-圏になる (命題 A.4.2 参照) ことに注意する. 各 $\mathscr{C} \in G\text{-}\mathbf{CAT}_0$ に対して, $\mathscr{C}/G$ も同様に定義でき, 注意 5.4.2(2) より $\mathscr{C}/G \in \Bbbk\text{-}\mathbf{CAT}_0$ となる. これによって, 2-関手 $?/G\colon G\text{-}\mathbf{CAT} \to \Bbbk\text{-}\mathbf{CAT}$ も $\Delta\colon \Bbbk\text{-}\mathbf{CAT} \to G\text{-}\mathbf{CAT}$ も同様に定義でき, このときも $?/G$ は Δ の左随伴になる. したがって, 自然な

同型 (5.19) は，これらの間まで拡張され，

$$\Bbbk\text{-}\mathbf{CAT}(\mathscr{C}/G, \mathscr{D}) \cong G\text{-}\mathbf{CAT}(\mathscr{C}, \Delta(\mathscr{D})), \quad H \mapsto \Delta(H) \circ (P_{\mathscr{C}}, \phi_{\mathscr{C}})$$

(5.20)

は自然な同型になる．

例 5.5.5. $\mathscr{C} = \Bbbk$ が体で，G の作用が自明な場合 $\mathscr{C}/G = \Bbbk G$ は普通の群環になる．$\mathscr{D} = \mathrm{Mod}\,\Bbbk$ を $\Bbbk$-ベクトル空間の圏とすると，$\Bbbk\text{-}\mathbf{CAT}(\Bbbk G, \mathrm{Mod}\,\Bbbk) = \Bbbk G\text{-}\mathrm{Mod}$ は左 $\Bbbk G$-加群の圏，$G\text{-}\mathbf{CAT}(\Bbbk, \Delta(\mathrm{Mod}\,\Bbbk)) = \mathrm{Rep}_{\Bbbk} G$ は G の $\Bbbk$-表現の圏になる．この場合，上の圏の同型 (5.20) は，よく知られた同型 $\Bbbk G\text{-}\mathrm{Mod} \cong \mathrm{Rep}_k G$ を与えている．

問 5.5.6. 上の場合，$G\text{-}\mathbf{CAT}(\Bbbk, \Delta(\mathrm{Mod}\,\Bbbk))$ が G の $\Bbbk$-表現の圏 $\mathrm{Rep}_{\Bbbk} G$ に一致することを示せ．

G-被覆関手の特徴付けを与えるために，次を定義しておく．

定義 5.5.7. $\mathscr{C} = (\mathscr{C}, X)$ を擬 G-圏，$\mathscr{D}$ を線形圏とする．$\mathscr{C}$ から $\Delta(\mathscr{D})$ への G-同変関手 (F, ψ) を $\mathscr{C}$ から $\mathscr{D}$ への G-**不変関手**とよび $(F, \psi) \colon \mathscr{C} \to \mathscr{D}$ と書く．したがって，特に ψ は自然同型 $\psi_a \colon F \Rightarrow FX(a)$ の族 $(\psi_a)_{a \in G}$ である．

G-被覆関手の特徴付けを与える次の定理は，定理 5.5.2 と系 5.5.3 から得られる．

定理 5.5.8. G-不変関手 $(F, \psi) \colon \mathscr{C} \to \mathscr{D}$ に対して次は同値である．
(1) (F, ψ) は G-被覆関手である．
(2) (F, ψ) は G-前被覆関手であり，$\mathscr{C}$ からの G-前被覆関手のなかで普遍的である．
(3) (F, ψ) は $\mathscr{C}$ からの G-不変関手のなかで普遍的である．
(3′) (F, ψ) は $\mathscr{C}$ からの G-不変関手のなかで 2-普遍的である．すなわち，(F, ψ) は圏の同型

$$(F, \psi)^* \colon \Bbbk\text{-}\mathbf{Cat}(\mathscr{C}/G, \mathscr{D}) \to G\text{-}\mathbf{Cat}(\mathscr{C}, \Delta(\mathscr{D})), \quad H \mapsto \Delta(H) \circ (F, \psi)$$

($\mathscr{D}$：線形圏) を導く．
(4) G-不変関手として $(F, \psi) \cong H \circ (P_{\mathscr{C}}, \phi_{\mathscr{C}})$ となる圏同値 $H \colon \mathscr{C}/G \to \mathscr{D}$ が存在する．
(5) $(F, \psi) = H \circ (P_{\mathscr{C}}, \phi_{\mathscr{C}})$ となる圏同値 $H \colon \mathscr{C}/G \to \mathscr{D}$ が存在する．

補題 5.1.8 の特別の場合として次の (1) が得られる．

補題 5.5.9. (1) $\mathscr{C}, \mathscr{C}'$ を G-圏，$\mathscr{D}$ を線形圏とし，$\mathscr{C}' \xrightarrow{(E, \rho)} \mathscr{C} \xrightarrow{(F, \psi)} \mathscr{D}$ に

おいて (E,ρ) を G-同変関手, (F,ψ) を G-不変関手とする. このとき,

$$(F,\psi)\circ(E,\rho) := (F\circ E, ((F\rho_a)(\psi_a E))_{a\in G})\colon \mathscr{C}'\to\mathscr{D}$$

は, G-不変関手になる.

(2) 上において (E,ρ) が G-同変な圏同値で (F,ψ) が G-被覆関手であれば, 合成 $(F,\psi)\circ(E,\rho)$ は, G-被覆関手となる. したがって, $\mathscr{C}'/G$ と $\mathscr{D}$ は圏同値になる.

5.6 スマッシュ積

この節では, 軌道 2-関手 $?/G\colon G\text{-}\mathbf{Cat}\to G\text{-}\mathbf{GrCat}$ の擬逆となる 2-関手 $?\#G\colon G\text{-}\mathbf{GrCat}\to G\text{-}\mathbf{Cat}$ を定義する.

定義 5.6.1. $\mathscr{B}$ を G-次数圏とするとき, $\mathscr{B}$ と G の**スマッシュ積** $\mathscr{B}\#G$ という G-圏を次で定義する.

- $(\mathscr{B}\#G)_0 := \mathscr{B}_0\times G = \{x^{(a)} := (x,a) \mid x\in\mathscr{B}, a\in G\}$.
- 各 $x^{(a)}, y^{(b)}\in(\mathscr{B}\#G)_0$ に対して, $(\mathscr{B}\#G)(x^{(a)},y^{(b)}) := \mathscr{B}^{b^{-1}a}(x,y)$ とする. 射集合全部の合併を非交和にするときには,

$$\begin{aligned}(\mathscr{B}\#G)(x^{(a)},y^{(b)}) &:= \{b\}\times\mathscr{B}^{b^{-1}a}(x,y)\times\{a\}\\&= \{{}^{(b)}f^{(a)} := (b,f,a) \mid f\in\mathscr{B}^{b^{-1}a}(x,y)\}\end{aligned}$$

とおく. しかし混乱の恐れのないときには, これを第 2 射影

$$\mathrm{pr}_2\colon(\mathscr{B}\#G)(x^{(a)},y^{(b)})\to\mathscr{B}^{b^{-1}a}(x,y),\quad {}^{(b)}f^{(a)}\mapsto f$$

によってもとの形 $\mathscr{B}^{b^{-1}a}(x,y)$ と同一視する.

- 各 $x^{(a)}, y^{(b)}, z^{(c)}\in(\mathscr{B}\#G)_0$ に対して, 合成を次の可換図式で定義する.

$$\begin{array}{ccc}(\mathscr{B}\#G)(y^{(b)},z^{(c)})\times(\mathscr{B}\#G)(x^{(a)},y^{(b)}) & \longrightarrow & (\mathscr{B}\#G)(x^{(a)},z^{(c)})\\ {\scriptstyle \mathrm{pr}_2\times\mathrm{pr}_2}\downarrow & & \downarrow{\scriptstyle \mathrm{pr}_2}\\ \mathscr{B}^{c^{-1}b}(y,z)\times\mathscr{B}^{b^{-1}a}(x,y) & \longrightarrow & \mathscr{B}^{c^{-1}a}(x,z)\\ \downarrow & & \downarrow\\ \mathscr{B}(y,z)\times\mathscr{B}(x,y) & \longrightarrow & \mathscr{B}(x,z)\end{array}$$

ただし, 底辺の準同型は $\mathscr{B}$ の合成で与える. すなわち, 任意の $(g,f)\in\mathscr{B}^{c^{-1}b}(y,z)\times\mathscr{B}^{b^{-1}a}(x,y)$ に対して,

$$ {}^{(c)}g^{(b)}\circ{}^{(b)}f^{(a)} := {}^{(c)}(g\circ f)^{(a)}. \tag{5.21}$$

- $\mathscr{B}\#G$ への G-作用 $X := X^{\mathscr{B}\#G}$ を次で定義する.

$$\begin{cases} X(c)(x^{(a)}) := x^{(ca)} \\ X(c)(^{(b)}f^{(a)}) := {}^{(cb)}f^{(ca)} \end{cases} \tag{5.22}$$

$(x^{(a)}, y^{(b)} \in (\mathscr{B}\#G)_0, {}^{(b)}f^{(a)} \in (\mathscr{B}\#G)(x^{(a)}, y^{(b)}), x, y \in \mathscr{B}_0, a, b, c \in G, f \in \mathscr{B}^{b^{-1}a}(x,y))$. 定義より, 明らかにこの作用は自由である.

注意 5.6.2. スマッシュ積の射集合の定義について以下のことを注意しておく.

(1) ${}^{(b)}f^{(a)}$ の始点は $\mathrm{dom}(f)^{(a)}$, 終点は $\mathrm{cod}(f)^{(b)}$ として定まるので, この形を用いれば射集合全部の合併は非交和になる (注意 1.1.7 参照).

(2) $(\mathscr{B}\#G)^{\mathrm{op}}$ の射集合は, 各 $x^{(a)}, y^{(b)} \in \mathscr{B}_0 \times G$ に対して,

$$(\mathscr{B}\#G)^{\mathrm{op}}(x^{(a)}, y^{(b)}) := (\mathscr{B}\#G)(y^{(b)}, x^{(a)}) = \mathscr{B}^{a^{-1}b}(y, x)$$
$$= \{f : x \to y \ (\mathscr{B}^{\mathrm{op}} \text{ において}) \mid f \in \mathscr{B}^{a^{-1}b}(y, x)\}$$

であるので, これの射集合全部の合併を非交和にするときには,

$$(\mathscr{B}\#G)^{\mathrm{op}}(x^{(a)}, y^{(b)}) := \{b\} \times \mathscr{B}^{a^{-1}b}(y, x) \times \{a\}$$

とする. $\{a\} \times \mathscr{B}^{a^{-1}b}(y, x) \times \{b\}$ としないことに注意 (命題 5.10.6 参照).

(3) $\mathscr{B}$ が軽度の G-次数圏であれば, 上の定義から $\mathscr{B}\#G$ も軽度の圏になる.

定義 5.6.3. G-次数圏 $\mathscr{B}$ に対して関手 $Q_{\mathscr{B},G} := Q : \mathscr{B}\#G \to \mathscr{B}$ を次で定義する.

- $Q(x^{(a)}) = x \quad (x^{(a)} \in \mathscr{B}\#G)$,
- $Q(^{(b)}f^{(a)}) := f \quad (^{(b)}f^{(a)} \in (\mathscr{B}\#G)(x^{(a)}, y^{(b)}))$.

命題 5.6.4. Q を上の通りとすると, $Q = QX(a)$ が成り立つ $(a \in G)$. すなわち, Q は, 厳格な G-不変関手であり, $Q = (Q, \mathbb{1}) : \mathscr{B}\#G \to \mathscr{B}$ は, G-被覆関手になる. したがって特に, $(P, \phi) : \mathscr{B}\#G \to (\mathscr{B}\#G)/G$ を標準被覆関手とすると, あるただ 1 つの同値 $H : (\mathscr{B}\#G)/G \to \mathscr{B}$ によって $Q = H \circ (P, \phi)$ となる.

定義 5.6.5. スマッシュ積の構成を次のようにして 2-関手に拡張する.

1-射について: $(H, r) : \mathscr{B} \to \mathscr{B}'$ を G-**GrCat** の 1-射とする. このとき, G-**Cat** の 1-射となる関手 $(H, r)\#G : \mathscr{B}\#G \to \mathscr{B}'\#G$ を次で定義する.

対象に対して. 各 $x^{(a)} \in \mathscr{B}\#G$ に対して,

$$((H, r)\#G)(x^{(a)}) := (Hx)^{(ar_x)}$$

とおく.

射に対して. 各 $f \in (\mathscr{B}\#G)(x^{(a)}, y^{(b)}) = \mathscr{B}^{b^{-1}a}(x, y)$ に対して, $H(f) \in \mathscr{B}'^{r_y^{-1}b^{-1}ar_x}(Hx, Hy) \cong (\mathscr{B}'\#G)((Hx)^{(ar_x)}, (Hy)^{(br_y)})$ であることに注意して,

$$((H,r)\#G)(^{(b)}f^{(a)}) := {}^{(br_y)}H(f)^{(ar_x)}$$

とおく.

容易に分かるように, $(H,r)\#G$ は厳格な G-同変関手である. したがって, $(H,r)\#G = ((H,r)\#G, 1) \colon \mathscr{B}\#G \to \mathscr{B}'\#G$ は G-**Cat** の 1-射である.

2-射について: 次に $(H', r') \colon \mathscr{B} \to \mathscr{B}'$ を G-**GrCat** の 1-射, $\theta \colon (H,r) \Rightarrow (H', r')$ を 2-射とする. このとき $\theta\#G \colon (H,r)\#G \Rightarrow (H', r')\#G$ を

$$(\theta\#G)x^{(a)} := \theta x \in \mathscr{B}'^{r_x'^{-1}r_x}(Hx, H'x) \cong (\mathscr{B}'\#G)((Hx)^{(ar_x)}, (H'x)^{(ar_x')})$$
$$= (\mathscr{B}'\#G)(((H,r)\#G)(x^{(a)}), ((H', r')\#G)(x^{(a)}))$$

で定義する ($x^{(a)} \in \mathscr{B}\#G$). 容易に確かめられるように, $\theta\#G$ は G-**Cat** の 2-射になっている.

補題 5.6.6. 以上の定義により, スマッシュ積の構成は 2-関手

$$?\#G \colon G\text{-}\mathbf{GrCat} \to G\text{-}\mathbf{Cat}.$$

に拡張される.

証明. ここでは $?\#G$ が水平合成を保つことだけを確かめる. $?\#G$ が 2-関手であるためのそれ以外の条件は定義から直ちに従う. そこで, G-**GrCat** の図式

$$\mathscr{B}'' \underset{(F,\zeta)}{\overset{(F',\zeta')}{\underset{\theta' \Uparrow}{\rightleftarrows}}} \mathscr{B}' \underset{(H,\xi)}{\overset{(H',\xi')}{\underset{\theta \Uparrow}{\rightleftarrows}}} \mathscr{B}$$

をとる. 各 $x^{(a)} \in \mathscr{B}\#G$ に対して,

$$((\theta' \circ \theta)\#G)(x^{(a)}) = (\theta' \circ \theta)x = ((F' \circ \theta) \bullet (\theta' \circ H))x$$
$$= (F' \circ \theta)x \circ (\theta' \circ H)x = F'(\theta x) \circ \theta'(Hx)$$

であり,

$$((\theta'\#G) \circ (\theta\#G))(x^{(a)})$$
$$= (((F', \zeta')\#G) \circ (\theta\#G)) \bullet ((\theta'\#G) \circ ((H,\xi)\#G)))(x^{(a)})$$
$$= ((F', \zeta')\#G) \circ (\theta\#G))(x^{(a)}) \circ ((\theta'\#G) \circ ((H,\xi)\#G))(x^{(a)})$$
$$= ((F', \zeta')\#G)(\theta x) \circ (\theta'\#G)((Hx)^{(a\xi_x)})$$
$$= F'(\theta x) \circ \theta'(Hx).$$

したがって, $(\theta' \circ \theta)\#G = (\theta'\#G) \circ (\theta\#G)$. $\square$

5.7 2-圏論的コーエン・モンゴメリー双対

以上の準備のもとで, この章の主結果を述べる. これは, G-作用を持つ環と G-次数環の間の双対を与えるコーエン・モンゴメリーの結果 [18] を大きく拡

張したものになっている.

定理 5.7.1. 2-関手 $?/G$ と $?\#G$ はともに 2-同値である. これらは互いに他の 2-擬逆になっている. したがって, 2-圏 $G\text{-}\mathbf{Cat}$ と $G\text{-}\mathbf{GrCat}$ は 2-同値である. より詳しくいうと, 4 つの 2-自然変換

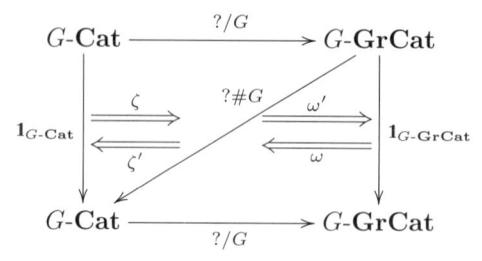

が存在し, これらは以下の 4 つの関係式を満たして 2-自然同値になる.

$$\zeta' \bullet \zeta \cong \mathbb{1}_{\mathbb{1}_{G\text{-}\mathbf{Cat}}}, \tag{5.23}$$

$$\zeta \bullet \zeta' \cong \mathbb{1}_{(?\#G)\circ(?/G)}, \tag{5.24}$$

$$\omega' \bullet \omega = \mathbb{1}_{\mathbb{1}_{G\text{-}\mathbf{GrCat}}}, \tag{5.25}$$

$$\omega \bullet \omega' \cong \mathbb{1}_{(?/G)\circ(?\#G)}. \tag{5.26}$$

さらに次が成り立つ.

(1) $\mathscr{C} \in G\text{-}\mathbf{Cat}_0^{\mathrm{s}}$ なら $\zeta'_{\mathscr{C}}$ は厳格な G-同変関手であり, すべての $\mathscr{B} \in G\text{-}\mathbf{GrCat}_0$ に対して $\omega_{\mathscr{B}}$ は厳格な次数保存関手である.

(2) ζ と ω' は厳格な 2-自然変換である.

(3) $(?/G, ?\#G, \zeta, \omega')$ は厳格な 2-随伴系である.

証明は次の節で与える.

5.8 定理 5.7.1 の証明.

5.8.a $\zeta \colon \mathbb{1}_{G\text{-}\mathbf{Cat}} \Rightarrow (?\#G) \circ (?/G)$

定義 5.8.1. $\mathscr{C} = (\mathscr{C}, X)$ を $G\text{-}\mathbf{Cat}$ の対象とし $(P, \phi) \colon \mathscr{C} \to \mathscr{C}/G$ を標準関手とする. また, $X' := X^{(\mathscr{C}/G)\#G}$ を G の $(\mathscr{C}/G)\#G$ への自由作用とする. このとき G-同変関手 $\zeta_{\mathscr{C}} \colon \mathscr{C} \to (\mathscr{C}/G)\#G$ を次で定義する.

対象に対して. 各 $x \in \mathscr{C}_0$ に対して, 次のようにおく:

$$\zeta_{\mathscr{C}}(x) := (Px)^{(1)}.$$

射に対して. $\mathscr{C}$ の各射 $f \colon x \to y$ に対して, 次のようにおく:

$$\zeta_{\mathscr{C}}(f) := {}^{(1)}(Pf)^{(1)} \in ((\mathscr{C}/G)\#G)((Px)^{(1)}, (Py)^{(1)}). \tag{5.27}$$

自然同型. 各 $a \in G$ と $x \in \mathscr{C}_0$ に対して,

$$((\mathscr{C}/G)\#G)((Px)^{(a)}, (PX(a)x)^{(1)}) \stackrel{\mathrm{pr}_2}{\cong} (\mathscr{C}/G)^a(Px, PX(a)x) \ni \phi_a x$$

より $(\mathscr{C}/G)\#G$ の射 $\overline{\phi}_a x\colon X'(a)\zeta_{\mathscr{C}}x \to \zeta_{\mathscr{C}}X(a)x$ を可換図式

$$
\begin{array}{ccc}
X'(a)\zeta_{\mathscr{C}}x & \xrightarrow{\;\overline{\phi}_a x\;} & \zeta_{\mathscr{C}}X(a)x \\
\| & & \| \\
(Px)^{(a)} & \xrightarrow[{}^{(1)}(\phi_a x)^{(a)}]{} & (PX(a)x)^{(1)}
\end{array}
\tag{5.28}
$$

によって定めることができる．また，(5.12) より

$$
(\phi_a x)^{-1} \in (\mathscr{C}/G)^{a^{-1}}(PX(a)x, Px)
$$

であるから，

$$
\overrightarrow{\phi}_a' x := {}^{(a)}((\phi_a x)^{-1})^{(1)} \in ((\mathscr{C}/G)\#G)((PX(a)x)^{(1)}, (Px)^{(a)})
$$

がとれる．ここで，スマッシュ積での合成の定義 (5.21) より，次の左の可換図式から右の可換図式が得られる．

$$
\begin{array}{ccc}
Px & \xrightarrow{\;\phi_a x\;} & PX(a)x \\
\| \; \searrow^{(\phi_a x)^{-1}} & & \| \\
Px & \xrightarrow[\phi_a x]{} & PX(a)x
\end{array}
\qquad\qquad
\begin{array}{ccc}
(Px)^{(a)} & \xrightarrow{\;\overline{\phi}_a x\;} & (PX(a)x)^{(1)} \\
\| \; \searrow^{\overrightarrow{\phi}_a' x} & & \| \\
(Px)^{(a)} & \xrightarrow[\overline{\phi}_a x]{} & (PX(a)x)^{(1)}
\end{array}
$$

すなわち，$\overline{\phi}_a x$ も同型となる．このとき，$\overline{\phi}_a := (\overline{\phi}_a x)_{x\in\mathscr{C}_0}$ とおくと，自然同型 $\overline{\phi}_a\colon X'(a)\circ\zeta_{\mathscr{C}} \Rightarrow \zeta_{\mathscr{C}}\circ X(a)$ が得られる．実際，再びスマッシュ積での合成の定義 (5.21) により，$\mathscr{C}$ の各射 $f\colon x\to y$ と $a\in G$ に対して，可換図式 (5.11) から可換図式

$$
\begin{array}{ccc}
(Px)^{(a)} & \xrightarrow{\;\overline{\phi}_a x\;} & (PX(a)x)^{(1)} \\
{\scriptstyle f\circ X_* x}\Big\downarrow & & \Big\downarrow{\scriptstyle X(a)f\circ X_*(X(a)x)} \\
(Py)^{(a)} & \xrightarrow[\overline{\phi}_a y]{} & (PX(a)y)^{(1)}
\end{array}
$$

が得られるからである．そこで，$\overline{\phi}_{\mathscr{C}} := (\overline{\phi}_a)_{a\in G}$ とおく．以下，混乱の恐れがないとき，$\overline{\phi}_a = \phi_a, \overline{\phi}_{\mathscr{C}} = \phi$ と同一視する．

補題 5.8.2. 各 $\mathscr{C} \in G\text{-}\mathbf{Cat}_0$ に対して，$\zeta_{\mathscr{C}} = (\zeta_{\mathscr{C}}, \overline{\phi}_{\mathscr{C}})$ は G-同変関手である．

証明．等式 (5.27) に注意すると，上の証明と同様にして，スマッシュ積での合成の定義 (5.21) により，可換図式 (5.14) と (5.15) から $(\zeta_{\mathscr{C}}, \overline{\phi}_{\mathscr{C}})$ が G-同変関手であることを表す可換図式が得られる．　　　　　　　　$\square$

問 5.8.3. 上の証明を確認せよ．

補題 5.8.4. ζ は厳格な 2-自然変換である．

証明. $\mathscr{C} = (\mathscr{C}, X), \mathscr{C}' = (\mathscr{C}', X')$ を G-**Cat** の対象とし，$(P, \phi): \mathscr{C} \to \mathscr{C}/G, (P', \phi'): \mathscr{C}' \to \mathscr{C}'/G$ を標準被覆関手とする.

(1) $(E, \rho) \in (G\text{-}\mathbf{Cat})(\mathscr{C}, \mathscr{C}')$ とし，$(H, 1) := (E, \rho)/G$ とおく. このとき，図式

$$
\begin{array}{ccc}
\mathscr{C} & \xrightarrow{\ (E,\rho)\ } & \mathscr{C}' \\
{\scriptstyle \zeta_{\mathscr{C}}}\big\downarrow & & \big\downarrow{\scriptstyle \zeta_{\mathscr{C}'}} \\
(\mathscr{C}/G)\#G & \xrightarrow[\ (H,1)\#G\ ]{} & (\mathscr{C}'/G)\#G.
\end{array} \tag{5.29}
$$

が厳格な可換図式であること示す.

対象に対して. $x \in \mathscr{C}_0$ とする. このとき，

$$
\begin{aligned}
(((H,1)\#G) \circ \zeta_{\mathscr{C}})(x) &= ((H,1)\#G)((Px)^{(1)}) = (P'Ex)^{(1)} \\
&= (\zeta_{\mathscr{C}'} \circ (E, \rho))(x)
\end{aligned}
$$

が成り立つ.

射に対して. $f: x \to y$ を $\mathscr{C}$ の射とする. このとき，

$$
\begin{aligned}
(((H,1)\#G) \circ \zeta_{\mathscr{C}})(f) &= ((H,1)\#G)(f \circ X_* x) = E(f \circ X_* x) \circ \rho_1 x \\
&= Ef \circ EX_* x \circ \rho_1 x = Ef \circ (EX_* \bullet \rho_1)x \\
&= Ef \circ X'_* Ex = (\zeta_{\mathscr{C}'} \circ (E, \rho))(f)
\end{aligned}
$$

が成り立つ.

以上より図式 (5.29) は厳格に可換である.

(2) (E, ρ) と (E', ρ') を 2-圏 G-**Cat** の 1-射，$\eta: (E, \rho) \Rightarrow (E', \rho')$ を 2-射とするとき，

$$
\zeta_{\mathscr{C}'} \circ \eta = ((\eta/G)\#G) \circ \zeta_{\mathscr{C}}
$$

となることを示す. それには，$\theta := \eta/G$ とおくとき，各 $x \in \mathscr{C}$ に対して，

$$
\zeta_{\mathscr{C}'}(\eta_x) = (\theta\#G)(\zeta_{\mathscr{C}}x)
$$

を示せばよい. これは，定義から直ちに次のように確かめられる.

$$
(右辺) = (\theta\#G)((Px)^{(1)}) = \theta(Px) = (\eta/G)(Px) = \eta_x \circ X_* Ex = (左辺).
$$

以上の (1) と (2) より ζ は厳格な 2-自然変換となる. $\qquad\square$

5.8.b $\quad \zeta': (?\#G) \circ (?/G) \Rightarrow \mathbb{1}_{G\text{-}\mathbf{Cat}}$

定義 5.8.5. (1) $\mathscr{C} = (\mathscr{C}, X)$ を G-**Cat** の対象，$(P, \phi): \mathscr{C} \to \mathscr{C}/G$ を標準関手とする. G-同変関手 $\zeta'_{\mathscr{C}}: (\mathscr{C}/G)\#G \to \mathscr{C}$ を次で定義する.

対象に対して. 各 $x \in \mathscr{C}_0$ と $a \in G$ に対して

$$\zeta'_{\mathscr{C}}((Px)^{(a)}) := X(a)x$$

とおく.

射に対して. $f\colon (Px)^{(a)} \to (Py)^{(b)}$ を $(\mathscr{C}/G)\#G$ の射とする. このとき図式

$$
\begin{array}{ccc}
((\mathscr{C}/G)\#G)((Px)^{(a)}, (Py)^{(b)}) & \dashrightarrow^{\zeta'_{\mathscr{C}}} & \mathscr{C}(X(a)x, X(b)y) \\
\big\| & & \uparrow\wr\;{\scriptstyle\mathscr{C}(X_{b,b^{-1}a}, X(b)y)} \\
& & \mathscr{C}(X(b)X(b^{-1}a)x, X(b)y) \\
\big\| & & \uparrow\wr\;{\scriptstyle X(b)} \\
(\mathscr{C}/G)^{b^{-1}a}(Px, Py) & = & \mathscr{C}(X(b^{-1}a)x, y).
\end{array}
$$

が可換となるように $\zeta'_{\mathscr{C}}$ を定義する. すなわち,

$$\zeta'_{\mathscr{C}}(f) := X(b)(f) \circ X_{b,b^{-1}a}$$

とおく.

自然同型. $Y := X^{(\mathscr{C}/G)\#G}$ とおく ((5.22) 参照). 各 $c \in G$ に対して,

$$\theta_c := (\theta_{\mathscr{C}})_c \colon X(c) \circ \zeta'_{\mathscr{C}} \Rightarrow \zeta'_{\mathscr{C}} \circ Y(c)$$

を次で定義する.

$$\theta_c((Px)^{(a)}) := X_{c,a}^{-1}x \colon X(c)X(a)x \to X(ca)x, \quad ((Px)^{(a)} \in (\mathscr{C}/G)\#G).$$

各 $b, c \in G$ に対して, $X_{c,b}$ が自然同型であることと, $(\mathscr{C}, X)$ が擬 G-圏の公理 (b) を満たすことから, 各 θ_c は自然同型となる. 特に, X が群作用なら, $\theta_{\mathscr{C}}$ は恒等 2-射となり, $\zeta'_{\mathscr{C}}$ は厳格な G-同変関手となる.

(2) $(E, \rho)\colon \mathscr{C} \to \mathscr{C}'$ を $G\text{-}\mathbf{Cat}$ の 1-射とする. 次に図式

$$
\begin{array}{ccc}
(\mathscr{C}/G)\#G & \xrightarrow{\;((E,\rho)/G)\#G\;} & (\mathscr{C}'/G)\#G \\
{\scriptstyle\zeta'_{\mathscr{C}}}\big\downarrow & {\scriptstyle\zeta'_{(E,\rho)}}\;{\scriptstyle\cong} & \big\downarrow{\scriptstyle\zeta'_{\mathscr{C}'}} \\
\mathscr{C} & \xrightarrow[(E,\rho)]{\;\;} & \mathscr{C}'
\end{array}
$$

のなかの自然変換 $\zeta'_{(E,\rho)}$ を定義する. そのためにまず, $(Px)^{(a)} \in ((\mathscr{C}/G)\#G)_0$ を任意にとり, $(P, \phi)\colon \mathscr{C} \to \mathscr{C}/G, (P', \phi')\colon \mathscr{C}' \to \mathscr{C}'/G$ を標準被覆関手とする. このとき, 右回りの合成による $(Px)^{(a)}$ の移り先は, $[((E, \rho)/G)\#G]((Px)^{(a)}) = [(E, \rho)/G]((Px)^{(a)}) = (P'(Ex))^{(a)}$ より

$$[\zeta'_{\mathscr{C}'} \circ (((E, \rho)/G)\#G)]((Px)^{(a)}) = \zeta'_{\mathscr{C}'}((P'(Ex))^{(a)}) = X'(a)Ex$$

であり, 左回りの合成による移り先は,

$$[(E, \rho) \circ \zeta'_{\mathscr{C}}]((Px)^{(a)}) = EX(a)x$$

である．そこで，

$$(\zeta'_{(E,\rho)})((Px)^{(a)}) := \rho_a x \in \mathscr{C}'(X'(a)Ex, EX(a)x)$$

と定義する．

補題 5.8.6. 各 $\mathscr{C} \in G\text{-}\mathbf{Cat}_0$ に対して，$\zeta'_{\mathscr{C}} := (\zeta'_{\mathscr{C}}, \theta_{\mathscr{C}}) \colon (\mathscr{C}/G)\#G \to \mathscr{C}$ は $G\text{-}\mathbf{Cat}$ の 1-射である．

証明. これは $(\mathscr{C}, X)$ が擬 G-圏の公理を満たすことから直ちに従う． □

補題 5.8.7. $\zeta' := ((\zeta'_{\mathscr{C}})_{\mathscr{C} \in G\text{-}\mathbf{Cat}_0}, (\zeta'_{(E,\rho)})_{(E,\rho) \in G\text{-}\mathbf{Cat}_1})$ は 2-自然変換である．

証明. $G\text{-}\mathbf{Cat}$ の各 1-射 (E, ρ) に対して，$\zeta'_{(E,\rho)}$ が自然変換になること，および $G\text{-}\mathbf{Cat}$ の 2-同型射（定義 5.1.7 参照）になることは，それぞれ，(E, ρ) が 1-射であること，および $\theta_{\mathscr{C}}$ の定義と (E, ρ) が 1-射であることから従う．すなわち ζ' は 1-自然性を持つ．次に，$(E', \rho') \colon \mathscr{C} \to \mathscr{C}'$ をもう 1 つの 1-射とし，$\eta \colon (E, \rho) \Rightarrow (E', \rho')$ を $G\text{-}\mathbf{Cat}$ の 2-射とする．このとき，次の自然変換からなる図式の可換性は容易に確かめられる．

$$
\begin{array}{ccc}
\zeta'_{\mathscr{C}'} \circ ((E,\rho)/G)\#G & \xrightarrow[\cong]{\zeta'_{(E,\rho)}} & (E,\rho) \circ \zeta'_{\mathscr{C}} \\
\Big\Downarrow{\scriptstyle \zeta'_{\mathscr{C}'} \circ ((\eta/G)\#G)} & & \Big\Downarrow{\scriptstyle \eta \circ \zeta'_{\mathscr{C}}} \\
\zeta'_{\mathscr{C}'} \circ ((E',\rho')/G)\#G & \xrightarrow[\zeta'_{(E',\rho')}]{\cong} & (E',\rho') \circ \zeta'_{\mathscr{C}}
\end{array}
$$

すなわち，ζ' は 2-自然性を持つ． □

5.8.c $\omega \colon \mathbb{1}_{G\text{-}\mathbf{GrCat}} \Rightarrow (?/G) \circ (?\#G)$

定義 5.8.8. $\mathscr{B} \in G\text{-}\mathbf{GrCat}_0$ とし，$(P, \phi) \colon \mathscr{B}\#G \to (\mathscr{B}\#G)/G$ を標準関手とする．$G\text{-}\mathbf{GrCat}$ の 1-射 $\omega_{\mathscr{B}} \colon \mathscr{B} \to (\mathscr{B}\#G)/G$ を次で定義する．
対象に対して. 各 $x \in \mathscr{B}_0$ に対して次のようにおく：

$$\omega_{\mathscr{B}}(x) := P(x^{(1)}).$$

射に対して. $X := X^{\mathscr{B}\#G}$ とおく．

$$
\begin{aligned}
((\mathscr{B}\#G)/G)(P(x^{(1)}), P(y^{(1)})) &= \bigoplus_{a \in G} (\mathscr{B}\#G)(X(a)x^{(1)}, y^{(1)}) \\
&= \bigoplus_{a \in G} (\mathscr{B}\#G)(x^{(a)}, y^{(1)}) = \bigoplus_{a \in G} \mathscr{B}^a(x, y) \\
&= \mathscr{B}(x, y)
\end{aligned}
$$

に注意して，$\mathscr{B}$ の各射 $f \colon x \to y$ に対して次のようにおく：

$$\omega_{\mathscr{B}}(f) := (P, \phi)^{(1)}_{x^{(1)}, y^{(1)}}(f) = f \colon P(x^{(1)}) \to P(y^{(1)}).$$

補題 5.8.9. 各 $\mathscr{B} \in G\text{-}\mathbf{GrCat}$ に対して，上で定義された $\omega_{\mathscr{B}}$ は G-次数圏の間の厳格な次数保存同値である．

証明. まず，構成法により $\omega_{\mathscr{B}}$ が充満忠実関手であることは明らかである．$x, y \in \mathscr{B}_0$, $a \in G$ とし，$X := X^{\mathscr{B}\#G}$ とおく．このとき，$X(a)(x^{(1)}) = x^{(a)}$ より，$(\mathscr{B}\#G)/G$ のなかで $P(x^{(a)}) \cong P(x^{(1)})$．これより，$\omega_{\mathscr{B}}$ が稠密であることが分かる．あとは，

$$\omega_{\mathscr{B}}(\mathscr{B}^a(x, y)) \subseteq ((\mathscr{B}\#G)/G)^a(\omega_{\mathscr{B}}(x), \omega_{\mathscr{B}}(y))$$

を示せばよい．実はもっと強く，等号の成立することが次の式変形から分かる（最初の等号は (5.16) による）．

$$\begin{aligned}(\text{右辺}) &= (\mathscr{B}\#G)(X(a)(x^{(1)}), y^{(1)}) = (\mathscr{B}\#G)(x^{(a)}, y^{(1)}) \\ &= \mathscr{B}^a(x, y) = (\text{左辺}).\end{aligned}$$

$\square$

補題 5.8.10. ω は 2-自然変換である．

証明. $(H, r) \colon \mathscr{B} \to \mathscr{B}'$ を $G\text{-}\mathbf{GrCat}$ の 1-射とし，$(P', \phi') \colon \mathscr{B}'\#G \to (\mathscr{B}'\#G)/G$ を標準関手とする．図式

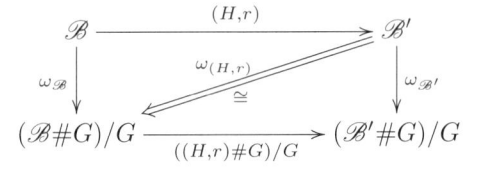

の自然変換 $\omega_{(H, r)}$ を次で定義する．

$$\omega_{(H, r)}x := \phi'_{r_x}(Hx)^{(1)} \quad (x \in \mathscr{B}).$$

このとき $\omega_{(H, r)}$ が $G\text{-}\mathbf{GrCat}$ の 2-同型射であることを確かめることはそれほど難しくない．これより ω が 1-自然性を持つことが分かる．そこで，$G\text{-}\mathbf{GrCat}$ において $(H', r') \colon \mathscr{B} \to \mathscr{B}'$ をもう 1 つの 1-射とし，$\theta \colon (H, r) \Rightarrow (H', r')$ を 2-射とすると，容易に次の図式の可換性を示すことができる．

$$\begin{array}{ccc}\omega_{\mathscr{B}'} \cdot (H, r) & \xrightarrow[\cong]{\omega_{(H, r)}} & ((H, r)\#G)/G \cdot \omega_{\mathscr{B}} \\ {\scriptstyle\omega_{\mathscr{B}'} \cdot \theta} \big\Downarrow & & \big\Downarrow {\scriptstyle(\theta\#G)/G \cdot \omega_{\mathscr{B}}} \\ \omega_{\mathscr{B}'} \cdot (H', r') & \xrightarrow[\omega_{(H', r')}]{\cong} & ((H', r')\#G)/G \cdot \omega_{\mathscr{B}}\end{array}$$

したがって，ω は 2-自然性も持つ． $\square$

5.8.d $\omega' \colon (?/G) \circ (?\#G) \Rightarrow \mathbb{1}_{G\text{-}\boldsymbol{GrCat}}$

定義 5.8.11（命題 5.6.4 参照）．$\mathscr{B} \in G\text{-}\boldsymbol{GrCat}_0$ とし，$(P, \phi) \colon \mathscr{B}\#G \to (\mathscr{B}\#G)/G$ を標準関手とする．関手 $\omega'_{\mathscr{B}} \colon (\mathscr{B}\#G)/G \to \mathscr{B}$ を次の図式を厳格に可換にするただ 1 つの関手として定義する

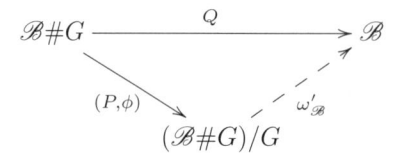

ただし，Q は，スマッシュ積で決まる標準 G-被覆関手である．すなわち，$\omega'_{\mathscr{B}}$ の定義を具体的に書くと次のようになる．

対象に対して． $(\mathscr{B}\#G)/G$ の各対象 $P(x^{(a)})$ $(x \in \mathscr{B}_0, a \in G)$ に対して，

$$\omega'_{\mathscr{B}}(P(x^{(a)})) := x \tag{5.30}$$

とおく．

射に対して． $(\mathscr{B}\#G)/G$ の各対象 $P(x^{(a)}), P(y^{(b)})$ に対して次式が成り立つので，

$$((\mathscr{B}\#G)/G)(P(x^{(a)}), P(y^{(b)})) = \bigoplus_{c \in G}(\mathscr{B}\#G)(x^{(ca)}, y^{(b)})$$
$$= \bigoplus_{c \in G}\mathscr{B}^{b^{-1}ca}(x, y) = \mathscr{B}(x, y),$$

各 $u = (u_c)_{c \in G} \in \bigoplus_{c \in G}(\mathscr{B}\#G)(x^{(ca)}, y^{(b)}) = ((\mathscr{B}\#G)/G)(P(x^{(a)}), P(y^{(b)}))$ に対して，次のようにおく：

$$\omega'_{\mathscr{B}}(u) := u = \sum_{c \in G} u_c \in \bigoplus_{c \in G}\mathscr{B}^{b^{-1}ca}(x, y) = \mathscr{B}(x, y). \tag{5.31}$$

次数調整． 最後に，$\omega'_{\mathscr{B}} := (\omega'_{\mathscr{B}}, r_{\mathscr{B}})$ とし，$r_{\mathscr{B}}$ は次で定義する．

$$r_{\mathscr{B}}(P(x^{(a)})) := a \quad (P(x^{(a)}) \in ((\mathscr{B}\#G)/G)_0).$$

ω' は (5.30) から稠密，(5.31) から充満忠実となっている．すなわち，圏の同値になっていることに注意する．

補題 5.8.12. 各 $\mathscr{B} \in G\text{-}\boldsymbol{GrCat}_0$ に対して，$\omega'_{\mathscr{B}} = (\omega'_{\mathscr{B}}, r_{\mathscr{B}})$ は次数保存関手である．すなわち，$G\text{-}\boldsymbol{GrCat}$ の 1-射である．

証明． $\omega'_{\mathscr{B}}$ が関手になることを確かめることは難しくないので確認は読者に任せる．$\omega'_{\mathscr{B}} = (\omega'_{\mathscr{B}}, r_{\mathscr{B}})$ が次数保存関手であることを示す（定義 5.2.1 参照）．$X := X^{\mathscr{B}\#G}$ とおき，$P(x^{(a)}), P(y^{(b)})$ を $(\mathscr{B}\#G)/G$ の対象とし $c \in G$ とすると，

$$\omega'_{\mathscr{B}}((\mathscr{B}\#G/G)^{r_{\mathscr{B}}(y^{(b)})\cdot c}(P(x^{(a)}), P(y^{(b)})))$$
$$= \omega'_{\mathscr{B}}((\mathscr{B}\#G)(X(bc)x^{(a)}, y^{(b)}))$$
$$= (\mathscr{B}\#G)(x^{(bca)}, y^{(b)})$$
$$= \mathscr{B}^{b^{-1}bca}(x, y) = \mathscr{B}^{ca}(x, y)$$
$$= \mathscr{B}^{c\cdot r_{\mathscr{B}}(x^{(a)})}(\omega'_{\mathscr{B}}(P(x^{(a)})), \omega'_{\mathscr{B}}(P(y^{(b)}))).$$

$\square$

注意 5.8.13. 上で見たように, $\omega'_{\mathscr{B}}$ は一般には厳格な次数保存関手ではない. この事実のために, 次数保存の定義を現在の形に弱めることが必要になる.

補題 5.8.14. ω' は厳格な 2-自然変換である.

証明. $(H, r): \mathscr{B} \to \mathscr{B}'$ を $G\text{-}\mathbf{GrCat}$ の 1-射, $(P, \phi): \mathscr{B}\#G \to (\mathscr{B}\#G)/G$, $(P', \phi'): \mathscr{B}'\#G \to (\mathscr{B}'\#G)/G$ を標準関手とする. まず ω' が厳格な 1-自然性を持つことを示す. すなわち, 次の図式の可換性を示す.

$$\begin{array}{ccc} (\mathscr{B}\#G)/G & \xrightarrow{((H,r)\#G)/G} & (\mathscr{B}'\#G)/G \\ \omega'_{\mathscr{B}} \downarrow & & \downarrow \omega'_{\mathscr{B}'} \\ \mathscr{B} & \xrightarrow[(H,r)]{} & \mathscr{B}'. \end{array}$$

これを示すために, $u: P(x^{(a)}) \to P(y^{(b)})$ を $(\mathscr{B}\#G)/G$ の射, $f := \omega'_{\mathscr{B}}(u)$ とおく. このとき,

$$[\omega'_{\mathscr{B}'} \circ ((H, r)\#G)/G](P(x^{(a)})) = \omega'_{\mathscr{B}'}(P'((Hx)^{(ar_x)})) = Hx$$
$$= [(H, r) \circ \omega'_{\mathscr{B}}](P(x^{(a)})),$$

であり,

$$[\omega'_{\mathscr{B}'} \circ ((H, r)\#G)/G](u) \overset{(a)}{=} [((P', \phi')((H, r)\#G))^{(1)}_{x^{(a)}, y^{(b)}}](f)$$
$$\overset{(b)}{=} (P', \phi')^{(1)}_{(Hx)^{(ar_x)}, (Hy)^{(br_y)}}(Hf)$$
$$= Hf = [(H, r) \circ \omega'_{\mathscr{B}}](u).$$

ただし, 等式 (a) は $((H, r)\#G)/G$ の定義から従い, 等式 (b) は $(H, r)\#G$ が厳格な G-同変関手であることから従う.

ω' が厳格な 2-自然性を持つこと示すために $(H', r'): \mathscr{B} \to \mathscr{B}'$ をもう 1 つの 1-射とし, $\theta: (H, r) \Rightarrow (H', r')$ を $G\text{-}\mathbf{GrCat}$ の 2-射とする. このとき次を確かめればよい.

$$\omega'_{\mathscr{B}'}((\theta\#G)/G) = \theta\omega'_{\mathscr{B}}.$$

これは次の計算で示される. 各 $P(x^{(a)}) \in (\mathscr{B}\#G)/G$ に対して,

$$[\omega'_{\mathscr{B}'}((\theta\#G)/G)]P(x^{(a)}) = \omega'_{\mathscr{B}'}((\theta\#G)/G)P(x^{(a)}))$$
$$= \omega'_{\mathscr{B}'}(P'((\theta\#G)(x^{(a)})))$$
$$= \omega'_{\mathscr{B}'}(P'(\theta x))$$
$$= \omega'_{\mathscr{B}'}(P'^{(1)}_{(Hx)^{(ar_x)},(H'x)^{(ar'_x)}}(\theta x))$$
$$= \theta x$$
$$= \theta\omega'_{\mathscr{B}}(P(x^{(a)})).$$

$\square$

5.8.e 関係式の確認

(5.23) の確認

任意の $\mathscr{C} = (\mathscr{C}, X^{\mathscr{C}}) \in G\text{-}\mathbf{Cat}_0$ に対して，ζ と ζ' の定義から，

$$((\zeta' \bullet \zeta)_{\mathscr{C}})(x) = (\zeta'_{\mathscr{C}} \circ \zeta_{\mathscr{C}})(x) = X^{\mathscr{C}}(1)x$$

となる．したがって，$X^{\mathscr{C}}_* = (X^{\mathscr{C}}_* x)_{x\in\mathscr{C}_0}$ とおくと，これは $G\text{-}\mathbf{Cat}$ における 2-同型射 $X^{\mathscr{C}}_* : (\zeta' \bullet \zeta)\mathscr{C} \Rightarrow \mathbb{1}_{\mathscr{C}}$ となる．ここで，$X_* := (X^{\mathscr{C}}_*)_{\mathscr{C}\in G\text{-}\mathbf{Cat}_0}$ とおくと，これは同型修正射 $X_* : \zeta' \bullet \zeta \rightsquigarrow \mathbb{1}_{1_{G\text{-}\mathbf{Cat}}}$ となり，式 (5.23) が成り立つ．

(5.24) の確認

$\mathscr{C} \in G\text{-}\mathbf{Cat}_0$ とし，$(P,\phi) : \mathscr{C} \to \mathscr{C}/G$ を標準関手とする．各 $(Px)^{(a)} \in ((\mathscr{C}/G)\#G)_0$ に対して，定義より $(\zeta_{\mathscr{C}} \circ \zeta'_{\mathscr{C}})((Px)^{(a)}) = (P(X(a)x))^{(1)}$ となることに注意して，修正射 $\Theta : \mathbb{1}_{(?\#G)\circ(?/G)} \rightsquigarrow \zeta \bullet \zeta'$ を

$$\Theta := (\Theta_{\mathscr{C}} : \mathbb{1}_{(\mathscr{C}/G)\#G} \Rightarrow \zeta_{\mathscr{C}} \circ \zeta'_{\mathscr{C}})_{\mathscr{C}\in G\text{-}\mathbf{Cat}_0},$$
$$\Theta_{\mathscr{C}}((Px)^{(a)}) := \overline{\phi}_a x : (Px)^{(a)} \to (P(X(a)x))^{(1)}$$
$$((Px)^{(a)} \in ((\mathscr{C}/G)\#G)_0)$$

((5.28) 参照) で定義する．これが同型修正射であることを確かめればよい．(5.28) のところで確かめたように，各 $(Px)^{(a)} \in ((\mathscr{C}/G)\#G)_0$ に対して，$\Theta_{\mathscr{C}}((Px)^{(a)})$ は同型である．あとは，これが修正射であること，すなわち $G\text{-}\mathbf{Cat}$ の各図式 $\mathscr{C} \xRightarrow[(F,\psi)]{(E,\rho)} \Downarrow\alpha\ \mathscr{D}$ に対して，次の図式が可換であることを確かめればよい（定義 4.1.20 参照）．

$$
\begin{array}{ccc}
((E,\rho)/G)\#G & =\!=\!=\!=\!= & ((E,\rho)/G)\#G \\
\Theta_{\mathscr{D}}\circ((\alpha/G)\#G) \Big\Downarrow & & \Big\Downarrow ((\alpha/G)\#G)\circ\Theta_{\mathscr{C}} \\
(\zeta\bullet\zeta')_{\mathscr{D}}\circ((F,\psi)/G)\#G & \xRightarrow[(\zeta\bullet\zeta')_{(F,\psi)}]{} & ((F,\psi)/G)\#G\circ(\zeta\bullet\zeta')_{\mathscr{C}}
\end{array}
$$

ここで，定義 4.1.17 より，

$$(\zeta\bullet\zeta')_{\mathscr{D}}=\zeta_{\mathscr{D}}\circ\zeta'_{\mathscr{D}},(\zeta\bullet\zeta')_{\mathscr{C}}=\zeta_{\mathscr{C}}\circ\zeta'_{\mathscr{C}},$$
$$(\zeta\bullet\zeta')_{(F,\psi)}=(\zeta_{(F,\psi)}\circ\zeta'_{\mathscr{C}})\bullet(\zeta_{\mathscr{D}}\circ\zeta'_{(F,\psi)})\overset{*}{=}\zeta_{\mathscr{D}}\circ\zeta'_{(F,\psi)}$$

となる（注: 補題 5.8.4 より $\zeta_{(F,\psi)}$ は恒等 2-射であるから，$\overset{*}{=}$ が成り立つ）．また，左の縦の矢 $\Theta_{\mathscr{D}}\circ((\alpha/G)\#G)$ は 2 つの 2-射

$$\begin{array}{ccccc} (\mathscr{D}/G)\#G & \overset{\zeta_{\mathscr{D}}\circ\zeta'_{\mathscr{D}}}{\longleftarrow} & (\mathscr{D}/G)\#G & \overset{((F,\psi)/G)\#G}{\longleftarrow} & (\mathscr{C}/G)\#G \\ & \Theta_{\mathscr{D}}\Uparrow & & \Uparrow(\alpha/G)\#G & \\ & \underset{\mathbf{1}}{\longleftarrow} & & \underset{((E,\rho)/G)\#G}{\longleftarrow} & \end{array}$$

の水平合成であるから，

$$\Theta_{\mathscr{D}}\circ((\alpha/G)\#G)=(\Theta_{\mathscr{D}}\circ((F,\psi)/G)\#G)\bullet((\alpha/G)\#G)$$

となる．また，右の縦の矢 $((\alpha/G)\#G)\circ\Theta_{\mathscr{C}}$ は 2 つの 2-射

$$\begin{array}{ccccc} (\mathscr{D}/G)\#G & \overset{((F,\psi)/G)\#G}{\longleftarrow} & (\mathscr{C}/G)\#G & \overset{\zeta_{\mathscr{C}}\circ\zeta'_{\mathscr{C}}}{\longleftarrow} & (\mathscr{C}/G)\#G \\ & (\alpha/G)\#G\Uparrow & & \Uparrow\Theta_{\mathscr{C}} & \\ & \underset{((E,\rho)/G)\#G}{\longleftarrow} & & \underset{\mathbf{1}}{\longleftarrow} & \end{array}$$

の水平合成であるから，

$$((\alpha/G)\#G)\circ\Theta_{\mathscr{C}}=(((F,\psi)/G)\#G\circ\Theta_{\mathscr{C}})\bullet((\alpha/G)\#G)$$

となる．したがって，次の図式の可換性を示せばよい．

$$\begin{array}{ccc} ((E,\rho)/G)\#G & = & ((E,\rho)/G)\#G \\ {\scriptstyle(\alpha/G)\#G}\Downarrow & & \Downarrow{\scriptstyle(\alpha/G)\#G} \\ ((F,\psi)/G)\#G & = & ((F,\psi)/G)\#G \\ {\scriptstyle\Theta_{\mathscr{D}}\circ((F,\psi)/G)\#G}\Downarrow & & \Downarrow{\scriptstyle((F,\psi)/G)\#G\circ\Theta_{\mathscr{C}}} \\ \zeta_{\mathscr{D}}\circ\zeta'_{\mathscr{D}}\circ((F,\psi)/G)\#G & \underset{\zeta_{\mathscr{D}}\circ\zeta'_{(F,\psi)}}{\Longrightarrow} & ((F,\psi)/G)\#G\circ\zeta_{\mathscr{C}}\circ\zeta'_{\mathscr{C}} \end{array}$$

上の四辺形の可換性は自明であるから，下の四辺形の可換性を示すだけでよい．そのためには，任意の $(Px)^{(a)}\in((\mathscr{C}/G)\#G)_0$ に対して，図式

$$\begin{array}{ccc} [((F,\psi)/G)\#G]((Px)^{(a)}) & = & [((F,\psi)/G)\#G]((Px)^{(a)}) \\ \downarrow{\scriptstyle[\Theta_{\mathscr{D}}\circ((F,\psi)/G)\#G]((Px)^{(a)})} & & \downarrow{\scriptstyle[((F,\psi)/G)\#G\circ\Theta_{\mathscr{C}}]((Px)^{(a)})} \\ [\zeta_{\mathscr{D}}\circ\zeta'_{\mathscr{D}}\circ((F,\psi)/G)\#G]((Px)^{(a)}) & \underset{[\zeta_{\mathscr{D}}\circ\zeta'_{(F,\psi)}]((Px)^{(a)})}{\longrightarrow} & [((F,\psi)/G)\#G\circ\zeta_{\mathscr{C}}\circ\zeta'_{\mathscr{C}}]((Px)^{(a)}) \end{array} \tag{5.32}$$

が $(\mathscr{D}/G)\#G$ において可換であることを示せばよい．ここで $(Q,\chi)\colon\mathscr{D}\to\mathscr{D}/G$ を標準関手，$\mathscr{D}=(\mathscr{D},Y)$, $(F,\psi)/G=(H,1)$ とおくと，

$$(\mathscr{C}, X) \xrightarrow{(F,\psi)} (\mathscr{D}, Y)$$

$$\downarrow (P,\phi) \qquad\qquad \downarrow (Q,\chi) \qquad\qquad (5.33)$$

$$\Delta(\mathscr{C}/G) \xrightarrow[\Delta(H)]{} \Delta(\mathscr{D}/G)$$

は G-**Cat** における厳格な可換図式で，これを用いて図式 (5.32) の各項を計算すると，対象については，

$$[((F,\psi)/G)\#G]((Px)^{(a)}) = (HPx)^{(a)} = (QFx)^{(a)},$$

$$[\zeta_{\mathscr{D}} \circ \zeta'_{\mathscr{D}} \circ ((F,\psi)/G)\#G]((Px)^{(a)})$$

$$= \zeta_{\mathscr{D}}(\zeta'_{\mathscr{D}}((QFx)^{(a)})) = \zeta_{\mathscr{D}}(Y(a)Fx) = (QY(a)Fx)^{(1)},$$

$$[((F,\psi)/G)\#G \circ \zeta_{\mathscr{C}} \circ \zeta'_{\mathscr{C}}]((Px)^{(a)})$$

$$= ((F,\psi)/G)\#G(\zeta_{\mathscr{C}}(X(a)x)) = ((F,\psi)/G)\#G((PX(a)x)^{(1)})$$

$$= ((H,1)\#G)((PX(a)x)^{(1)}) = (HPX(a)x)^{(1)} = (QFX(a)x)^{(1)}.$$

射については，

$$[\Theta_{\mathscr{D}} \circ ((F,\psi)/G)\#G]((Px)^{(a)}) = \Theta_{\mathscr{D}}((QFx)^{(a)})$$

$$= \chi_a(Fx)\colon QFx \to QY(a)Fx,$$

$$[((F,\psi)/G)\#G \circ \Theta_{\mathscr{C}}]((Px)^{(a)}) = ((F,\psi)/G)\#G(\phi_a x) = H(\phi_a x),$$

$$[\zeta_{\mathscr{D}} \circ \zeta'_{(F,\psi)}]((Px)^{(a)}) = \zeta_{\mathscr{D}}(\psi_a x) = Q(\psi_a x).$$

結局，図式 (5.32) は次と等しい．

$$(QFx)^{(a)} =\!\!=\!\!=\!\!=\!\!=\!\!= (QFx)^{(a)}$$

$$\downarrow \chi_a(Fx) \qquad\qquad\qquad \downarrow H(\phi_a x)$$

$$(QY(a)Fx)^{(1)} \xrightarrow[Q(\psi_a x)]{} (QFX(a)x)^{(1)}$$

この図式の可換性は図式 (5.33) の可換性から従う．

(5.25) の確認

ω と ω' の定義から等式 (5.25) の成立は明らかである．

(5.26) の確認

$\mathscr{B} \in G$-**GrCat**$_0$ とし，$(P,\phi)\colon \mathscr{B}\#G \to (\mathscr{B}\#G)/G$ を標準関手とする．このとき，自然変換 $\Xi_{\mathscr{B}}\colon \omega_{\mathscr{B}} \circ \omega'_{\mathscr{B}} \Rightarrow \mathbb{1}_{(\mathscr{B}\#G)/G}$ を次で定義できることは容易に確かめられる．

$$\Xi_{\mathscr{B}}(P(x^{(a)})) := \phi_a(x^{(1)}) \quad (P(x^{(a)}) \in ((\mathscr{B}\#G)/G)_0).$$

これにより，修正射 $\Xi\colon \omega \bullet \omega' \rightsquigarrow \mathbb{1}_{(?/G)\circ(?\#G)}$ を $\Xi := (\Xi_{\mathscr{B}})_{\mathscr{B}\in G\text{-}\mathbf{GrCat}_0}$ で定

義できる．これが同型であることの確認は難しくないので読者に任せる．

5.8.f　主張の確認

主張 (1) の確認

最初の主張は自然同型 $\theta_{\mathscr{C}}$ の構成（定義 5.8.5）で，2 番目の主張は補題 5.8.9 で証明されている．

主張 (2) の確認

最初の主張は補題 5.8.4 で，2 番目の主張は補題 5.8.14 で示されている．

主張 (3) の確認

次の 2 つのジグザグ等式を示せばよい．

$$(\omega' \circ \mathbb{1}_{?/G}) \bullet (\mathbb{1}_{?/G} \circ \zeta) = \mathbb{1}_{?/G}, \tag{5.34}$$

$$(\mathbb{1}_{?\#G} \circ \omega') \bullet (\zeta \circ \mathbb{1}_{?\#G}) = \mathbb{1}_{?\#G}. \tag{5.35}$$

(5.34) の証明．各 $\mathscr{C} = (\mathscr{C}, X) \in G\text{-}\mathbf{Cat}_0$ に対して，$G\text{-}\mathbf{GrCat}$ における次の等式を示せばよい：

$$\omega'_{\mathscr{C}/G} \circ ((\zeta_{\mathscr{C}}, \phi_{\mathscr{C}})/G) = \mathbb{1}_{\mathscr{C}/G}. \tag{5.36}$$

$(P, \phi)\colon \mathscr{C} \to \mathscr{C}/G$ および $(P', \phi')\colon (\mathscr{C}/G)\#G \to ((\mathscr{C}/G)\#G)/G$ を標準被覆関手とし，$f = (f_a)_{a \in G}\colon Px \to Py$ を任意の $\mathscr{C}/G$ の射とする．このとき，$[\omega'_{\mathscr{C}/G} \circ ((\zeta_{\mathscr{C}}, \phi_{\mathscr{C}})/G)](Px) = \omega'_{\mathscr{C}/G}(P'((Px)^{(1)})) = Px$ であり，擬 G-圏の公理 (a_2) から $((\zeta_{\mathscr{C}}, \phi_{\mathscr{C}})/G)(f) = (\zeta_{\mathscr{C}}(f_a) \circ \phi_a x)_{a \in G} = f$ が成り立つ．これより $[\omega'_{\mathscr{C}/G} \circ ((\zeta_{\mathscr{C}}, \phi_{\mathscr{C}})/G)](f) = f$ も成り立つ．したがって，関手として等式 (5.36) が成り立つ．さらに，$(\omega'_{\mathscr{C}/G} \circ (\zeta_{\mathscr{C}}, \phi_{\mathscr{C}})/G, s) := (\omega'_{\mathscr{C}/G}, r_{\mathscr{C}/G}) \circ ((\zeta_{\mathscr{C}}, \phi_{\mathscr{C}})/G, 1)$ とおくと，任意の $x \in \mathscr{C}_0$ に対して，$s_{Px} = 1 \cdot (r_{\mathscr{C}/G})_{((\zeta_{\mathscr{C}}, \phi_{\mathscr{C}})/G)(Px)} = (r_{\mathscr{C}/G})_{P'((Px)^{(1)})} = 1$ であるから，次数保存関手としても等式 (5.36) が成り立つ．

(5.35) の証明．各 $\mathscr{B} \in G\text{-}\mathbf{GrCat}_0$ に対して，$G\text{-}\mathbf{Cat}$ での等式

$$(\omega'_{\mathscr{B}}\#G) \circ \zeta_{\mathscr{B}\#G} = \mathbb{1}_{\mathscr{B}\#G} \tag{5.37}$$

を示せばよい．これを示すために，$(P, \phi)\colon \mathscr{B}\#G \to (\mathscr{B}\#G)/G$ を標準被覆関手とし，$f\colon x^{(a)} \to y^{(b)}$ を $\mathscr{B}\#G$ の任意の射とする．このとき，$[(\omega'_{\mathscr{B}}\#G) \circ \zeta_{\mathscr{B}\#G}](x^{(a)}) = [(\omega'_{\mathscr{B}}\#G)]((Px^{(a)})^{(1)}) = (\omega'_{\mathscr{B}}(Px^{(a)}))^{(1 \cdot a)} = x^{(a)}$ であり，$[(\omega'_{\mathscr{B}}\#G) \circ \zeta_{\mathscr{B}\#G}](f) = \omega'_{\mathscr{B}}(P(f)) = \omega'_{\mathscr{B}}(\sigma_1^{\mathscr{B}}(f)) = f$ より，関手として等式 (5.37) が成り立つ．さらに，

$$(\omega'_{\mathscr{B}}\#G, \mathbb{1}) \circ (\zeta_{\mathscr{B}\#G}, \phi) = (\omega'_{\mathscr{B}}\#G \circ \zeta_{\mathscr{B}\#G}, ((\omega'_{\mathscr{B}}\#G) \circ \phi_c)_{c \in G})$$

であり，各 $c \in G, x^{(a)} \in (\mathscr{B}\#G)_0$ に対して，$[(\omega'_{\mathscr{B}}\#G) \circ \phi_c](x^{(a)}) = \mathbb{1}_{x^{(ca)}}$ より，(5.35) の左辺も厳格な G-同変関手であることが分かる．したがって，G-同変関手としても (5.35) が成り立つ．

　以上により，定理 5.7.1 が成り立つ．　　□

注意 5.8.15. 以上，軽度の 2-圏の範囲に収まるように，すべて小圏について論じてきたが，G-次数を持つ軽度の圏の全体も G-**GrCat** と同様にして 2-圏 G-**GrCAT** にすることができる．注意 5.6.2(3) より，$?\#G$ は 2-関手 $?\#G \colon G$-**GrCAT** $\to$ G-**CAT** に拡張される．また，以上と同じ証明によって，G-**CAT** や G-**GrCAT** が適度 2 の 2-圏である（命題 A.4.2 参照）ことに注意すれば，定理 5.7.1 も G-**CAT** と G-**GrCAT** の間の定理に拡張される．

5.9　2-圏 G-**Cat** と G-**GrCat** における同値

　いろいろな種類の同値や同型を区別するために，本節では，圏の間の同値，同型をそれぞれ圏同値，圏同型とよぶことにする．この節では，2-圏 G-**Cat** と G-**GrCat** における同値を特徴付け，

(a) 圏同値であるような G-同変関手と，2-圏 G-**Cat** における同値の間の関係（定理 5.9.1 参照）と，

(b) 圏同値であるような次数保存関手と，2-圏 G-**GrCat** における同値の間の関係（注意 5.9.7(2) 参照）

を調べる．圏同値は，互いに逆向きの関手の対の片側だけで特徴付けられていたことに注意する．すなわち，関手が圏同値であることと，それが充満忠実かつ稠密であることとは同値である．2 つの 2-圏 G-**Cat** と G-**GrCat** それぞれの 1-射に対して，これと同様な同値の特徴付けを与える．

5.9.a　G-**Cat** における同値
　まず G-**Cat** における同値を次の定理によって特徴付ける．

定理 5.9.1. $(E, \rho) \colon (\mathscr{C}, X) \to (\mathscr{C}', X')$ を G-**Cat** の G-同変関手とすると，次は同値である．

(1) (E, ρ) は G-**Cat** における同値である;

(2) E は充満忠実かつ稠密である．（すなわち，E は圏同値である）．

したがって，これまで G-**同変同値** とよんでいたものがまさに G-**Cat** における同値である．

証明．(1) $\Rightarrow$ (2) は自明であるので，(2) $\Rightarrow$ (1) を示す．E を圏同値とする．このとき系 4.4.5 より随伴同値系 $(E, F, \eta, \varepsilon)$ が存在する．ここで，$F \colon \mathscr{C}' \to \mathscr{C}$ は E の擬逆，単位射 $\eta \colon \mathbb{1}_{\mathscr{C}} \Rightarrow F \circ E$ および余単位射 $\varepsilon \colon E \circ F \Rightarrow \mathbb{1}_{\mathscr{C}'}$ はとも

に自然同型である．(E, ρ) は G-同変なので，ρ_a も自然同型である $(a \in G)$．したがって，自然同型の族 $\lambda = (\lambda_a)_{a \in G}$ を次で定義できる．

$$\lambda_a := $$

主張 1. $(F, \lambda) \colon \mathscr{C}' \to \mathscr{C}$ は G-**Cat** における 1-射である．．

これを示すには定義 5.1.5 より，各 $a, b \in G$ に対して次の 2 つを示せばよい．

(i)

(ii)

(i) の証明. 式 (5.1) の下から ρ_1^{-1} を垂直合成し，左辺と右辺を入れ替えると，次の式が得られる．

これとジグザグ等式を用いると，

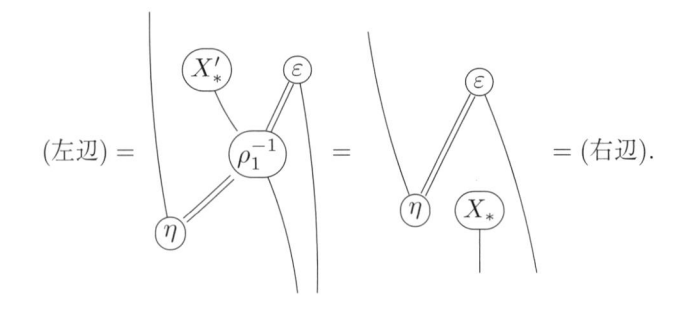

$$(左辺) = \quad = \quad = (右辺).$$

(ii) の証明. 式 (5.2) の下から ρ_{ba}^{-1} を垂直合成し，上から順に ρ_b^{-1}, ρ_a^{-1} を垂直合成し，左辺と右辺を入れ替えると，次の式が得られる．

$$\tag{5.38}$$

ジグザグ等式とこれを用いると，

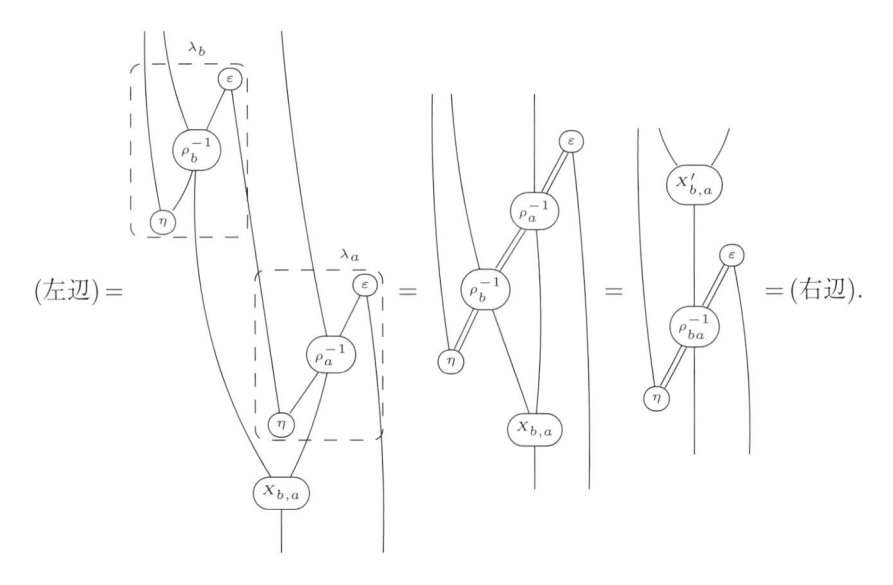

$$(左辺) = \quad = \quad = (右辺).$$

主張 2. $\varepsilon\colon (E,\rho)\circ(F,\lambda) \Rightarrow (\mathbb{1}_{\mathscr{C}'}, (\mathbb{1}_{X'(a)})_{a\in G})$ は G-**Cat** における 2-同型である．

これを示すには，ε が G-**Cat** における 2-射であることを確かめれば十分である．すなわち，定義 5.1.7 より次の等式を示せばよい．

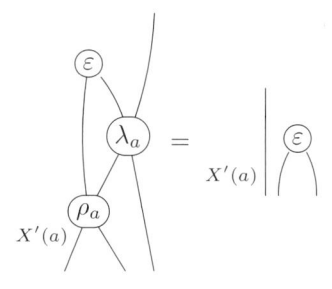

これは次のように確かめられる.

$$(左辺) = \quad = \quad = (右辺).$$

主張 3. $\eta\colon (\mathbb{1}_{\mathscr{C}}, (\mathbb{1}_{X(a)})_{a \in G}) \Rightarrow (F, \lambda) \circ (E, \rho)$ は $G\text{-}\mathbf{Cat}$ での 2-同型である.

これを示すには,η が $G\text{-}\mathbf{Cat}$ における 2-射であることを確かめればよい.すなわち,定義 5.1.7 より次の等式を示せばよい.

$$= $$

これは次のように確かめられる.

$$(左辺) = \quad = \quad = (右辺).$$

以上 3 つの主張から (E, ρ) は G-**Cat** における同値である. $\square$

注意 5.9.2. 上の定理 5.9.1 より, 関手 $\varepsilon_{\mathscr{C}} \colon \mathscr{C} \to (\mathscr{C}/G)\#G$ は, G-同変な圏同値として G-**Cat** における同値となることが分かる $(\mathscr{C} \in G\text{-}\mathbf{Cat}_0)$.

5.9.b G-**GrCat** における同値

次に G-**GrCat** における同値を特徴付ける. そのために必要となる用語をまず定義しておく.

定義 5.9.3. $\mathscr{A}$ を圏, $\mathscr{B}$ を G-次数圏とする.

(1) $E, F \colon \mathscr{A} \to \mathscr{B}$ を関手とし, $\varepsilon \colon E \Rightarrow F$ を自然変換とする. すべての $x \in \mathscr{A}_0$ に対して $\varepsilon_x \colon Ex \to Fx$ が $\mathscr{B}$ において斉次であるとき, ε は**斉次**であるという.

(2) $\mathscr{S}$ を $\mathscr{B}_0$ の部分クラスとし, $\mathscr{B}'$ は $\mathscr{B}'_0 = \mathscr{S}$ を満たす $\mathscr{B}$ の充満部分圏であるとする. 各 $x \in \mathscr{B}_0$ に対して $x' \in \mathscr{S}$ と斉次同型 $x \to x'$ が存在するとき, $\mathscr{S}$ (あるいは $\mathscr{B}'$) は $\mathscr{B}$ において**斉次稠密**であるという.

(3) $F \colon \mathscr{A} \to \mathscr{B}$ を関手とする. 対象のクラス $F(\mathscr{A}_0)$ が $\mathscr{B}$ において斉次稠密であるとき, F は**斉次稠密**であるという.

ここで斉次稠密部分圏の例を 2 つ挙げる. 2 番目の例は, $\omega_{\mathscr{B}} \colon \mathscr{B} \to (\mathscr{B}\#G)/G$ が G-**GrCat** における同値であること (注意 5.9.7(1)) の別証明に用いる.

例 5.9.4. $\mathscr{B}$ を G-次数圏とし, $(P, \phi) \colon \mathscr{B}\#G \to (\mathscr{B}\#G)/G$ を標準関手とする.

(1) 各 $x \in \mathscr{B}_0$ に対して, $\mathscr{B}(x, x)$ が局所多元環 (定義 2.3.20 参照) ならば, $\mathscr{B}$ のどの稠密充満部分圏 $\mathscr{B}'$ も斉次稠密である.

(2) $\mathscr{B}'$ を $(\mathscr{B}\#G)/G$ の充満部分圏で $\mathscr{B}'_0 := \omega_{\mathscr{B}}(\mathscr{B}_0) = \{P(x^{(1)}) \mid x \in \mathscr{B}\}$ となっているものとする (定義 5.8.8 参照). このとき, $\mathscr{B}'$ は $(\mathscr{B}\#G)/G$ において斉次稠密である. したがって, $\omega_{\mathscr{B}} \colon \mathscr{B} \to (\mathscr{B}\#G)/G$ は斉次稠密である.

実際, (1) を示すには, $\mathscr{B}$ において $x \cong y$ であるとき, $\mathscr{B}(x, y)$ のなかに斉次同型が存在することを示せばよい. そこで, $f \colon x \to y$ を $\mathscr{B}$ における同型であるとする. $x \neq 0$ と仮定してよい. f と f^{-1} を有限和の形に表す: $f = \sum_{a \in G} f_a$, $f^{-1} = \sum_{b \in G} g_b$. ただし, $f_a \in \mathscr{B}^a(x, y)$, $g_b \in \mathscr{B}^b(y, x)$ とする $(a, b \in G)$. このとき, $\mathscr{B}(x, x)$ は局所多元環なので, $\sum_{a, b \in G} g_b f_a = \mathbb{1}_x$ よりある $a, b \in G$ で $h := g_b f_a$ が x の自己同型となる. すなわち, $(h^{-1} g_b) f_a = \mathbb{1}_x$ であり, $e := f_a(h^{-1} g_b)$ が $\mathscr{B}(x, x)$ のベキ等元となる. よって $e = \mathbb{1}_x$ または $e = 0$. しかし $(h^{-1} g_b) e f_a = \mathbb{1}_x \neq 0$ より $e \neq 0$ となる. したがって $f_a \colon x \to y$ は,

斉次同型である．

(2) は，補題 5.4.9 より $\phi_a x^{(1)}\colon P(x^{(1)}) \to P(x^{(a)})$ が $(\mathscr{B}\#G)/G$ において次数 a の斉次同型であることから従う $(x \in \mathscr{B}_0,\ a \in G)$．

次の定理は，2-圏 G-**GrCat** における同値 1-射を特徴付けるものである．

定理 5.9.5. $(H,r)\colon \mathscr{B} \to \mathscr{A}$ を G-**GrCat** における次数保存関手とする．このとき，次は同値である．

(1) (H,r) は G-**GrCat** における同値 1-射である．

(2) (I,H,η,ε) が随伴同値系となるような H の擬逆 I と斉次自然同型 $\eta\colon \mathbb{1}_{\mathscr{A}} \Rightarrow HI$, $\varepsilon\colon IH \Rightarrow \mathbb{1}_{\mathscr{B}}$ が存在する．

(3) H は充満，忠実，斉次稠密である．

上の (2) において，$((I,s),(H,r),\eta,\varepsilon)$ を随伴同値系とするような次数調整 s がただ 1 つ存在し，それは次で与えられる

$$s = (s_x)_{x \in \mathscr{A}_0}, s_x := (\deg \eta_x)^{-1}\, r_{Ix}^{-1} \in G \quad (x \in \mathscr{A}_0). \tag{5.39}$$

証明．$(2) \Rightarrow (1)$．条件 (2) を仮定し，簡単のため，$t_x := \deg \varepsilon_x\ (x \in \mathscr{B}_0)$, $t'_x := \deg \eta_x\ (x \in \mathscr{A}_0)$ とおく．s を (5.39) で定める．すなわち，$s_x := {t'_x}^{-1}\, r_{Ix}^{-1} \in G\ (x \in \mathscr{A}_0)$ とする．

主張 1. $(I,s)\colon \mathscr{A} \to \mathscr{B}$ は G-**GrCat** における 1-射である．

これを示すには，$x,y \in \mathscr{A}_0$, $a \in G$, $f \in \mathscr{A}^a(x,y)$ とするとき，$If \in \mathscr{B}^{s_y^{-1} a s_x}(Ix, Iy)$ を示せばよい．η が自然変換であるから $HIf = \eta_y f \eta_x^{-1} \in \mathscr{A}^{t'_y}(y, HIy) \circ \mathscr{A}^a(x,y) \circ \mathscr{A}^{{t'_x}^{-1}}(HIx, x) \subseteq \mathscr{A}^{t'_y a {t'_x}^{-1}}(HIx, HIy)$ となる．また，H が充満忠実なので H は全単射 $\mathscr{B}(Ix, Iy) \to \mathscr{A}(HIx, HIy)$ を導き，これはまた全単射

$$\mathscr{B}^b(Ix, Iy) \to \mathscr{A}^{r_{Iy}^{-1} b\, r_{Ix}}(HIx, HIy) \quad (b \in G)$$

を導く．これを $r_{Iy}^{-1} b\, r_{Ix} = t'_y a {t'_x}^{-1}$ を満たす b に適用すると，

$$If \in \mathscr{B}^{r_{Iy} t'_y a {t'_x}^{-1} r_{Ix}^{-1}}(Ix, Iy) = \mathscr{B}^{s_y^{-1} a s_x}(Ix, Iy)$$

が得られる．

主張 2. $\varepsilon\colon (I,s)(H,r) \Rightarrow (\mathbb{1}_{\mathscr{B}}, 1)$ は G-**GrCat** における 2-同型である．

実際，ε が G-**GrCat** における 2-射であることを示せば十分である．$(I,s)(H,r) = (IH, (r_x s_{Hx})_{x \in \mathscr{B}_0})$ より，このことは，各 $x \in \mathscr{B}_0$ に対して $t_x = r_x s_{Hx}$ が成り立つことと同値である（定義 5.2.1(4) 参照）．そこで，$x \in \mathscr{B}_0$ とする．このとき，$(H\varepsilon x)(\eta Hx) = \mathbb{1}_{Hx}$ より $1 = \deg(H\varepsilon x)\deg(\eta Hx) = r_x^{-1} t_x r_{IHx} t'_{Hx}$ が得られる．したがって，$r_x s_{Hx} = r_x {t'_{Hx}}^{-1} r_{IHx}^{-1} = t_x$ となる．

主張 3. $\eta\colon (\mathbb{1}_{\mathscr{A}}, 1) \Rightarrow (H, r)(I, s)$ は $G\text{-}\mathbf{GrCat}$ における 2-同型である.

実際, η が $G\text{-}\mathbf{GrCat}$ における 2-射であることを示せばよい. $(H, r)(I, s) = (HI, (s_x r_{Ix})_{x \in \mathscr{A}_0})$ より, このことは, 各 $x \in \mathscr{A}_0$ に対して, $t'_x = r_{Ix}^{-1} s_x^{-1}$ が成り立つことと同値であるが, s_x^{-1} の定義より, 確かに $r_{Ix}^{-1} s_x^{-1} = r_{Ix}^{-1} r_{Ix} t'_x = t'_x$ となる.

これら 3 つの主張より, (H, r) が $G\text{-}\mathbf{GrCat}$ における同値であることが従う. 主張 3 の証明より, I の次数調整 s が η と r により式 (5.39) で一意的に定まることが分かる.

$(1) \Rightarrow (3)$. 条件 (1) を仮定し, (I, s) を (H, r) の擬逆とし, $\varepsilon\colon (I, s)(H, r) \Rightarrow \mathbb{1}_{\mathscr{B}}$ と $\eta\colon \mathbb{1}_{\mathscr{A}} \Rightarrow (H, r)(I, s)$ を 2-同型とする. このとき, H が充満, 忠実であることは明らかである. また, $\eta\colon \mathbb{1}_{\mathscr{A}} \Rightarrow HI$ が斉次自然同型であるから, $HI(\mathscr{A}_0)$ は斉次稠密であり, $H(\mathscr{B}_0) \supseteq HI(\mathscr{A}_0)$ より H も斉次稠密となる.

$(3) \Rightarrow (2)$. 条件 (3) を仮定する. マクレーン [30, p. 93, Theorem 1] における (iii) $\Rightarrow$ (ii) の証明 (注意 4.4.6 の (3) $\Rightarrow$ (2)) をまねて, H の左随伴としての擬逆 $I\colon \mathscr{A} \to \mathscr{B}$ と単位射 $\eta\colon \mathbb{1}_{\mathscr{A}} \Rightarrow HI$, 余単位射 $\varepsilon\colon IH \Rightarrow \mathbb{1}_{\mathscr{B}}$ の組を構成することができる. ここではそれらの定義だけを述べることにする. そのとき η と ε がともに斉次自然同型であることを示せばよい.

I と η の定義 $x \in \mathscr{A}_0$ とする. H が斉次稠密であるので, ある $y_x \in \mathscr{B}_0$ と斉次同型 $\eta_x\colon x \to Hy_x$ がとれる. 各 x に対して一斉にこのような組 (y_x, η_x) を選んでおき, $Ix := y_x$ と定義する. このとき $\eta_x\colon x \to HIx$ は斉次同型である. そこで $\eta := (\eta_x)_{x \in \mathscr{A}_0}$ と定義する.

次に $f \in \mathscr{A}(x, x')$ をとる. If を次のように定義する. H が充満忠実なので, H は全単射 $H_{Ix, Ix'}\colon \mathscr{B}(Ix, Ix') \to \mathscr{A}(HIx, HIx')$ を導く. そこで, $If := H_{Ix, Ix'}^{-1}(\eta_{x'} f \eta_x^{-1})$ と定義する (次の図式を参照).

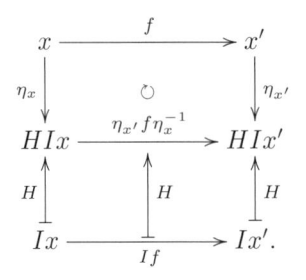

ε の定義 $y \in \mathscr{B}_0$ とする. すると, $Hy \in \mathscr{A}_0$ であり $\eta_{Hy} \in \mathscr{A}(Hy, HIHy)$ である. H は全単射 $H_{IHy, y}\colon \mathscr{B}(IHy, y) \to \mathscr{A}(HIHy, Hy)$ を導くので, $\varepsilon_y := H_{IHy, y}^{-1}(\eta_{Hy}^{-1})$ と定義する.

このとき容易に分かるように ([30, p. 93] の証明がそのまま適用できる) $(I, H, \eta, \varepsilon)$ が随伴系であることが分かる.

さて定義より η は斉次自然同型となっている. あとは, ε_y $(y \in \mathscr{B}_0)$ が斉次

同型であることを示せばよい. η_{Hy} が斉次同型なので, $\eta_{Hy}^{-1} \in \mathscr{A}(HIHy, Hy)$ も斉次同型である. そこで $a := \deg \eta_{Hy}$ とおく. (H, r) が次数保存関手であるから, 全単射 $H_{IHy, y}$ は次の全単射を導く:

$$\mathscr{B}^{r_y a\, r_{IHy}^{-1}}(IHy, y) \to \mathscr{A}^a(HIHy, Hy) \ni \eta_{Hy}^{-1}.$$

したがって, $\varepsilon_y = H_{IHy, y}^{-1}(\eta_{Hy}^{-1}) \in \mathscr{B}^{r_y b\, r_{IHy}^{-1}}(IHy, y)$ であり, これは斉次同型である. $\qquad\square$

定理 5.9.5 から直ちに次が得られる.

系 5.9.6. $(H, r)\colon \mathscr{B} \to \mathscr{A}$ を G-**GrCat** における 1-射とするとき, 次は同値である.

(1) (H, r) は G-**GrCat** における同型である.

(2) $H\colon \mathscr{B} \to \mathscr{A}$ は圏の同型である.

上のどちらかが成り立つとき, (H, r) の逆は次で与えられる:

$$(H, r)^{-1} = (H^{-1}, (r_{H^{-1}x}^{-1})_{x \in \mathscr{A}_0}).$$

注意 5.9.7. $\mathscr{B} \in G\text{-}\mathbf{GrCat}_0$ とする.

(1) 定理 5.9.5 と例 5.9.4(2) より $\omega_{\mathscr{B}}\colon \mathscr{B} \to (\mathscr{B}\#G)/G$ が G-**GrCat** における同値であることの別証明が直ちに得られる.

(2) また定理 5.9.5 より, $H\colon \mathscr{A} \to \mathscr{B}$ が圏同値であるとき, 次数保存関手 (H, r) が G-**GrCat** における同値であるためには, H が斉次稠密であることが必要十分であることが分かる. 特に, すべての $x \in \mathscr{B}_0$ に対して $\mathscr{B}(x, x)$ が局所多元環であるとき, 例 5.9.4(1) によって, H が圏同値であるような次数保存関手 (H, r) は, すべて G-**GrCat** における同値であることが分かる.

次に G-**GrCat** における同値の特徴付けをもう 1 つ与える. それは, 対象の上でそれぞれ全射, 全単射, 単射となっている次数保存関手の合成を用いて与えられる. まず, それに必要な用語を追加する.

定義 5.9.8. $\mathscr{B}$ を G-次数圏とする.

(1) 各 $x, y \in \mathscr{B}$ に対して, それらの間に斉次同型が存在するとき, x と y は **斉次同型**であるといい, このことを $x \cong_H y$ で表す. $\mathscr{B}$ における斉次同型全体の集合は合成と逆について閉じているので, $\mathscr{B}_0$ 上の関係 $\cong_H$ は同値関係となっている. この同値類を**斉次同型類**とよぶ.

(2) $\mathscr{B}'$ を $\mathscr{B}$ の充満部分圏とする. $\mathscr{B}_0'$ が $\mathscr{B}_0$ の斉次同型類の完全代表系となっているとき, $\mathscr{B}'$ は $\mathscr{B}$ の**斉次骨格**であるという. 一般に充満部分圏 $\mathscr{B}'$ が $\mathscr{B}$ において斉次稠密であるためには, それが $\mathscr{B}$ のある斉次骨格を含むことが必要十分である, ということに注意しておく.

補題 5.9.9. $\mathscr{B} \in G\text{-}\mathbf{GrCat}_0$ とする. $\mathscr{B}'$ が $\mathscr{B}$ の斉次稠密な充満部分圏であるとき, 包含関手 $S\colon \mathscr{B}' \hookrightarrow \mathscr{B}$ は $G\text{-}\mathbf{GrCat}$ における同値 $(S,1)\colon \mathscr{B}' \to \mathscr{B}$ を導く.

証明. $\mathscr{B}'^a(x,y) := \mathscr{B}^a(x,y)$ $(x,y \in \mathscr{B}'_0, a \in G)$ とおくことにより $\mathscr{B}'$ も G-次数圏となることに注意する. この次数付けのもとで, $(S,1)\colon \mathscr{B}' \to \mathscr{B}$ は次数保存関手となっている. このとき, 主張は定理 5.9.5 から従う. $\qquad\square$

命題 5.9.10. $(H,r)\colon \mathscr{B} \to \mathscr{A}$ を $G\text{-}\mathbf{GrCat}$ における次数保存関手とするとき, 次は同値である.

(1) (H,r) は $G\text{-}\mathbf{GrCat}$ における同値である.

(2) $\mathscr{B}$ と $\mathscr{A}$ はそれぞれ斉次稠密な充満部分圏 $\mathscr{B}'$ と $\mathscr{A}'$ を持ち, 斉次自然同型

$$\xi\colon (H,r) \Rightarrow (S',1)(H',r')(N,s)$$

が存在する. ただし, $S\colon \mathscr{B}' \hookrightarrow \mathscr{B}$ と $S'\colon \mathscr{A}' \hookrightarrow \mathscr{A}$ は包含関手であり, (N,s) は $G\text{-}\mathbf{GrCat}$ における同値 $(S,1)$ の擬逆である.

証明. $(2) \Rightarrow (1)$. これは定理 5.9.5 から直ちに従う.

$(1) \Rightarrow (2)$. 条件 (1) を仮定する. このとき, 次数保存関手 $(H,r)\colon \mathscr{B} \to \mathscr{A}$ と $(I,s)\colon \mathscr{A} \to \mathscr{B}$ および $G\text{-}\mathbf{GrCat}$ における 2-同型 $\varepsilon\colon (I,s)(H,r) \Rightarrow (\mathbb{1}_{\mathscr{B}},1)$ と $\eta\colon (\mathbb{1}_{\mathscr{A}},1) \Rightarrow (H,r)(I,s)$ が存在する. $\mathscr{B}'$ を $\mathscr{B}$ の斉次骨格とすると, $\mathscr{B}'$ は $\mathscr{B}$ において斉次稠密である. $\mathscr{A}'$ を $\mathscr{A}$ の充満部分圏で $\mathscr{A}'_0 := H(\mathscr{B}'_0)$ となるものとする. このときまず次を示す.

主張. $\mathscr{A}'$ は $\mathscr{A}$ の斉次骨格である.

実際, $x \in \mathscr{A}_0$ とすると, 上の作り方からある $x' \in \mathscr{B}'$ と $\mathscr{B}$ 内の斉次同型 $f\colon Ix \to x'$ が存在する. したがって, $\mathscr{A}$ 内に斉次同型 $x \xrightarrow{\eta_x} HIx \xrightarrow{Hf} Hx'$ が存在する. すなわち, $x \cong_H Hx' \in \mathscr{A}'_0$. このことから, $\mathscr{A}'$ が $\mathscr{A}$ において斉次稠密であることが分かる. 次にある $x,y \in \mathscr{B}'_0$ に対して, 斉次同型 $g\colon Hx \to Hy$ が存在したとすると, 斉次同型 $x \xleftarrow{\varepsilon_x} IHx \xrightarrow{Ig} IHy \xrightarrow{\varepsilon_y} y$ が存在する. すなわち $x \cong_H y$ となるので $x = y$ が従う. 結局,

$$x \neq y \text{ ならば } Hx \not\cong_H Hy. \tag{5.40}$$

以上により上の主張が示された.

さて $S\colon \mathscr{B}' \hookrightarrow \mathscr{B}$ と $S'\colon \mathscr{A}' \hookrightarrow \mathscr{A}$ を包含関手とし, 定理 5.9.5 の証明と同様にして $G\text{-}\mathbf{GrCat}$ における同値 $(S,1)$ の擬逆 $(N,s)\colon \mathscr{B} \to \mathscr{B}'$ を

$$((N,s),(S,1),\nu\colon \mathbb{1}_{\mathscr{B}} \xrightarrow{\sim} SN, \mathbb{1}_{\mathbb{1}_{\mathscr{B}'}}\colon NS = \mathbb{1}_{\mathscr{B}'})$$

が随伴同値系であるように構成する. このとき式 (5.39) より, $s_x = (\deg \nu_x)^{-1}$

$(x \in \mathscr{B}_0)$ が成り立っている. (5.40) より H が全単射 $\mathscr{B}'_0 \to \mathscr{A}'_0$ を導くことも分かる. H は充満忠実であったから H は, 圏の同型 $H' \colon \mathscr{B}' \to \mathscr{A}'$ を導き, $S'H' = HS$ が成り立つ. r' を r の $\mathscr{B}'_0$ への制限とすると, $(H', r') \colon \mathscr{B}' \to \mathscr{A}'$ は次数保存関手であり, 系 5.9.6 より $G\text{-}\mathbf{GrCat}$ における同型となる. ここで $\xi := H\nu$ とおくと, これは斉次自然同型 $H \Rightarrow HSN = S'H'N$ である. あとは ξ が $G\text{-}\mathbf{GrCat}$ の 2-射 $(H, r) \Rightarrow (S', 1)(H', r')(N, s) = (S'H'N, (s_x r'_{Nx})_{x \in \mathscr{B}_0})$ であることを示せばよい. そのためには, $\deg H\nu_x = (s_x r'_{Nx})^{-1} r_x \ (x \in \mathscr{B}_0)$ を示せば十分である. ところが, $\deg \nu_x = s_x^{-1}$ かつ $\nu_x \colon x \to SNx = Nx$ より, $\deg H\nu_x = r_{Nx}^{-1} s_x^{-1} r_x = (s_x r'_{Nx})^{-1} r_x$ が成り立つ. $\qquad\square$

命題 5.9.10 と補題 5.9.9 より直ちに次が得られる.

系 5.9.11. $\mathscr{B}, \mathscr{A} \in G\text{-}\mathbf{GrCat}_0$ とするとき, 次は同値である.

(1) $G\text{-}\mathbf{GrCat}$ において $\mathscr{B}$ と $\mathscr{A}$ は同値である.

(2) $\mathscr{B}$ および $\mathscr{A}$ はそれぞれ斉次稠密な充満部分圏 $\mathscr{B}', \mathscr{A}'$ を持ち, $G\text{-}\mathbf{GrCat}$ において $\mathscr{B}'$ と $\mathscr{A}'$ は同型である.

5.10 第2軌道圏と右スマッシュ積について

$\mathscr{C}$ を擬 G-圏とする. 定義 5.4.1 では, 軌道圏 $\mathscr{C}/G$ の射の定義として, $x, y \in (\mathscr{C}/G)_0 = \mathscr{C}_0$ とするとき,

$$(\mathscr{C}/G)(x, y) := \coprod_{a \in G} \mathscr{C}(X(a)x, y)$$

のように 2 変数関手 $\mathscr{C}(\text{-}, \text{-})$ の第 1 変数に群を作用させて直和をとっていた. これの代わりに第 2 変数に群を作用させて直和をとる定義も考えることができる. これらを区別するために後者の軌道圏を $\mathscr{C}/_2 G$ で表す. ただし, $\mathscr{C}/_2 G$ が G-次数圏となるためには, $\mathscr{C}$ は G^{op}-弱作用を持つ必要がある.

以下, この定義と, これともとの定義との関係および, それらに対応するスマッシュ積とそれらの関係について解説する.

定義 5.10.1. G^{op}-圏［擬 G^{op}-圏, 弱 G^{op}-圏, 余弱 G^{op}-圏, 弱擬 G^{op}-圏］を **右 G-圏**［**右擬 G-圏, 右弱 G-圏, 右余弱 G-圏, 右弱擬 G-圏**］とよぶ.

注意 5.10.2. $(\mathscr{C}, X)$ を余弱 G-圏とする.

(1) X_{op} を次で定義すると, $(\mathscr{C}^{\mathrm{op}}, X_{\mathrm{op}})$ は弱 G-圏になる:

    (a) $\Bbbk$-圏 $\mathscr{C}^{\mathrm{op}}$.

    (b) 関手の族 $(X_{\mathrm{op}}(a) \colon \mathscr{C}^{\mathrm{op}} \to \mathscr{C}^{\mathrm{op}})_{a \in G}$ を $X_{\mathrm{op}}(a) := X(a)$ で与える.

    (c) 自然変換 $(X_{\mathrm{op}})_* \colon \mathbb{1}_{\mathscr{C}^{\mathrm{op}}} \Rightarrow X_{\mathrm{op}}(1)$ を次で与える（$\mathscr{C}^{\mathrm{op}}$ のなかで）:

$$(X_{\mathrm{op}})_* x := X_* x \colon x \to X(1)x, \ (x \in \mathscr{C}_0^{\mathrm{op}}).$$

(d) 自然変換の族 $((X_{\mathrm{op}})_{b,a} \colon X_{\mathrm{op}}(b)X_{\mathrm{op}}(a) \Rightarrow X_{\mathrm{op}}(b \circ a))_{a,b \in G}$ を次で与える（$\mathscr{C}^{\mathrm{op}}$ のなかで）:

$$(X_{\mathrm{op}})_{b,a} x := X_{b,a} x \colon X(b)X(a)x \to X(ba)x, \ (x \in \mathscr{C}_0^{\mathrm{op}}).$$

実際，構成法から明らかに X_{op} を $G \to \Bbbk\text{-}\mathbf{Cat}(\{\mathscr{C}^{\mathrm{op}}\})^{\mathrm{co}}$ と見ると，これは余弱関手の公理を満たす（定義 5.1.1 の公理を参照）．特に，$(\mathscr{C}, X)$ が G-圏なら，$(\mathscr{C}^{\mathrm{op}}, X_{\mathrm{op}})$ も G-圏となる．

(2) 群の反転同型 $?^{-1} \colon G \to G, x \mapsto x^{-1}$ を用いて $(\mathscr{C}, X^{\mathrm{op}})$ を次で定義すると，これは右余弱 G-圏となる:

(a) $\Bbbk$-圏 $\mathscr{C}$.

(b) 関手の族 $(X^{\mathrm{op}}(a) \colon \mathscr{C} \to \mathscr{C})_{a \in G}$ を $X^{\mathrm{op}}(a) := X(a^{-1})$ で与える.

(c) 自然変換 $X_*^{\mathrm{op}} \colon X^{\mathrm{op}}(1) \Rightarrow \mathbb{1}_{\mathscr{C}}$ を $X_*^{\mathrm{op}} := X_*$ で与える.

(d) 自然変換の族 $(X_{b,a}^{\mathrm{op}} \colon X^{\mathrm{op}}(ba) \Rightarrow X^{\mathrm{op}}(a) \circ X^{\mathrm{op}}(b))_{a,b \in G}$ を

$$X_{b,a}^{\mathrm{op}} := X_{a^{-1},b^{-1}} \colon X^{\mathrm{op}}(ba) = X((ba)^{-1}) = X(a^{-1}b^{-1})$$
$$\Rightarrow X(a^{-1}) \circ X(b^{-1}) = X^{\mathrm{op}}(a) \circ X^{\mathrm{op}}(b)$$

で与える.

(3) 以上より，$(\mathscr{C}^{\mathrm{op}}, X_{\mathrm{op}}^{\mathrm{op}})$ は右弱 G-圏になる．ただし，$X_{\mathrm{op}}^{\mathrm{op}} := (X^{\mathrm{op}})_{\mathrm{op}}$. すなわち，(2) の $(\mathscr{C}, X^{\mathrm{op}})$ を余弱 G^{op}-圏と見て，これに (1) を適用すると，$(\mathscr{C}^{\mathrm{op}}, X_{\mathrm{op}}^{\mathrm{op}})$ は弱 G^{op}-圏，すなわち右弱 G-圏になる．

定義 5.10.3. 右弱 G-圏 $\mathscr{C}$ に対して線形圏 $\mathscr{C}/_2 G$ を次で定義し，これを $\mathscr{C}$ の G による**第 2 軌道圏**とよぶ.

- $(\mathscr{C}/_2 G)_0 := \mathscr{C}_0$.
- 各 $x, y \in (\mathscr{C}/_2 G)_0$ に対して，$(\mathscr{C}/_2 G)(x, y) := \coprod_{a \in G} \mathscr{C}(x, X(a)y)$ とする．ここで，

$$\sigma_a^{\mathscr{C}/_2 G} \colon \mathscr{C}(x, X(a)y) \to (\mathscr{C}/_2 G)(x, y), \quad f \mapsto (\delta_{b,a} f)_{b \in G}$$

を標準入射とし，$(\mathscr{C}/_2 G)^a(x, y) := \sigma_a^{\mathscr{C}/_2 G}(\mathscr{C}(x, X(a)y)), \ (x, y \in \mathscr{C}_0 = (\mathscr{C}/_2 G)_0, a \in G)$ とおくと，次の内部直和が得られる:

$$(\mathscr{C}/_2 G)(x, y) = \bigoplus_{a \in G} (\mathscr{C}/_2 G)^a(x, y). \tag{5.41}$$

- 各 $f = (f_a)_{a \in G} \in (\mathscr{C}/_2 G)(x, y), \ g = (g_b)_{b \in G} \in (\mathscr{C}/_2 G)(y, z)$ に対して，

$$g \circ f := \left(\sum_{\substack{a,b \in G \\ ba = c}} X_{b,a} z \circ X(a) g_b \circ f_a \right)_{c \in G}.$$

ここで，各項は次の合成である：

$$x \xrightarrow{f_a} X(a)y \xrightarrow{X(a)g_b} (X(a) \circ X(b))z \xrightarrow{X_{b,a}z} X(ba)z.$$

- 各 $x \in (\mathscr{C}/_2 G)_0$ に対して，x の $\mathscr{C}/_2 G$ における恒等射は次で与えられる：

$$\mathbb{1}_x^{\mathscr{C}/_2 G} = \sigma_1^{\mathscr{C}/_2 G}(X_* x) = (\delta_{a,1} X_* x)_{a \in G} \in \coprod_{a \in G} \mathscr{C}(x, X(a)x).$$

- 式 (5.41) と合成規則によって $\mathscr{C}/_2 G$ は G-次数圏となる．

逆に G-次数圏 $\mathscr{B}$ から次のようにして右 G-圏（$= G^{\mathrm{op}}$-圏）が定義される．

定義 5.10.4. $\mathscr{B}$ を G-次数圏とする．このとき右 G-圏 $\mathscr{B}\#^{\mathrm{op}}G$ を次で定義する．これを $\mathscr{B}$ と G の**右スマッシュ積**とよぶ．

- $(\mathscr{B}\#^{\mathrm{op}}G)_0 := \{x^{(a)} := (x,a) \mid x \in \mathscr{B}_0, a \in G\}$.

- $(\mathscr{B}\#^{\mathrm{op}}G)(x^{(a)}, y^{(b)}) := \mathscr{B}^{ba^{-1}}(x,y)$ $(x^{(a)}, y^{(b)} \in (\mathscr{B}\#^{\mathrm{op}}G)_0)$ とする．ただし，射集合全部の合併を非交和とするときには，$(\mathscr{B}\#^{\mathrm{op}}G)(x^{(a)}, y^{(b)}) := \{b\} \times \mathscr{B}^{ba^{-1}}(x,y) \times \{a\} = \{^{(b)}f^{(a)} := (b,f,a) \mid f \in \mathscr{B}^{ba^{-1}}(x,y)\}$ とし，混乱の恐れがなければ，これは第 2 射影によってもとの $\mathscr{B}^{ba^{-1}}(x,y)$ と同一視する．

- $\mathscr{B}\#^{\mathrm{op}}G$ の合成は次の可換図式で定義される．

$$
\begin{array}{ccc}
(\mathscr{B}\#^{\mathrm{op}}G)(y^{(b)}, z^{(c)}) \times (\mathscr{B}\#^{\mathrm{op}}G)(x^{(a)}, y^{(b)}) & \longrightarrow & (\mathscr{B}\#^{\mathrm{op}}G)(x^{(a)}, z^{(c)}) \\
\| & & \| \\
\mathscr{B}^{cb^{-1}}(y,z) \times \mathscr{B}^{ba^{-1}}(x,y) & \longrightarrow & \mathscr{B}^{ca^{-1}}(x,z)
\end{array}
$$

$(x^{(a)}, y^{(b)}, z^{(c)} \in (\mathscr{B}\#^{\mathrm{op}}G)_0)$．ここで下の列の写像は $\mathscr{B}$ の合成で与えられる．すなわち，この合成を成分の式で書くと次のようになる．

$$^{(c)}g^{(b)} \circ {}^{(b)}f^{(a)} := {}^{(c)}(g \circ f)^{(a)}, \quad ((g,f) \in \mathscr{B}^{cb^{-1}}(y,z) \times \mathscr{B}^{ba^{-1}}(x,y)).$$

- G の右作用は次で定義される．

$$\begin{cases} x^{(a)} \cdot c := x^{(ac)}, \\ {}^{(b)}f^{(a)} \cdot c := {}^{(bc)}f^{(ac)} \end{cases} \begin{pmatrix} x^{(a)}, y^{(b)} \in (\mathscr{B}\#^{\mathrm{op}}G)_0, \\ c \in G, f \in \mathscr{B}^{ba^{-1}}(x,y) \end{pmatrix}.$$

注意 5.10.5. $(\mathscr{B}, D)$ を G-次数圏とする．また，$\mathscr{B}^{\mathrm{op}}$ の合成を $\circ^{\mathrm{op}}$ で，G^{op} の演算を $\circ$ で表す．

(1) D_{op} を次で定義すると，$(\mathscr{B}^{\mathrm{op}}, D_{\mathrm{op}})$ は G^{op}-次数圏となる：

$$D_{\mathrm{op}}^a(x,y) := D^a(y,x) \quad (x,y \in \mathscr{B}_0, a \in G).$$

実際まず，直和分解 $\mathscr{B}(y,x) = \bigoplus_{a \in G} D^a(y,x)$ は，直和分解 $\mathscr{B}^{\mathrm{op}}(x,y) = \bigoplus_{a \in G} D_{\mathrm{op}}^a(x,y)$ を与える．また，

$$D_{\mathrm{op}}^b(y,z) \circ^{\mathrm{op}} D_{\mathrm{op}}^a(x,y) = D^a(y,x) \circ D^b(z,y)$$
$$\subseteq D^{ab}(z,x) = D_{\mathrm{op}}^{b \circ a}(x,z) \ (x,y,z \in \mathscr{B}_0, a,b \in G).$$

(2) D^{op} を次で定義すると，$(\mathscr{B}, D^{\mathrm{op}})$ は G^{op}-次数圏になる:

$$(D^{\mathrm{op}})^a(x,y) := D^{a^{-1}}(x,y) \ (x,y \in \mathscr{B}_0, a \in G).$$

実際まず，直和分解 $\mathscr{B}(x,y) = \bigoplus_{a \in G} D^a(x,y)$ は，直和分解 $\mathscr{B}(x,y) = \bigoplus_{a \in G} D^{a^{-1}}(x,y) = \bigoplus_{a \in G} (D^{\mathrm{op}})^a(x,y)$ を与える．また，

$$(D^{\mathrm{op}})^b(y,z) \circ (D^{\mathrm{op}})^a(x,y) = D^{b^{-1}}(y,z) \circ D^{a^{-1}}(x,y)$$
$$\subseteq D^{b^{-1}a^{-1}}(x,z) = D^{(ab)^{-1}}(x,z)$$
$$= (D^{\mathrm{op}})^{b \circ a}(x,z) \ (x,y,z \in \mathscr{B}_0, a,b \in G).$$

(3) 以上より，$(\mathscr{B}^{\mathrm{op}}, D^{\mathrm{op}})$ は G-次数圏となる．ただし，$D_{\mathrm{op}}^{\mathrm{op}} := (D^{\mathrm{op}})_{\mathrm{op}} = (D_{\mathrm{op}})^{\mathrm{op}}$ は次で定義される:

$$(D_{\mathrm{op}}^{\mathrm{op}})^a(x,y) := D^{a^{-1}}(y,x) \quad (x,y \in \mathscr{B}_0, a \in G).$$

スマッシュ積 $\#$ と $\#^{\mathrm{op}}$ との関係は次の通りである．$(\mathscr{B}, D)$ を G-次数圏とすると，注意 5.10.5(1) により，$(\mathscr{B}^{\mathrm{op}}, D_{\mathrm{op}})$ は G^{op}-次数圏となり，定義 5.6.1 により，$((\mathscr{B}^{\mathrm{op}}, D_{\mathrm{op}})\#G^{\mathrm{op}}, X^{(\mathscr{B}^{\mathrm{op}}, D_{\mathrm{op}})\#G^{\mathrm{op}}})$ が G^{op}-圏となる．したがって，注意 5.10.2(1) より $(((\mathscr{B}^{\mathrm{op}}, D_{\mathrm{op}})\#G^{\mathrm{op}})^{\mathrm{op}}, (X^{(\mathscr{B}^{\mathrm{op}}, D_{\mathrm{op}})\#G^{\mathrm{op}}})_{\mathrm{op}})$ は G^{op}-圏，すなわち右 G-圏となる．以上の注意によって次の (1) が意味を持つ．

命題 5.10.6. $(\mathscr{B}, D)$ を G-次数圏，$(\mathscr{A}, C)$ を G^{op}-次数圏とすると，次が成り立つ．

(1) $(\mathscr{B}, D)\#^{\mathrm{op}}G = (((\mathscr{B}^{\mathrm{op}}, D_{\mathrm{op}})\#G^{\mathrm{op}})^{\mathrm{op}}, (X^{(\mathscr{B}^{\mathrm{op}}, D_{\mathrm{op}})\#G^{\mathrm{op}}})_{\mathrm{op}})$ (右 G-圏として)，

(2) $(\mathscr{A}, C^{\mathrm{op}})\#G \cong ((\mathscr{A}, C)\#G^{\mathrm{op}}, (X^{(\mathscr{A}, C)\#G})^{\mathrm{op}})$ (余弱 G-圏として，$(\mathscr{A}, C)$ について自然)，

(3) $(\mathscr{B}^{\mathrm{op}}, D_{\mathrm{op}}^{\mathrm{op}})\#G \cong (((\mathscr{B}, D)\#^{\mathrm{op}}G)^{\mathrm{op}}, (X^{(\mathscr{B}, D)\#^{\mathrm{op}}G})_{\mathrm{op}}^{\mathrm{op}})$ (余弱 G-圏として，$(\mathscr{B}, D)$ について自然)．

証明．(3) は (1) と (2) から従う．(1) だけを示す．

両辺ともに対象の全体は $\mathscr{B}_0 \times G$ に等しい．$x^{(a)}, y^{(b)} \in \mathscr{B}_0 \times G$ とする．このとき，左辺の射集合は，

$$((\mathscr{B}, D)\#^{\mathrm{op}}G)(x^{(a)}, y^{(b)}) = \{b\} \times D^{ba^{-1}}(x,y) \times \{a\}$$

であり，右辺の射集合は，注意 5.6.2 より，

$$((\mathscr{B}^{\mathrm{op}}, D_{\mathrm{op}})\# G^{\mathrm{op}})^{\mathrm{op}}(x^{(a)}, y^{(b)}) = (\mathscr{B}^{\mathrm{op}}, D_{\mathrm{op}})\# G^{\mathrm{op}})(y^{(b)}, x^{(a)})$$
$$= \{b\} \times D_{\mathrm{op}}^{a^{-1}\circ b}(y, x) \times \{b\}$$
$$= \{b\} \times D^{ba^{-1}}(x, y) \times \{a\}$$

となって一致する．両辺の射 $x^{(a)} \xrightarrow{{}^{(b)}f^{(a)}} y^{(b)} \xrightarrow{{}^{(c)}g^{(b)}} z^{(c)}$ に対して，合成は両辺ともに ${}^{(c)}g^{(b)} \circ {}^{(b)}f^{(a)} = {}^{(c)}(g \circ f)^{(a)}$ で与えられている．また，G の右作用は両辺ともに，$x^{(a)} \cdot c = x^{(ac)}, {}^{(b)}f^{(a)} \cdot c = {}^{(bc)}f^{(ac)}$ $(a, b, c \in G, x, y \in \mathscr{B}_0, f \in \mathscr{B}^{ba^{-1}}(x, y))$ で与えられている． $\square$

問 5.10.7. 命題 5.10.6 (2), (3) を示せ．（ヒント: (2), (3) ともに，自然同型は $x^{(a)} \mapsto x^{(a^{-1})}$ と ${}^{(b)}f^{(a)} \mapsto {}^{(b^{-1})}f^{(a^{-1})}$ で与えられる．）

?/G と ?/$_2 G$ との関係は次の通りである．$(\mathscr{C}, X)$ を余弱 G-圏とすると，注意 5.10.2(3) により，$(\mathscr{C}^{\mathrm{op}}, X_{\mathrm{op}})$ は右弱 G-圏となり，$(\mathscr{C}^{\mathrm{op}}, X_{\mathrm{op}})/_2 G$ は定義 5.10.3 により G-次数圏となる．また，注意 5.4.10 により G-次数圏 $(\mathscr{C}/G, D_{\mathscr{C}/G})$ が得られ，さらに注意 5.10.5(3) により G-次数圏 $((\mathscr{C}/G)^{\mathrm{op}}, (D_{\mathscr{C}/G})_{\mathrm{op}}^{\mathrm{op}})$ が得られる．以上の注意によって次の (3) が意味を持つ．

命題 5.10.8. $(\mathscr{C}, X)$ を余弱 G-圏，$(\mathscr{D}, Y)$ を余弱 G^{op}-圏とすると，次の相等が成り立つ．

(1) $(\mathscr{C}, X^{\mathrm{op}})/G^{\mathrm{op}} = (\mathscr{C}/G, (D_{\mathscr{C}/G}^{\mathrm{op}}))$ $(G^{\mathrm{op}}$-次数圏として$)$，

(2) $(\mathscr{D}^{\mathrm{op}}, Y_{\mathrm{op}})/_2 G = ((\mathscr{D}/G^{\mathrm{op}})^{\mathrm{op}}, (D_{\mathscr{C}/G^{\mathrm{op}}})_{\mathrm{op}})$ $(G$-次数圏として$)$，

(3) $(\mathscr{C}^{\mathrm{op}}, X_{\mathrm{op}}^{\mathrm{op}})/_2 G = ((\mathscr{C}/G)^{\mathrm{op}}, (D_{\mathscr{C}/G})_{\mathrm{op}}^{\mathrm{op}})$ $(G$-次数圏として$)$．

証明． (3) は (1) と (2) から従う．(3) だけを示す．両辺ともに対象の全体は $\mathscr{C}_0^{\mathrm{op}}$ に等しい．$x, y \in \mathscr{C}_0^{\mathrm{op}}$ とする．このとき，左辺の局所射集合は，

$$((\mathscr{C}^{\mathrm{op}}, X_{\mathrm{op}}^{\mathrm{op}})/_2 G)(x, y) = \coprod_{a \in G} \mathscr{C}^{\mathrm{op}}(x, X_{\mathrm{op}}^{\mathrm{op}}(a)y) = \coprod_{a \in G} \mathscr{C}^{\mathrm{op}}(x, X(a^{-1})y)$$
$$= \coprod_{a \in G} \mathscr{C}(X(a^{-1})y, x)$$

であり，右辺の局所射集合は，

$$((\mathscr{C}/G)^{\mathrm{op}}, (D_{\mathscr{C}/G})_{\mathrm{op}}^{\mathrm{op}})(x, y) = \coprod_{a \in G} ((D_{\mathscr{C}/G})_{\mathrm{op}}^{\mathrm{op}})^a(x, y)$$
$$= \coprod_{a \in G} (D_{\mathscr{C}/G})^{a^{-1}}(y, x) = \coprod_{a \in G} \mathscr{C}(X(a^{-1})y, x)$$

となって次数付けとともに一致する．両辺の射 $x \xrightarrow{f} y \xrightarrow{g} z$, $f = (f_a)_{a \in G}, g = (g_b)_{b \in G}$ $(f_a \in \mathscr{C}(X(a^{-1})y, x), g_b \in \mathscr{C}(X(b^{-1})z, y))$ に対して，それらの合成は両辺ともに，

$$g \circ f = \left(\sum_{\substack{a,b \in G \\ c = a^{-1}b^{-1}}} f_a \circ X(a^{-1}) g_b \circ X_{a^{-1}, b^{-1}} \right)_{c \in G}$$

で与えられ，合成も一致する． $\square$

問 5.10.9. 命題 5.10.8(1), (2) を示せ．

注意 5.10.10. 擬 G-小圏の 2-圏 G-**Cat** と同様にして，右弱擬 G-小圏の 2-圏 **Cat**-G を定義すると，第 2 軌道圏の構成が 2-関手 $?/_2 G\colon$ **Cat**-$G \to G$-**GrCat** に拡張され，右スマッシュ積の構成が 2-関手 $?\#^{\mathrm{op}}G\colon G$-**GrCat** $\to$ **Cat**-G に拡張される．注意 5.10.2(1), (2) と注意 5.10.5(1), (2) の構成は，それぞれ 2-圏の同型

$$((\text{-})^{\mathrm{op}}, (\text{-})_{\mathrm{op}})\colon \mathbf{Cat}\text{-}G \to G^{\mathrm{op}}\text{-}\mathbf{Cat},\ (\mathscr{C}, X) \mapsto (\mathscr{C}^{\mathrm{op}}, X_{\mathrm{op}}^{\mathrm{op}}),$$
$$((\text{-}), (\text{-})^{\mathrm{op}})\colon G^{\mathrm{op}}\text{-}\mathbf{Cat} \to G\text{-}\mathbf{Cat},\ (\mathscr{C}, X) \mapsto (\mathscr{C}, X^{\mathrm{op}}),$$
$$((\text{-})^{\mathrm{op}}, (\text{-})_{\mathrm{op}})\colon G\text{-}\mathbf{GrCat} \to G^{\mathrm{op}}\text{-}\mathbf{GrCat},,\ (\mathscr{B}, D) \mapsto (\mathscr{B}^{\mathrm{op}}, D_{\mathrm{op}}^{\mathrm{op}}),$$
$$((\text{-}), (\text{-})^{\mathrm{op}})\colon G^{\mathrm{op}}\text{-}\mathbf{GrCat} \to G\text{-}\mathbf{GrCat},\ (\mathscr{B}, D) \mapsto (\mathscr{B}, D^{\mathrm{op}})$$

に拡張される $(((\text{-})^{\mathrm{op}}, (\text{-})_{\mathrm{op}}) \circ ((\text{-})^{\mathrm{op}}, (\text{-})_{\mathrm{op}}) = \mathbb{1}, ((\text{-}), (\text{-})^{\mathrm{op}}) \circ ((\text{-}), (\text{-})^{\mathrm{op}}) = \mathbb{1})$．また，これらは次の可換図式（1 箇所を除いて厳密に可換）をなす．

$$
\begin{array}{ccccc}
G\text{-}\mathbf{Cat} & \xrightarrow[\cong]{((\text{-}),(\text{-})^{\mathrm{op}})} & G^{\mathrm{op}}\text{-}\mathbf{Cat} & \xrightarrow[\cong]{((\text{-})^{\mathrm{op}},(\text{-})_{\mathrm{op}}^{\mathrm{op}})} & \mathbf{Cat}\text{-}G \\
{\scriptstyle ?/G}\downarrow & & {\scriptstyle ?/G^{\mathrm{op}}}\downarrow & & \downarrow{\scriptstyle ?/_2 G} \\
G\text{-}\mathbf{GrCat} & \xrightarrow[((\text{-}),(\text{-})^{\mathrm{op}})]{\cong} & G^{\mathrm{op}}\text{-}\mathbf{GrCat} & \xrightarrow[((\text{-})^{\mathrm{op}},(\text{-})_{\mathrm{op}}^{\mathrm{op}})]{\cong} & G\text{-}\mathbf{GrCat}
\end{array}
$$

$$
\begin{array}{ccccc}
G\text{-}\mathbf{Cat} & \xrightarrow[\cong]{((\text{-}),(\text{-})^{\mathrm{op}})} & G^{\mathrm{op}}\text{-}\mathbf{Cat} & \xrightarrow[\cong]{((\text{-})^{\mathrm{op}},(\text{-})_{\mathrm{op}}^{\mathrm{op}})} & \mathbf{Cat}\text{-}G \\
{\scriptstyle ?\#G}\uparrow & {\scriptstyle 自然同型を除いて} & {\scriptstyle ?\#G^{\mathrm{op}}}\uparrow & & \uparrow{\scriptstyle ?\#^{\mathrm{op}}G} \\
G\text{-}\mathbf{GrCat} & \xrightarrow[((\text{-}),(\text{-})^{\mathrm{op}})]{\cong} & G^{\mathrm{op}}\text{-}\mathbf{GrCat} & \xrightarrow[((\text{-})^{\mathrm{op}},(\text{-})_{\mathrm{op}}^{\mathrm{op}})]{\cong} & G\text{-}\mathbf{GrCat}
\end{array}
$$

したがって，G^{op} に対する定理 5.7.1 より，$?/_2 G\colon \mathbf{Cat}\text{-}G \to G$-**GrCat** と $?\#^{\mathrm{op}}G\colon G$-**GrCat** $\to$ **Cat**-G に対して定理 5.7.1 に対応する定理が成立する．

第 6 章
軌道圏とスマッシュ積の計算

この章では軌道圏とスマッシュ積の計算法を述べる．ただし，軌道圏については，一般の G-擬作用を持つ圏ではなく，G-作用を持つ圏についての軌道圏に限り，スマッシュ積については，一般の G-次数付き圏ではなく，その次数付けが圏のクイバーに対する G-重み写像から定義されるものに限ることにする．これらの形が実際の計算上もっとも多く現れ，計算しやすいからである．これらは第 7 章において，加群を計算するときにも用いることができる．

軌道圏の計算は，文献 [5] ではより一般に G がモノイド（0 を含んでもよい）である場合に与えられている．以下の計算はこの定理を，G が群である場合に特殊化したものである．スマッシュ積の計算は，文献 [11] で与えられている右スマッシュ積の計算法およびその証明をスマッシュ積に書き直したものである．

6.1 軌道圏の計算

この節では，厳格な G-作用を持つ $\Bbbk$-圏 $\mathscr{C}$ が関係付きクイバー (Q, I) で表示され，G がモノイドとして表示されるとき，これら 2 つの表示を用いて軌道圏 $\mathscr{C}/G$ のクイバー表示 (Q', I') を計算する．モノイド表示については Howie の本 [26] を参照されたい．ここで与えるクイバー表示は，I が $\Bbbk Q$ の認容イデアルであっても，I' は $\Bbbk Q'$ の認容イデアルとは限らないことに注意しておく．認容的表示が必要なときは，ここでの表示を変形することになる（例えば [36] 参照）．

この節を通して以下の設定を仮定する．

(1) $\Bbbk$ は体である；

(2) $Q := (Q_0, Q_1, \mathbf{s}, \mathbf{t})$ は局所有限クイバーである；

(3) (Q, I) は関係付きクイバーで，ρ は I の生成系である；

(4) G はモノイド表示 $G = \langle S \mid R \rangle$ を持つ群である；

(5) $\mathscr{C} := \Bbbk[Q, I] := \Bbbk[Q]/I$, $\Phi\colon \Bbbk[Q] \to \mathscr{C}$ を標準関手とし, $\tilde{\mu} := \Phi(\mu) := \mu + I \in (\Bbbk[Q]/I)_1$ $(\mu \in \Bbbk[Q]_1)$ とおく.

(6) G の $\mathscr{C}$ への作用は単射準同型 $X\colon G \rightarrowtail \operatorname{Aut}(\mathscr{C})$ で与えられる.（単射でないときは G の代わりに $G/\operatorname{Ker} X$ で考えればよい.）以下では, $ax := X(a)x$ $(a \in G, x \in \mathscr{C}_0 \cup \mathscr{C}_1)$ と略記する.

(7) $(P, \phi)\colon \mathscr{C} \to \mathscr{C}/G$ を標準被覆関手とする.

ただし, 上で (4) のモノイド表示 $\langle S \mid R \rangle$ は次で定義される. 集合 S によって生成される自由モノイドを S^* で表す. また, $S^* \times S^*$ の部分集合 R に対して, $R^c := \{(bga, bha) \mid (g, h) \in R, a, b \in S^*\}$ を含む S^* 上の最小の同値関係を $R^\#$ で表す. このとき, 剰余モノイド $S^*/R^\#$ を $\langle S \mid R \rangle$ で表す. また, 各 $g \in S^*$ に対して, g を含む $\langle S \mid R \rangle$ の元を $\bar{g}$ とおく. $g \neq h$ $(g, h \in S)$ のとき $\bar{g} \neq \bar{h}$ と仮定しても一般性を失わない $(S/(S \cap R^\#)$ の完全代表系 S' でも G が表示できるので, S を S' に取り替えればよい). 上において, 群 G をモノイドと見てモノイド表示で与えておく. 例えば, g で生成される無限巡回群は群としての表示では $\langle g \rangle$ で表されるが, モノイドとしては, $\langle g, h \mid (gh, 1), (hg, 1) \rangle$ と表示される.

以上の設定のもとで, 新しい関係付きクイバー (Q', I') を次のように定義する. Q' は Q に新しい矢

$$S \times Q_0 := \{(g, x)\colon x \to gx \mid g \in S, x \in Q_0\}$$

を追加することによって構成する. すなわち, クイバー $Q' = (Q'_0, Q'_1, \mathbf{s}', \mathbf{t}')$ を次で定義する.

$$Q'_0 := Q_0,$$
$$Q'_1 := Q_1 \sqcup (S \times Q_0),$$
$$(\mathbf{s}'(\alpha), \mathbf{t}'(\alpha)) := (\mathbf{s}(\alpha), \mathbf{t}(\alpha)), \quad (\alpha \in Q_1),$$
$$(\mathbf{s}'(g, x), \mathbf{t}'(g, x)) := (x, gx), \quad ((g, x) \in S \times Q_0).$$

また, $\Bbbk[Q']$ のイデアル I' を次で定義する.

$$I' := I + \langle (g, y)\alpha - (g\alpha)(g, x) \mid (x \xrightarrow{\alpha} y) \in Q_1, g \in S \rangle$$
$$+ \langle \pi(g, x) - \pi(h, x) \mid (g, h) \in R, x \in Q_0 \rangle.$$

ただし, 第 2 項において $g\alpha$ は式 $g\alpha \in \bar{g}\tilde{\alpha}$ を満たすように (すなわち, $\widetilde{g\alpha} = \bar{g}\tilde{\alpha}$ となるように) とっておく. 第 1 項に I があるため (すなわち $I \leq I'$ より), これをどのようにとっても I' は一意的に決まる. また, 第 3 項においては, 各 $x \in Q_0$ と各 $g \in \langle S \rangle \setminus \{1\}$ に対して, $g = g_t \cdots g_1$ $(g_1, \dots, g_t \in S, t \geq 1)$ とするとき $\pi(g, x)$ は Q' の道 $\pi(g, x) := (g_t, g_{t-1} \cdots g_1 x) \cdots (g_2, g_1 x)(g_1, x)$ を表す. すなわち, 見やすく図示すると

$$gx \xleftarrow{(g_t, g_{t-1}\cdots g_1 x)} \cdots \xleftarrow{(g_3, g_2 g_1 x)} g_2 g_1 x \xleftarrow{(g_2, g_1 x)} g_1 x \xleftarrow{(g_1, x)} x,$$

となる．また，$\pi(1, x) := e_x$ とおく．

注意 6.1.1. I' の生成系は次の 3 種類の関係式に対応する．

(1) $\mathscr{C}$ の関係 $\mu = 0$ ($\mu \in \rho$);

(2) $\mathscr{C}/G$ での乗法で射をずらすことに対応する，次の図式の可換関係

$$\begin{array}{ccc} x & \xrightarrow{\alpha} & y \\ (g,x)\downarrow & & \downarrow(g,y) \\ gx & \xrightarrow{g\alpha} & gy \end{array};$$

(3) G の関係 $\pi(g, x) = \pi(h, x)$ ($(g, h) \in R$).

Q_0 が有限集合である場合，$\mathscr{C}$ は多元環と見られ，例 5.4.6 により $\mathscr{C}/G = \Bbbk(Q, I) * G$ は歪群多元環となる．したがって，以下の定理は歪群多元環の計算法も与える ([36] 参照).

定理 6.1.2. 上の設定のもとで軌道圏 $\mathscr{C}/G$ は剰余圏 $\Bbbk[Q']/I'$ と同型である．

証明．S^* が $\mathscr{C}$ に $S^* \xrightarrow{\text{標準全射}} G \rightarrowtail \mathrm{Aut}(\mathscr{C})$ として作用するので，$\mathscr{C}_0 = \Bbbk[Q]_0 = Q_0$ より $gx \in Q_0$ ($g \in S^*, x \in Q_0$) は $gx := \bar{g}x$ として定まることに注意しておく．次の対応はクイバー射 $Q' \to \mathscr{C}/G$ を定義する:

$$x \mapsto x, \quad (x \in Q_0),$$
$$\alpha \mapsto P\tilde{\alpha} := \sigma_1(\tilde{\alpha}) = (\delta_{a,1}\tilde{\alpha})_{a \in G} \in (\mathscr{C}/G)^1(Px, Py), \quad (\alpha \in Q_1),$$
$$(g, x) \mapsto \sigma_{\bar{g}}(\mathbb{1}_{\bar{g}x}) \in (\mathscr{C}/G)^{\bar{g}}(Px, P\bar{g}x), \quad ((g, x) \in S \times Q_0).$$

したがって，これは一意的に $\Bbbk$-関手 $\Psi \colon \Bbbk[Q'] \to \mathscr{C}/G$ に拡張される．

主張 1. $\Psi(g\alpha) = P(\bar{g}\tilde{\alpha})$ ($g \in S, \alpha \in Q_1$).

実際，Ψ の定義より，図式

$$\begin{array}{ccc} Q \lhook\joinrel\longrightarrow \Bbbk[Q] & \xrightarrow{\Phi} & \mathscr{C} \\ \tau\uparrow & & \downarrow P \\ \Bbbk[Q'] & \xrightarrow{\Psi} & \mathscr{C}/G \end{array}$$

において，$(P \circ \Phi)|_Q = (\Psi \circ \tau)|_Q$ が成り立ち，$\Bbbk[Q]$ が Q の道圏であることから，$P \circ \Phi = \Psi \circ \tau$. したがって，

$$\Psi(g\alpha) = (\Psi \circ \tau)(g\alpha) = (P \circ \Phi)(g\alpha) = P(\widetilde{g\alpha}) = P(\bar{g}\tilde{\alpha}).$$

主張 2. $\Psi(I') = 0$.

実際まず，$\Psi(I) = P(\Phi(I)) = 0$. 次に Q の各矢 $\alpha \colon x \to y$ と各 $g \in S$ に対

して，

$$\Psi((g,y)\alpha - g(\alpha)(g,x)) = \sigma_{\bar{g}}(\mathbb{1}_{\bar{g}y})P(\tilde{\alpha}) - P(\bar{g}(\tilde{\alpha}))(\sigma_{\bar{g}}(\mathbb{1}_{\bar{g}x}))$$
$$= (\delta_{\bar{g},b}\mathbb{1}_{\bar{g}y})_{b\in G} \cdot (\delta_{1,a}\tilde{\alpha})_{a\in G}$$
$$- (\delta_{1,b}\bar{g}(\tilde{\alpha}))_{b\in G} \cdot (\delta_{\bar{g},a}\mathbb{1}_{\bar{g}x})_{a\in G}$$
$$= (\delta_{\bar{g},c}\mathbb{1}_{\bar{g}y}\bar{g}\tilde{\alpha})_{c\in G} - (\delta_{\bar{g},c}\bar{g}\tilde{\alpha}\mathbb{1}_{cx})_{c\in G} = 0.$$

最後に各 $(g,h) \in R$ と $x \in Q_0$ に対して，$\Psi(\pi(g,x) - \pi(h,x)) = 0$ を示す．その準備として，任意の $(g,x) \in S^* \times Q_0$ に対して，次を示す：

$$\Psi(\pi(g,x)) = \sigma_{\bar{g}}(\mathbb{1}_{\bar{g}x}). \tag{6.1}$$

まず，$g = 1$ のとき，（左辺）$= \Psi(e_x) = \mathbb{1}_x^{\mathscr{C}/G} = \sigma_1(\mathbb{1}_x) =$（右辺）．それ以外のとき，$g = g_t \cdots g_1$ $(g_1, \ldots, g_t \in S, t \geq 1)$ と書ける．t に関する帰納法で示す．

$t = 1$ のときは，$g = g_1 \in S$, $\pi(g,x) = (g,x)$ より，Ψ の定義から (6.1) は明らか．

$t \geq 2$ のとき，$h := g_{t-1} \cdots g_2 g_1$, $y := hx$ とおくと，

$$\pi(g,x) = (g_t, g_{t-1} \ldots g_1 x) \cdots (g_2, g_1 x)(g_1, x) = (g_t, y)\pi(h,x)$$

と書ける．(g_t, y) に Ψ の定義を用い，帰納法の仮定を (h,x) に適用すると，

$$\Psi(\pi(g,x)) = \Psi(g_t, y)\Psi(\pi(h,x)) = \sigma_{\bar{g_t}}(\mathbb{1}_{\bar{g_t}y})\sigma_{\bar{h}}(\mathbb{1}_{\bar{h}x})$$
$$= (\delta_{\bar{g_t},b}\mathbb{1}_{\bar{g_t}y})_{b\in G} \cdot (\delta_{\bar{h},a}\mathbb{1}_{\bar{h}x})_{a\in G} = (\delta_{\bar{g},c}\mathbb{1}_{\bar{g}x} \cdot \mathbb{1}_{\bar{g}x})_{c\in G} = \sigma_{\bar{g}}(\mathbb{1}_{\bar{g}x}).$$

以上で式 (6.1) が示された．さて，$(g,h) \in R$, $x \in Q_0$ とすると，$\bar{g} = \bar{h}$ であるから，式 (6.1) より，

$$\Psi(\pi(g,x) - \pi(h,x)) = \Psi(\pi(g,x)) - \Psi(\pi(h,x)) = \sigma_{\bar{g}}(\mathbb{1}_{\bar{g}x}) - \sigma_{\bar{h}}(\mathbb{1}_{\bar{h}x})$$
$$= 0.$$

以上より $\Psi(I') = 0$.

　主張 2 より $\Bbbk$-関手 Ψ は $\Bbbk$-関手 $\bar{\Psi} \colon \Bbbk[Q']/I' \to \mathscr{C}/G$ を導く．$\Bbbk[Q']$ の各射 $\mu \in \Bbbk[Q'](x,y)$ $(x,y \in Q_0' = Q_0)$ に対して，$[\mu] := \mu + I'(x,y) \in (\Bbbk[Q']/I')(x,y)$ とおく．あとは，$\bar{\Psi}$ が同型であることを示せばよい．$\bar{\Psi}$ は対象の上では恒等写像になっているので，$\bar{\Psi}_0$ が全単射であることは明らかである．したがって，後は $\bar{\Psi}$ が充満忠実であることを示せばよい．そのため $x, y \in Q_0 = (\Bbbk[Q']/I')_0$ を任意にとる．以下ステップに分けて $\bar{\Psi} \colon (\Bbbk[Q']/I')(x,y) \to (\mathscr{C}/G)(x,y)$ が同型であることを示す．

　任意の $u, v \in Q_0$ に対して，$\Bbbk[Q](u,v) = \bigoplus_{\mu \in \mathbb{P}Q(u,v)} \Bbbk\mu$ より $\mathscr{C}(u,v) = \sum_{\mu \in \mathbb{P}Q(u,v)} \Bbbk\tilde{\mu}$. したがって，ある $\mathscr{M}_{u,v} \subseteq \mathbb{P}Q(u,v)$ によって $\tilde{\mathscr{M}}_{u,v} := \{\tilde{\mu} \mid$

$\mu \in \mathscr{M}_{u,v}\}$ が $\mathscr{C}(u,v)$ の基底になる.

主張 3. $\tilde{\mathscr{M}} := \{\sigma_a(\tilde{\mu}) \mid a \in G, \mu \in \mathscr{M}_{ax,y}\}$ は $(\mathscr{C}/G)(x,y)$ の基底をなす.

実際,
$$(\mathscr{C}/G)(x,y) = \bigoplus_{a \in G} \sigma_a(\mathscr{C}(ax,y))$$
$$= \bigoplus_{a \in G} \bigoplus_{\mu \in \mathscr{M}_{ax,y}} \Bbbk \, \sigma_a(\tilde{\mu}).$$

主張 4. 任意の $g, h \in S^*$ と $u \in Q_0$ に対して, G のなかで $\bar{g} = \bar{h}$ ならば, $\Bbbk[Q']/I'$ のなかで $[\pi(g,u)] = [\pi(h,u)]$ となる.

実際, G のなかで $\bar{g} = \bar{h}$ ということは, $(g,h) \in R^\#$ と同値である. $g = h$ ならば, 主張は明らかである. そうでない場合, $R^\#$ の定義から, ある $(a,b) \in R$ と $c, d \in S^*$ によって $g = cad, h = cbd$ と書けている場合について主張を示せば十分である. このとき, $\bar{a} = \bar{b}$ より, $adx := \bar{a}\bar{d}x = \bar{b}\bar{d}x =: bdx$ が成り立つことに注意すると,

$$\pi(g,x) - \pi(h,x)$$
$$= \pi(cad,x) - \pi(cbd,x)$$
$$= \pi(c,adx)\pi(a,dx)\pi(d,x) - \pi(c,bdx)\pi(b,dx)\pi(d,x)$$
$$= \pi(c,adx)(\pi(a,dx) - \pi(b,dx))\pi(d,x) \in I'$$

となって主張の成立することが分かる.

上の主張により, 各 $\bar{g} \in G$ $(g \in S^*)$ に対して,

$$[\pi(\bar{g},x)] := [\pi(g,x)]$$

と定義することができる.

主張 5. 各 $\eta \in \mathbb{P}Q'(x,y)$ に対して, $[\eta]$ は $[\lambda][\pi(a,x)] \in (\Bbbk Q'/I')(x,y)$ $(a \in G, \lambda \in \mathscr{M}_{ax,y})$ の形の線形和に書くことができる. したがって特に, 集合 $\mathscr{S} := \{[\mu][\pi(a,x)] \mid a \in G, \mu \in \mathscr{M}_{ax,y}\}$ は $(\Bbbk[Q']/I')(x,y)$ を $\Bbbk$ 上で生成する.

実際, I' の定義より, $\Bbbk[Q']/I'$ において次が成り立つ.

$$[(g,v)][\alpha] = [g\alpha][(g,u)] \quad (g \in S, u,v \in Q_0, \alpha \in Q(u,v)). \tag{6.2}$$

この式 (6.2) により, $[\eta]$ における $[(g,v)]$ $((g,v) \in S \times Q_0)$ の形の因子を右へ移していくことができる. 全部を右に移し終えると, ある $g_0, g_1, \ldots, g_t \in S$ と $\mu \in (\mathbb{P}Q)(g_t \cdots g_1 g_0 x, y)$ によって次の形になる.

$$[\eta] = [\mu(g_t, g_{t-1} \cdots g_1 g_0 x) \cdots (g_1, g_1 x)(g_0, x)].$$

次の $\Bbbk[Q']/I'$ での可換図式を参照 (破線の矢は新しい矢 $(\in Q_1' \setminus Q_1)$ を表す).

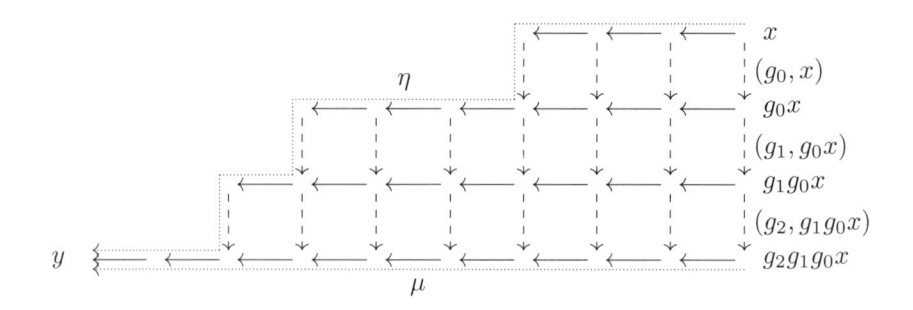

ここで $g := g_t \cdots g_1 \in S^*$, $a := \bar{g}$ とおくと,

$$[\eta] = [\mu \pi(g, x)] = [\mu][\pi(a, x)] \quad (\mu \in \mathbb{P}Q(ax, y), a \in G). \tag{6.3}$$

他方 $\tilde{\mathscr{M}}_{ax,y}$ は $\mathscr{C}(ax, y)$ の基底であるから, $\tilde{\mu}$ は $\tilde{\lambda}$ $(\lambda \in \mathscr{M}_{ax,y})$ の線形和に書ける. したがって, $I \leq I'$ より $[\mu]$ は $[\lambda]$ $(\lambda \in \mathscr{M}_{ax,y})$ の線形和に書ける. これを式 (6.3) に代入すれば主張が示される.

主張 6. 各 $a \in G$ と $\mu \in \mathscr{M}_{ax,y}$ に対して次が成り立つ.

$$\bar{\Psi}([\mu][\pi(a, x)]) = \sigma_a(\tilde{\mu}).$$

実際, (左辺) $= \Psi(\mu)\Psi(\pi(a, x)) = \sigma_1(\tilde{\mu}) \cdot \sigma_a(\mathbb{1}_{ax}) = $ (右辺).

したがって, $\bar{\Psi}$ は $\mathscr{S}$ を線形独立系 $\tilde{\mathscr{M}}$ に移すので, $\mathscr{S}$ は線形独立となり, $(\Bbbk[Q']/I')(x, y)$ の基底になる.

以上より, $\bar{\Psi} \colon (\Bbbk[Q']/I')(x, y) \to (\mathscr{C}/G)(x, y)$ は, 基底 $\mathscr{S}$ を基底 $\tilde{\mathscr{M}}$ に移すので同型である. $\qquad\square$

命題 6.1.3. G-圏 $(\mathscr{C}, X)$ において $\mathscr{C}$ を多元圏とする. このとき任意の $x, y \in \mathscr{C}_0$ に対して次は同値である.
(1) $\mathscr{C}/G$ において $x \cong y$;
(2) $Gx = Gy$.
したがって, $\mathscr{C}$ における G-軌道の代表系が $\mathscr{C}/G$ における同型類の代表系となる.

証明. (2) $\Rightarrow$ (1). (2) を仮定すると, $y = ax$ $(\exists a \in G)$. 補題 5.4.9 より $\phi_a x \colon x \to ax = y$ は $\mathscr{C}/G$ における同型である. したがって (1) が成り立つ.

(1) $\Rightarrow$ (2). (1) を仮定すると, ある $f = (f_a)_a \in (\mathscr{C}/G)(x, y)$ と $g = (g_b)_b \in (\mathscr{C}/G)(y, x)$ によって, $g \circ f = \mathbb{1}_x^{\mathscr{C}/G}$ が成り立っている. すなわち,

$$\left(\sum_{\substack{a,b \in G \\ ba=c}} g_b \circ X(b) f_a \right)_{c \in G} = (\delta_{c,1} \mathbb{1}_x)_{c \in G}.$$

$c = 1$ の項から, $\sum_{b \in G} g_b \circ X(b) f_{b^{-1}} = \mathbb{1}_x \in \mathscr{C}(x, x)$. ここで $\mathscr{C}(x, x)$ は仮

定より局所的であるから，ある $b \in G$ で，$g_b \circ X(b) f_{b^{-1}}$ は $\mathscr{C}$ における同型である．すなわち，$g_b \circ h = \mathbb{1}_x$ となる $h \in \mathscr{C}(x, by)$ が存在する．ここで，$(h \circ g_b)^2 = h \circ g_b \circ h \circ g_b = h \circ g_b$ より $h \circ g_b$ は $\mathscr{C}(by, by)$ における冪等元である．ここでまた $\mathscr{C}(by, by)$ は局所的であるから，$h \circ g_b$ は $\mathbb{1}_{by}$ または 0 に等しい．もしも $h \circ g_b = 0$ なら $\mathbb{1}_x = g_b \circ h \circ g_b \circ h = 0$ となり矛盾．したがって，$h \circ g_b = \mathbb{1}_{by}$ となり，g_b が $\mathscr{C}$ における同型となる．ゆえに $\mathscr{C}$ において $by \cong x$．ところが $\mathscr{C}$ は基本的であるから $by = x$ となり，(2) が成り立つ． $\square$

例 6.1.4. G を無限巡回群とし a をその生成元とする．G のモノイド表示として次がとれる．

$$G = \langle a, a^{-1} \mid (aa^{-1}, 1), (a^{-1}a, 1) \rangle.$$

ここで，例 3.2.4 の G-圏 $(\mathscr{C}, X)$ を考える．すなわち，

$$\tilde{Q} := (\cdots - 1 \xrightarrow{\alpha_{-1}} 0 \xrightarrow{\alpha_0} 1 \xrightarrow{\alpha_1} \cdots),$$

$$\tilde{I} := \langle \alpha_{i+2}\alpha_{i+1}\alpha_i \mid i \in \mathbb{Z} \rangle,$$

$$\mathscr{C} := \Bbbk[\tilde{Q}, \tilde{I}],$$

$$X(a)(i) := i + 2, \quad X(a)(\alpha_i) := \alpha_{i+2} \ (i \in \mathbb{Z}).$$

定理 6.1.2 より $\mathscr{C}/G$ は次のクイバー Q' と，以下の関係で生成されるイデアル I' で与えられることが分かる．

$$Q': \quad \cdots \xrightarrow{\alpha_{i-1}} i \xrightarrow{\alpha_i} i+1 \xrightarrow{\alpha_{i+1}} i+2 \xrightarrow{\alpha_{i+2}} \cdots$$

（上側の矢印: (a,i)，下側の矢印: $(a^{-1}, i+2)$）

I' の生成系:

- $\alpha_{i+2}\alpha_{i+1}\alpha_i \quad (i \in \mathbb{Z})$,
- $(a, i+1)\alpha_i - \alpha_{i+2}(a, i), \quad (a^{-1}, i+1)\alpha_i - \alpha_{i-2}(a^{-1}, i) \quad (i \in \mathbb{Z})$,
- $(a^{-1}, i+2)(a, i) - \mathbb{1}_i, \quad (a, i-2)(a^{-1}, i) - \mathbb{1}_i \quad (i \in \mathbb{Z})$.

次に $\mathscr{C}/G$ の骨格 $\mathscr{C}/_{\mathrm{c}}G$ を計算する．命題 1.4.9 よりこれは同型を除いてただ 1 つに決まり，$\mathscr{C}/G$ と同値である．命題 6.1.3 より $\mathscr{C}$ の G-軌道の完全代表系をとれば，それによる $\mathscr{C}/G$ の充満部分圏として $\mathscr{C}/_{\mathrm{c}}G$ が定まる．明らかに $\{1, 2\}$ は $\mathscr{C}$ の G-軌道の完全代表系になっている．局所射集合を計算すると，

$$(\mathscr{C}/G)(1,1) = \sigma_1\mathscr{C}(1,1) \oplus \sigma_{a^{-1}}\mathscr{C}(-1,1) = \Bbbk\mathbb{1}_1 \oplus \Bbbk\alpha_0\alpha_{-1}(a^{-1},1),$$

$$(\mathscr{C}/G)(1,2) = \sigma_1\mathscr{C}(1,2) = \Bbbk\alpha_1,$$

$$(\mathscr{C}/G)(2,1) = \sigma_{a^{-1}}\mathscr{C}(0,1) = \Bbbk\alpha_0(a^{-1},2),$$

$$(\mathscr{C}/G)(2,2) = \sigma_1\mathscr{C}(2,2) \oplus \sigma_{a^{-1}}\mathscr{C}(0,2) = \Bbbk\mathbb{1}_2 \oplus \Bbbk\alpha_1\alpha_0(a^{-1},2)$$

となる．なお G-次数は σ の添字で与えられる．すなわち，恒等射以外の次数は次の通りである．

$$\deg \alpha_0 \alpha_{-1}(a^{-1}, 1) = a^{-1}, \ \deg \alpha_1 = 1,$$
$$\deg \alpha_0(a^{-1}, 2) = a^{-1}, \ \deg \alpha_1 \alpha_0(a^{-1}, 2) = a^{-1}. \tag{6.4}$$

したがって，例 2.3.29 において用いた方法で $\mathscr{C}/_c G$ を表示すると，

$$\alpha_0\alpha_{-1}(a^{-1},1) \circlearrowleft 1 \underset{\alpha_0(a^{-1},2)}{\overset{\alpha_1}{\rightleftarrows}} 2 \circlearrowright \alpha_1\alpha_0(a^{-1},2)$$

であり，合成は以下の通りである．

$$\alpha_0(a^{-1}, 2) \circ \alpha_1 = \alpha_0\alpha_{-1}(a^{-1}, 1),$$
$$\alpha_1 \circ \alpha_0(a^{-1}, 2) = \alpha_1\alpha_0(a^{-1}, 2),$$
$$\alpha_1 \circ (\alpha_0\alpha_{-1}(a^{-1}, 1)) = (a^{-1}, 3)\alpha_3\alpha_2\alpha_1 = 0,$$

同様に

$$(\alpha_0\alpha_{-1}(a^{-1}, 1)) \circ \alpha_0(a^{-1}, 2) = 0,$$
$$(\alpha_1\alpha_0(a^{-1}, 2)) \circ \alpha_1 = 0,$$
$$\alpha_0(a^{-1}, 2) \circ (\alpha_1\alpha_0(a^{-1}, 2)) = 0.$$

したがって，$\mathscr{C}/_c G$ は次の制限クイバー (Q, I) で与えられる．

$$Q := \quad 1 \underset{\beta}{\overset{\alpha}{\rightleftarrows}} 2 \quad , \quad I := \langle \alpha\beta\alpha, \beta\alpha\beta \rangle.$$

なお，G-次数は式 (6.4) より，次の重み W（定義 6.2.8 参照）で与えられる：

$$W(\alpha) = 1, W(\beta) = a^{-1}.$$

注意 6.1.5. 定理 6.1.2 において，証明のなかの Ψ の定め方から，写像 $W \colon Q_1' \to G$ を次で与えると，W は (Q', I') 上の斉次重み写像となり，G-次数圏としての同型 $\mathscr{C}/G \cong \Bbbk(Q', I', W)$ が得られる（定義 6.2.9 参照）：

$$\begin{cases} W(\alpha) := 1 & (\alpha \in Q_1), \\ W((g, x)) := g & ((g, x) \in S \times Q_0). \end{cases}$$

6.2 スマッシュ積の計算

定義 6.2.1. $\mathscr{B}$ を G-次数圏，I をそのイデアルとする．各 $x, y \in \mathscr{B}_0$ に対して，

$$I(x, y) = \bigoplus_{a \in G} (I(x, y) \cap \mathscr{B}^a(x, y))$$

が成り立つとき，I は**斉次**であるという．

補題 6.2.2. $\mathscr{B}$ を G-次数圏，I をそのイデアルとする．I が斉次であるためには，I が斉次射で生成されることが必要十分である．

問 6.2.3. 上の補題を証明せよ．

補題 6.2.4. $\mathscr{B}$ を G-次数圏，I をその斉次イデアルとする．このとき各 $a \in G$ に対して次のようにおくと，$\mathscr{B}/I$ は G-次数圏となる：

$$(\mathscr{B}/I)^a(x,y) := (\mathscr{B}^a(x,y) + I(x,y))/I(x,y) \; (\cong \mathscr{B}^a(x,y)/I^a(x,y)).$$

以後，これにより $\mathscr{B}/I$ を G-次数圏と見る．

補題 6.2.5. $(\mathscr{C}, X)$ を G-圏，I を $\mathscr{C}$ のイデアル，$\pi\colon \mathscr{C} \to \mathscr{C}/I$ を標準関手とする．各 $x,y \in \mathscr{C}_0$ と $a \in G$ に対して，$X(a)(I(x,y)) \subseteq I(X(a)x, X(a)y)$ が満たされるとき，I を $(\mathscr{C}, X)$ の G-**不変イデアル**とよぶ．このとき，次で $\mathscr{C}/I$ に G-作用 X/I が定義される：

$$\begin{aligned}
(X/I)(a)(x) &:= X(a)(x) \quad (x \in (\mathscr{C}/I)_0 = \mathscr{C}_0), \\
(X/I)(a)(\pi(f)) &:= \pi(X(a)(f)) \quad (f \in \mathscr{C}_1).
\end{aligned} \tag{6.5}$$

補題 6.2.6. $\mathscr{B}$ を G-次数圏，I をその斉次イデアルとする．各 $x^{(a)}, y^{(b)} \in (\mathscr{B}\#G)_0$ $(x,y \in \mathscr{B}_0, a,b \in G)$ に対して，$(\mathscr{B}\#G)(x^{(a)}, y^{(b)})$ の $\Bbbk$-部分空間として $(I\#G)(x^{(a)}, y^{(b)}) := \{{}^{(b)}f^{(a)} \mid f \in I^{b^{-1}a}(x,y)\}$ と定義する．このとき $I\#G$ は $\mathscr{B}\#G$ の G-不変イデアルになり，G-圏の間の自然な同型

$$(\mathscr{B}\#G)/(I\#G) \cong (\mathscr{B}/I)\#G$$

が存在する．これにより以後これらの圏を同一視する．

証明. $\pi^{\#}\colon \mathscr{B}\#G \to (\mathscr{B}\#G)/(I\#G)$, $\pi\colon \mathscr{B} \to \mathscr{B}/I$ を標準関手とする．まず，両辺の対象集合は一致していることに注意する．実際，

$$((\mathscr{B}\#G)/(I\#G))_0 = (\mathscr{B}\#G)_0 = \mathscr{B}_0 \times G = (\mathscr{B}/I)_0 \times G = ((\mathscr{B}/I)\#G)_0.$$

定理 2.6.3 を用いて証明するために，関手 $F\colon \mathscr{B}\#G \to (\mathscr{B}/I)\#G$ を定義する．まず上のことを用いて，

$$F_0\colon (\mathscr{B}\#G)_0 \to ((\mathscr{B}/I)\#G)_0$$

は恒等写像とする．次に，各 $(x,a), (y,b) \in \mathscr{B}_0 \times G$ に対して，全射線形写像

$$F\colon (\mathscr{B}\#G)(x^{(a)}, y^{(b)}) \to ((\mathscr{B}/I)\#G)(x^{(a)}, y^{(b)})$$

を次の自然な準同型の合成として定義する：

$$(\mathscr{B}\#G)(x^{(a)}, y^{(b)}) \xrightarrow{\sim} \mathscr{B}^{b^{-1}a}(x,y) \to (\mathscr{B}^{b^{-1}a}(x,y) + I(x,y))/I(x,y)$$
$$\xrightarrow{\sim} (\mathscr{B}/I)^{b^{-1}a}(x,y) \xrightarrow{\sim} ((\mathscr{B}/I)\#G)(x^{(a)}, y^{(b)}).$$

すなわち具体的な対応を書くと

$${}^{(b)}f^{(a)} \mapsto {}^{(b)}\pi(f)^{(a)} \quad (f \in \mathscr{B}^{b^{-1}a}(x,y)).$$

このとき，$\mathrm{Ker}\, F$ を求めると，

$$(\mathrm{Ker}\, F)(x^{(a)}, y^{(b)}) = \{ {}^{(b)}f^{(a)} \mid F(f) = 0, f \in \mathscr{B}^{b^{-1}a}(x,y) \}$$
$$= \{ {}^{(b)}f^{(a)} \mid f \in \mathscr{B}^{b^{-1}a}(x,y) \cap I(x,y) \}$$
$$= (I\#G)(x^{(a)}, y^{(b)}).$$

したがって，定理 2.6.3 より $I\#G \, (= \mathrm{Ker}\, F)$ は $\mathscr{B}\#G$ のイデアルであり，F は線形圏の自然な同型

$$\bar{F} \colon (\mathscr{B}\#G)/(I\#G) \xrightarrow{\sim} (\mathscr{B}/I)\#G, \tag{6.6}$$
$$\pi^{\#}({}^{(b)}f^{(a)}) \mapsto {}^{(b)}\pi(f)^{(a)} \quad (f \in \mathscr{B}^{b^{-1}a}(x,y))$$

を導く．$I\#G$ の形と式 (5.22) より，$I\#G$ は $\mathscr{B}\#G$ の G-不変イデアルである．したがって，補題 6.2.5 より $(\mathscr{B}\#G)/(I\#G)$ には G-作用が定義される．最後に，この $\bar{F}$ が G-作用と可換であることを示す．$c \in G$ とする．対象に対する c の作用は，$(\mathscr{B}\#G)/(I\#G)$ と $(\mathscr{B}/I)\#G$ のどちらでも次で定義されている：

$$x^{(a)} \mapsto x^{(ca)} \quad ((x,a) \in \mathscr{B}_0 \times G).$$

すなわち，対象の上では $\bar{F}$ は G-作用と可換である．次に，式 (6.5) と式 (5.22) より射に対する c の作用は，$(\mathscr{B}\#G)/(I\#G)$ と $(\mathscr{B}/I)\#G$ においてそれぞれ次のように定義されている：

$$\pi^{\#}({}^{(b)}f^{(a)}) \mapsto \pi^{\#}({}^{(cb)}f^{(ca)}),$$
$${}^{(b)}\pi(f)^{(a)} \mapsto {}^{(cb)}\pi(f)^{(ca)} \tag{6.7}$$
$$((x,a), (y,b) \in \mathscr{B}_0 \times G, f \in \mathscr{B}^{b^{-1}a}(x,y)).$$

式 (6.6) と式 (6.7) より，$\bar{F}$ が射の上でも G-作用と可換であることが分かる． □

定義 6.2.7. Q をクイバーとする．このとき写像 $W \colon Q_1 \to G$ を Q 上の G-**重み写像**，組 (Q, W) を G-**重み付きクイバー**とよぶ．

定義 6.2.8. (Q, W) を G-重み付きクイバーとする．このとき，Q の各道 μ に対して，$|\mu| := n \geq 1$ のとき，$\mu = \alpha_n \cdots \alpha_1 \, (\alpha_1, \ldots, \alpha_n \in Q_1)$ と一意的に書けるので，

$$W(\mu) := W(\alpha_n) \cdots W(\alpha_1)$$

とおく．また，$|\mu| = 0$ のときは，$W(\mu) := 1$ とおく．すると明らかに，道圏 $\Bbbk[Q]$ は次のようにおくことにより G-次数圏 $\Bbbk(Q,W)$ になる:

$$\Bbbk(Q,W)^a(x,y) := \bigoplus_{\substack{\mu \in \mathbb{P}Q(x,y) \\ W(\mu)=a}} \Bbbk\mu \qquad (a \in G, x,y \in Q_0).$$

定義 6.2.9. (Q,I) を関係付きクイバー，W を Q 上の G-重み写像とする．

(1) $I(x,y)$ $(x,y \in Q_0)$ の元 $\rho = \sum_{i=1}^{n} t_i\mu_i$ $(t_i \in \Bbbk, \mu_i \in \mathbb{P}Q(x,y))$ は，$\{1,\ldots,n\}$ のすべての真部分集合 $J \neq \emptyset$ に対して $\sum_{i\in J} t_i\mu_i \notin I$ となるとき，I の**極小関係**であるという．

(2) I の各極小関係 $\sum_{i=1}^{n} t_i\mu_i$ $(x,y \in Q_0, t_i \in \Bbbk, \mu_i \in \mathbb{P}Q(x,y))$ に対して，

$$W(\mu_i) = W(\mu_1) \quad (i = 1,\ldots,n)$$

となるとき，W を (Q,I) 上の**斉次重み写像**とよぶ．

(3) 上が成り立つとき，補題 6.2.2 より I は G-次数圏 $\Bbbk(Q,W)$ の斉次イデアルとなる．そこで，G-次数圏 $\Bbbk(Q,I,W)$ を

$$\Bbbk(Q,I,W) := \Bbbk(Q,W)/I \tag{6.8}$$

で定義する．

問 6.2.10. 定義 6.2.9(1) において，$I(x,y)$ の各元 $\rho = \sum_{i=1}^{n} t_i\mu_i$ は I の極小関係の n 個以下の和に書ける．このことを n に関する帰納法で示せ．

例 6.2.11. G を加法群 $\mathbb{Z}$ とし，Q をクイバー

$$
\begin{array}{c}
2 \\
\alpha_1 \!\!\uparrow\downarrow\!\! \alpha_2 \\
1 \\
\beta_1 \!\!\downarrow\uparrow\!\! \beta_2 \\
3
\end{array}
\quad,
$$

I を $\Bbbk[Q]$ のイデアル $\langle \alpha_2\alpha_1 - \beta_2\beta_1, \beta_1\alpha_2, \alpha_1\beta_2, \alpha_2\alpha_1\alpha_2, \beta_2\beta_1\beta_2 \rangle$ とする．このとき，Q 上の G-重み写像 W を $W(\alpha_1) = 0 = W(\beta_1), W(\alpha_2) = 1 = W(\beta_2)$ で定義すると，W は (Q,I) 上の斉次重み写像となる．

定義 6.2.12. (Q,I) を関係付きクイバー，W を (Q,I) 上の斉次 G-重み写像とする．

(1) クイバー $Q_{G,W} = ((Q_{G,W})_0, (Q_{G,W})_1, s_{G,W}, t_{G,W})$ を次で定める．

$$(Q_{G,W})_0 := \{x^{(a)} := (x,a) \mid x \in Q_0, a \in G\} = Q_0 \times G,$$

$$(Q_{G,W})_1 := \{\alpha^{(a)} \colon x^{(aW(\alpha))} \to y^{(a)} \mid (x \xrightarrow{\alpha} y) \in Q_1, a \in G\},$$

$$s_{G,W}(\alpha^{(a)}) := s(\alpha)^{(aW(\alpha))}, \quad t_{G,W}(\alpha^{(a)}) := t(\alpha)^{(a)} \quad (\alpha \in Q_1, a \in G).$$

(2) 長さ n (≥ 2) の各道 $\mu = \alpha_n \cdots \alpha_1$ と各 $a \in G$ に対して，$x^{(aW(\mu))}$ から $y^{(a)}$ への道 $\mu^{(a)}$ を

$$\mu^{(a)} := \alpha_n^{(a)} \alpha_{n-1}^{(aa_n)} \cdots \alpha_2^{(aa_n \cdots a_3)} \alpha_1^{(aa_n \cdots a_2)}$$

で定める．ただし，$a_i := W(\alpha_i)$ $(i = 1, \ldots, n)$ とおいた．そのため $W(\mu) := a_n \cdots a_1$ となっていることに注意．頂点にも記号を付けて視覚的に表すと，μ が道

$$y = x_n \xleftarrow{\alpha_n} x_{n-1} \xleftarrow{\alpha_{n-1}} \cdots \xleftarrow{\alpha_2} x_1 \xleftarrow{\alpha_1} x_0 = x$$

であるとき，$\mu^{(a)}$ は道

$$x_n^{(a)} \xleftarrow{\alpha_n^{(a)}} x_{n-1}^{(aa_n)} \xleftarrow{\alpha_{n-1}^{(aa_n)}} \cdots \xleftarrow{\alpha_2^{(aa_n \cdots a_3)}} x_1^{(aa_n \cdots a_2)} \xleftarrow{\alpha_1^{(aa_n \cdots a_2)}} x_0^{(aa_n \cdots a_1)}$$

になる．

(3) I の各極小関係 $\rho = \sum_i k_i \mu_i$ $(k_i \in \Bbbk, \mu_i \in \mathbb{P}Q(x,y), x,y \in Q_0)$ に対して

$$\rho^{(a)} := \sum_i k_i \mu_i^{(a)}$$

とおく．この式において，すべての i に対して $W(\mu_i) = W(\mu_1)$ より，$\mu_i^{(a)} \in \mathbb{P}Q_{G,W}(x^{(aW(\mu_1))}, y^{(a)})$ となっていることに注意する．このとき $\Bbbk[Q_{G,W}]$ には G-作用 X が次のクイバー射で定義される．

$$X_c \colon (x^{(aW(\alpha))} \xrightarrow{\alpha^{(a)}} y^{(a)}) \mapsto (x^{(caW(\alpha))} \xrightarrow{\alpha^{(ca)}} y^{(ca)})$$

$$((x^{(aW(\alpha))} \xrightarrow{\alpha^{(a)}} y^{(a)}) \in (Q_{G,W})_1, a,c \in G, x,y \in Q_0, \alpha \in Q_1).$$

(4) $\Bbbk[Q_{G,W}]$ のイデアル $I_{G,W}$ を次で定める．

$$I_{G,W} := \langle \rho^{(a)} \mid a \in G, \rho \text{は} I \text{の極小関係} \rangle.$$

(5) $(Q_{G,W}, I_{G,W})$ を (Q, I, W) と G の**スマッシュ積**とよぶ．

注意 6.2.13. 上の設定において，$I_{G,W}$ は明らかに G-不変イデアルであるから G-作用 X は $\Bbbk(Q_{G,W}, I_{G,W}) := \Bbbk[Q_{G,W}]/I_{G,W}$ の G-作用 $\overline{X} := X/I_{G,W}$ を導く．これによって $\Bbbk(Q_{G,W}, I_{G,W})$ を G-圏と見る．

後で定理 6.2.18 の証明 (5) で使うために，ここでクイバーの被覆を導入しておく．

定義 6.2.14. 一般にクイバー $Q = (Q_0, Q_1, s, t)$ と各 $x \in Q_0$ に対して

$$x^+ := \{\alpha \in Q_1 \mid s(\alpha) = x\}, \; x^- := \{\alpha \in Q_1 \mid t(\alpha) = x\}$$

とおく. クイバーの**被覆**とは, クイバー射 $F\colon \tilde{Q} \to Q$ で次の 2 つの条件を満たすものである.

(1) $F_0\colon \tilde{Q}_0 \to Q_0$ は全射であり,

(2) F は全単射

$$x^+ \to (Fx)^+ \quad \text{および} \quad x^- \to (Fx)^- \qquad (x \in \tilde{Q}_0)$$

を導く.

クイバーの被覆の定義から次の補題が容易に示される.

補題 6.2.15. $F\colon \tilde{Q} \to Q$ をクイバーの被覆, $\mu = \beta_n \cdots \beta_2 \beta_1 \in \mathbb{P}Q(x,y)$ $(x, y \in Q_0)$ とする. このとき, $F(\tilde{y}) = y$ となる任意の $\tilde{y} \in \tilde{Q}_0$ に対して, $F(\lambda) = \mu, t(\lambda) = \tilde{y}$ となる $\tilde{Q}$ の道 $\lambda = \alpha_n \dots \alpha_2 \alpha_1$ がただ 1 つ存在する. ただし, $F(\lambda) := F(\alpha_n) \cdots F(\alpha_2) F(\alpha_1)$ とおいた. この λ を μ の $\tilde{y}$ への**持ち上げ**とよぶ.

問 6.2.16. 上の補題を証明せよ. より一般に上の μ は "遊歩道" でも成り立つことに注意しておく.

命題 6.2.17. クイバー射 $F_{G,W}\colon Q_{G,W} \to Q$ を $F_{G,W}(x^{(a)}) := x, F_{G,W}(\alpha^{(a)}) := \alpha$ $(x \in Q_0, \alpha \in Q_1, a \in G)$ で定義すると, これはクイバーの被覆になっている.

証明. 簡単のため $F := F_{G,W}$ とおく. $Q_{G,W}$ の定義より, F がクイバー射になっていることは明らかである. また, 任意の $x \in Q_0$ に対して $F(x^{(1)}) = x$ より F_0 は全射である. $x \in Q_0, b \in G$ とする. このとき

$$
\begin{aligned}
(x^{(b)})^+ &= \{\alpha^{(a)} \mid a \in G, \alpha \in Q_1, s_{G,W}(\alpha^{(a)}) = x^{(b)}\} \\
&= \{\alpha^{(a)} \mid a \in G, \alpha \in Q_1, s(\alpha)^{(aW(\alpha))} = x^{(b)}\} \\
&= \{\alpha^{(a)} \mid a \in G, \alpha \in Q_1, s(\alpha) = x, aW(\alpha) = b\} \\
&= \{\alpha^{(bW(\alpha)^{-1})} \mid \alpha \in Q_1, s(\alpha) = x\} \\
&= \{\alpha^{(bW(\alpha)^{-1})} \mid \alpha \in x^+\}.
\end{aligned}
$$

したがって, F は全単射 $(x^{(b)})^+ \to x^+$ を導く. また, 同様にして $(x^{(b)})^- = \{\alpha^{(b)} \mid \alpha \in x^-\}$ が分かるから F は全単射 $(x^{(b)})^- \to x^-$ も導く. $\qquad\square$

次の定理により, スマッシュ積の計算法が与えられる.

定理 6.2.18. (Q, I) を関係付きクイバー, W を (Q, I) 上の斉次 G-重み写像とする. このとき, スマッシュ積 $\Bbbk(Q, I, W)\#G$ は関係付きクイバー $(Q_{G,W}, I_{G,W})$ で表示される. すなわち, G-圏の同型

$$\Bbbk(Q, I, W) \# G \cong \Bbbk(Q_{G,W}, I_{G,W})$$

が存在する.

証明. 補題 6.2.6 と定義式 (6.8) より G-圏の同型

$$\Bbbk(Q, I, W) \# G = (\Bbbk(Q, W) \# G)/(I \# G)$$

が存在することに注意する. まず関手 $\phi\colon \Bbbk(Q, W) \# G \to \Bbbk(Q_{G,W})$ を構成する.

対象について: 各 $x^{(a)} \in (\Bbbk(Q, W) \# G)_0$ $(x \in Q_0, a \in G)$ に対して,

$$\phi(x^{(a)}) := x^{(a)} \in (Q_{G,W})_0$$

とおく.

射について: $x^{(a)}, y^{(b)} \in (\Bbbk(Q, W) \# G)_0$ とし, $^{(b)}f^{(a)} \in (\Bbbk(Q, W) \# G)$ $(x^{(a)}, y^{(b)})$, $f \in \Bbbk(Q, W)^{b^{-1}a}(x, y)$ とする. このとき $f = \sum_{i=1}^{n} k_i \mu_i$ となる $k_i \in \Bbbk, \mu_i \in \mathbb{P}Q(x, y)$ が一意的に定まる. ただし, すべての i に対して $W(\mu_i) = b^{-1}a$ である. したがって, 定義 6.2.12(2) より, 各 $\mu_i^{(b)}$ は $x^{(a)}$ から $y^{(b)}$ への道になるので,

$$\phi(f) := \sum_{i=1}^{n} k_i \mu_i^{(b)} \in \Bbbk Q_{G,W}(x^{(a)}, y^{(b)})$$

とおくことができる.

(1) ϕ は $\Bbbk$-関手になっている.

実際, $x^{(a)} \in (\Bbbk(Q, W) \# G)_0$ とする. このとき,

$$\mathbb{1}_{x^{(a)}} \in (\Bbbk(Q, W) \# G)(x^{(a)}, x^{(a)}) = \Bbbk(Q, W)^1(x, x),$$

であり, これは x から x への道の線形和であるから, $\mathbb{1}_{x^{(a)}} = \mathbb{1}_{x^{(a)}} e_x = e_x$. したがって, $\Bbbk(Q_{G,W}, I_{G,W})$ において, $\phi(\mathbb{1}_{x^{(a)}}) = \phi(e_x) = e_x^{(a)} = \mathbb{1}_{x^{(a)}}$ となる.

次に, $\Bbbk(Q, W) \# G$ の射 $x^{(a)} \xrightarrow{f} y^{(b)} \xrightarrow{g} z^{(c)}$ をとる. このとき, $f = \sum_{i=1}^{m} k_i \lambda_i$, $g = \sum_{j=1}^{n} l_j \mu_j$ となる $k_i, l_j \in \Bbbk, \lambda_i \in \mathbb{P}Q(x, y), \mu_j \in \mathbb{P}Q(y, z)$ が存在する. ただし, すべての i, j に対して, $W(\mu_j) = c^{-1}b, W(\lambda_i) = b^{-1}a$ である. このとき $W(\mu_j \lambda_i) = c^{-1}a$, $cW(\mu_j) = b$, $bW(\lambda_i) = a$ より, $(\mu_j \lambda_i)^{(c)} = \mu_j^{(c)} \lambda_i^{(b)}$ が成り立つので,

$$\phi(g \cdot f) = \phi(\sum_{i,j}(l_j k_i) \mu_j \lambda_i) = \sum_{i,j}(l_j k_i)(\mu_j \lambda_i)^{(c)}$$
$$= \sum_{j=1}^{n} l_j \mu_j^{(c)} \sum_{i=1}^{m} k_i \lambda_i^{(b)} = \phi(g) \cdot \phi(f)$$

となる. ϕ が $\Bbbk$-線形になることは明らかである.

(2) $\phi(I\#G) \subseteq I_{G,W}$.

すなわち ϕ は関手 $\overline{\phi}\colon \Bbbk(Q,I,W)\#G \to \Bbbk(Q_{G,W},I_{G,W})$ を導く.

実際, $x^{(a)},y^{(b)} \in (\Bbbk(Q,I,W)\#G)_0$ とする. このとき $\phi((I\#G)(x^{(a)},y^{(b)}))$
$\subseteq I_{G,W}(x^{(a)},y^{(b)})$ を示せば十分である. そこで ${}^{(b)}f^{(a)} \in (I\#G)(x^{(a)},y^{(b)})$,
$f \in I^{b^{-1}a}(x,y)$ をとる. このとき $f = \sum_{i=1}^m k_i \mu_i$ となる $k_i \in \Bbbk$ と道
$\mu_i \in \mathbb{P}Q(x,y)$ が存在する. ただし, すべての i に対して $W(\mu_i) = b^{-1}a$
である. ここで, 集合 $\{1,2,\dots,n\}$ の分割 $S_1 \sqcup S_2 \sqcup \cdots \sqcup S_t = \{1,2,\dots,n\}$
をうまくとると, f は極小関係 $\rho_j = \sum_{i \in S_j} k_i \mu_i$ $(j=1,2,\dots,t)$ の和として,
$f = \rho_1 + \rho_2 + \cdots + \rho_t$ と表すことができる. すると, $\phi(f) = \sum_{i=1}^m k_i \mu_i^{(b)} =$
$\sum_{j=1}^t \sum_{i \in S_j} k_i \mu_i^{(b)} = \rho_1^{(b)} + \rho_2^{(b)} + \cdots + \rho_t^{(b)} \in I_{G,W}(x^{(a)},y^{(b)})$.

(3) $\overline{\phi}$ は対象集合の上で全単射である.

実際, ϕ は対象集合の上で恒等写像になっているので, これは自明である.

(4) $\overline{\phi}$ は G-作用と可換である.

実際, $x,y \in Q_0$, $a,b,c \in G$ とする. このとき, 次の図式の可換性を示せばよい.

$$(6.9)$$

$$
\begin{array}{ccc}
(\Bbbk(Q,I,W)\#G)(x^{(a)},y^{(b)}) & \xrightarrow{\;\overline{\phi}\;} & \Bbbk(Q_{G,W},I_{G,W})(x^{(a)},y^{(b)}) \\
{\scriptstyle X_c'}\big\downarrow & & \big\downarrow{\scriptstyle \overline{X_c}} \\
(\Bbbk(Q,I,W)\#G)(x^{(ca)},y^{(cb)}) & \xrightarrow{\;\overline{\phi}\;} & \Bbbk(Q_{G,W},I_{G,W})(x^{(ca)},y^{(cb)})
\end{array}
$$

ただし, X' は $\Bbbk(Q,I,W)\#G$ の G-作用を表す. $W(\mu)=b^{-1}a$ を満たすある
道 $\mu \in \mathbb{P}Q(x,y)$ について $\bar\mu := \mu + (I\#G)(x^{(a)},y^{(b)})$ という形の元について
可換性を示せば十分である: これは次の等式によって確かめられる.

$$\overline{\phi}(X_c'({}^{(b)}\bar\mu^{(a)})) = \overline{\phi}({}^{(cb)}\bar\mu^{(ca)}) = \widetilde{\mu^{(cb)}} = X_c(\widetilde{\mu^{(b)}}) = X_c(\overline{\phi}({}^{(b)}\bar\mu^{(a)})).$$

ただし, $\widetilde{(\text{-})}$ は $\Bbbk(Q_{G,W},I_{G,W})$ における類を表す.

(5) $\overline{\phi}$ は充満忠実である.

実際, $x^{(a)},y^{(b)} \in (\Bbbk(Q,I,W)\#G)_0$ とする. このとき, 横の列が完全であ
るような可換図式

$$
\begin{array}{ccccccccc}
0 & \to & (I\#G)(x^{(a)},y^{(b)}) & \hookrightarrow & (\Bbbk(Q,W)\#G)(x^{(a)},y^{(b)}) & \to & (\Bbbk(Q,I,W)\#G)(x^{(a)},y^{(b)}) & \to & 0 \\
& & {\scriptstyle \phi|I\#G}\big\downarrow & & {\scriptstyle \phi}\big\downarrow & & {\scriptstyle \overline{\phi}}\big\downarrow & & \\
0 & \to & I_{G,W}(x^{(a)},y^{(b)}) & \hookrightarrow & \Bbbk Q_{G,W}(x^{(a)},y^{(b)}) & \longrightarrow & \Bbbk(Q_{G,W},I_{G,W})(x^{(a)},y^{(b)}) & \to & 0
\end{array}
$$

が存在するので, 5 項補題より, 上の図式の ϕ と $\phi|I\#G$ がともに同型である
ことを示せば十分である. (右にもう 1 つずつ 0 を継ぎ足して同型 $0 \to 0$ を用

いる.)

　まず上の図式の ϕ が同型であることを示す. 各 $c \in G$ に対して $\mathbb{P}Q^c(x,y) := \{\mu \in \mathbb{P}Q(x,y) \mid W(\mu) = c\}$ とおく. このとき, 第 2 射影 $(\Bbbk(Q,W)\#G)(x^{(a)}, y^{(b)}) \xrightarrow{\sim} \Bbbk(Q,W)^{b^{-1}a}(x,y)$ でこれらを同一視すると, $(\Bbbk(Q,W)\#G)(x^{(a)}, y^{(b)})$ は基底 $\mathbb{P}Q^{b^{-1}a}(x,y)$ を持ち, 空間 $\Bbbk Q_{G,W}(x^{(a)}, y^{(b)})$ は基底 $\mathbb{P}Q_{G,W}(x^{(a)}, y^{(b)})$ を持ち, ϕ は写像

$$\phi' : \mathbb{P}Q^{b^{-1}a}(x,y) \to \mathbb{P}Q_{G,W}(x^{(a)}, y^{(b)}), \mu \mapsto \mu^{(b)}$$

を導く. したがって, ϕ' が全単射であることを示せばよい. 命題 6.2.17 で定義されたクイバーの被覆 $F_{G,W} : Q_{G,W} \to Q$ を F とおく. F を制限することによって写像 $F' : \mathbb{P}Q_{G,W}(x^{(a)}, y^{(b)}) \to \mathbb{P}Q^{b^{-1}a}(x,y)$ が得られる. ここで ϕ' と F' が互いに逆写像であることを確かめる. これができれば ϕ' が全単射であることが分かる. 各 $\mu \in \mathbb{P}Q^{b^{-1}a}(x,y)$ に対して $F'(\phi'(\mu)) = F(\mu^{(b)}) = \mu$ となるので, $F'\phi' = \mathbb{1}_{\mathbb{P}Q^{b^{-1}a}(x,y)}$ が分かる. 次に $\xi \in \mathbb{P}Q_{G,W}(x^{(a)}, y^{(b)})$ とし, $\mu := F(\xi) \ (= F'(\xi))$ とおく. このとき, $F(\mu^{(b)}) = \mu = F(\xi)$ であり, $t_{G,W}(\mu^{(b)}) = y^{(b)} = t_{G,W}(\xi)$ となっている. したがって, 補題 6.2.15 (持ち上げの一意性) より $\mu^{(b)} = \xi$ が成り立つ. したがって $\phi'(F'(\xi)) = \mu^{(b)} = \xi$ となり $\phi'F' = \mathbb{1}_{\mathbb{P}Q_{G,W}(x^{(a)}, y^{(b)})}$ が成り立つ. 以上より, ϕ' が全単射となり, 上の図式の ϕ が同型であることが分かる.

　最後に $\phi|I\#G$ が同型であることを示す. 上の図式の左側の四辺形の可換性と ϕ の単射性から $\phi|I\#G$ が単射であることが分かる. $\phi|I\#G$ が全射であることを示すために, $b \in G$, $x,y \in Q_0$ とし ρ を $I(x,y)$ 内の極小関係として $\rho^{(b)} \in I_{G,W}$ をとる. このとき, $t_{G,W}(\rho^{(b)}) = y^{(b)}$ であり, ある $a \in G$ によって $s_{G,W}(\rho^{(b)}) = x^{(a)}$ となっている. ところが ρ は, $\rho = \sum_{i=1}^{m} k_i \mu_i \ (0 \neq k_i \in \Bbbk, \ \mu_i \in \mathbb{P}Q(x,y))$ と書けていて, W が斉次重み写像であることから, すべての i に対して $W(\mu_i) = W(\mu_1) = b^{-1}a$ となっている. したがって, $\rho \in I^{b^{-1}a}(x,y) = (I\#G)(x^{(a)}, y^{(b)})$ となり, $\rho^{(b)} = \phi(\rho) \in \phi((I\#G)(x^{(a)}, y^{(b)}))$ が成り立つ. ゆえに $\phi|I\#G$ は全射となり, 上のこととあわせて, 同型であることが分かる. □

　また次のことが容易に示される.

系 6.2.19. (Q,I) と W を定理 6.2.18 と同様とし $F : \Bbbk(Q,I,W)\#G \to \Bbbk(Q,I)$ を標準 G-被覆とする. このとき, $\Bbbk$-関手の厳格な可換図式

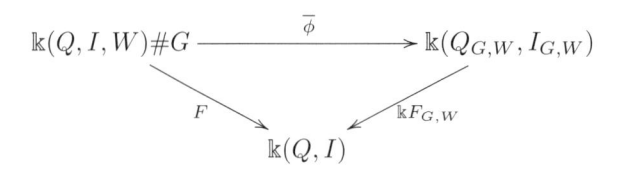

が成り立つ．したがって，$F_{G,W}$ を F の表示と見ることができる．

問 6.2.20. 上の系を証明せよ．

例 6.2.21. $G = \mathbb{Z}$ とし (Q, I, W) を例 6.2.11 の重み付き関係付きクイバーとする．このとき，スマッシュ積 $\mathbb{k}(Q, I, W) \# G$ は関係付きクイバー $(Q_{G,W}, I_{G,W})$ で与えられる．ここで，$Q_{G,W}$ はクイバー

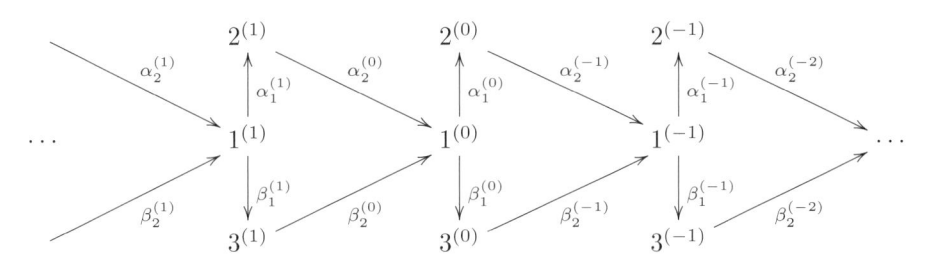

であり，$I_{G,W}$ は次の集合で生成される：

$$\{\alpha_2^{(i-1)}\alpha_1^{(i)} - \beta_2^{(i-1)}\beta_1^{(i)}, \ \beta_1^{(i)}\alpha_2^{(i)}, \ \alpha_1^{(i)}\beta_2^{(i)},$$
$$\alpha_2^{(i-1)}\alpha_1^{(i)}\alpha_2^{(i)}, \ \beta_2^{(i-1)}\beta_1^{(i)}\beta_2^{(i)}$$
$$\mid i \in \mathbb{Z}\}.$$

問 6.2.22. $G = \langle a \rangle$ を無限巡回群とし，例 6.1.4 で計算した重み付き関係付きクイバー (Q, I, W) を考え $\mathscr{B} := \mathbb{k}(Q, I, W) = \mathscr{C}/_c G$ とおく．このとき，$\mathscr{B} \# G$ は，例 6.1.4 の $\mathscr{C} = \mathbb{k}[\tilde{Q}, \tilde{I}]$ と同型になることを確かめよ．これがコーエン・モンゴメリー双対の簡単な例になっている．

6.3 右スマッシュ積の計算

以下に，命題 5.10.6(1) を用いてスマッシュ積の計算法を，右スマッシュ積の計算法に翻訳する．

定義 6.3.1. (Q, I) を関係付きクイバー，W を (Q, I) 上の斉次 G-重み写像とする．

(1) クイバー $Q'_{G,W} = ((Q'_{G,W})_0, (Q'_{G,W})_1, s'_{G,W}, t'_{G,W})$ を次で定める．

$$(Q'_{G,W})_0 := \{x^{(a)} := (x, a) \mid x \in Q_0, a \in G\}$$
$$= Q_0 \times G,$$
$$(Q'_{G,W})_1 := \{\alpha^{(a)} \colon x^{(a)} \to y^{(W(\alpha)a)} \mid (x \xrightarrow{\alpha} y) \in Q_1, a \in G\},$$
$$s'_{G,W}(\alpha^{(a)}) := s(\alpha)^{(a)},$$
$$t'_{G,W}(\alpha^{(a)}) := t(\alpha)^{(W(\alpha)a)} \quad (\alpha \in Q_1, a \in G).$$

(2) 長さ n (≥ 2) の各道 $\mu = \alpha_n \cdots \alpha_1$ と各 $a \in G$ に対して，$x^{(a)}$ から $y^{(W(\mu)a)}$ への道 $\mu^{(a)}$ を

$$\mu^{(a)} := \alpha_n^{(a_{n-1}\cdots a_1 a)} \cdots \alpha_2^{(a_1 a)} \alpha_1^{(a)}$$

で定める．ただし，$a_i := W(\alpha_i)$ $(i = 1,\ldots,n)$ とおいた．そのため $W(\mu) := a_n \cdots a_1$ となっていることに注意．頂点にも記号を付けて視覚的に表すと，μ が道 $y = x_n \xleftarrow{\alpha_n} \cdots \xleftarrow{\alpha_2} x_1 \xleftarrow{\alpha_1} x_0 = x$ であるとき，$\mu^{(a)}$ は次の道になる：

$$x_n^{(a_n \cdots a_1 a)} \xleftarrow{\alpha_n^{(a_{n-1}\cdots a_1 a)}} \cdots \xleftarrow{\alpha_2^{(a_1 a)}} x_1^{(a_1 a)} \xleftarrow{\alpha_1^{(a)}} x_0^{(a)}.$$

(3) I の各極小関係 $\rho = \sum_i k_i \mu_i$ $(k_i \in \Bbbk, \mu_i \in \mathbb{P}Q(x,y), x,y \in Q_0)$ に対して

$$\rho^{(a)} := \sum_i k_i \mu_i^{(a)}$$

とおく．この式において，すべての i に対して $W(\mu_i) = W(\mu_1)$ より，$\mu_i^{(a)} \in \mathbb{P}Q_{G,W}(x^{(a)}, y^{(W(\mu_1)a)})$ となっていることに注意する．このとき $\Bbbk[Q'_{G,W}]$ には右 G-作用 X' が次のクイバー射で定義される．

$$X'_c \colon (x^{(a)} \xrightarrow{\alpha^{(a)}} y^{(W(\alpha)a)}) \mapsto (x^{(ac)} \xrightarrow{\alpha^{(ac)}} y^{(W(\alpha)ac)})$$

$$((x^{(a)} \xrightarrow{\alpha^{(a)}} y^{(W(\alpha)a)}) \in (Q'_{G,W})_1, a,c \in G, x,y \in Q_0, \alpha \in Q_1).$$

(4) $\Bbbk[Q'_{G,W}]$ のイデアル $I'_{G,W}$ を次で定める．

$$I'_{G,W} := \langle \rho^{(a)} \mid a \in G, \rho は I の極小関係 \rangle.$$

(5) $(Q'_{G,W}, I'_{G,W})$ を (Q,I,W) と G の**右スマッシュ積**とよぶ．

上の記号を用いると，定理 6.2.18 は次のように翻訳される．

定理 6.3.2. (Q,I) を関係付きクイバー，W を (Q,I) 上の斉次 G-重み写像とする．このとき，右スマッシュ積 $\Bbbk(Q,I,W)\#^{\mathrm{op}}G$ は関係付きクイバー $(Q'_{G,W}, I'_{G,W})$ で表示される．すなわち，右 G-圏の同型

$$\Bbbk(Q,I,W)\#^{\mathrm{op}}G \cong \Bbbk(Q'_{G,W}, I'_{G,W})$$

が存在する．

比較のため，例 6.2.21 に対応する右スマッシュ積を計算すると次のようになる．

例 6.3.3. $G = \mathbb{Z}$ とし (Q,I,W) を例 6.2.11 の重み付き関係付きクイバーとする．このとき，右スマッシュ積 $\Bbbk(Q,I,W)\#G$ は関係付きクイバー $(Q'_{G,W}, I'_{G,W})$ で与えられる．ここで，$Q'_{G,W}$ はクイバー

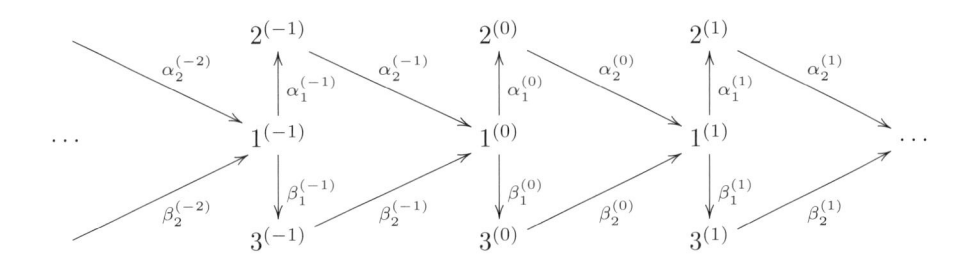

であり，$I'_{G,W}$ は次の集合で生成される：

$$\{\alpha_2^{(i)}\alpha_1^{(i)} - \beta_2^{(i)}\beta_1^{(i)},\ \beta_1^{(i+1)}\alpha_2^{(i)},\ \alpha_1^{(i+1)}\beta_2^{(i)},$$
$$\alpha_2^{(i+1)}\alpha_1^{(i+1)}\alpha_2^{(i)},\ \beta_2^{(i+1)}\beta_1^{(i+1)}\beta_2^{(i)}$$
$$\mid i \in \mathbb{Z}\}.$$

第 7 章
加群圏の間の関係

この章では，被覆する小圏と，被覆される小圏との加群圏の間の関係について調べる．以下，考察の出発点となる圏 $\mathscr{C}$ は小圏とする．ただし，その場合でも $\operatorname{Mod}\mathscr{C}$ は小圏ではない軽度の圏になる．そのため，直接には以下の議論は $\operatorname{Mod}\mathscr{C}$ には適用できない．しかし，付録に述べた軽度の圏上のテンソル積を用いれば，以下の議論は $\operatorname{Mod}\mathscr{C}$ に対しても適用できる．なお，$(\mathscr{C}, X)$ が擬 G-圏であるとき，$\operatorname{Mod}\mathscr{C}$ にも自然に擬 G-圏の構造が入るが，その証明には 2-圏の一般論が必要になる（詳しくは，注意 8.2.10 および [9, Theorem 6.5, 第 9 節] を参照）．そこで，この節では X が厳格な G-作用となっている場合に限ることにする．このように限定しても $\mathscr{C}$ が骨格的な場合には，その自己同値はすべて自己同型となっているので，G の $\mathscr{C}$ への作用は厳格な作用になり，以下の理論が適用できる．

7.1 小圏上のテンソル積と左 Kan 拡大

まず線形小圏 $\mathscr{C}$ に対して，$\mathscr{C}$ 上のテンソル積関手 $-\otimes_{\mathscr{C}}?\colon \operatorname{Mod}\mathscr{C} \times \mathscr{C}\text{-}\operatorname{Mod} \to \operatorname{Mod}\Bbbk$ を定義し，その具体的な形を与える．次に，線形小圏 $\mathscr{C}, \mathscr{D}$ に対して，双線形関手 $\mathscr{D}^{\mathrm{op}} \times \mathscr{C} \to \operatorname{Mod}\Bbbk$ として，$\mathscr{C}$-$\mathscr{D}$-両側加群を定義する．例えば，関手 $F\colon \mathscr{C} \to \mathscr{D}$ に対して，$_F\mathscr{D} := ((?,\text{-}) \mapsto \mathscr{D}(\text{-},F(?)))$ は $\mathscr{C}$-$\mathscr{D}$-両側加群になる．その後，$\mathscr{C}$-$\mathscr{D}$-両側加群全体のなす圏 $_{\mathscr{C}}\operatorname{Mod}_{\mathscr{D}}$ を定義し，上のテンソル積関手から関手 $-\otimes_{\mathscr{C}}?\colon \operatorname{Mod}\mathscr{C} \times _{\mathscr{C}}\operatorname{Mod}_{\mathscr{D}} \to \operatorname{Mod}\mathscr{D}$ を誘導する．これにより，各 $M \in (\operatorname{Mod}\mathscr{C})_0$ に対して M の F に沿った**左 Kan 拡大** $M \otimes_{\mathscr{C}} {}_F\mathscr{D}$ を構成し，例 4.1.13 で構成した 2-関手 Mod で定義される加群圏の間の関手 $F^{\cdot} := \operatorname{Mod}F \cong \operatorname{Mod}\mathscr{D}(_F\mathscr{D},\text{-})\colon \operatorname{Mod}\mathscr{D} \to \operatorname{Mod}\mathscr{C}$ に対して，その左随伴 $F_{\cdot}\colon \operatorname{Mod}\mathscr{C} \to \operatorname{Mod}\mathscr{D}$ を $F_{\cdot} := -\otimes_{\mathscr{C}}(_F\mathscr{D})$ として構成する．

次の節で，この構成を擬 G-圏 $(\mathscr{C}, X)$ に対する，標準被覆 $(P,\phi)\colon \mathscr{C} \to \mathscr{C}/G$ に適用することにより，押し下げ関手 $P_{\cdot}\colon \operatorname{Mod}\mathscr{C} \to \operatorname{Mod}\mathscr{C}/G$ を定義し，そ

の具体的形を計算する.

定義 7.1.1. $\mathscr{C}, \mathscr{D}$ を線形小圏とし, $F\colon \mathscr{C} \times \mathscr{D} \to \mathrm{Mod}\,\Bbbk$ を 2 変数関手とする. 任意の $(x_1, y_1), (x_2, y_2) \in (\mathscr{C} \times \mathscr{D})_0$ に対して, F が導く写像

$$(\mathscr{C} \times \mathscr{D})((x_1, y_1), (x_2, y_2)) = \mathscr{C}(x_1, x_2) \times \mathscr{D}(y_1, y_2)$$
$$\to \mathrm{Mod}\,\Bbbk(F(x_1, y_1), F(x_2, y_2))$$

が双線形であるとき, F は**双線形**であるという. また, 2 つの双線形関手 $F, F'\colon \mathscr{C} \times \mathscr{D} \to \mathrm{Mod}\,\Bbbk$ に対して, F から F' への 2 変数関手としての射を双線形関手 F から F' への射という.

ここで, 小圏 I から線形小圏 $\mathscr{C}$ の加群圏への関手 $F\colon I \to \mathrm{Mod}\,\mathscr{C}$ に対して, 余極限 $\varinjlim F$ の計算法を与えておく.

命題 7.1.2. $\mathscr{C}$ を線形小圏, I を小圏とし, $F\colon I \to \mathrm{Mod}\,\mathscr{C}$ を関手とする. このとき, $\mathrm{Mod}\,\mathscr{C}$ に次の完全列が存在する.

$$\bigoplus_{f \in I_1} F(\mathrm{dom}(f)) \xrightarrow{(\sigma_{\mathrm{cod}(f)} \circ F(f) - \sigma_{\mathrm{dom}(f)})_{f \in I_1}} \bigoplus_{i \in I_0} F(i) \to \varinjlim F \to 0.$$

したがって特に, $\varinjlim F$ が $\mathrm{Mod}\,\mathscr{C}$ のなかに存在する. また, 線形関手 $R\colon \mathrm{Mod}\,\mathscr{C} \to \mathrm{Mod}\,\Bbbk$ が小余連続であるためには, R が右完全であり, 小集合を添字集合とする余積を保つことが必要十分となる.

証明. 注意 A.1.5(6) より I_0 が小集合であるから, 任意の $x \in \mathscr{C}_0$ に対して, $\bigoplus_{i \in I_0}(F(i))(x) \subseteq \prod_{i \in I_0}(F(i))(x)$ はともに小集合となる. したがって, $\bigoplus_{i \in I_0} F(i) \in (\mathrm{Mod}\,\mathscr{C})_0$ となる. 同様に I_1 も小集合であるから $\bigoplus_{f \in I_1} F(\mathrm{dom}(f)) \in (\mathrm{Mod}\,\mathscr{C})_0$ となる. 余極限の定義から $\varinjlim F = \mathrm{Coker}(\sigma_{\mathrm{cod}(f)} \circ F(f) - \sigma_{\mathrm{dom}(f)})_{f \in I_1}$ となることが容易に確かめられるので, 注意 A.1.5(10) より $\varinjlim F \in \mathrm{Mod}\,\mathscr{C}$ が成り立つ. よって上の列の真ん中の射を余核の標準射とすれば, 上の列は $\mathrm{Mod}\,\mathscr{C}$ における完全列になる. $\square$

定理 7.1.3. $\mathscr{C}$ を線形小圏とする. このとき, 次の条件を満たす双線形関手 $- \otimes_{\mathscr{C}} ?\colon \mathrm{Mod}\,\mathscr{C} \times \mathscr{C}\text{-}\mathrm{Mod} \to \mathrm{Mod}\,\Bbbk$ が自然同型を除いてただ 1 つ存在する:

(1) 各 $N \in \mathscr{C}\text{-}\mathrm{Mod}$ に対して,

    (a) $- \otimes_{\mathscr{C}} N\colon \mathrm{Mod}\,\mathscr{C} \to \mathrm{Mod}\,\Bbbk$ は小余連続である (すなわち, 右完全であり, 小集合を添字集合とする余積を保つ);

    (b) $x \in \mathscr{C}_0$ および N に関して自然な同型 $s_x := s_{x,N}\colon \mathscr{C}(\text{-}, x) \otimes_{\mathscr{C}} N \xrightarrow{\sim} N(x)$ が $\mathrm{Mod}\,\Bbbk$ のなかに存在する.

(2) 各 $M \in \mathrm{Mod}\,\mathscr{C}$ に対して,

    (a) $M \otimes_{\mathscr{C}} \text{-}\colon \mathscr{C}\text{-}\mathrm{Mod} \to \mathrm{Mod}\,\Bbbk$ は小余連続である;

    (b) $x \in \mathscr{C}_0$ および M に関して自然な同型 $t_x := t_{x,M}\colon M \otimes_{\mathscr{C}} \mathscr{C}(x, \text{-})$

$\xrightarrow{\sim} M(x)$ が $\mathrm{Mod}\,\Bbbk$ のなかに存在する.

これを $\mathscr{C}$ 上の**テンソル積関手**とよぶ.

証明. まず，具体的に関手

$$- \otimes_{\mathscr{C}} ?\colon \mathrm{Mod}\,\mathscr{C} \times \mathscr{C}\text{-}\mathrm{Mod} \to \mathrm{Mod}\,\Bbbk$$

を次のように構成する.

対象に対して. $M \in (\mathrm{Mod}\,\mathscr{C})_0, N \in (\mathscr{C}\text{-}\mathrm{Mod})_0$ とする.

$$M \otimes_{\mathscr{C}} N := \left(\bigoplus_{x \in \mathscr{C}_0} M(x) \otimes_{\Bbbk} N(x)\right) \bigg/ I(M, N),$$

$$I(M, N) := \langle mM(f) \otimes n - m \otimes N(f)n \mid x, y \in \mathscr{C}_0, \qquad (7.1)$$

$$m \in M(y),\ f \in \mathscr{C}(x, y),\ n \in N(x)\rangle.$$

ここで $\otimes_{\Bbbk}$ は $\Bbbk$-加群としてのテンソル積を，$\langle S \rangle$ は各集合 S で生成される $\Bbbk$-加群を表す. 各 $x, y \in \mathscr{C}_0, m \in M(x), n \in N(x)$ に対して，

$$m \otimes_{\mathscr{C}} n := m \otimes n + I(M, N) \in M \otimes_{\mathscr{C}} N$$

とおく. このとき，上の定義より，各 $x, y \in \mathscr{C}_0, m \in M(y), f \in \mathscr{C}(x, y), n \in N(x)$ に対して，

$$m \otimes_{\mathscr{C}} N(f)n = mM(f) \otimes_{\mathscr{C}} n$$

が成り立つ. 次に，$M \otimes_{\mathscr{C}} N \in \mathrm{Mod}\,\Bbbk$ を確かめておく. $\mathscr{C}_0$ は小集合であり，各 $x \in \mathscr{C}_0$ に対して，$M(x) \otimes_{\Bbbk} N(x)$ も小集合であるから，$\bigoplus_{x \in \mathscr{C}_0} M(x) \otimes_{\Bbbk} N(x) \subseteq \prod_{x \in \mathscr{C}_0} M(x) \otimes_{\Bbbk} N(x)$ はともに小集合である（注意 A.1.5 (6)）. したがって，注意 A.1.5 (10) より $M \otimes_{\mathscr{C}} N$ も小集合である. すなわち，$M \otimes_{\mathscr{C}} N \in \mathrm{Mod}\,\Bbbk$.

射に対して. $f\colon M \to M'$ を $\mathrm{Mod}\,\mathscr{C}$ の射，$g\colon N \to N'$ を $\mathscr{C}\text{-}\mathrm{Mod}$ の射とする. このとき，$f \otimes_{\mathscr{C}} g\colon M \otimes_{\mathscr{C}} N \to M' \otimes_{\mathscr{C}} N'$ を次で定める.

$$F := \bigoplus_{x \in \mathscr{C}_0} f_x \otimes_{\Bbbk} g_x\colon \bigoplus_{x \in \mathscr{C}_0} M(x) \otimes_{\Bbbk} N(x) \to \bigoplus_{x \in \mathscr{C}_0} M'(x) \otimes_{\Bbbk} N'(x)$$

とおくと，$F(I(M, N)) \subseteq I(M', N')$ となることが容易に確かめられる. そこで，F の誘導する $\Bbbk$-加群の間の写像として $f \otimes_{\mathscr{C}} g$ を定める:

$$
\begin{array}{ccc}
\bigoplus_{x \in \mathscr{C}_0} M(x) \otimes_{\Bbbk} N(x) & \xrightarrow{\ F\ } & \bigoplus_{x \in \mathscr{C}_0} M'(x) \otimes_{\Bbbk} N'(x) \\
{\scriptstyle 標準}\big\downarrow & & \big\downarrow {\scriptstyle 標準} \\
M \otimes_{\mathscr{C}} N & \xrightarrow{\ f \otimes_{\mathscr{C}} g\ } & M' \otimes_{\mathscr{C}} N'
\end{array}
$$

以上によって定義された $- \otimes_{\mathscr{C}} ?\colon \mathrm{Mod}\,\mathscr{C} \times \mathscr{C}\text{-}\mathrm{Mod} \to \mathrm{Mod}\,\Bbbk$ が双線形関手になっていることは容易に確かめられる.

これが要求されている条件 (1), (2) を満たすことを確かめる．どちらも同様に示せるので (1) だけを示す．そのため，$N \in (\mathscr{C}\text{-Mod})_0$ とする．

主張 1. 次の随伴が存在する．

$$
\mathrm{Mod}\,\mathscr{C} \underset{\mathrm{Hom}_{\Bbbk}(N,\text{-})}{\overset{\text{-}\otimes_{\mathscr{C}}N}{\rightleftarrows}} \mathrm{Mod}\,\Bbbk
$$

これを示すために単位射 $\eta\colon \mathbb{1}_{\mathrm{Mod}\,\mathscr{C}} \Rightarrow \mathrm{Hom}_{\Bbbk}(N,\text{-}) \circ (\text{-}\otimes_{\mathscr{C}}N)$ と余単位射 $\varepsilon\colon (\text{-}\otimes_{\mathscr{C}}N) \circ \mathrm{Hom}_{\Bbbk}(N,\text{-}) \Rightarrow \mathbb{1}_{\mathrm{Mod}\,\Bbbk}$ を以下に定義する．

η の構成. 各 $M \in (\mathrm{Mod}\,\mathscr{C})_0$ と $x \in \mathscr{C}_0$ に対して，

$$
\eta_{M,x}\colon M(x) \to \mathrm{Hom}_{\Bbbk}(N(x), M \otimes_{\mathscr{C}} N), m \mapsto m \otimes_{\mathscr{C}} \text{-}
$$

とおき，$\eta_M := (\eta_{M,x})_{x \in \mathscr{C}_0}$ とおく．このとき，$\mathrm{Mod}\,\mathscr{C}$ の各射 $F\colon M \to M'$ に対して，次の図式の可換性は容易に確かめられる．

$$
\begin{CD}
M(x) @>{\eta_{M,x}}>> \mathrm{Hom}_{\Bbbk}(N(x), M \otimes_{\mathscr{C}} N) \\
@V{F_x}VV @VV{\mathrm{Hom}_{\Bbbk}(N(x), F \otimes_{\mathscr{C}} N)}V \\
M'(x) @>{\eta_{M',x}}>> \mathrm{Hom}_{\Bbbk}(N(x), M' \otimes_{\mathscr{C}} N)
\end{CD}
$$

したがって，$\eta := (\eta_M)_{M \in (\mathrm{Mod}\,\mathscr{C})_0}$ は自然変換

$$
\mathbb{1}_{\mathrm{Mod}\,\mathscr{C}} \Rightarrow \mathrm{Hom}_{\Bbbk}(N,\text{-}) \circ (\text{-}\otimes_{\mathscr{C}}N)
$$

となる．

ε の構成. 各 $V \in (\mathrm{Mod}\,\Bbbk)_0$ に対して，$\mathrm{Mod}\,\Bbbk$ における射

$$
\varepsilon'_V\colon \bigoplus_{x \in \mathscr{C}_0} \mathrm{Hom}_{\Bbbk}(N(x), V) \otimes_{\Bbbk} N(x) \to V
$$

を，$(u_x \otimes n_x)_{x \in \mathscr{C}_0} \mapsto \sum_{x \in \mathscr{C}_0} u_x(n_x)$ $(u_x \in \mathrm{Hom}_{\Bbbk}(N(x), V), n_x \in N(x))$ で定義すると，$\varepsilon'_V(I(\mathrm{Hom}_{\Bbbk}(N, V), N)) = 0$ となることが容易に確かめられる．したがって，ε'_V は $\mathrm{Mod}\,\Bbbk$ における射

$$
\varepsilon_V\colon \mathrm{Hom}_{\Bbbk}(N, V) \otimes_{\mathscr{C}} N \to V
$$

を誘導する．このとき，$\varepsilon := (\varepsilon_V)_{V \in (\mathrm{Mod}\,\Bbbk)_0}$ は自然変換

$$
(\text{-}\otimes_{\mathscr{C}}N) \circ \mathrm{Hom}_{\Bbbk}(N,\text{-}) \Rightarrow \mathbb{1}_{\mathrm{Mod}\,\Bbbk}
$$

となることが定義から直ちに確かめられる．

以上の η, ε がジグザグ等式を満たすこと，すなわち次の 2 つの図式

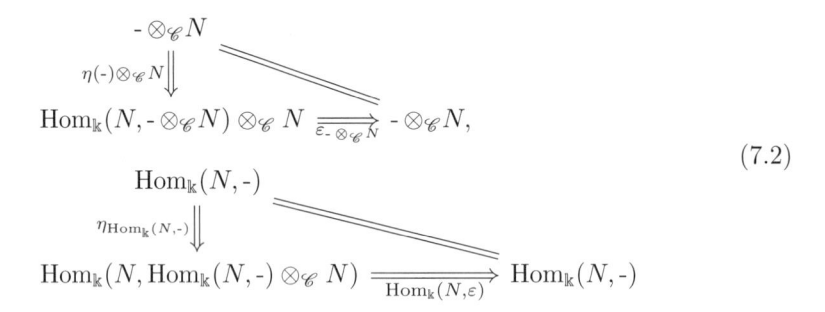

$$(7.2)$$

がともに可換であることも，定義から直ちに確かめられる．以上より，随伴 $\text{-}\otimes_{\mathscr{C}}N \dashv \text{Hom}_{\Bbbk}(N,\text{-})$ が示された．また定理 4.4.7 により，$M \in (\text{Mod}\,\mathscr{C})_0, V \in (\text{Mod}\,\Bbbk)_0$ に関して自然な随伴の同型

$$\omega_{M,V}\colon \text{Hom}_{\Bbbk}(M \otimes_{\mathscr{C}} N, V) \overset{\sim}{\to} (\text{Mod}\,\mathscr{C})(M, \text{Hom}_{\Bbbk}(N, V)) \qquad (7.3)$$

が存在する．

以上の主張を用いて (1) を示す．

(a) I を小圏とする．命題 7.1.2 より任意の $F \in ((\text{Mod}\,\mathscr{C})^I)_0$ に対して，$\varinjlim F$ が存在する．さらに，$F(\text{-}) \otimes_{\mathscr{C}} N \in ((\text{Mod}\,\Bbbk)^I)_0$ の余極限も存在する．したがって，命題 4.5.8 (2) より $\text{-}\otimes_{\mathscr{C}}N$ は I に関して余連続である．したがって，$\text{-}\otimes_{\mathscr{C}}N$ は小余連続である．

(b) 各 $x \in \mathscr{C}_0$ に関して自然な同型 $\mathscr{C}(\text{-},x) \otimes_{\mathscr{C}} N \overset{\sim}{\to} N(x)$ が $\text{Mod}\,\Bbbk$ のなかに存在することを示す．式 (7.3) を $M = \mathscr{C}(\text{-},x)$ に適用すると，米田の補題より，

$$\begin{aligned}
\text{Hom}_{\Bbbk}(\mathscr{C}(\text{-},x) \otimes_{\mathscr{C}} N, ?) &\overset{\sim}{\to} \text{Mod}\,\mathscr{C}(\mathscr{C}(\text{-},x), \text{Hom}_k(N,?)) \\
&\overset{\sim}{\to} \text{Hom}_{\Bbbk}(N,?)(x) = \text{Hom}_{\Bbbk}(N(x),?).
\end{aligned} \qquad (7.4)$$

したがって，系 2.5.11 より，$\text{Mod}\,\Bbbk$ における同型 $\mathscr{C}(\text{-},x) \otimes_{\mathscr{C}} N \overset{\sim}{\to} N(x)$ が存在する．これが $x \in \mathscr{C}_0$ と N について自然であることも米田の補題を用いて確かめることができる．以上で，$\text{-}\otimes_{\mathscr{C}}?$ の存在性が示された．

一意性．$\text{-}\otimes_{\mathscr{C}}?$ と同じ性質を持つ双線形関手

$$\text{-}\bar{\otimes}_{\mathscr{C}}?\colon \text{Mod}\,\mathscr{C} \times \mathscr{C}\text{-Mod} \to \text{Mod}\,\Bbbk$$

があったとし，$N \in (\mathscr{C}\text{-Mod})_0$ をとる．$\text{-}\otimes_{\mathscr{C}}?$ と $\text{-}\bar{\otimes}_{\mathscr{C}}?$ の性質 (1)(b) より，各 $x \in \mathscr{C}_0$ に関して自然な同型

$$\mathscr{C}(\text{-},x)\bar{\otimes}_{\mathscr{C}}N \xrightarrow[\sim]{\bar{s}_x} N(x) \xleftarrow[\sim]{s_x} \mathscr{C}(\text{-},x) \otimes_{\mathscr{C}} N$$

が存在する．

(i) $M = \mathscr{C}(\text{-},x)$ のとき，$\phi_{M,N} := s_x^{-1} \circ \bar{s}_x\colon M\bar{\otimes}_{\mathscr{C}}N \overset{\sim}{\to} M \otimes_{\mathscr{C}} N$ とおく．

(ii) $M = \bigoplus_{x \in \mathscr{C}_0} \mathscr{C}(\text{-},x)^{(I_x)}$ の形のとき．ただし，各 $x \in \mathscr{C}_0$ に対して I_x は小集合とする．このとき，$\text{-}\otimes_{\mathscr{C}}?$ と $\text{-}\bar{\otimes}_{\mathscr{C}}?$ の性質 (1)(a) より次の図式の縦の

標準射は同型である.

$$\bigoplus_{x\in\mathscr{C}_0}\mathscr{C}(\text{-},x)^{(I_x)}\bar{\otimes}_{\mathscr{C}}N \xrightarrow[\sim]{\bigoplus\limits_{x\in\mathscr{C}_0}\bar{s}_x^{(I_x)}} \bigoplus_{x\in\mathscr{C}_0}N(x)^{(I_x)} \xleftarrow[\sim]{\bigoplus\limits_{x\in\mathscr{C}_0}s_x^{(I_x)}} \bigoplus_{x\in\mathscr{C}_0}\mathscr{C}(\text{-},x)^{(I_x)}\otimes_{\mathscr{C}}N$$

$$\left(\bigoplus_{x\in\mathscr{C}_0}\mathscr{C}(\text{-},x)^{(I_x)}\right)\bar{\otimes}_{\mathscr{C}}N \dashrightarrow_{\sim} \left(\bigoplus_{x\in\mathscr{C}_0}\mathscr{C}(\text{-},x)^{(I_x)}\right)\otimes_{\mathscr{C}}N$$

そこで上の図式を可換にする一意的な同型として $\phi_{M,N}\colon M\bar{\otimes}_{\mathscr{C}}N \xrightarrow{\sim} M\otimes_{\mathscr{C}}N$ を定義する.$\phi_{M,N}$ はこの形の M に関して自然であることに注意する.

(iii) 一般の $M\in(\mathrm{Mod}\,\mathscr{C})_0$ に対して,まず次が成り立つことを示す.

主張 2. 小集合の列 $(I_x)_{x\in\mathscr{C}_0}$ をうまくとることによって $\mathrm{Mod}\,\mathscr{C}$ の全射 $\phi_M\colon \bigoplus_{x\in\mathscr{C}_0}\mathscr{C}(\text{-},x)^{(I_x)}\to M$ を構成することができる.

実際,米田の補題より各 $x\in\mathscr{C}_0$ に対して同型

$$\psi_x\colon M(x)\to(\mathrm{Mod}\,\mathscr{C})(\mathscr{C}(\text{-},x),M)$$

が存在し,任意の $a\in M(x)$ に対して.$\psi_x(a)(\mathbb{1}_x)=a$ であるから,

$$(\psi_x(a))_{a\in M(x)}\colon \bigoplus_{a\in M(x)}\mathscr{C}(\text{-},x)\to M$$

は,各 $x\in\mathscr{C}_0$ においては,$\mathrm{Mod}\,\Bbbk$ における全射 $\bigoplus_{a\in M(x)}\mathscr{C}(x,x)\to M(x)$ となっている.したがって,

$$((\psi_x(a))_{a\in M(x)})_{x\in\mathscr{C}_0}\colon \bigoplus_{x\in\mathscr{C}_0}\bigoplus_{a\in M(x)}\mathscr{C}(\text{-},x)\to M$$

は,$\mathrm{Mod}\,\mathscr{C}$ における全射である(各 $y\in\mathscr{C}_0$ に対して,$\bigoplus_{x\in\mathscr{C}_0}\bigoplus_{a\in M(x)}\mathscr{C}(y,x)$ $\in\mathrm{Mod}\,\Bbbk$ であることに注意).したがって,$I_x:=M(x)$ ととることができる.

主張 3. 小集合の列 $(I_x)_{x\in\mathscr{C}_0}$ と $(J_y)_{y\in\mathscr{C}_0}$ をうまくとることによって $\mathrm{Mod}\,\mathscr{C}$ での完全列

$$\bigoplus_{y\in\mathscr{C}_0}\mathscr{C}(\text{-},y)^{(J_y)}\xrightarrow{F}\bigoplus_{x\in\mathscr{C}_0}\mathscr{C}(\text{-},x)^{(I_x)}\xrightarrow{E}M\to 0 \tag{7.5}$$

を構成することができる.

実際,E として主張 2 での ϕ_M をとり,$K:=\mathrm{Ker}\,\phi_M$ とおく.各 $y\in\mathscr{C}_0$ に対して,$J_y:=K(y)\in\mathrm{Mod}\,\Bbbk$ であり,$\bigoplus_{y\in\mathscr{C}_0}\mathscr{C}(z,y)^{(J_y)}\in$ $\mathrm{Mod}\,\Bbbk$ $(z\in\mathscr{C}_0)$ に注意すると,上と同様の議論により,$\mathrm{Mod}\,\mathscr{C}$ における全射 $\phi_K\colon\bigoplus_{y\in\mathscr{C}_0}\mathscr{C}(\text{-},y)^{(J_y)}\to K$ が構成できる.したがって,F としてこの ϕ_K をとればよい.

上の主張において，

$$P_0 := \bigoplus_{x \in \mathscr{C}_0} \mathscr{C}(\text{-},x)^{(I_x)} \cong \bigoplus_{(x,a) \in \bigsqcup_{x \in \mathscr{C}_0} I_x} \mathscr{C}(\text{-},x),$$

$$P_1 := \bigoplus_{y \in \mathscr{C}_0} \mathscr{C}(\text{-},y)^{(J_y)} \cong \bigoplus_{(y,b) \in \bigsqcup_{y \in \mathscr{C}_0} J_y} \mathscr{C}(\text{-},y)$$

であり，$\bigsqcup_{x \in \mathscr{C}_0} I_x, \bigsqcup_{y \in \mathscr{C}_0} J_y$ が小集合であることに注意すると，上の (ii) により，2 つの射 $\phi_{P_0,N} \colon P_0 \bar{\otimes}_{\mathscr{C}} N \to P_0 \otimes_{\mathscr{C}} N$ と $\phi_{P_1,N} \colon P_1 \bar{\otimes}_{\mathscr{C}} N \to P_1 \otimes_{\mathscr{C}} N$ は同型になり次の図式は可換になる：

$$
\begin{array}{ccccccc}
P_1 \bar{\otimes}_{\mathscr{C}} N & \xrightarrow{F \bar{\otimes}_{\mathscr{C}} N} & P_0 \bar{\otimes}_{\mathscr{C}} N & \xrightarrow{E \bar{\otimes}_{\mathscr{C}} N} & M \bar{\otimes}_{\mathscr{C}} N & \longrightarrow & 0 \\
{\scriptstyle \phi_{P_1,N}} \downarrow \wr & & {\scriptstyle \phi_{P_0,N}} \downarrow \wr & & \downarrow {\scriptstyle \phi_{M,N}} & & \\
P_1 \otimes_{\mathscr{C}} N & \xrightarrow{F \otimes_{\mathscr{C}} N} & P_0 \otimes_{\mathscr{C}} N & \xrightarrow{E \otimes_{\mathscr{C}} N} & M \otimes_{\mathscr{C}} N & \longrightarrow & 0
\end{array}
\tag{7.6}
$$

また性質 (1)(a) よりこの各行は完全である．したがって，余核の普遍性と 5 項補題より M に関して自然な同型 $\phi_{M,N} \colon M \bar{\otimes}_{\mathscr{C}} N \to M \otimes_{\mathscr{C}} N$ が得られる．これが N について自然であることを示すために，$f \colon N \to N'$ を $\mathscr{C}$-Mod の射とし，次の図式を考える．

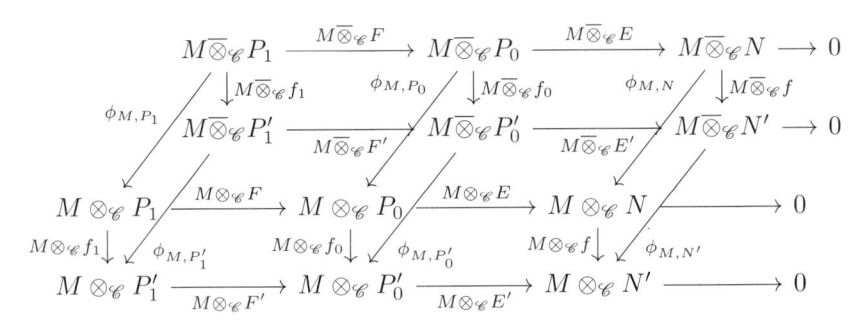

手前の面と奥の面は，$\text{-} \otimes_{\mathscr{C}}?$ と $\text{-} \bar{\otimes}_{\mathscr{C}}?$ が 2 変数関手であることから可換である．上面および下面は $\phi_{M,N}$ の構成法により最初から可換である．左側面と中間の間仕切りは，性質 (1)(b) の N に関する自然性から可換になる．したがって，右側面も可換となる．すなわち，N に関して $\phi_{M,N}$ は自然である．以上より，$(\phi_{M,N})_{M,N}$ は 2 変数関手 $\text{-} \bar{\otimes}_{\mathscr{C}}?$ から $\text{-} \otimes_{\mathscr{C}}?$ への同型となる． $\square$

定義 7.1.4. 軽度の圏 $\mathscr{C}$ は，対象の同型類の全体が小集合であるとき，すなわち，小さい骨格（定義 1.4.7 参照）を持つとき**骨格的に小さい圏**であるという．

例 7.1.5. $\mathscr{C}$ が小圏であるとき，有限生成 $\mathscr{C}$-加群全体のなす $\text{Mod}\,\mathscr{C}$ の充満部分圏 $\text{mod}\,\mathscr{C}$ は骨格的に小さい圏である．

注意 7.1.6. $\mathscr{C}$ を骨格的に小さい圏，$\mathscr{C}'$ をその 1 つの骨格とする．$\mathscr{C}$ 上のテンソル積関手を，式 (7.1) における $\mathscr{C}_0$ を $\mathscr{C}'_0$ に取り替えることによって定義すると，上の定理 7.1.3 は，$\mathscr{C}$ が骨格的に小さい圏の場合にも成り立つ．

7.2 両側加群によるテンソル積関手

定義 7.2.1. $\mathscr{C}, \mathscr{D}$ を線形小圏とする．双線形関手 $M\colon \mathscr{D}^{\mathrm{op}} \times \mathscr{C} \to \mathrm{Mod}\,\Bbbk$ を $\mathscr{C}$-$\mathscr{D}$- **両側加群**とよぶ[*1)]．$\mathscr{C}$-$\mathscr{D}$-両側加群を対象とし，それらの間の双線形関手としての射を射とする圏を $_{\mathscr{C}}\mathrm{Mod}_{\mathscr{D}}$ で表す．

注意 7.2.2. 双線形関手の出発点となる圏 $\mathscr{D}^{\mathrm{op}} \times \mathscr{C}$ と $\mathscr{C}$-$\mathscr{D}$-両側加群というときの $\mathscr{C}, \mathscr{D}$ の位置が逆になっていることに注意する．これは，左加群が共変関手で，右加群が反変関手であることおよび，関手 $\mathscr{C}(\text{-},?)$ が第 1 変数 (-) について反変，第 2 変数 $(?)$ について共変であることを考慮して定めたものである．この変数の位置が逆になることを解消する方法として，以下の記法を採用する．

記号 7.2.3. $\mathscr{C}, \mathscr{D}$ を線形小圏とし，M を $\mathscr{C}$-$\mathscr{D}$-両側加群とする．各 $x \in \mathscr{C}_0 \cup \mathscr{C}_1, y \in \mathscr{D}_0 \cup \mathscr{D}_1$ に対して，$_xM_y := M(y,x), {}_xM := M(\text{-},x), M_y := M(y,\text{-})$ とおく．

補題 7.2.4. $\mathscr{C}, \mathscr{D}$ を線形小圏とし，M を $\mathscr{C}$-$\mathscr{D}$-両側加群とする．このとき，各 $\mathscr{C}$-Mod の射 $f\colon x \to x'$ と $\mathrm{Mod}\,\mathscr{D}$ の射 $g\colon y' \to y$ に対して，$_fM\colon {}_xM \to {}_{x'}M$, $M_g\colon M_y \to M_{y'}$ はそれぞれ $\mathrm{Mod}\,\mathscr{D}$, $\mathscr{C}$-Mod の射である．

問 7.2.5. 上の補題を証明せよ．

例 7.2.6. $\mathscr{C}$ を線形小圏とするとき，$\mathscr{C}(\text{-},?)\colon \mathscr{C}^{\mathrm{op}} \times \mathscr{C} \to \mathrm{Mod}\,\Bbbk, (y,x) \mapsto \mathscr{C}(y,x)$ $((y,x) \in (\mathscr{C}_0^{\mathrm{op}} \times \mathscr{C}_0) \cup (\mathscr{C}_1^{\mathrm{op}} \times \mathscr{C}_1))$ は $\mathscr{C}$-$\mathscr{C}$-両側加群になる．この両側加群を $_{\mathscr{C}}\mathscr{C}_{\mathscr{C}}$ で表し，混乱の恐れがないとき，単に $\mathscr{C}$ で表すことにする．上の一般的記法をこれにも適用して，各 $x,y \in \mathscr{C}_0 \cup \mathscr{C}_1$ に対して $_x\mathscr{C}_y := \mathscr{C}(y,x), {}_x\mathscr{C} := \mathscr{C}(\text{-},x), \mathscr{C}_y := \mathscr{C}(y,\text{-})$ と書く．

$\mathscr{D}$ をもう 1 つの線形小圏とし，M を $\mathscr{C}$-$\mathscr{D}$-両側加群とすると，各 $x,x' \in \mathscr{C}_0, y,y' \in \mathscr{D}_0$ に対して，多重線形写像

$$_{x'}\mathscr{C}_x \times {}_xM_y \times {}_y\mathscr{D}_{y'} \to {}_{x'}M_{y'}$$

が，$(c,m,d) \mapsto cmd := M(d,c)(m)$ で定義される．

上の両側加群の記号に合わせて左加群，右加群についても以下の記号を用いると便利である．

記号 7.2.7. $\mathscr{C}$ を線形小圏とするとき，

---

*1) 直積圏のときと同様に局所射集合ごとに $\Bbbk$ 上のテンソルをとって，線形圏 $\mathscr{D}^{\mathrm{op}} \otimes_{\Bbbk} \mathscr{C}$ を定義すると，これは左 $\mathscr{D}^{\mathrm{op}} \otimes_{\Bbbk} \mathscr{C}$-加群と見ることができる．

$$\mathscr{C}\mathrm{Mod} := \mathscr{C}\text{-Mod}, \mathrm{Mod}_{\mathscr{C}} := \mathrm{Mod}\,\mathscr{C},$$

$$\mathscr{C}\mathrm{mod} := \mathscr{C}\text{-mod}, \mathrm{mod}_{\mathscr{C}} := \mathrm{mod}\,\mathscr{C}$$

とおく．また $M \in (\mathrm{Mod}_{\mathscr{C}})_0, N \in (\mathscr{C}\mathrm{Mod})_0$ とするとき，各 $x, y \in \mathscr{C}_0, f \in \mathscr{C}(x, y)$ に対して，次のようにおく．

$$M_x := M(x), M_f := M(f)\colon M_y \to M_x,$$

$$_xN := N(x), {}_fN := N(f)\colon {}_xN \to {}_yN.$$

定義 7.2.8. $\mathscr{C}, \mathscr{D}$ を線形小圏とし，N を $\mathscr{C}$-$\mathscr{D}$-両側加群とする．このとき，線形関手

$$\text{-} \otimes_{\mathscr{C}} N\colon \mathrm{Mod}\,\mathscr{C} \to \mathrm{Mod}\,\mathscr{D}$$

を次で定義する．

対象に対して． 各 $M \in (\mathrm{Mod}_{\mathscr{C}})_0$，に対して $(\text{-} \otimes_{\mathscr{C}} N)(M) := M \otimes_{\mathscr{C}} N \in (\mathrm{Mod}_{\mathscr{D}})_0$. ただし，

$$(M \otimes_{\mathscr{C}} N)(x) := M \otimes_{\mathscr{C}} N_x \ (x \in \mathscr{D}_0),$$

$$(M \otimes_{\mathscr{C}} N)(f) := M \otimes_{\mathscr{C}} N_f\colon M \otimes_{\mathscr{C}} N_x \to M \otimes_{\mathscr{C}} N_y, \ (f \in \mathscr{D}(y, x)).$$

上において補題 7.2.4 より $N_f\colon N_x \to N_y$ が $\mathscr{C}\mathrm{Mod}$ の射であることに注意する．

射に対して． $\mathrm{Mod}_{\mathscr{C}}$ の各射 $F\colon M \to M'$ に対して，

$$(\text{-} \otimes_{\mathscr{C}} N)(F) := F \otimes_{\mathscr{C}} N\colon M \otimes_{\mathscr{C}} N \to M' \otimes_{\mathscr{C}} N,$$

ただし

$$(F \otimes_{\mathscr{C}} N)_x := F \otimes_{\mathscr{C}} N_x\colon M \otimes_{\mathscr{C}} N_x \to M' \otimes_{\mathscr{C}} N_x \ (x \in \mathscr{D}_0).$$

注意 7.2.9. $\mathscr{C}, \mathscr{D}$ を線形小圏とするとき，上の定義を自然に拡張して双線形関手

$$\text{-} \otimes_{\mathscr{C}} ?\colon \mathrm{Mod}_{\mathscr{C}} \times \mathscr{C}\mathrm{Mod}_{\mathscr{D}} \to \mathrm{Mod}_{\mathscr{D}}$$

が定義される．

7.3 両側加群による Hom 関手と随伴

定義 7.3.1. $\mathscr{C}, \mathscr{D}$ を線形小圏とし，N を $\mathscr{C}$-$\mathscr{D}$-両側加群とする．このとき，線形関手

$$(\mathrm{Mod}\,\mathscr{D})(N, \text{-})\colon \mathrm{Mod}\,\mathscr{D} \to \mathrm{Mod}\,\mathscr{C}$$

を次で定義する．

対象に対して． 各 $L \in (\mathrm{Mod}\,\mathscr{D})_0$，に対して

$$(\mathrm{Mod}\,\mathscr{D})(N,\text{-})(L) := (\mathrm{Mod}\,\mathscr{D})(N,L) \in (\mathrm{Mod}\,\mathscr{C})_0.$$

ただし,

$$(\mathrm{Mod}\,\mathscr{D})(N,L)(x) := (\mathrm{Mod}\,\mathscr{D})(_xN,L)\ (x \in \mathscr{C}_0),$$

$$(\mathrm{Mod}\,\mathscr{D})(N,L)(f) := (\mathrm{Mod}\,\mathscr{D})(_fN,L):$$

$$(\mathrm{Mod}\,\mathscr{D})(_xN,L) \to (\mathrm{Mod}\,\mathscr{D})(_yN,L),\ (f \in \mathscr{C}(y,x)).$$

上において,補題 7.2.4 より $_fN \colon {}_yN \to {}_xN$ が $\mathrm{Mod}\,\mathscr{D}$ の射であることに注意する.

射に対して. $\mathrm{Mod}\,\mathscr{D}$ の各射 $F\colon M \to M'$ に対して,

$$(\mathrm{Mod}\,\mathscr{D})(N,\text{-})(F) := (\mathrm{Mod}\,\mathscr{D})(N,F)\colon \mathrm{Mod}\,\mathscr{D}(N,M) \to \mathrm{Mod}\,\mathscr{D}(N,M'),$$

$$(\mathrm{Mod}\,\mathscr{D})(N,F)_x := (\mathrm{Mod}\,\mathscr{D})(_xN,F):$$

$$\mathrm{Mod}\,\mathscr{D}(_xN,M) \to \mathrm{Mod}\,\mathscr{D}(_xN,M')\ (x \in \mathscr{C}_0).$$

命題 7.3.2. $\mathscr{C},\mathscr{D}$ を線形小圏とし,N を $\mathscr{C}$-$\mathscr{D}$-両側加群とする.このとき,次の随伴が存在する.

$$\mathrm{Mod}\,\mathscr{C} \underset{(\mathrm{Mod}\,\mathscr{D})(N,\text{-})}{\overset{\text{-}\otimes_\mathscr{C} N}{\rightleftarrows}} \mathrm{Mod}\,\mathscr{D}$$

証明. 単位射 $\eta\colon \mathbb{1}_{\mathrm{Mod}\,\mathscr{C}} \Rightarrow \mathrm{Mod}\,\mathscr{D}(N,\text{-}) \circ (\text{-} \otimes_\mathscr{C} N)$ と余単位射 $\varepsilon\colon (\text{-} \otimes_\mathscr{C} N) \circ \mathrm{Mod}\,\mathscr{D}(N,\text{-}) \Rightarrow \mathbb{1}_{\mathrm{Mod}\,\mathscr{D}}$ を以下に定義する.

η の構成. 各 $M \in (\mathrm{Mod}\,\mathscr{C})_0$ と $x \in \mathscr{C}_0$ に対して,

$$\eta_{M,x}\colon M_x \to \mathrm{Mod}\,\mathscr{D}(_xN, M \otimes_\mathscr{C} N), m \mapsto m \otimes_\mathscr{C} \text{-}$$

とおき,$\eta_M := (\eta_{M,x})_{x \in \mathscr{C}_0}$ とおく.このとき,$\mathrm{Mod}\,\mathscr{C}$ の各射 $F\colon M \to M'$ に対して,次の図式の可換性は容易に確かめられる.

$$\begin{CD} M_x @>{\eta_{M,x}}>> \mathrm{Hom}_\Bbbk(_xN, M \otimes_\mathscr{C} N) \\ @V{F_x}VV @VV{\mathrm{Hom}_\Bbbk(_xN, F \otimes_\mathscr{C} N)}V \\ M'_x @>>{\eta_{M',x}}> \mathrm{Hom}_\Bbbk(_xN, M' \otimes_\mathscr{C} N) \end{CD}$$

したがって,$\eta := (\eta_M)_{M \in (\mathrm{Mod}\,\mathscr{C})_0}$ は自然変換

$$\mathbb{1}_{\mathrm{Mod}\,\mathscr{C}} \Rightarrow \mathrm{Mod}\,\mathscr{D}(N,\text{-}) \circ (\text{-} \otimes_\mathscr{C} N)$$

となる.

ε の構成. 各 $V \in (\mathrm{Mod}\,\mathscr{D})_0$ に対して,$\mathrm{Mod}\,\mathscr{D}$ における射

$$\varepsilon'_V\colon \bigoplus_{x \in \mathscr{C}_0} \mathrm{Mod}\,\mathscr{D}(_xN, V) \otimes_\Bbbk {}_xN \to V$$

を,$(u_x \otimes n_x)_{x \in \mathscr{C}_0} \mapsto \sum_{x \in \mathscr{C}_0} u_x(n_x)(u_x \in \mathrm{Mod}\,\mathscr{D}(_xN,V), n_x \in {}_xN)$ で定義

すると，$\varepsilon'_V(I(\mathrm{Mod}\,\mathscr{D}(N,V),N))=0$ となることが容易に確かめられる．したがって，ε'_V は $\mathrm{Mod}\,\mathscr{D}$ における射

$$\varepsilon_V\colon \mathrm{Mod}\,\mathscr{D}(N,V)\otimes_{\mathscr{C}} N \to V$$

を誘導する．このとき，$\varepsilon:=(\varepsilon_V)_{V\in(\mathrm{Mod}\,\mathscr{D})_0}$ は自然変換

$$(\text{-}\otimes_{\mathscr{C}} N)\circ \mathrm{Mod}\,\mathscr{D}(N,\text{-}) \Rightarrow \mathbb{1}_{\mathrm{Mod}\,\mathscr{D}}$$

となることが定義から直ちに確かめられる．

以上の η,ε がジグザグ等式を満たすこと，すなわち次の 2 つの図式

$$
\begin{array}{ccc}
\text{-}\otimes_{\mathscr{C}} N & & \\
\Big\downarrow{\scriptstyle \eta(\text{-})\otimes_{\mathscr{C}} N} & \searrow & \\
\mathrm{Mod}\,\mathscr{D}(N,\text{-}\otimes_{\mathscr{C}} N)\otimes_{\mathscr{C}} N & \xrightarrow[\overline{\varepsilon_{\text{-}\otimes_{\mathscr{C}} N}}]{} & \text{-}\otimes_{\mathscr{C}} N,
\end{array}
$$

$$
\begin{array}{ccc}
\mathrm{Mod}\,\mathscr{D}(N,\text{-}) & & \\
\Big\downarrow{\scriptstyle \eta_{\mathrm{Mod}\,\mathscr{D}(N,\text{-})}} & \searrow & \\
\mathrm{Mod}\,\mathscr{D}(N,\mathrm{Hom}_{\Bbbk}(N,\text{-})\otimes_{\mathscr{C}} N) & \xrightarrow[\mathrm{Mod}\,\mathscr{D}(N,\varepsilon)]{} & \mathrm{Mod}\,\mathscr{D}(N,\text{-})
\end{array}
$$

がともに可換であることは，図式 (7.2) の可換性から，各 $u\in\mathscr{D}_0, M\in(\mathrm{Mod}\,\mathscr{C})_0$ と各 $x\in\mathscr{C}_0, V\in\mathrm{Mod}\,\mathscr{D}$ に対して次の図式がともに $\mathrm{Mod}\,\Bbbk$ で可換となることから従う．

$$
\begin{array}{ccc}
M\otimes_{\mathscr{C}} N_u & & \\
\Big\downarrow{\scriptstyle \eta_M\otimes_{\mathscr{C}} N_u} & \searrow & \\
\mathrm{Mod}\,\mathscr{D}(N,M\otimes_{\mathscr{C}} N)\otimes_{\mathscr{C}} N_u & \xrightarrow[\varepsilon_{M\otimes_{\mathscr{C}} N_u}]{} & M\otimes_{\mathscr{C}} N_u,
\end{array}
$$

$$
\begin{array}{ccc}
\mathrm{Mod}\,\mathscr{D}({}_xN,V) & & \\
\Big\downarrow{\scriptstyle \eta_{\mathrm{Mod}\,\mathscr{D}({}_xN,V)}} & \searrow & \\
\mathrm{Mod}\,\mathscr{D}({}_xN,\mathrm{Mod}\,\mathscr{D}(N,V)\otimes_{\mathscr{C}} N) & \xrightarrow[\mathrm{Mod}\,\mathscr{D}({}_xN,\varepsilon)]{} & \mathrm{Mod}\,\mathscr{D}({}_xN,V)
\end{array}
$$

$\square$

系 7.3.3. $\mathscr{C},\mathscr{D}$ を線形小圏とし，N を $\mathscr{C}$-$\mathscr{D}$-両側加群とする．このとき任意の $x\in\mathscr{C}$ に対して，$\mathrm{Mod}\,\mathscr{D}$ における同型

$$\mathscr{C}(\text{-},x)\otimes_{\mathscr{C}} N \cong {}_xN$$

が存在する．

証明．上の命題 7.3.2 により，定理 7.1.3 の証明における式 (7.4) において $\mathrm{Hom}_{\Bbbk}$ を $\mathrm{Mod}\,\mathscr{D}$ に取り替えた式が成り立つ．このことから明らか．あるいは，定理 7.1.3(1)(b) の自然同型を用いても証明できる． $\square$

補題 **7.3.4.** $\mathscr{C}, \mathscr{D}$ を線形小圏とし $F: \mathscr{C} \to \mathscr{D}$ を線形関手とする. このとき, $_F\mathscr{D}_\mathscr{D} := \mathscr{D}(\text{-}, F(?)): \mathscr{D}^{\mathrm{op}} \times \mathscr{C} \to \mathrm{Mod}\,\Bbbk$ は $\mathscr{C}$-$\mathscr{D}$-両側加群になる. さらに, 関手 $F^\cdot := \mathrm{Mod}\,F: \mathrm{Mod}\,\mathscr{D} \to \mathrm{Mod}\,\mathscr{C}$ は関手 $(\mathrm{Mod}\,\mathscr{D})(_F\mathscr{D}_\mathscr{D}, \text{-})$ と同型である. したがって, 命題 7.3.2 より関手 $\text{-} \otimes_\mathscr{C} {_F\mathscr{D}_\mathscr{D}}: \mathrm{Mod}\,\mathscr{C} \to \mathrm{Mod}\,\mathscr{D}$ は $F^\cdot$ の左随伴となる.

証明. まず, $_F\mathscr{D}_\mathscr{D}$ が $\mathscr{C}$-$\mathscr{D}$-両側加群になることは明らかである. 次に米田の補題より, $M \in (\mathrm{Mod}\,\mathscr{D})_0$ に関して自然な同型

$$(\mathrm{Mod}\,\mathscr{D})(_F\mathscr{D}_\mathscr{D}, M) = (\mathrm{Mod}\,\mathscr{D})(\mathscr{D}(\text{-}, F(?)), M) \cong M(F(?)) = F^\cdot(M)$$

が存在する. $\qquad\qquad\qquad\qquad\qquad\qquad\qquad\qquad\qquad\qquad\qquad\qquad\square$

7.4 引き上げ関手と押し下げ関手

この節を通して $\mathscr{C}$ を線形小圏とし, $(\mathscr{C}, X)$ を G-圏とする. また, $(P, \phi): \mathscr{C} \to \mathscr{C}/G$ を標準被覆とする. $\mathscr{C}$ 上の加群およびその加群圏 $\mathrm{Mod}\,\mathscr{C}$ の定義については定義 3.2.1 を, 有限生成射影的 $\mathscr{C}$-加群については 2.5 節を参照. 引き上げ関手と押し下げ関手の定義を復習した後, 押し下げ関手の具体的な形を与える.

定義 **7.4.1.** (1) 例 4.1.13 で定義した 2-関手 $\mathrm{Mod}(\text{-}): \Bbbk\text{-}\mathbf{Cat} \to \Bbbk\text{-}\mathbf{CAT}^{\mathrm{coop}}$ を $P: \mathscr{C} \to \mathscr{C}/G$ に適用して, 線形関手 $P^\cdot := \mathrm{Mod}\,P: \mathrm{Mod}\,\mathscr{C}/G \to \mathrm{Mod}\,\mathscr{C}$ を定義し, これを P の**引き上げ**とよぶ. 補題 7.3.4 より, $P^\cdot$ は関手 $(\mathrm{Mod}\,\mathscr{C}/G)(_P(\mathscr{C}/G)_{\mathscr{C}/G}, \text{-})$ と同型であり, 関手 $P_\cdot := \text{-} \otimes_\mathscr{C} {_P(\mathscr{C}/G)_{\mathscr{C}/G}}: \mathrm{Mod}\,\mathscr{C} \to \mathrm{Mod}\,\mathscr{C}/G$ は $P^\cdot$ の左随伴となる. これを P の**押し下げ**とよぶ.

(2) $\mathrm{Mod}\,\mathscr{C}$ 上の G-作用 $\mathrm{Mod}\,X: G \to \mathrm{Aut}(\mathrm{Mod}\,\mathscr{C})$ を次のように定義する. 各 $a \in G$ に対して, $X(a^{-1}): \mathscr{C} \to \mathscr{C}$ を考え, これに 2-関手 $\mathrm{Mod}(\text{-})$ を作用させて, $^a(\text{-}) := (\mathrm{Mod}\,X)(a) := \mathrm{Mod}(X(a^{-1})): \mathrm{Mod}\,\mathscr{C} \to \mathrm{Mod}\,\mathscr{C}$ と定義する. すなわち, 各 $M \in (\mathrm{Mod}\,\mathscr{C})_0 \cup (\mathrm{Mod}\,\mathscr{C})_1$ に対して, $(\mathrm{Mod}\,X)(a)M := {^aM} := M \circ X(a^{-1})$. これを用いて G-圏 $\mathrm{Mod}(\mathscr{C}, X) := (\mathrm{Mod}\,\mathscr{C}, \mathrm{Mod}\,X)$ を定義する.

注意 **7.4.2.** 上の定義において,

(1) 随伴 $P_\cdot \dashv P^\cdot$ により, $P^\cdot$ は小連続, 特に左完全, $P_\cdot$ は小余連続, 特に右完全となっている. (実際には後で見るように, これらはともに完全関手になっている.) 系 7.3.3 を $N = {_P(\mathscr{C}/G)}$ に適用すると, 各 $x \in \mathscr{C}_0$ に対して, 同型 $P_\cdot\mathscr{C}(\text{-}, x) \cong \mathscr{C}/G(\text{-}, Px)$ が存在する. このことと $P_\cdot$ の右完全性から, $P_\cdot$ が関手 $P_\cdot: \mathrm{mod}\,\mathscr{C} \to \mathrm{mod}\,\mathscr{C}/G$ を導くことが分かる.

(2) 各 $x \in \mathscr{C}_0$ に対して ${}^a\mathscr{C}(\text{-},x) = \mathscr{C}(X(a^{-1})(\text{-}),x) \cong \mathscr{C}(\text{-},X(a)x)$ となることに注意すると，各 $a \in G$ に対して ${}^a(\text{-})$ は $\mathrm{Mod}\,\mathscr{C}$ の同型として，${}^{a^{-1}}(\text{-})$ の左随伴かつ右随伴となるから，完全関手である．したがって，有限生成 $\mathscr{C}$-加群を有限生成 $\mathscr{C}$-加群に移す．すなわち，${}^a(\text{-})$ は同型 $(\mathrm{mod}\,X)(a)\colon \mathrm{mod}\,\mathscr{C} \to \mathrm{mod}\,\mathscr{C}$ を導く．これにより G-圏 $\mathrm{mod}(\mathscr{C},X) := (\mathrm{mod}\,\mathscr{C}, \mathrm{mod}\,X)$ が定義される．

定義 7.4.3. $\mathscr{D}$ を線形小圏，$F\colon \mathrm{Mod}\,\mathscr{C} \to \mathrm{Mod}\,\mathscr{D}$ を線形関手とする．任意の小集合 I と $\mathrm{Mod}\,\mathscr{C}$ における任意の局所列有限族 $(L \xrightarrow{p_i} L_i)_{i \in I}$ に対して，$(FL \xrightarrow{Fp_i} FL_i)_{i \in I}$ が $\mathrm{Mod}\,\mathscr{D}$ における局所列有限族であるとき，F は**局所列有限小族を保つ**という．

補題 7.4.4. $\mathscr{D}$ を線形小圏とする．線形関手 $F\colon \mathrm{Mod}\,\mathscr{C} \to \mathrm{Mod}\,\mathscr{D}$ が小余連続であれば，F は局所列有限小族を保つ．

証明．I を小集合，$(p_i\colon M \to M_i)_{i \in I}$ を $\mathrm{Mod}\,\mathscr{C}$ の局所列有限族とする．$(\pi_i\colon \prod_{j \in I} M_j \to M_i)_{i \in I}$ を直積の標準射影族，$(\sigma_i\colon M_i \to \coprod_{j \in I} M_j)_{i \in I}$ を直和の標準入射族とおき，$\sigma\colon \coprod_{i \in I} M_i \hookrightarrow \prod_{i \in I} M_i$ を包含射とする．また，$p\colon M \to \prod_{i \in I} M_i$ は $p_i = \pi_i \circ p\ (i \in I)$ を満たすただ 1 つの射とする．族 $(p_i)_{i \in I}$ が局所列有限であるから，ある $p'\colon M \to \coprod_{i \in I} M_i$ によって，$p = \sigma \circ p'$ が成り立つ．したがって，次の可換図式が得られる．

$$
\begin{array}{ccccc}
& & M & \xrightarrow{\ p_i\ } & M_i \\[2pt]
& {}^{p'}\nearrow & \downarrow{\scriptstyle p} & \nearrow{\scriptstyle \pi_i} & \\[2pt]
M_i & \xrightarrow{\ \sigma_i\ } & \coprod_{i \in I} M_i & \xrightarrow{\ \sigma\ } & \prod_{i \in I} M_i
\end{array}
$$

この図式を F で移して次の図式を考える．

$$
\begin{array}{ccccc}
& & FM & \xrightarrow{\ Fp_i\ } & FM_i \\[2pt]
& {}^{Fp'}\nearrow & \downarrow{\scriptstyle Fp}\ {}^{F\pi_i} & \nearrow & \\[2pt]
FM_i & \xrightarrow{\ F\sigma_i\ } & F(\coprod_{i \in I} M_i) & \xrightarrow{\ F\sigma\ } & F(\prod_{i \in I} M_i) \quad {}^{\overline{\pi_i}} \\[2pt]
{\scriptstyle \overline{\sigma_i}}\downarrow & & \wr\uparrow{\scriptstyle u} & & \downarrow{\scriptstyle v} \\[2pt]
& \coprod_{i \in I} FM_i & \xrightarrow{\ \overline{\sigma}\ } & \prod_{i \in I} FM_i &
\end{array}
\tag{7.7}
$$

ここで，$(\overline{\sigma_i}\colon FM_i \to \coprod_{j \in I} FM_j)_{i \in I}$ は直和の標準入射族，$(\overline{\pi_i}\colon \prod_{j \in I} FM_j \to FM_i)_{i \in I}$ は直積の標準射影族，$\overline{\sigma}\colon \coprod_{i \in I} FM_i \to \prod_{i \in I} FM_i$ は包含射である．また，v は $F\pi_i = \overline{\pi_i} \circ v\ (i \in I)$ を満たすただ 1 つの射，u は $F\sigma_i = u \circ \overline{\sigma_i}\ (i \in I)$ を満たすただ 1 つの射である．ここで，F は小余連続であるから，u は同型である．図式 (7.7) の 4 つの三角形領域はすべて可換になっていることに注意する．このとき，$Fp_i = \overline{\pi_i} \circ (v \circ Fp)\ (i \in I)$ が成り立つから，$v \circ Fp$ が $\overline{\sigma}$ を通過することを示せば証明が終わる．それを示すには，四角形領域の可換性，す

なわち，

$$v \circ F\sigma \circ u = \overline{\sigma} \tag{7.8}$$

を示せばよい．実際そのとき，図式 (7.7) が可換となり，$v \circ Fp = \overline{\sigma} \circ (u^{-1} \circ Fp')$ が $\overline{\sigma}$ を通過することが分かるからである．命題 1.1.27 より，式 (7.8) を示すには，両辺の $(\overline{\sigma_i})_{i \in I}, (\overline{\pi_i})_{i \in I}$ に関する行列表示が等しいことを示せばよい．$\overline{\sigma}$ の行列表示が [σ の $(\sigma_i)_{i \in I}, (\pi_i)_{i \in I}$ に関する行列表示が] $[\delta_{j,i} \mathbb{1}_{FM_i}]_{j,i \in I}$ $[[\delta_{j,i} \mathbb{1}_{M_i}]_{j,i \in I}]$ であることに注意すると，図式 (7.7) の可換性から左辺の行列表示の (j,i) $(i,j \in I)$ 成分は，

$$\overline{\pi_j} \circ v \circ F\sigma \circ u \circ \overline{\sigma_i} = F(\pi_j \circ \sigma \circ \sigma_i) = F(\delta_{i,j} \mathbb{1}_{M_i}) = \delta_{i,j} \mathbb{1}_{FM_i}$$

となり，$\overline{\sigma}$ の (j,i) 成分と一致する．したがって，式 (7.8) が成り立つ． $\square$

命題 7.4.5. $\mathscr{D}$ を線形小圏，I, J を小集合とし，$F \colon \mathrm{Mod}\,\mathscr{C} \to \mathrm{Mod}\,\mathscr{D}$ は局所列有限小族を保つ線形関手であるとする．$(L_i \xrightarrow{q_i} L \xrightarrow{p_i} L_i)_{i \in I}, (M_j \xrightarrow{s_j} M \xrightarrow{r_j} M_j)_{j \in J}$ が $\mathrm{Mod}\,\mathscr{C}$ における直和系で，$\mathrm{Mod}\,\mathscr{C}$ における射 $f \colon L \to M$ がこれらの直和系に関する行列表示 $f = [f_{j,i}]_{(j,i) \in J \times I}$ を持つとき，$(FL_i \xrightarrow{Fq_i} FL \xrightarrow{Fp_i} FL_i)_{i \in I}, (FM_j \xrightarrow{Fs_j} FM \xrightarrow{Fr_j} FM_j)_{j \in J}$ はともに $\mathrm{Mod}\,\mathscr{D}$ における直和系であり，これらの直和系に関する $Ff \colon FL \to FM$ は行列表示 $Ff = [Ff_{j,i}]_{(j,i) \in J \times I}$ を持つ．

証明．$(FL_i \xrightarrow{Fq_i} FL \xrightarrow{Fp_i} FL_i)_{i \in I}, (FM_j \xrightarrow{Fs_j} FM \xrightarrow{Fr_j} FM_j)_{j \in J}$ がともに $\mathrm{Mod}\,\mathscr{D}$ における直和系であることは，族 $(Fp_i)_{i \in I}, (Fr_j)_{j \in J}$ がともに局所列有限であることと定義から明らかである．このとき，これらの直和系に関する Ff の行列表示は，

$$[Fr_j \circ Ff \circ Fq_i]_{(j,i) \in J \times I} = [F(r_j \circ f \circ q_i)]_{(j,i) \in J \times I} = [Ff_{j,i}]_{(j,i) \in J \times I}$$

となる． $\square$

補題 7.4.6（軌道圏での右合成の行列表示）．$f \in \mathscr{C}/G(x,y)$ とする．このとき，次の図式は可換である．

$$
\begin{array}{ccc}
\mathscr{C}/G(y, P(\text{-})) & \xrightarrow{\ \mathscr{C}/G(f, P(\text{-}))\ } & \mathscr{C}/G(x, P(\text{-})) \\
\| & & \| \\
\coprod_{b \in G} \mathscr{C}(X(b)y, \text{-}) & \xrightarrow{[\mathscr{C}(X(b)f_{b^{-1}a}, \text{-})]_{a,b \in G}} & \coprod_{a \in G} \mathscr{C}(X(a)x, \text{-}).
\end{array}
$$

証明．任意の $z \in (\mathscr{C}/G)_0 = \mathscr{C}_0$ と任意の $g = (g_b)_{b \in G} \in \mathscr{C}/G(y,z)$ に対して，

$$(\mathscr{C}/G)(f, P(z))(g) = g \circ f = \left(\sum_{\substack{b,c \in G \\ bc=a}} g_b \circ X(b)f_c \right)_{a \in G}$$

$$= \left(\sum_{b \in G} g_b \circ X(b)f_{b^{-1}a} \right)_{a \in G} = \left(\sum_{b \in G} \mathscr{C}(X(b)f_{b^{-1}a}, z)(g_b) \right)_{a \in G}$$

$$= [\mathscr{C}(X(b)f_{b^{-1}a}, z)]_{a,b \in G}(g).$$

最後の等式については補題 2.4.9(1) 参照. $\qquad\square$

定義 7.4.7. ここでは，押し下げの具体的な別の形を与える.

(1) （共変）線形関手 $P_* \colon \mathrm{Mod}\,\mathscr{C} \to \mathrm{Mod}\,\mathscr{C}/G$ を次のように定義する.

    (a) $M \in (\mathrm{Mod}\,\mathscr{C})_0$ とするとき，右 $\mathscr{C}/G$-加群である反変関手 $P_*(M) \colon \mathscr{C}/G \to \mathrm{Mod}\,\Bbbk$ を，$\mathscr{C}/G$ における任意の射 $f \colon x \to y$ に対して，次の図式の可換性で定める:

$$
\begin{array}{ccc}
(P_*M)(y) & \xrightarrow{\quad (P_*M)(f) \quad} & (P_*M)(x) \\
\| & & \| \\
\coprod_{b \in G} M(X(b)y) & \xrightarrow[{[M(X(b)f_{b^{-1}a})]_{a,b \in G}}]{} & \coprod_{a \in G} M(X(a)x)
\end{array}
$$

    (b) $u \colon M \to M'$ を $\mathrm{Mod}\,\mathscr{C}$ における射とするとき，各 $x \in \mathscr{C}_0$ に対して，次の図式の可換性で $(P_*u)_x$ を定め，$P_*u := ((P_*u)_x)_{x \in (\mathscr{C}/G)_0}$ とおく:

$$
\begin{array}{ccc}
(P_*M)(x) & \xrightarrow{\quad (P_*u)_x \quad} & (P_*M')(x) \\
\| & & \| \\
\coprod_{a \in G} M(X(a)x) & \xrightarrow[{\coprod_{a \in G} u_{X(a)x}}]{} & \coprod_{a \in G} M'(X(a)x)
\end{array} \tag{7.9}
$$

(2) 次に，各 $M \in (\mathrm{Mod}\,\mathscr{C})_0$ と各 $x \in (\mathscr{C}/G)_0 = \mathscr{C}_0$ に対して，$\mathrm{Mod}\,\Bbbk$ の射 $\xi_{M,x} \colon (P_*M)(x) \to (P_*M)(x)$ を，次の標準的な自然同型の合成として定義し，$\xi_M := (\xi_{M,x})_{x \in (\mathscr{C}/G)_0}$，$\xi := (\xi_M)_{M \in (\mathrm{Mod}\,\mathscr{C})_0}$ とおく:

$$(P_*M)(x) = M \otimes_\mathscr{C} (\mathscr{C}/G)(x, P(?)) = M \otimes_\mathscr{C} \coprod_{a \in G} \mathscr{C}(X(a)x, ?)$$

$$\xrightarrow{\sim} \coprod_{a \in G} M \otimes_\mathscr{C} \mathscr{C}(X(a)x, ?) \xrightarrow{\coprod_{a \in G} s_{X(a)x,M}} \coprod_{a \in G} M(X(a)x) = (P_*)(x).$$

命題 7.4.8. 上で定義された $\xi \colon P_* \to P_*$ は自然同型である.

証明. (1) 各 $M \in (\mathrm{Mod}\,\mathscr{C})_0$ に対して $\xi_M \colon P_*M \to P_*M$ が $\mathrm{Mod}\,\mathscr{C}/G$ における同型であることを示す. そのためには，$\mathscr{C}/G$ における任意の射 $f \colon x \to y$ に対して，次の図式の可換性を示せばよい.

$$M \otimes_{\mathscr{C}} (\mathscr{C}/G)(y, P(?)) \xrightarrow{M \otimes_{\mathscr{C}} (\mathscr{C}/G)(f, P(?))} M \otimes_{\mathscr{C}} (\mathscr{C}/G)(x, P(?))$$

$$\Vert \qquad\qquad \Vert$$

$$M \otimes_{\mathscr{C}} \coprod_{b \in G} \mathscr{C}(X(b)y, ?) \xrightarrow{M \otimes_{\mathscr{C}} [\mathscr{C}(X(b)f_{b^{-1}a}, ?)]_{a, b \in G}} M \otimes_{\mathscr{C}} \coprod_{a \in G} \mathscr{C}(X(a)x, ?)$$

$$\wr \downarrow \qquad\qquad \wr \downarrow$$

$$\coprod_{b \in G} M \otimes_{\mathscr{C}} \mathscr{C}(X(b)y, ?) \xrightarrow{[M \otimes_{\mathscr{C}} \mathscr{C}(X(b)f_{b^{-1}a}, ?)]_{a, b \in G}} \coprod_{a \in G} M \otimes_{\mathscr{C}} \mathscr{C}(X(a)x, ?)$$

$$\wr \downarrow \qquad\qquad \wr \downarrow$$

$$\coprod_{b \in G} M(X(b)y) \xrightarrow{[M(X(b)f_{b^{-1}a})]_{a, b \in G}} \coprod_{a \in G} M(X(a)x)$$

上の四辺形の可換性は，補題 7.4.6 から従う．中の四辺形の可換性は，補題 7.4.4 と命題 7.4.5 から従う．下の四辺形の可換性は，定理 7.1.3(2)(b) から従う．

(2) ξ の自然性は，$\mathrm{Mod}\,\mathscr{C}$ における各射 $u \colon M \to M'$ と各 $x \in \mathscr{C}_0$ に対して，次の図式が可換であることから従う．

$$M \otimes_{\mathscr{C}} (\mathscr{C}/G)(x, P(?)) \xrightarrow{u \otimes_{\mathscr{C}} (\mathscr{C}/G)(x, P(?))} M' \otimes_{\mathscr{C}} (\mathscr{C}/G)(x, P(?))$$

$$\Vert \qquad\qquad \Vert$$

$$M \otimes_{\mathscr{C}} \coprod_{a \in G} \mathscr{C}(X(a)x, ?) \xrightarrow{u \otimes_{\mathscr{C}} \coprod_{a \in G} \mathscr{C}(X(a)x, ?)} M' \otimes_{\mathscr{C}} \coprod_{a \in G} \mathscr{C}(X(a)x, ?)$$

$$\wr \downarrow \qquad\qquad \wr \downarrow$$

$$\coprod_{a \in G} M \otimes_{\mathscr{C}} \mathscr{C}(X(a)x, ?) \xrightarrow{\coprod_{a \in G} u \otimes_{\mathscr{C}} \mathscr{C}(X(a)x, ?)} \coprod_{a \in G} M' \otimes_{\mathscr{C}} \mathscr{C}(X(a)x, ?)$$

$$\wr \downarrow \qquad\qquad \wr \downarrow$$

$$\coprod_{a \in G} M(X(a)x) \xrightarrow{\coprod_{a \in G} u_{X(a)x}} \coprod_{a \in G} M'(X(a)x)$$

$$\square$$

この命題により，P_* も $P^{\cdot}$ の左随伴となる．自然同型 ξ を通して P_* の形で $P_{\cdot}$ を計算することができる．

7.4.a　有限生成加群圏の間の前被覆

補題 7.4.9. $P^{\cdot} \circ P_* = \coprod_{a \in G} {}^a(\text{-})$ が成り立つ．したがって，

$$P^{\cdot} \circ \xi \colon P^{\cdot} \circ P_{\cdot} \overset{\sim}{\Longrightarrow} \coprod_{a \in G} {}^a(\text{-})$$

は自然同型である．

証明. $f \in \mathscr{C}(x, y)$ とする．このとき，$Pf = (\delta_{a,1}f)_{a \in G} \colon Px \to Py$ に注意すると，任意の $M \in (\mathrm{Mod}\,\mathscr{C})_0$ に対して，次の可換図式が得られる．

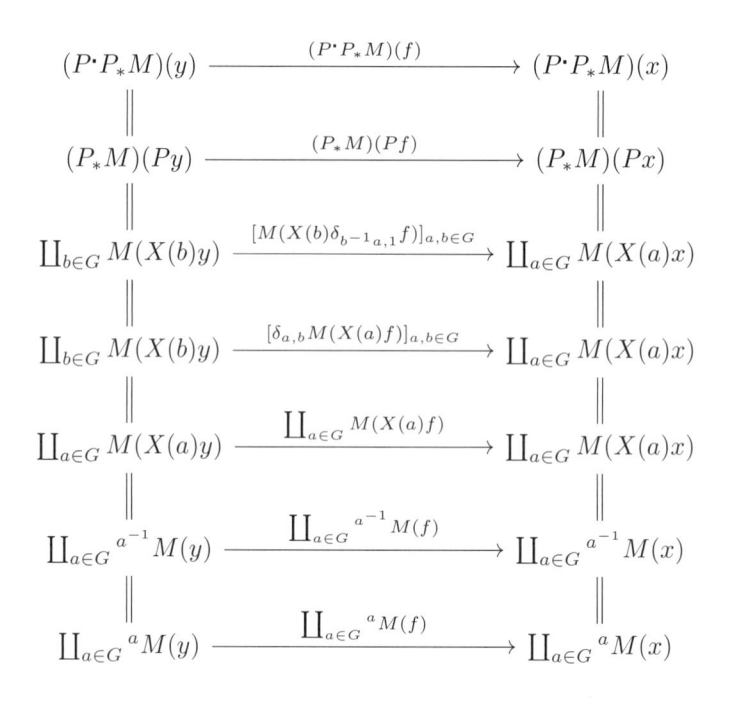

$$
\begin{array}{ccc}
(P \cdot P_* M)(y) & \xrightarrow{\ (P \cdot P_* M)(f)\ } & (P \cdot P_* M)(x) \\
\| & & \| \\
(P_* M)(Py) & \xrightarrow{\ (P_* M)(Pf)\ } & (P_* M)(Px) \\
\| & & \| \\
\coprod_{b \in G} M(X(b)y) & \xrightarrow{\ [M(X(b)\delta_{b^{-1}a,1}f)]_{a,b \in G}\ } & \coprod_{a \in G} M(X(a)x) \\
\| & & \| \\
\coprod_{b \in G} M(X(b)y) & \xrightarrow{\ [\delta_{a,b} M(X(a)f)]_{a,b \in G}\ } & \coprod_{a \in G} M(X(a)x) \\
\| & & \| \\
\coprod_{a \in G} M(X(a)y) & \xrightarrow{\ \coprod_{a \in G} M(X(a)f)\ } & \coprod_{a \in G} M(X(a)x) \\
\| & & \| \\
\coprod_{a \in G} {}^{a^{-1}} M(y) & \xrightarrow{\ \coprod_{a \in G} {}^{a^{-1}} M(f)\ } & \coprod_{a \in G} {}^{a^{-1}} M(x) \\
\| & & \| \\
\coprod_{a \in G} {}^{a} M(y) & \xrightarrow{\ \coprod_{a \in G} {}^{a} M(f)\ } & \coprod_{a \in G} {}^{a} M(x)
\end{array}
$$

$\square$

これ以後, ξ によって $P_.$ と P_* を同一視する.

補題 7.4.10. $M \in (\mathrm{Mod}\,\mathscr{C})_0$ とする. M が有限生成ならば, M はコンパクトである.

証明. I を小集合, 各 i に対して $M_i \in (\mathrm{Mod}\,\mathscr{C})_0$ とし, $(\coprod_{i \in I} M_i, (\sigma_i)_{i \in I})$ をその直和とする. このとき, 標準入射族 $(\overline{\sigma_i} \colon (\mathrm{Mod}\,\mathscr{C})(M, M_i) \to \coprod_{i \in I}(\mathrm{Mod}\,\mathscr{C})(M, M_i))_{i \in I}$ による標準射

$$
\phi \colon \coprod_{i \in I}(\mathrm{Mod}\,\mathscr{C})(M, M_i) \to (\mathrm{Mod}\,\mathscr{C})(M, \coprod_{i \in I} M_i)
$$

が同型であることを示せばよい. 一般に, 補題 1.5.17 より ϕ は単型であることは分かっている. ここで, M を有限生成と仮定する. このとき, ϕ が全型であることを示せばよい. 定義より, ある $1 \le n \in \mathbb{N}$, $x_1, \ldots, x_n \in \mathscr{C}_0$, $v_1 \in M(x_1), \ldots, v_n \in M(x_n)$ をとって, $M = \langle v_1, \ldots, v_n \rangle$ とできる. ϕ が全型であることを示すために, $f \in (\mathrm{Mod}\,\mathscr{C})(M, \coprod_{i \in I} M_i)$ を任意にとる. 各 $1 \le j \le n$ に対して, $f_{x_j} \colon M(x_j) \to \coprod_{i \in I} M_i(x_j)$ より $f_{x_j}(v_j) \in \coprod_{i \in I_j} M_i$ となる I のある有限部分集合 I_j が存在する. ただし, ここでは自然な埋め込みによって $\coprod_{i \in I_j} M_i \subseteq \coprod_{i \in I} M_i$ と見ている. これより, $f(\langle v_j \rangle) \subseteq \langle f_{x_j}(v_j) \rangle \subseteq \coprod_{i \in I_j} M_i$. したがって, $I_f := \bigcup_{j=1}^{n} I_j$ ととると I_f は I の有限部分集合であり, $\mathrm{Im}\, f = \sum_{j=1}^{n} f(\langle v_j \rangle) \subseteq \coprod_{i \in I_f} M_i$ となる. すなわち, f はある $f' \colon M \to \coprod_{i \in I_f} M_i$ と包含射 $\sigma_f \colon \coprod_{i \in I_f} M_i \hookrightarrow \coprod_{i \in I} M_i$ の合成の形に書ける: $f = \sigma_f \circ f'$. I_f は有限であるから, 系 1.5.15 より同型

$$\coprod_{i \in I_f} (\mathrm{Mod}\,\mathscr{C})(M, M_i) \to (\mathrm{Mod}\,\mathscr{C})(M, \coprod_{i \in I_f} M_i),\ (f_i)_{i \in I_f}^n \mapsto \sum_{i \in I} \sigma_i \circ f_i$$

が得られる．したがって，ある $(f_i)_{i \in I_f} \in \prod_{i \in I_f}(\mathrm{Mod}\,\mathscr{C})(M, M_i)$ によって $f' = \sum_{i \in I_f} \sigma_i \circ f_i$ と書けている．このとき，$f_i := 0\ (i \in I \setminus I_f)$ とおくと，$\phi((f_i)_{i \in I}) = \sum_{i \in I} \sigma_i \circ f_i = \sigma_f \circ \sum_{i \in I_f} \sigma_i \circ f_i = \sigma_f \circ f' = f$. 以上より，$\phi$ は全型である． $\square$

定理 7.4.11. 押し下げ関手 $P_{\cdot}$ は G-前被覆 $(P_{\cdot}, \phi_{\cdot})\colon \mathrm{mod}(\mathscr{C}, X) \to \mathrm{mod}\,\mathscr{C}/G$ に拡張できる．

証明. $\phi_{\cdot}$ **の定義**:

各 $c \in G$ に対して $\phi_{\cdot c}\colon P_{\cdot} \Rightarrow P_{\cdot} \circ {}^c(\text{-})$ を $\phi_{\cdot c} := (\phi_{\cdot c, M})_{M \in (\mathrm{Mod}\,\mathscr{C})_0}$ によって定める．ただし，各 $M \in \mathrm{Mod}\,\mathscr{C}$ と $x \in \mathscr{C}_0$ に対して，$\phi_{\cdot c, M, x}$ を可換図式

$$
\begin{array}{ccc}
(P_{\cdot}M)(x) & \xrightarrow{\ \phi_{\cdot c, M, x}\ } & (P_{\cdot}({}^c M))(x) \\
\| & & \| \\
\coprod_{a \in G} M(X(a)x) & \xrightarrow[{[\delta_{a, c^{-1}b} \mathbf{1}_{M(X(a)x)}]_{b, a \in G}}]{} & \coprod_{b \in G} M(X(c^{-1}b)x)
\end{array}
$$

によって定め，$\phi_{\cdot c, M} := (\phi_{\cdot c, M, x})_{x \in \mathscr{C}}$ とおく．

主張 1. $\phi_{\cdot c}\ (c \in G)$ は自然変換である．

実際，定義より直ちに，各 $M \in (\mathrm{Mod}\,\mathscr{C})_0, x \in \mathscr{C}_0$ に対して，

$$\phi_{\cdot c, M, x}((m_a)_{a \in G}) = (m_{c^{-1}a})_{a \in G} \quad ((m_a)_{a \in G} \in (P_{\cdot}M)(x)) \tag{7.10}$$

となることが分かる．このことを用いて，$(\mathrm{Mod}\,\mathscr{C})_0$ の任意の射 $u\colon M \to N$ に対して，図式

$$
\begin{array}{ccc}
(P_{\cdot}M)(x) & \xrightarrow{\ \phi_{\cdot c, M, x}\ } & (P_{\cdot}({}^c M))(x) \\
\coprod_{a \in G} u_{X(a)x} = (P_{\cdot}u)_x \Big\downarrow & & \Big\downarrow (P_{\cdot}({}^c u))_x = \coprod_{a \in G} u_{X(c^{-1}a)x} \\
(P_{\cdot}N)(x) & \xrightarrow{\ \phi_{\cdot c, N, x}\ } & (P_{\cdot}({}^c N))(x)
\end{array}
$$

が可換であることは容易に確かめられる．

主張 2. $\phi_{\cdot} := (\phi_{\cdot c})_{c \in G}$ とおくと組 $(P_{\cdot}, \phi_{\cdot})$ は G-不変関手になる．

実際，式 (5.1), (5.2) を確かめればよい．X は G-作用であるから，この場合，これらの式はそれぞれ次のようになる: 各 $M \in (\mathrm{Mod}\,\mathscr{C})_0, x \in \mathscr{C}_0$ に対して，

(5.1): $\phi_{\cdot 1, M, x} = \mathbb{1}_{(P_{\cdot}M)(x)}$,

(5.2): 次の図式は可換

$$(P_{\bullet}M)(x) \xrightarrow{\phi_{\bullet}c,M,x} (P_{\bullet}(^cM))(x)$$

$$\phi_{\bullet}dc,M,x \downarrow \qquad\qquad \downarrow \phi_{\bullet}d,^cM,x \qquad (c,d \in G).$$

$$(P_{\bullet}^{(dc)}M)(x) =\!=\!=\!=\!=\!= (P_{\bullet}^d(^cN))(x)$$

どちらの式も (7.10) を用いて容易に確かめられる.

各 $M, N \in (\mathrm{mod}\,\mathscr{C})_0$ に対して，自然な射からなる次の図式が得られる.

$$\coprod_{a\in G}(\mathrm{mod}\,\mathscr{C})(M,{}^aN) \xrightarrow[\phi]{\sim} (\mathrm{Mod}\,\mathscr{C})(M,\coprod_{a\in G}{}^aN)$$

$$(P_{\bullet},\phi_{\bullet})^{(2)}_{M,N}\Big\downarrow \qquad\qquad (\mathrm{Mod}\,\mathscr{C})(M,t)\Big\downarrow\wr \qquad (7.11)$$

$$(\mathrm{Mod}\,\mathscr{C})(M,\coprod_{a\in G}{}^aN)$$

$$\Big\| $$

$$(\mathrm{mod}\,\mathscr{C}/G)(P_{\bullet}M,P_{\bullet}N) \xrightarrow[\omega_{M,P_{\bullet}N}]{\sim} (\mathrm{Mod}\,\mathscr{C})(M,P^{\bullet}P_{\bullet}N)$$

ただし，$t \in (\mathrm{Mod}\,\mathscr{C})(\coprod_{a\in G}{}^aN, \coprod_{a\in G}{}^aN)$ は各 $x \in \mathscr{C}_0$ に対して，

$$t_x((n_a)_{a\in G}) := (n_{a^{-1}})_{a\in G} \ ((n_a)_{a\in G} \in \coprod_{a\in G}{}^aN(x))$$

で定義される同型である．この図式で，補題 7.4.10 より M がコンパクトであるから ϕ は同型になり，$\omega_{M,P_{\bullet}N}$ は随伴の同型であり，右の列の相等は補題7.4.9 から従う.

主張 3. 上の図式 (7.11) は可換である.

実際，まず各 $M \in (\mathrm{Mod}\,\mathscr{C})_0, L \in (\mathrm{Mod}(\mathscr{C}/G))_0$ に対して，随伴の同型 $\omega_{M,L}\colon (\mathrm{mod}\,\mathscr{C}/G)(P_{\bullet}M,L) \to (\mathrm{Mod}\,\mathscr{C})(M,P^{\bullet}L)$ は次で与えられることに注意する.

$$\omega_{M,L}(u)_x = u_x \circ \sigma_1, \ (u \in \mathrm{Mod}(\mathscr{C}/G)(P_{\bullet}M,L), x \in \mathscr{C}_0). \qquad (7.12)$$

ただし，$\sigma_1\colon M(x) \to \coprod_{a\in G} M(X(a)x) = (P_{\bullet}M)(x)$ は標準入射である．ここで $f := (f_a)_{a\in G} \in \coprod_{a\in G} M(X(a)x)$ を任意にとる．$\sigma_a^N\colon {}^aN \to \coprod_{b\in G}{}^bN$ を標準入射とすると，図式 (7.11) の右回りの合成による f の像は，補題1.5.17(1) より，$\sum_{a\in G} \sigma_a^N \circ f_{a^{-1}}$ になる．他方定義より，$(P_{\bullet},\phi_{\bullet})^{(2)}_{M,N}(f) = \sum_{a\in G} \phi_{\bullet a,N}^{-1} \circ P_{\bullet}f_a$ であるから公式 (7.12) と (7.10) を用いて，図式 (7.11) の左回りの合成による f の像も $\sum_{a\in G} \sigma_a^N \circ f_{a^{-1}}$ となる．したがって，図式 (7.11)は可換である.

主張 3 より各 $(P_{\bullet},\phi_{\bullet})^{(2)}_{M,N}$ は同型になる．したがって，主張 2 と合わせて，$(P_{\bullet},\phi_{\bullet})$ は G-前被覆となる. $\qquad\qquad\square$

問 7.4.12. 上の証明において，随伴の同型 $\omega_{M,L}$ が式 (7.12) で与えられることを確かめるか，あるいはこの式で定義される $\omega_{M,L}$ の逆写像を求めよ.

注意 **7.4.13.** (1) 上の定理を用いて，ある G-小圏 $\mathscr{C}$ で $A \cong \mathscr{C}/G$ の形に書ける多元環 A の加群圏を $\mathscr{C}$ の加群圏を用いて調べることができる．例えば，$\mathscr{C}$ が局所有界多元圏であるとき（雑にいうと，クイバーと関係式で書かれているとき），$\mathscr{C}$ が局所サポート有限*2) であれば，上の $(P_{\cdot}, \phi_{\cdot})$ は G-被覆関手になることが知られている．このことから C が局所有限表現型*3) であれば，A が有限表現型*4) になることが分かる．

(2) 上の定理と類似のことが，$\mathrm{prj}\,\mathscr{C}$ 上の有界ホモトピー圏 $\mathscr{K}^{\mathrm{b}}(\mathrm{prj}\,\mathscr{C})$ についても成り立つ．すなわち押し下げ関手 $P_{\cdot}\colon \mathrm{Mod}\,\mathscr{C} \to \mathrm{Mod}(\mathscr{C}/G)$ は，G-前被覆関手

$$\mathscr{K}^{\mathrm{b}}(\mathrm{prj}(\mathscr{C}, X)) \to \mathscr{K}^{\mathrm{b}}(\mathrm{prj}\,\mathscr{C}/G)$$

を導く．この関手を用いて，$\mathscr{C}$ の傾複体から $\mathscr{C}/G$ の傾複体を構成する方法が与えられ，2 つの G-小圏 $\mathscr{C}, \mathscr{C}'$ の間の導来同値から，$\mathscr{C}/G, \mathscr{C}'/G$ の間の導来同値を導く方法が与えられる（[2], [3], [4], [5], [8], [9] 参照）．

7.5 軌道圏の加群圏と不変加群圏

この節では，引き上げ関手 $P^{\cdot}\colon \mathrm{Mod}\,\mathscr{C}/G \to \mathrm{Mod}\,\mathscr{C}$ が $\mathrm{Mod}\,\mathscr{C}/G$ と，"G-不変"$\mathscr{C}$-加群全体のなす圏 $\mathrm{Mod}^{G}\mathscr{C}$ との同値を導くことを示す．

定義 **7.5.1.** $\mathrm{Mod}^{G}\mathscr{C} := G\text{-}\mathbf{CAT}^{\mathrm{s}}(\mathscr{C}^{\mathrm{op}}, \Delta(\mathrm{Mod}\,\Bbbk))$ とおき，その対象 (M, ϕ) を **G-不変** $\mathscr{C}$-加群とよぶ．忘却関手 $\mathrm{Mod}^{G}\mathscr{C} \to \mathrm{Mod}\,\mathscr{C}$ が，$(M, \phi) \mapsto M$ で定義される．しかしこれは必ずしも対象集合の上で単射ではない（例 5.5.5 参照）．したがって，$\mathrm{Mod}^{G}\mathscr{C}$ は一般に $\mathrm{Mod}\,\mathscr{C}$ の部分圏と見なすことはできない．

定理 **7.5.2.** 引き上げ関手 $P^{\cdot}\colon \mathrm{Mod}\,\mathscr{C}/G \to \mathrm{Mod}\,\mathscr{C}$ は，圏の**同型** $\mathrm{Mod}\,\mathscr{C}/G \to \mathrm{Mod}^{G}\mathscr{C}$ を導く．

証明．注意 5.5.4 の式 (5.20) より，圏の同型

$$\Bbbk\text{-}\mathbf{CAT}(\mathscr{C}/G, \mathscr{D}) \cong G\text{-}\mathbf{CAT}(\mathscr{C}, \Delta(\mathscr{D})), \quad H \mapsto \Delta(H) \circ (P_{\mathscr{C}}, \phi_{\mathscr{C}})$$

が存在する．ここにおける $\mathscr{C}, \mathscr{D}$ それぞれに，$\mathscr{C}^{\mathrm{op}}, \mathrm{Mod}\,\Bbbk$ を代入すれば求める結果が得られる． $\qquad\square$

---

*2) すなわち，各 $x \in \mathscr{C}_0$ に対して，M が $M(x) \neq 0$ となる $\mathscr{C}$ の直既約表現全体を動くとき，そのサポート $\mathrm{supp}\,M := \{y \in \mathscr{C}_0 \mid M(y) \neq 0\}$ の合併が有限集合となること．

*3) すなわち，各 $x \in \mathscr{C}_0$ に対して，$M(x) \neq 0$ となる $\mathscr{C}$ の直既約表現 M の同型類が有限個しかないこと．

*4) すなわち，直既約加群の同型類は有限個しかないこと．

特に $\mathscr{C} = A$ が多元環の場合，次が成り立つ.

系 7.5.3. A が G-作用を持つ多元環であるとき，圏の同型 $\mathrm{Mod}(A * G) \cong \mathrm{Mod}^G A$ が成り立つ. □

注意 7.5.4. G-作用が自由である場合を考える．このとき，定理 7.5.2 より，古典的な被覆関手 $(P, \mathbb{1}): \mathscr{C} \to \mathscr{C}/_c G$ （古典的な場合なので，$(\mathscr{C}/_c G)_0 = \{Gx \mid x \in \mathscr{C}_0\}$）に注意）は圏の同型 $\mathrm{Mod}(\mathscr{C}/G) \to \mathrm{Mod}^G \mathscr{C}$ を導く（[17, Theorem 4.3] 参照）．この場合，$P^{\bullet}(M) = (M, \mathbb{1})$ $(M \in \mathrm{Mod}\,\mathscr{C}/G)$ が成り立ち，$\mathrm{Mod}^G \mathscr{C}$ は，[17] で定義されている圏（の右加群版）$(\mathrm{Mod}\,\mathscr{C})^G$ と，（すなわち，$\{M \in (\mathrm{Mod}\,\mathscr{C})_0 \mid {}^a M = M \ (a \in G)\}$ を対象集合とする $\mathrm{Mod}\,\mathscr{C}$ の充満部分圏と）同一視できる．したがって特にこの場合は，$\mathrm{Mod}^G \mathscr{C}$ は $\mathrm{Mod}\,\mathscr{C}$ の充満部分圏と見なすことができる．

7.6 加群圏と軌道圏の次数加群圏

この節では，押し下げ関手 $P_{\cdot}: \mathrm{Mod}\,\mathscr{C} \to \mathrm{Mod}\,\mathscr{C}/G$ が圏 $\mathrm{Mod}\,\mathscr{C}$ と，G-次数加群全体と次数保存射全体のなす圏 $\mathrm{Mod}_G\,\mathscr{C}/G$ との同値を導くことを示す.

定義 7.6.1. $\mathscr{B}$ を G-次数圏とする.

(1) 次のデーターの組で以下の公理を満たすものを G- **次数** $\mathscr{B}$-**加群**とよぶ.

  データー:
  - $\mathscr{B}$-加群 M,
  - 直和分解の族 $d = (M(x) = \bigoplus_{a \in G} M^a(x))_{x \in \mathscr{B}_0}$

  公理: $M(f)(M^a(x)) \subseteq M^{ab}(y)$ $(f \in \mathscr{B}^b(y, x),\ x, y \in \mathscr{B}_0,\ b \in G)$.

(2) M, N を G-次数 $\mathscr{B}$-加群とし，$u: M \to N$ をそれらの間の射とする．$u_x M^a(x) \subseteq N^a(x)$ $(x \in \mathscr{B}, a \in G)$ が成り立つとき，u を**次数保存射**とよぶ.

(3) G-次数加群とそれらの間の次数保存射のなす線形圏を $\mathrm{Mod}_G\,\mathscr{B}$ で表す．ここでも忘却関手 $\mathrm{Fgt}: \mathrm{Mod}_G\,\mathscr{B} \to \mathrm{Mod}\,\mathscr{B}, (M, d) \mapsto M$ を考えることができる．これは対象集合の上で単射とは限らない（すなわち，同じ M に対して複数の次数付け d がありうる）ので $\mathrm{Mod}_G\,\mathscr{B}$ は $\mathrm{Mod}\,\mathscr{B}$ の部分圏とは見なせないことに注意する.

(4) $M \in (\mathrm{mod}\,\mathscr{B})_0$ となる $(M, d) \in (\mathrm{Mod}_G\,\mathscr{B})_0$ 全体のなす $\mathrm{Mod}_G\,\mathscr{B}$ の充満部分圏を $\mathrm{mod}_G\,\mathscr{B}$ で表す.

定理 7.6.2. 押し下げ関手 $P_{\cdot}: \mathrm{Mod}\,\mathscr{C} \to \mathrm{Mod}\,\mathscr{C}/G$ は同値 $P'_{\cdot}: \mathrm{Mod}\,\mathscr{C} \to \mathrm{Mod}_G\,\mathscr{C}/G$ を導く．すなわち，次の図式が厳格な可換図式となるような同値

$P'_{\cdot}$ が存在する.

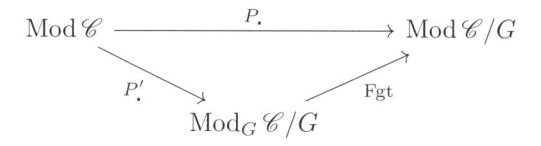

証明. まず, $P_{\cdot}$ が $\mathrm{Mod}\,\mathscr{C}$ の各射 $u\colon M \to N$ を $\mathrm{Mod}_G\,\mathscr{C}/G$ に移すことを確かめる. 定義 7.4.7 より, 各 $x \in \mathscr{C}_0$ に対して,

$$(P_{\cdot}M)(Px) = \coprod_{a \in G} M(X(a)x) = \bigoplus_{a \in G} \sigma_a(M(X(a)x))$$

とおく. ただし, $(\sigma_b\colon M(X(a)x) \to \coprod_{a \in G} M(X(a)x))_{b \in G}$ は標準入射である. これを用いて次のようにおく.

$$(P_{\cdot}M)^a(Px) := \sigma_a(M(X(a)x)). \tag{7.13}$$

これによって $P_{\cdot}M$ は G-次数 $\mathscr{C}/G$-加群となる.

実際, $x, y \in \mathscr{C}_0, c, d \in G$ とし, $m = (m_b)_{b \in G} \in (P_{\cdot}M)^c(Py), f = (f_a)_{a \in G} \in (\mathscr{C}/G)^d(x, y)$ を任意にとるとき, $m_b = 0 \ (b \neq c), f_a = 0 \ (a \neq d)$ となっているから,

$$
\begin{aligned}
(P_{\cdot}M)(f)(m) &= [M(X(b)f_{b^{-1}a})]_{a, b \in G}((m_b)_{b \in G}) \\
&= \left(\sum_{b \in G} M(X(b)f_{b^{-1}a})(m_b) \right)_{a \in G} \\
&= (\delta_{a, cd} M(X(c)f_d)(m_c))_{a \in G} \in (P_{\cdot}M)^{cd}(Px)
\end{aligned}
$$

が成り立ち, $P_{\cdot}M \in (\mathrm{Mod}_G\,\mathscr{C}/G)_0$ となっていることが分かる.

さらに, 式 (7.9) から $P_{\cdot}u$ が次数保存射であること, すなわち, $P_{\cdot}u\colon P_{\cdot}M \to P_{\cdot}N$ が $\mathrm{Mod}_G\,\mathscr{C}/G$ の射になっていることが分かる. したがって, 押し下げ関手 $P_{\cdot}$ は, 関手 $P'_{\cdot}\colon \mathrm{Mod}\,\mathscr{C} \to \mathrm{Mod}_G\,\mathscr{C}/G$ を導く. $\mathrm{Mod}\,\mathscr{C}$ の任意の対象 M と任意の射 u に対して, $P'_{\cdot}M = P_{\cdot}M, P'_{\cdot}u = P_{\cdot}u$ であることに注意しておく.

$P'_{\cdot}$ の忠実性. $u\colon M \to N$ を $\mathrm{Mod}\,\mathscr{C}$ の射とし, $P_{\cdot}u = 0$ と仮定する. このとき, $u = 0$ を示せばよい. この仮定より, 任意の $x \in \mathscr{C}_0$ に対して, (7.9) を用いて $0 = (P_{\cdot}u)_x = \coprod_{a \in G} u_{X(a)x}$ であるから, 特に $u_x = 0$. したがって, $u = (u_x)_{x \in \mathscr{C}_0} = 0$. 以上より, $P'_{\cdot}$ は忠実である.

$P'_{\cdot}$ の充満性. $M, N \in (\mathrm{Mod}\,\mathscr{C})_0$ とし, $v \in \mathrm{Mod}_G\,\mathscr{C}/G(P_{\cdot}M, P_{\cdot}N)$ を任意にとる. このとき, $P_{\cdot}u = v$ となる $u \in (\mathrm{Mod}\,\mathscr{C})(M, N)$ を構成すればよい. 各 $x \in (\mathscr{C}/G)_0 = \mathscr{C}_0$ に対して, v は次数保存射であるから $v_x\colon \coprod_{a \in G} M(X(a)x) \to \coprod_{a \in G} N(X(a)x)$, において, $v_x(M(X(a)x)) \subseteq N(X(a)x) \ (a \in G)$ が成り立っている. したがって, v_x は各 $a \in G$ に対して, $\mathrm{Mod}\,\Bbbk$ の射 $v_{a, x}\colon M(X(a)x) \to N(X(a)x)$ を導き, $v_x = \coprod_{a \in G} v_{a, x}$ と

書ける. そこで, $\operatorname{Mod}\mathscr{C}$ の射 $u\colon M \to N$ を次で定める.

$$u_x := v_{1,x}\colon M(x) \to N(x) \quad (x \in \mathscr{C}_0), \quad u := (u_x)_{x \in \mathscr{C}_0}. \tag{7.14}$$

主張 1. u は $\operatorname{Mod}\mathscr{C}$ の射である.

実際, $\mathscr{C}$ の任意の射 $f\colon x \to y$ に対して, 次の図式の可換性を示せばよい.

$$\begin{array}{ccc}
M(y) & \xrightarrow{\ u_y\ } & N(y) \\
{\scriptstyle M(f)}\big\downarrow & & \big\downarrow{\scriptstyle N(f)} \\
M(x) & \xrightarrow[\ u_x\ ]{} & N(x)
\end{array} \tag{7.15}$$

まず, 次の式を示しておく:

$$(P_.M)(Pf) = \coprod_{a \in G} M(X(a)f).$$

これは, $Pf = (\delta_{a,1}f)_{a \in G}$ より, 次の計算から分かる.

$$(P_.M)(Pf) = [M(X(b)(Pf)_{b^{-1}a})]_{a,b \in G} = [M(X(b)\delta_{b^{-1}a,1}f)]_{a,b \in G}$$
$$= [M(X(b)\delta_{a,b}f)]_{a,b \in G} = \coprod_{a \in G} M(X(a)f).$$

これを用いると, v が $\operatorname{Mod}_G(\mathscr{C}/G)$ の射であることから可換図式

$$\begin{array}{ccc}
\coprod_{a \in G} M(X(a)y) & \xrightarrow{\ \coprod_{a \in G} v_{a,y}\ } & \coprod_{a \in G} N(X(a)y) \\
{\scriptstyle \coprod_{a \in G} M(X(a)f)}\big\downarrow & & \big\downarrow{\scriptstyle \coprod_{a \in G} N(X(a)f)} \\
\coprod_{a \in G} M(X(a)x) & \xrightarrow[\ \coprod_{a \in G} v_{a,x}\ ]{} & \coprod_{a \in G} N(X(a)x)
\end{array}$$

が得られる. ここで特に $a = 1$ の成分をみれば, 式 (7.15) の可換性が分かる.

主張 2. $P_.u = v$.

実際, この式は, 各 $x \in \mathscr{C}_0$ に対して, $(P_.u)_x = v_x$ であることと, すなわち, $\coprod_{a \in G} u_{X(a)x} = \coprod_{a \in G} v_{a,x}$ であることと同値である. したがって, u の定義 (7.14) より, 各 $x \in \mathscr{C}$ と $c \in G$ に対して, 次を示せばよい.

$$v_{1,X(c)x} = v_{c,x}. \tag{7.16}$$

さて, $\mathscr{C}/G$ における同型 $\phi_{c,x}\colon Px \to PX(c)x$ は定義 5.4.7(3) より $\phi_c x = (\delta_{a,c}\mathbb{1}_{X(c)x})_{a \in G}$ で与えられているので,

$$(P_.M)(\phi_c x) = [M(X(b)(\phi_c x)_{b^{-1}a})]_{a,b \in G} = [M(X(b)\delta_{b^{-1}a,c}\mathbb{1}_{X(c)x})]_{a,b \in G}$$
$$= [\delta_{a,bc}\mathbb{1}_{M(X(b)X(c)x)}]_{a,b \in G} = [\delta_{a,bc}\mathbb{1}_{M(X(a)x)}]_{a,b \in G}.$$

すなわち, 次の図式が可換になる.

$$P_.M(X(c)x) \xrightarrow{\quad P_.M(\phi_{c,x}) \quad} P_.M(x)$$

$$\bigsqcup_{b \in G} M(X(b)X(c)x) \xrightarrow{[\delta_{a,bc}\mathbf{1}_{M(X(a)x)}]_{a,b \in G}} \bigsqcup_{a \in G} M(X(a)x)$$

したがって，$v \in \mathrm{Mod}(\mathscr{C}/G)(P_.M, P_.N)$ であることから可換図式

$$\bigsqcup_{b \in G} M(X(b)X(c)x) \xrightarrow{\bigsqcup_{b \in G} v_{b,X(c)x}} \bigsqcup_{b \in G} N(X(b)X(c)x)$$

$$[\delta_{a,bc}\mathbf{1}_{M(X(a)x)}]_{a,b \in G} \downarrow \qquad\qquad [\delta_{a,bc}\mathbf{1}_{N(X(a)x)}]_{a,b \in G} \downarrow$$

$$\bigsqcup_{a \in G} M(X(a)x) \xrightarrow{\bigsqcup_{a \in G} v_{a,x}} \bigsqcup_{a \in G} N(X(a)x)$$

が得られる．これを等式に書き直すと，

$$\delta_{a,bc}\, v_{a,x} = \delta_{a,bc}\, v_{b,X(c)x} \quad (a, b, c \in G).$$

特に，$a = c, b = 1$ のとき，求める式 (7.16) が得られる．

$P_.'$ の稠密性．(N, d) を $\mathrm{Mod}_G\,\mathscr{C}/G$ の任意の対象とし，$d = (N(x) = \bigoplus_{a \in G} N^a(x))_{x \in (\mathscr{C}/G)_0}$ とおく．このとき，$M \in \mathrm{Mod}\,\mathscr{C}$ を次で定義する．
対象に対して． $M(x) := N^1(x)\ (x \in \mathscr{C}_0)$.
射に対して． 定義 5.4.7(2) より $\deg Pf = 1$ であるから，任意の $\mathscr{C}$ の射 $f \colon x \to y$ に対して，$N(Pf)(N^1(y)) \subseteq N^1(x)$ が成り立つ．そこで $M(f) := N(Pf)|_{N^1(y)} \colon N^1(y) \to N^1(x)$ とおく．

このとき，次を示せば証明が終わる．

主張 3. $\mathrm{Mod}_G\,\mathscr{C}/G$ において $P_.M \cong N$ が成り立つ．

以下にこれを示す．$a \in G, x \in \mathscr{C}_0$ を任意にとる．まず，X が G-作用であるので，式 (5.12) より，

$$(\phi_a x)^{-1} = (\delta_{b,a^{-1}}\mathbb{1}_x)_{b \in B} = \phi_{a^{-1}}(X(a)x)$$

が成り立っていることに注意する．また，定義 5.4.7(3) から

$$\deg \phi_a x = a$$

も成り立っている．このことから，$\deg \phi_{a^{-1}}(X(a)x) = a^{-1}$ も成り立つ．したがって，$\mathscr{C}/G$ における同型 $\phi_a x \colon Px \to P(X(a)x)$ は $\mathrm{Mod}\,\Bbbk$ における同型

$$F_{a,Px} := N(\phi_a x)|_{N^1(PX(a)x)} \colon M(X(a)x) = N^1(PX(a)x) \to N^a(Px)$$

を導く．$(N(\phi_{\alpha^{-1}}(X(a)x))|_{N^a(Px)}$ がそれの逆を与える．）これを用いて，各 $x \in \mathscr{C}$ に対して，$\mathrm{Mod}\,\Bbbk$ における同型 F_{Px} を可換図式

$$
\begin{array}{ccc}
(P_{\bullet}M)(Px) & \xrightarrow{\quad F_{Px}\quad} & N(Px) \\
\| & & \| \\
\coprod_{a\in G} M(X(a)x) & \xrightarrow[\coprod_{a\in G} F_{a,Px}]{} & \coprod_{a\in G} N^a(Px)
\end{array}
$$

で定義する．上の主張を示すには，

$$F := (F_{Px})_{Px\in(\mathscr{C}/G)_0}$$

が $\mathrm{Mod}_G\mathscr{C}/G(P_{\bullet}M, N)$ に属していること，すなわち，各 $x, y \in \mathscr{C}_0$ と $f = (f_a)_{a\in G} \in (\mathscr{C}/G)(Px, Py)$ に対して，次の図式が可換であることを示せばよい．

$$
\begin{array}{ccc}
(P_{\bullet}M)(Py) & \xrightarrow{F_{Py}} & N(Py) \\
{\scriptstyle (P_{\bullet}M)(f)}\downarrow & & \downarrow{\scriptstyle N(f)} \\
(P_{\bullet}M)(Px) & \xrightarrow[F_{Px}]{} & N(Px)
\end{array}
$$

さて，$f = \sum_{a\in G}\sigma_a^{\mathscr{C}/G}(f_a)$ であるので，f の代わりにその各項 $\sigma_a^{\mathscr{C}/G}(f_a)$ $(a \in G)$ に対して，上の図式の可換性を示せばよい．すなわち，ある $b \in G$ によって，$\deg f = b$ が成り立っていると仮定してよい．したがって，各 $a \in G$ に対して次の図式の可換性を示せばよい．

$$
\begin{array}{ccc}
(P_{\bullet}M)^a(Py) & \xrightarrow{\quad F_{a,Py}\quad} & N^a(Py) \\
{\scriptstyle (P_{\bullet}M)(f)|_{(P_{\bullet}M)^a(Py)}}\downarrow & & \downarrow{\scriptstyle N(f)|_{N^a(Py)}} \\
(P_{\bullet}M)^{ab}(Px) & \xrightarrow[F_{ab,Px}]{\qquad} & N^{ab}(Px)
\end{array}
\tag{7.17}
$$

ここで，

$$(P_{\bullet}M)(f) = [M(b)f_{b^{-1}a}]_{a,b\in G}\colon \coprod_{b\in G} M(X(b)y) \to \coprod_{a\in G} M(X(a)x)$$

であるから，上の図式の左縦の射は，$M(X(a)f_b)\colon M(X(a)y) \to M(X(ab)x)$，すなわち

$$N(P(X(a)f_b))|_{N^1(X(a)y)}\colon N^1(X(a)y) \to N^1(X(ab)x)$$

に等しい．したがって，図式 (7.17) の可換性は式

$$N(\phi_{ab,x}) \circ N(P(X(a)f_b)) = N(f) \circ N(\phi_{a,y})$$

が成り立てば成立する．この式は，次の式が成り立てば成立する．

$$P(X(a)f_b) \circ \phi_{ab,x} = \phi_{a,y} \circ f.$$

さて，$\deg f = b$ より，$f = (\delta_{c,b}f_b)_{c\in G}$ が成り立っている．これを用いて計算すると，両辺ともに $(\delta_{c,ab}X(a)f_b)_{c\in G}$ に等しいことが分かる． □

系 **7.6.3.** A が G-作用を持つ多元環であれば, 圏の同値 $\operatorname{Mod} R \simeq \operatorname{Mod}_G R * G$ が存在する. □

系 **7.6.4.** 押し下げ関手 $P_{\cdot}$ は G-被覆関手

$$(P_{\cdot}, \phi_{\cdot}) \colon \operatorname{mod} \mathscr{C} \to \operatorname{mod}_{(G)}(\mathscr{C}/G),$$

を導く. ここで, $\operatorname{mod}_{(G)}(\mathscr{C}/G)$ は, $\operatorname{Fgt}(M, d)$ $((M, d) \in \operatorname{mod}_G(\mathscr{C}/G)_0)$ (すなわち G-次数付け可能 $\mathscr{C}/G$-加群) 全体からなる $\operatorname{mod}(\mathscr{C}/G)$ の充満部分圏である. したがって特に, 次が成り立つ.

$$(\operatorname{mod} \mathscr{C})/G \simeq \operatorname{mod}_{(G)}(\mathscr{C}/G), \quad \operatorname{mod} \mathscr{C} \simeq (\operatorname{mod}_{(G)}(\mathscr{C}/G)) \# G.$$

証明. 定理 7.4.11 より $(P_{\cdot}, \phi_{\cdot}) \colon \operatorname{mod} \mathscr{C} \to \operatorname{mod}(\mathscr{C}/G)$ は前被覆であり, 定理 7.6.2 より, 右辺の圏 $\operatorname{mod}(\mathscr{C}/G)$ を $\operatorname{mod}_{(G)}(\mathscr{C}/G)$ に限れば, 稠密であるから, 主張が従う. このことから, 系 5.5.3 (の G-**CAT** 版) より $(\operatorname{mod} \mathscr{C})/G \simeq \operatorname{mod}_{(G)}(\mathscr{C}/G)$ が成り立ち, 定理 5.7.1, 注意 5.8.15 より残りの同値も成り立つ. □

第 8 章
圏余弱作用での 2-圏論的被覆理論

これまで群 G の線形小圏への作用および擬作用を考えてきたが，これは群自身を単対象圏と見たときの関手および擬関手 $X\colon G \to \Bbbk\text{-}\mathbf{Cat}$ と同値な概念であった．X を，G の $X(*)$ への作用および擬作用と見なすのであった．そこで，作用している G を群に限らず，これを小圏 I まで広げると，小圏 I の線形小圏への作用および擬作用を考えることができる．これは別の見方をすると，I の表現 $I \to \operatorname{Mod}\Bbbk$ の圏 $\operatorname{Mod}\Bbbk$ を 2-圏 $\Bbbk\text{-}\mathbf{Cat}$ に取り替えたものとして，I の "2-表現" $I \to \Bbbk\text{-}\mathbf{Cat}$ と見ることができる．

他方，群 G の線形小圏 $\mathscr{C}$ への作用を考える利点は，被覆関手 $G \to \mathscr{C}/G$ から誘導される押し下げ関手 $\operatorname{Mod}\mathscr{C} \to \operatorname{Mod}(\mathscr{C}/G)$ などを用いて $\mathscr{C}$ と $\mathscr{C}/G$ の表現間に関係を付けて，一方から他方の情報を得ることにある．本書では解説していないが，注意 7.4.13(2) で述べたように，押し下げ関手から有界ホモトピー圏の間の関手 $\mathscr{K}^{\mathrm{b}}(\operatorname{prj}\mathscr{C}) \to \mathscr{K}^{\mathrm{b}}(\operatorname{prj}\mathscr{C}/G)$ も誘導され，これは導来同値を導くときの重要な道具となる．

群 G を小圏 I に取り替えることで，この方面への応用はさらに広がる．そこで，この第 8 章では，弱関手 $X\colon I \to \Bbbk\text{-}\mathbf{Cat}$ にこれまでの被覆理論を一般化することについて概略を述べておく．すでによく知られている，グロタンディーク構成が，この設定での軌道圏構成の一般化を与えているが，スマッシュ積に対応する概念は新しいものになる．現在この設定におけるコーエン・モンゴメリー双対の一般化はできたばかりで，論文はまだ準備中である．また，導来同値への応用については，グロタンディーク構成のところまで完成しているが，スマッシュ積については現在進行中である．したがって，現段階ではグロタンディーク構成の方向についてだけの解説に限定する．以下，本章を通じて I を小圏とし，特に断らなければ $\Bbbk$ は可換環とする．

8.1 グロタンディーク構成

この節では，軌道圏の一般化であるグロタンディーク構成の定義（cf. [24]）を与える．（これのクイバー表示については [10] 参照.）

定義 8.1.1. $X \colon I \to \Bbbk\text{-}\mathbf{Cat}$ を余弱関手とする．このとき，線形圏 $\mathrm{Gr}(X)$ を次で定義する．

- $\mathrm{Gr}(X)_0 := \bigcup_{i \in I_0} \{i\} \times X(i)_0 = \{_i x := (i, x) \mid i \in I_0, x \in X(i)_0\}$.
- 各 $_i x, {}_j y \in \mathrm{Gr}(X)_0$ に対して，

$$\mathrm{Gr}(X)(_i x, {}_j y) := \coprod_{a \in I(i,j)} X(j)(X(a)x, y).$$

- 各 $_i x, {}_j y, {}_k z \in \mathrm{Gr}(X)_0$ と各 $f = (f_a)_{a \in I(i,j)} \in \mathrm{Gr}(X)(_i x, {}_j y)$, $g = (g_b)_{b \in I(j,k)} \in \mathrm{Gr}(X)(_j y, {}_k z)$ に対して，

$$g \circ f := \left(\sum_{\substack{a \in I(i,j) \\ b \in I(j,k) \\ c = ba}} g_b \circ X(b) f_a \circ X_{b,a} x \right)_{c \in I(i,k)}$$

とおく．すなわち，総和の各項は次の合成である:

$$X(ba)x \xrightarrow{X_{b,a}x} X(b)X(a)x \xrightarrow{X(b)f_a} X(b)y \xrightarrow{g_b} z.$$

- 各 $_i x \in \mathrm{Gr}(X)_0$ に対して，恒等射 $\mathbb{1}_{_i x}$ は次で与えられる:

$$\mathbb{1}_{_i x} = (\delta_{a, \mathbf{1}_i} X_i\, x)_{a \in I(i,i)} \in \bigoplus_{a \in I(i,i)} X(i)(X(a)x, x).$$

例 8.1.2. A を $\Bbbk$-多元環とする（単対象線形圏と見る）．$X := \Delta(A) \colon I \to \Bbbk\text{-}\mathbf{Cat}$ を次で定義する．$X(i) := A\ (i \in I_0)$, $X(a) := \mathbb{1}_A\ (a \in I_1)$. このとき，次が成り立つ.

(1) I がクイバー $(1 \to 2)$ の自由圏であれば，$\mathrm{Gr}(X)$ は A 上の三角行列多元環になる: $\mathrm{Gr}(X) \cong \begin{bmatrix} A & 0 \\ A & A \end{bmatrix}$. より一般に次の (2), (3) が成り立つ.

(2) I がクイバー Q の自由圏であれば，$\mathrm{Gr}(X) \cong AQ$（A 上の Q の道圏）.

(3) $I = S$ が半順序集合のとき，$\mathrm{Gr}(X) \cong AS$（A 上の S の隣接圏）.

(4) $I = G$ がモノイドのとき，$\mathrm{Gr}(X) \cong AG$（A 上の G のモノイド多元環）.

8.2 加群圏誘導擬作用

ここでは，2-圏から 2-圏への余弱関手，およびそれら余弱関手全体のなす

2-圏が必要になる．小圏 I の各対象 x,y に対して，集合 $I(x,y)$ を離散圏と見る．また，$x,y,z \in I_0$ に対して，合成 $I(y,z) \times I(x,y) \to I(x,z)$ を自明に定義する．すなわち，$f \in I(x,y)_0, g \in I(y,z)_0$ のとき，$\mathbb{1}_g \circ \mathbb{1}_f := \mathbb{1}_{g \circ f}$ と定める．これによって，I を 2-圏と見なすことができる．この見方を用いて I を 2-圏と見たとき，以下の 2-圏 I から 2-圏 $\Bbbk\text{-}\mathbf{Cat}$ への弱関手はちょうど圏 I から $\Bbbk\text{-}\mathbf{Cat}$ への余弱関手（定義 4.3.1）と一致する．

定義 8.2.1. $\mathbf{B}$ と $\mathbf{C}$ を 2-圏とする．

(1) 次のデーター（定義 4.3.1 と異なる部分に下線を引いた）からなり以下の公理を満たすものを，$\mathbf{B}$ から $\mathbf{C}$ への余弱関手 $X : \mathbf{B} \to \mathbf{C}$ とよぶ．

データー：

- 写像 $X : \mathbf{B}_0 \to \mathbf{C}_0$,
- <u>関手</u> $X : \mathbf{B}(i,j) \to \mathbf{C}(X(i), X(j))$ $(i,j \in \mathbf{B}_0)$,
- $\mathbf{C}$ の 2-射 $X_i : X(\mathbb{1}_i) \Rightarrow \mathbb{1}_{X(i)}$ $(i \in \mathbf{B}_0)$,
- $\mathbf{C}$ の 2-射 $X_{b,a} : X(ba) \Rightarrow X(b)X(a)$
  $((b,a) \in \mathbf{B}_1 \times \mathbf{B}_1, \mathrm{dom}(b) = \mathrm{cod}(a), \underline{a,b \text{ について自然}})$

ただし，a,b について自然とは，次の図式が可換であることを意味する：

$$
\begin{array}{ccc}
X(ba) & \overset{X_{b,a}}{\Longrightarrow} & X(b)X(a) \\
{\scriptstyle X(\beta * \alpha)} \big\Downarrow & & \big\Downarrow {\scriptstyle X(\beta) * X(\alpha)} \\
X(b'a') & \overset{X_{b',a'}}{\Longrightarrow} & X(b')X(a')
\end{array}
$$

$((i \xrightarrow{a,a'} j), (j \xrightarrow{b,b'} k) \in \mathbf{B}_1, (a \overset{\alpha}{\Rightarrow} a'), (b \overset{\beta}{\Rightarrow} b') \in \mathbf{B}_2)$.

公理：定義 4.3.1 の I_1 を $\mathbf{B}_1$ に取り替えたもの．

(2) **弱関手** $\mathbf{B} \to \mathbf{C}$ とは，余弱関手 $\mathbf{B} \to \mathbf{C}^{\mathrm{co}}$ のことである．

(3) **擬関手** $\mathbf{B} \to \mathbf{C}$ とは，余弱関手 $X : \mathbf{B} \to \mathbf{C}$ で，すべての $X_i, X_{b,a}$ が 2-同型となっているものである．

(4) **2-関手** $\mathbf{B} \to \mathbf{C}$ とは，余弱関手 $X : \mathbf{B} \to \mathbf{C}$ で，すべての $X_i, X_{b,a}$ が恒等 2-射となっているものである．

定義 8.2.2. 2 つの 2-圏 $\mathbf{B}, \mathbf{C}$ に対して，余弱関手 $\mathbf{B} \to \mathbf{C}$ の全体を対象とする 2-圏 $\mathrm{Colax}(\mathbf{B}, \mathbf{C})$ を次のように定義する．

1-射. X, X' を余弱関手 $\mathbf{B} \to \mathbf{C}$ とする．X から X' への **1-射**（弱変換）とは，次のデーターの組 (F, ψ) で以下の公理を満たすものである：

データー：

- $\mathbf{C}$ の 1-射 $F(i) : X(i) \to X'(i)$ の族 $F := (F(i))_{i \in \mathbf{B}_0}$,
- $\mathbf{C}$ の 2-射 $\psi(a) : X'(a)F(i) \Rightarrow F(j)X(a)$

$$\begin{array}{ccc} X(i) & \xrightarrow{F(i)} & X'(i) \\ {\scriptstyle X(a)}\downarrow & \overset{\psi(a)}{\swarrow\!\!\swarrow} & \downarrow{\scriptstyle X'(a)} \\ X(j) & \xrightarrow[F(j)]{} & X'(j) \end{array}$$

の族 $\psi := (\psi(a))_{a \in \mathbf{B}_1}$ で，$\mathbf{B}(i,j)$ の各射 $\alpha \colon a \Rightarrow b$ に対して次の図式が可換であるもの（$\mathbf{B} = I$ のときは無条件）

$$\begin{array}{ccc} X'(a)F(i) & \xRightarrow{X'(\alpha)F(i)} & X'(b)F(i) \\ {\scriptstyle \psi(a)}\Downarrow & & \Downarrow{\scriptstyle \psi(b)} \\ F(j)X(a) & \xRightarrow[F(j)X(\alpha)]{} & F(j)X(b), \end{array}$$

すなわち，関手の自然変換

$$\begin{array}{ccc} \mathbf{B}(i,j) & \xrightarrow{X'} & \mathbf{C}(X'(i), X'(j)) \\ {\scriptstyle X}\downarrow & \overset{\psi_{ij}}{\swarrow\!\!\swarrow} & \downarrow{\scriptstyle \mathbf{C}(F(i), X'(j))} \\ \mathbf{C}(X(i), X(j)) & \xrightarrow[\mathbf{C}(X(i), F(j))]{} & \mathbf{C}(X(i), X'(j)) \end{array} \qquad (i, j \in \mathbf{B}_0)$$

の族.

公理:

(a) 各 $i \in \mathbf{B}_0$ に対して，次は可換である（cf. ストリング図 (5.1)）:

$$\begin{array}{ccc} X'(\mathbb{1}_i)F(i) & \xRightarrow{\psi(\mathbf{1}_i)} & F(i)X(\mathbb{1}_i) \\ {\scriptstyle X'_i F(i)}\Downarrow & & \Downarrow{\scriptstyle F(i)X_i} \\ \mathbb{1}_{X'(i)}F(i) & = & F(i)\mathbb{1}_{X(i)} \end{array} \quad ;$$

(b) $\mathbf{B}_1$ の各道 $i \xrightarrow{a} j \xrightarrow{b} k$ に対して，次は可換である（cf. ストリング図 (5.2)）:

$$\begin{array}{ccccc} X'(ba)F(i) & \xRightarrow{X'_{b,a}F(i)} & X'(b)X'(a)F(i) & \xRightarrow{X'(b)\psi(a)} & X'(b)F(j)X(a) \\ {\scriptstyle \psi(ba)}\Downarrow & & & & \Downarrow{\scriptstyle \psi(b)X(a)} \\ F(k)X(ba) & & \xRightarrow[F(k)\,X_{b,a}]{} & & F(k)X(b)X(a) \end{array}$$

1-射 (F, ψ) は，すべての $a \in \mathbf{B}_1$ に対して，$\psi(a)$ が $\mathbf{C}$ の 2-同型であるとき，***I*-同変**であるという.

2-射. $X, X' \colon \mathbf{B} \to \mathbf{C}$ を余弱関手とし，(F, ψ), (F', ψ') を 1 射 $X \to X'$ とする．(F, ψ) から (F', ψ') への **2-射**（修正射）とは，$\mathbf{C}$ の 2-射 $\zeta(i) \colon F(i) \Rightarrow F'(i)$ の族 $\zeta = (\zeta(i))_{i \in \mathbf{B}_0}$ で，各 $(i \xrightarrow{a} j) \in \mathbf{B}_1$ に対して，次を可換にするものである:

$$\begin{array}{ccc}
X'(a)F(i) & \xrightarrow{\quad X'(a)\zeta(i) \quad} & X'(a)F'(i) \\
\psi(a) \Big\Downarrow & & \Big\Downarrow \psi'(a) \\
F(j)X(a) & \xrightarrow{\quad \zeta(j)X(a) \quad} & F'(j)X(a)
\end{array}$$

注意 8.2.3. I を，上で述べたように 2-圏と見て $\mathrm{Colax}(I, \mathbf{C})$ を考える．この 2-圏構造によって余弱関手 $X, X' \colon I \to \mathbf{C}$ の間の同値を，一般論に従って次のように定義することができる: X と X' が**同値**であるとは，射 $(F, \psi) \colon X \to X'$ と $(F', \psi') \colon X' \to X$，および 2-同型 $(F', \psi')(F, \psi) \cong \mathbb{1}_X, (F, \psi)(F', \psi') \cong \mathbb{1}_{X'}$ が存在することである．

定義 8.2.4. $\mathscr{C} \in \Bbbk\text{-}\mathbf{Cat}_0$ とし，$(F, \psi) \colon X \to \Delta(\mathscr{C})$ を $\mathrm{Colax}(I, \Bbbk\text{-}\mathbf{Cat})$ の 1-射とする．このとき，

(1) (F, ψ) が（$\mathscr{C}$ の）I-**前被覆**であるとは，$\Bbbk$-加群の準同型

$$(F, \psi)^{(1)}_{x,y} \colon \coprod_{a \in I(i,j)} X(j)(X(a)x, y) \to \mathscr{C}(F(i)x, F(j)y)$$

$$(f_a \colon X(a)x \to y)_{a \in I(i,j)} \mapsto \sum_{a \in I(i,j)} F(j)(f_a) \circ \psi(a)(x)$$

がすべての $i, j \in I_0$ と $x \in X(i)_0, y \in X(j)_0$ に対して同型となることである．

(2) I-前被覆 (F, ψ) は，**稠密**であるとき，すなわち，各 $c \in \mathscr{C}_0$ に対して，ある $i \in I_0$ とある $x \in X(i)_0$ によって $F(i)(x)$ が $\mathscr{C}$ において c と同型になるとき，I-**被覆**であるという．

注意 8.2.5. グロタンディーク構成は，2-関手 $\mathrm{Gr} \colon \mathrm{Colax}(I, \Bbbk\text{-}\mathbf{Cat}) \to \Bbbk\text{-}\mathbf{Cat}$ に拡張でき，これは $\Delta \colon \Bbbk\text{-}\mathbf{Cat} \to \mathrm{Colax}(I, \Bbbk\text{-}\mathbf{Cat})$ の左随伴になる．定理 5.5.2 と同様に，この随伴の 2-単位射 $\mathbb{1}_{\mathrm{Colax}(I, \Bbbk\text{-}\mathbf{Cat})} \Rightarrow \Delta \cdot \mathrm{Gr}$ の成分が I-被覆 $(P_X, \phi_X) \colon X \to \Delta(\mathrm{Gr}\, X)$ を与える．すなわち，グロタンディーク構成が I-被覆の本質的構成を与えていることが分かる．

　次の擬関手を，余弱関手の "加群圏" を定義するのに用いる．

例 8.2.6. 次の Mod' は 2-関手で，Mod は擬関手である．

- $\mathrm{Mod}' \colon \Bbbk\text{-}\mathbf{Cat} \to \Bbbk\text{-}\mathbf{Ab}^{\mathrm{coop}}, \mathrm{Mod}' := \Bbbk\text{-}\mathbf{Cat}((\text{-})^{\mathrm{op}}, \mathrm{Mod}\,\Bbbk),$
  $(\mathscr{C} \xrightarrow{F} \mathscr{C}') \mapsto (\mathrm{Mod}\,\mathscr{C}' \xrightarrow{(\text{-}) \circ F^{\mathrm{op}}} \mathrm{Mod}\,\mathscr{C}).$
- $\mathrm{Mod} \colon \Bbbk\text{-}\mathbf{Cat} \to \Bbbk\text{-}\mathbf{Ab},$
  $(\mathscr{C} \xrightarrow{F} \mathscr{C}') \mapsto (\mathrm{Mod}\,\mathscr{C} \xrightarrow{\text{-} \otimes_{\mathscr{C}} \overline{F}} \mathrm{Mod}\,\mathscr{C}'), \overline{F} := \mathscr{C}'(\text{-}, F(?)).$

定理 8.2.7. $\mathbf{B}, \mathbf{C}, \mathbf{D}$ を 2-圏，$V \colon \mathbf{C} \to \mathbf{D}$ を擬関手とする．このとき，V との合成は擬関手

$$\mathrm{Colax}(\mathbf{B}, V) \colon \mathrm{Colax}(\mathbf{B}, \mathbf{C}) \to \mathrm{Colax}(\mathbf{B}, \mathbf{D})$$

を導く.

注意 8.2.8. (1) 上で, V が余弱関手のときは, $\mathrm{Colax}(\mathbf{B}, V)$ がうまく定義できない.

(2) 2-圏 $\mathrm{Colax}(\mathbf{B}, \mathbf{C})$ の代わりに擬関手と強変換（弱変換の 2-射が同型であるもの）と修正射からなる双圏に設定を変えれば, Gordon–Power–Street[22] の結果から上の定理に対応する主張が従う.

上の定理を余弱関手と擬関手の列

$$I \xrightarrow{X} \Bbbk\text{-}\mathbf{Cat} \xrightarrow{\mathrm{Mod}} \Bbbk\text{-}\mathbf{Ab}$$

に適用して次が得られる.

系 8.2.9. 次は擬関手である:

$$\mathrm{Colax}(I, \mathrm{Mod})\colon \mathrm{Colax}(I, \Bbbk\text{-}\mathbf{Cat}) \to \mathrm{Colax}(I, \Bbbk\text{-}\mathbf{Ab}),$$

$$X \mapsto \mathrm{Mod}\, X$$

注意 8.2.10. (1) $X\colon I \to \Bbbk\text{-}\mathbf{Cat}$ を余弱関手とすると, 余弱関手 $\mathrm{Mod}\, X$ は次の形になる: $\mathrm{Mod}\, X\colon I \to \Bbbk\text{-}\mathbf{Ab},\ (i \xrightarrow{a} j) \mapsto (\mathrm{Mod}\, X(i) \xrightarrow{\text{-} \otimes_{X(i)} \overline{X(a)}} \mathrm{Mod}\, X(j))$. 特に, $X(i)(\text{-}, x) \in \mathrm{Mod}\, X(i)\ (i \in I_0, x \in X(i)_0)$ に対して, 次が成り立つ（cf. (3.1)）:

$$((\mathrm{Mod}\, X)(a))(X(i)(\text{-}, x)) = X(i)(\text{-}, x) \otimes_{X(i)} \overline{X(a)} \cong X(j)(\text{-}, X(a)x). \tag{8.1}$$

(2) 以上により, G-圏 $\mathscr{C}$ の加群圏 $\mathrm{Mod}\,\mathscr{C}$ がまた G-圏になることが I-余弱作用の設定に一般化されたことになる. 特にこれを用いて, $(\mathscr{C}, X)$ が擬 G-圏であるとき, $\mathrm{Mod}(\mathscr{C}, X) := \mathrm{Mod}\, X$ として擬 G-圏としての加群圏 $\mathrm{Mod}(\mathscr{C}, X)$ が定義される.

(3) さらにこれを用いて, 注意 8.2.3 の $\mathbf{C}$ をアーベル線形軽圏全体のなす 2-圏 $\Bbbk\text{-}\mathbf{Ab}$ とおくことで, 各 $X, X' \in \mathrm{Colax}(I, \Bbbk\text{-}\mathbf{Cat})_0$ に対して "森田同値性" が定義される: すなわち, $\mathrm{Mod}\, X$ と $\mathrm{Mod}\, X'$ が 2-圏 $\mathrm{Colax}(I, \Bbbk\text{-}\mathbf{Ab})$ のなかで同値であるとき, X と X' は**森田同値**であるという.

(4) 導来圏を対応させる擬関手をさらに合成することにより, 各 $X \in \mathrm{Colax}(I, \Bbbk\text{-}\mathbf{Cat})_0$ の導来圏と, それらの間の導来同値性も同様に定義される（詳しくは [9] 参照）.

8.3 その後の進展

このあと, 群作用のときと同様に加群圏や導来圏の間に押し下げ関手が定義

され，応用される．例えば，[9, 定理 8.1] は，2 つの余弱関手が導来同値であるとき，それらのグロタンディーク構成も導来同値になることを保証する．その簡単な応用として次が得られる．

系 8.3.1. $\Bbbk$ が体のとき，$\Bbbk$-多元環 A と A' が導来同値ならば，

(1) すべてのクイバー Q に対して，AQ と $A'Q$ は導来同値である．

(2) すべての半順序集合 S に対して，AS と $A'S$ は導来同値である．

(3) すべてのモノイド G に対して，AG と $A'G$ は導来同値である．

　さらに上の定理により，導来同値を"貼り合わせる"こともできるようになる（[9, 例 8.6] 参照）．

付録 A

圏論の基礎のための集合論

本書では，集合論の公理として，ZFC（ツェルメロ・フレンケルの公理系 (ZF) に選択公理 (C) を加えた公理系）を採用する．また原始元 (urelement) の存在は仮定しない．集合 x, y に対して対 (x, y) は，クラトウスキー対 $(x, y) := \{\{x\}, \{x, y\}\}$ として定義し，x から y への写像の全体を $\mathrm{Map}(x, y)$ または y^x で表す．また集合 x のベキ集合を［x の基数を］$\mathscr{P}x$ で［$|x|$ で］表し，$\omega := |\mathbb{N}|$ とおく．以下，集合全体［順序数全体］のなすクラスを SET で［ORD で］表す．

A.1 宇宙

宇宙の定義を述べる前に，それらを順序数でコントロールするための道具を導入しておく．

定義 A.1.1. 写像 $\mathsf{V} \colon \mathsf{ORD} \to \mathsf{SET}$ を次で定義する．各 $\alpha \in \mathsf{ORD}$ に対して，

$$
\mathsf{V}_\alpha := \begin{cases} \emptyset & (\alpha = 0); \\ \mathscr{P}\mathsf{V}_\beta & (\alpha = \beta + 1, \exists \beta \in \mathsf{ORD}); \\ \bigcup_{\beta < \alpha} \mathsf{V}_\beta & (\alpha \text{ が極限数}). \end{cases}
$$

この写像は**フォン・ノイマン階層**とよばれる．

V_ω の元は**遺伝的有限集合**とよばれる．$|\mathsf{V}_0| = 0$ で各 $n \in \mathbb{N}$ に対して，$|\mathsf{V}_{n+1}| = 2^{|\mathsf{V}_n|}$ より各 $A \in \mathsf{V}_\omega$ に対して，$|A| < \omega$ であり $|\mathsf{V}_\omega| = \omega$ が成り立つ．

次のことはよく知られている（証明については例えば [35, Lemma 7.5.14, 7.5.18] 参照）．

補題 A.1.2. (1) 写像 V は単調である．すなわち各 $\alpha, \beta \in \mathsf{ORD}$ に対して，

$$\alpha \leq \beta \Rightarrow \mathsf{V}_\alpha \subseteq \mathsf{V}_\beta.$$

(2) $\mathsf{SET} = \bigcup_{\alpha \in \mathsf{ORD}} \mathsf{V}_\alpha$ が成り立つ.

定義 A.1.3. 次の条件を満たす集合 $\mathfrak{U}$ をグロタンディーク宇宙あるいは単に宇宙とよぶ.

(1) $x \in \mathfrak{U}, y \in x \Rightarrow y \in \mathfrak{U};$

(2) $\emptyset \in \mathfrak{U};$

(3) $x, y \in \mathfrak{U} \Rightarrow \{x, y\} \in \mathfrak{U};$

(4) $I \in \mathfrak{U}, x_i \in \mathfrak{U} \ (i \in I) \Rightarrow \bigcup_{i \in I} x_i \in \mathfrak{U};$

(5) $x \in \mathfrak{U} \Rightarrow \mathscr{P}x \in \mathfrak{U}.$

例 A.1.4. 遺伝的有限集合全体の集合 V_ω は宇宙である. しかし V_ω の元はすべて有限集合であるから, $\mathbb{N} \notin \mathsf{V}_\omega$.

注意 A.1.5. $\mathfrak{U}$ を宇宙とすると, 定義 A.1.3 の条件から直ちに次が従う.

(1) $x \in \mathfrak{U} \Rightarrow x \subseteq \mathfrak{U};$

(2) $x \subseteq y, y \in \mathfrak{U} \Rightarrow x \in \mathfrak{U};$

(3) $x, y \in \mathfrak{U} \Rightarrow (x, y) \in \mathfrak{U};$

(4) $x, y \in \mathfrak{U} \Rightarrow x \cup y, x \times y \in \mathfrak{U};$

(5) $x, y \in \mathfrak{U} \Rightarrow \mathrm{Map}(x, y) \in \mathfrak{U};$

(6) $I \in \mathfrak{U}, x_i \in \mathfrak{U} \ (i \in I) \Rightarrow \prod_{i \in I} x_i, \bigsqcup_{i \in I} x_i \in \mathfrak{U};$

(7) $\emptyset \neq I \in \mathfrak{U}, x_i \in \mathfrak{U} \ (i \in I) \Rightarrow \bigcap_{i \in I} x_i, \in \mathfrak{U};$

(8) $x \in \mathfrak{U} \Rightarrow x \cup \{x\} \in \mathfrak{U};$

このことから $\mathbb{N} \subseteq \mathfrak{U}$. (しかし上の例から $\mathbb{N} \in \mathfrak{U}$ は証明できないことに注意.) したがって特に, $\mathfrak{U}$ の元の有限和集合, 有限直積, 有限非交和は $\mathfrak{U}$ に属する.

(9) $x \in \mathfrak{U} \Rightarrow \bigcup x \in \mathfrak{U}.$

(10) $x \in \mathfrak{U}, y \subseteq \mathfrak{U}, f : x \to y$ が全射 $\Rightarrow y \in \mathfrak{U}.$

(11) $\mathfrak{U} \notin \mathfrak{U}.$

証明. どれも容易であるので省略するが, (11) だけを示す. $\mathfrak{U} \in \mathfrak{U}$ とすると, 定義 A.1.3(5) より $\mathscr{P}\mathfrak{U} \in \mathfrak{U}$. 上の (1) より $\mathscr{P}\mathfrak{U} \subseteq \mathfrak{U}$. これより $|\mathscr{P}\mathfrak{U}| \leq |\mathfrak{U}|$. ところが $\mathfrak{U}$ が集合である限り, カントールの対角線論法より $|\mathfrak{U}| < |\mathscr{P}\mathfrak{U}|$ が成り立ち矛盾が生じる. $\qquad\square$

宇宙は以下の到達不能基数[*1)]と密接な関係を持っている.

定義 A.1.6 ([40] 参照). 次の 2 つを満たす基数 α を**到達不能基数**とよぶ.

(1) 任意の集合 I と集合族 $(B_i)_{i \in I}$ に対して,

[*1)] ここでは強到達不能基数を扱う.

$$|I| < \alpha, |B_i| < \alpha \ (i \in I) \Rightarrow \left| \bigcup_{i \in I} B_i \right| < \alpha;$$

(2) 任意の基数 β, γ に対して，

$$\beta, \gamma < \alpha \Rightarrow \beta^{\gamma} < \alpha.$$

　宇宙全体のなすクラスを Univ，到達不能基数全体のなすクラスを Ina とおく．これらの間に全単射が存在する（証明については [43] 参照）．

定理 A.1.7. (1) α が到達不能基数であれば，V_{α} は宇宙である．

(2) $\mathfrak{U}$ が宇宙であれば，$|\mathfrak{U}|$ は到達不能基数である．

(3) したがって，単調写像 $V: \mathrm{ORD} \to \mathrm{SET}$ と $|\text{-}|: \mathrm{SET} \to \mathrm{ORD}$ の制限写像

$$V: \mathrm{Ina} \to \mathrm{Univ}, \quad |\text{-}|: \mathrm{Univ} \to \mathrm{Ina}$$

　が定義される．これらは互いに他の逆写像になっている．したがって，Univ と Ina は順序クラスとして同型である．とくに，Ina $\subseteq$ ORD より，これらはともに整列性を持つ．

注意 A.1.8. $\mathbb{N} \in V_{\omega+1}$ より V_{ω} 以外の宇宙はすべて $\mathbb{N}$ を元に持っている．

　ZFC に付け加えて次の公理を仮定する．

宇宙公理. どの集合もある宇宙に属している．

　ZFC にこの公理を追加した公理系は ZFCU とよばれている．定理 A.1.7 より，ZFC のもとで，宇宙公理は，次の公理と同値であることが分かる．

到達不能基数公理. どの基数もある到達不能基数より小さい．

　到達不能基数公理は ZFC とは独立していることが知られている．したがって，宇宙公理も ZFC とは独立している．

定義 A.1.9. $\mathbb{N}$ を元に持つ宇宙を**無限宇宙**とよぶ．上の公理より無限宇宙は存在する．また，注意 A.1.8 より V_{ω} 以外のすべての宇宙は無限宇宙である．

　本書を通して 1 つの無限宇宙 $\mathfrak{U}$ を固定する．

注意 A.1.10. $\mathbb{N} \in \mathfrak{U}$ より $\mathbb{Z}, \mathbb{Q}, \mathbb{R}, \mathbb{C} \in \mathfrak{U}$ が成り立つ．したがって，これらから集合論における操作を用いて構成される構造もすべて $\mathfrak{U}$ に属している．

定義 A.1.11. A を集合とする．

(1) $A \in \mathfrak{U}$ となるとき，A は $\mathfrak{U}$- 小さい集合あるいは $\mathfrak{U}$- **小集合**であるという．

(2) $A \subseteq \mathfrak{U}$ となるとき，A は $\mathfrak{U}$- **クラス**であるという．

(3) $\mathfrak{U}$-小集合でない $\mathfrak{U}$-クラスを $\mathfrak{U}$- **真クラス**とよぶ．

(4) $\mathfrak{U}$-小集合 B と全単射 $f\colon B \to A$ が存在するとき，A は**本質的に $\mathfrak{U}$-小さ
いという**.

以下，混乱の恐れがないとき[*2]，上の "$\mathfrak{U}$-" は省略する.

注意 A.1.12. (1) 注意 A.1.5(1) より，小集合はクラスである.

(2) $\mathfrak{U} \notin \mathfrak{U}$ より，$\mathfrak{U}$ は真クラスである.

(3) 注意 A.1.5(10) より，本質的に小さいクラスは小集合になる.

(4) クラス A が真クラスであるための必要十分条件は，A がどんなクラスの元
でもないことである．実際，A が真クラスのとき，A があるクラス C の元
ならば，$C \subseteq \mathfrak{U}$ より，$A \in \mathfrak{U}$ となって矛盾．逆は $\mathfrak{U}$ がクラスであるから
$C = \mathfrak{U}$ とおけば明らか．この事実から特に，**真クラスを元に持つ集合はク
ラスではないことが分かる**.

例 A.1.13（小集合でもクラスでもないが本質的に小さい集合の例）．C を真
クラスとする（例えば $C = \mathfrak{U}$）．このとき，集合 $\{C\}$ は 1 元しか持たないの
で，本質的に小さい集合である．しかしこれは真クラスを元に持つので，注意
A.1.12(4) よりクラスではない（したがって小集合でもない）.

またこのことから，$\{C\} \in \mathscr{P}^2\mathfrak{U} \setminus \mathscr{P}\mathfrak{U}$ となり，$\mathscr{P}\mathfrak{U} \subsetneq \mathscr{P}^2\mathfrak{U}$ となる．した
がって，各 $k \in \mathbb{N}$ に対して，$\mathscr{P}^k\mathfrak{U} \subsetneq \mathscr{P}^{k+1}\mathfrak{U}$ も成り立つ.

A.2　集合の階層付け

集合のパラドックスを避けるには，上に定義した 3 つの階層

$$\{x \in \mathsf{SET} \mid x \text{ は小集合}\} \subsetneq \{x \in \mathsf{SET} \mid x \text{ はクラス}\} \subsetneq \mathsf{SET}$$

を設ければ十分である（例えば [33] 参照[*3]）．しかしこれだけでは，一旦クラ
スでない集合まで上がってしまうと，そこからさらに大きなものを作るとき，
それが SET 内に収まる保証を与えてくれない．例えば $\mathscr{C}$ が小圏であっても，
圏 $\mathrm{Mod}\,\mathscr{C}$ の対象集合は真クラスになっているので，その導来圏 $\mathscr{D}(\mathrm{Mod}\,\mathscr{C})$
の対象集合はクラスでない集合になる．そうなると，圏 $\mathrm{Mod}(\mathscr{D}(\mathrm{Mod}\,\mathscr{C}))$ や，
$\{\mathscr{D}(\mathrm{Mod}\,\mathscr{C}) \mid \mathscr{C} \in \Bbbk\text{-}\mathbf{Cat}_0\}$ を対象集合とする圏 $\mathbf{D}$ は，集合の範囲内で構成
できない恐れがある．これでは不便なので以下，Levy [29] に従って，集合の
全体をより細かく階層付ける．これによってある階層に属する集合を "たくさ
ん" 集めて "大きな" 集合を作ることが自由にでき非常に便利である．例えば，
上の例でいうと，$\mathscr{D}(\mathrm{Mod}\,\mathscr{C})$ は適度 2 の圏，$\mathrm{Mod}(\mathscr{D}(\mathrm{Mod}\,\mathscr{C}))$ と $\mathbf{D}$ は適度 3
の圏として，集合の範囲内に収まることが示される．このようにして，ほとん

[*2]　$\mathfrak{U}$-を省略すると，集合でないクラスと $\mathfrak{U}$-クラスを混同する恐れがある．この場合には
　　　注意して区別する.

[*3]　そこでは小集合を "set"，クラスを "class"，集合を "conglomerate" とよんでいる.

どすべての議論を SET 内で行うことができるようになる.

定義 A.2.1. A を集合とし,条件 $\mathfrak{U} \subseteq A$ が満たされているとする.宇宙公理と定理 A.1.7 より $A \in \mathfrak{U}'$ を満たす最小の宇宙 $\mathfrak{U}'$ が(ただ 1 つ)存在する.条件

$$X \supseteq A \cup (X \times X) \cup \left(\bigcup_{I \in A} X^I \right)$$

を満たす最小の集合 $X \in \mathfrak{U}'$ を ΨA と定める.したがって特に,$A = \mathfrak{U}$ のとき,$X = \mathfrak{U}$ はこの条件を満たすので,$\Psi\mathfrak{U} = \mathfrak{U}$ が成り立つ.

命題 A.2.2. $\mathfrak{U} \subseteq A$ を満たす任意の集合 A に対して ΨA が存在する.

証明. 各 $X \in \mathfrak{U}'$ に対して,

$$\tau(X) := A \cup (X \times X) \cup \left(\bigcup_{I \in A} X^I \right)$$

とおく.ここで,$\mathfrak{U}'$ は宇宙で,$A, X \in \mathfrak{U}'$ より $\tau(X) \in \mathfrak{U}'$ が成り立つ.したがって,上の対応は写像 $\tau \colon \mathfrak{U}' \to \mathfrak{U}'$ を定義する.また,この形から τ は単調写像であることが分かる.超限帰納法により各 $\alpha \in \mathsf{ORD}$ に対して,$\tau^\alpha(A) \in \mathfrak{U}'$ を次で定める.

$$\tau^\alpha(A) := \begin{cases} A & (\alpha = 0); \\ \tau(\tau^\beta(A)) & (\alpha = \beta + 1, \exists \beta \in \mathsf{ORD}); \\ \bigcup_{\beta < \alpha} \tau^\beta(A) & (\alpha \text{ が極限数}). \end{cases}$$

再び超限帰納法により,任意の順序数 α, β に対して,$\alpha \leq \beta$ ならば $\tau^\alpha(A) \leq \tau^\beta(A)$ となることが容易に確かめられる.これを用いて,

$$\tau^*(A) := \bigcup_{\alpha \in \mathsf{ORD}} \tau^a(A)$$

とおく.ORD は真のクラス(単なる $\mathfrak{U}$-真クラスではなく,集合でないクラス)であるため,この段階では $\tau^*(A)$ が集合になっているかどうは不明であることに注意する.

さて,τ は真のクラス ORD から集合 $\mathfrak{U}'$ への写像であるから,単射ではない.よってある順序数 $\lambda < \mu$ に対して $\tau^\lambda(A) = \tau^\mu(A)$ となる.このとき任意の $\lambda \leq \beta \leq \mu$ に対して,$\tau^\lambda(A) \leq \tau^\beta(A) \leq \tau^\mu(A) = \tau^\lambda(A)$ であるから,$\tau^\beta(A) = \tau^\lambda(A)$. 特に $\lambda < \lambda + 1 \leq \mu$ より $\tau^\lambda(A) = \tau^{\lambda+1}(A)$. これより集合

$$\mathscr{E} := \{\alpha \in \mathsf{ORD} \mid \tau^\alpha(A) = \tau^{\alpha+1}(A)\}$$

は空集合でないので,その整列性により $\mathscr{E}$ は最小順序数 κ を持つ.超限帰納法を用いて,$\kappa \leq \alpha$ となる任意の順序数 α に対して $\tau^\kappa(A) = \tau^\alpha(A)$ となるこ

とを容易に示すことができる．したがって，

$$\tau^*(A) = \tau^\kappa(A) \in \mathfrak{U}'.$$

これによって $\tau^*(A)$ が $\mathfrak{U}'$-小集合になることが分かる．$\tau^\kappa(A) = \tau^{\kappa+1}(A)$ より

$$\tau^\kappa(A) = \tau(\tau^\kappa(A)). \tag{A.1}$$

したがって集合

$$\mathscr{F} := \{X \in \mathfrak{U}' \mid X \supseteq \tau(X)\} \; (\ni \tau^\kappa(A))$$

は空ではない．したがって，$\tau^\dagger(A) := \bigcap \mathscr{F} \; (\subseteq \tau^\kappa(A))$ が定義される．あとは $\tau^\dagger(A) \supseteq \tau(\tau^\dagger(A))$ を示せば，$\tau^\dagger(A)$ が ΨA の条件を満たすことが分かる．任意の $X \in \mathscr{F}$ に対して，$X \supseteq \tau^\dagger(A)$ と τ の単調性より，$X \supseteq \tau(X) \supseteq \tau(\tau^\dagger(A))$. したがって，$\tau^\dagger(A) = \bigcap \mathscr{F} \supseteq \tau(\tau^\dagger(A))$. 以上より $\Psi A = \tau^\dagger(A)$ は存在する． $\square$

注意 A.2.3. Knaster–Tarski の定理（例えば [25, Theorem 1.12] 参照）[4] と同様に，上の証明において，実は $\tau^\dagger(A) = \tau^\kappa(A)$ も成り立つ．（すべての $\alpha \in \mathsf{ORD}$ に対して，$\tau^\dagger(A) \supseteq \tau^\alpha(A)$ を α に関する超限帰納法で容易に示すことができ，このことから従う．）すなわち ΨA は，$\Psi A = \tau^\kappa(A)$ として求まる．したがって，式 (A.1) より

$$\Psi A = \tau(\Psi A) = A \cup (\Psi A \times \Psi A) \cup \left(\bigcup_{I \in A} (\Psi A)^I \right) \tag{A.2}$$

が成り立つ．特にこのことから集合 ΨA は次を満たすことが分かる．
(1) $I \in A \Rightarrow I \in \Psi A$（したがって $\mathfrak{U} \subseteq A$ より特に $x \in \mathfrak{U} \Rightarrow x \in \Psi A$）;
(2) $x, y \in \Psi A \Rightarrow (x, y) \in \Psi A$;
(3) $I \in A, x_i \in \Psi A \; (i \in I) \Rightarrow (x_i)_{i \in I} \in \Psi A$.

　上の ΨA の性質から直ちに次が得られる．

命題 A.2.4. A を，$\mathfrak{U} \subseteq A$ を満たす集合とすると，次が成り立つ．
(1) A の部分集合はすべて ΨA の部分集合である．
(2) $B, C \subseteq \Psi A$ ならば次も ΨA の部分集合である:

$$B \sqcup C := \{(0, b) \mid b \in B\} \cup \{(1, c) \mid c \in C\} \; \text{および}$$
$$B \times C := \{(b, c) \mid b \in B, c \in C\}.$$

(3) $B \subseteq \Psi A, C_b \subseteq \Psi A \; (b \in B)$ ならば次も ΨA の部分集合である:

---

*4) 上の設定では，Knaster–Tarski の定理の設定と異なり，集合写像 τ が $\mathscr{P}S \to \mathscr{P}S$ ($S \in \mathsf{SET}$) の形でないので，$\tau(X) \supseteq X$ の自明な例として $X = S$ がとれない．

$$\bigsqcup_{b \in B} C_b := \{(b, c) \mid b \in B, c \in C_b\}.$$

(4) $I \in A$, $B_i \subseteq \Psi A$ $(i \in I)$ ならば，次も ΨA の部分集合である：

$$\prod_{i \in I} B_i := \{(b_i)_{i \in I} \mid b_i \in B_i \ (\forall i \in I)\}.$$

以下，$k \in \mathbb{N}$ とする．$\mathfrak{U} \subseteq \mathscr{P}\mathfrak{U}$, $\mathfrak{U} = \Psi\mathfrak{U}$ であるから，$\mathfrak{U} \subseteq \mathscr{P}\Psi\mathfrak{U}$. これより $\mathscr{P}$ も Ψ も SET から SET への単調写像であるから次の包含関係が存在する：

$$\begin{array}{ccc} (\mathscr{P}\Psi)^k\mathfrak{U} & \longrightarrow & (\mathscr{P}\Psi)^{k+1}\mathfrak{U} \\ \downarrow & & \downarrow \\ \Psi(\mathscr{P}\Psi)^k\mathfrak{U} & \longrightarrow & \Psi(\mathscr{P}\Psi)^{k+1}\mathfrak{U} \longrightarrow \mathsf{SET} \end{array}$$

これを用いて次を定義する．

定義 A.2.5. (1) $(\mathscr{P}\Psi)^k\mathfrak{U}$ の元を k-**クラス**とよび，$((\mathscr{P}\Psi)^k\mathfrak{U})\backslash((\mathscr{P}\Psi)^{k-1}\mathfrak{U})$ の元を真の k-**クラス**とよぶ．

(2) k-クラス全体（とその間の全部の写像）の圏を $\mathbf{Class}^k$ で表す．したがって，$\mathbf{Class}_0^k = (\mathscr{P}\Psi)^k\mathfrak{U}$.

注意 A.2.6. 上の定義から直ちに次のことが分かる．

(1) 0-クラスとは小集合のことである．

(2) 1-クラスとはクラスのことである（実際，$\Psi\mathfrak{U} = \mathfrak{U}$ より $(\mathscr{P}\Psi)\mathfrak{U} = \mathscr{P}\mathfrak{U}$ であるから）．

(3) k-クラスとは $\Psi\mathbf{Class}_0^{k-1}$ の部分集合のことである $(k \geq 1)$.

命題 A.2.4 より次が得られる．ただし，$k = 0$ のときは，"$k-1$" を 0 と読み替える．

命題 A.2.7. 次が成り立つ．

(1) k-クラスの部分集合は k-クラスである．（注意 A.2.6(3) より．）

(2) k-クラスからなる集合は $(k+1)$-クラスである．

(3) B, C が k-クラスなら，$B \sqcup C, B \times C$ もともに k-クラスである．

(4) B が k-クラスで C_b $(b \in B)$ も k-クラスなら，$\bigsqcup_{b \in B} C_b$ も k-クラスである．

(5) I が $(k-1)$-クラスで，B_i $(i \in I)$ が k-クラスなら，$\prod_{i \in I} B_i$ も k-クラスである．

(6) I が $(k-1)$-クラスで，B が k-クラスなら，$\mathrm{Map}(I, B)$ も k-クラスである．

証明．どれも容易である．(6) は (5) を $B_i = B$ $(i \in I)$ の場合に適用すればよい． $\square$

補題 A.2.8. $n \in \mathbb{N}$, $X \in \mathbf{Class}_0^n$ とし，R を X の同値関係とする．このと

き，商集合 X/R は次を満たす：

$$X/R \in \begin{cases} \mathbf{Class}_0^0 & (n = 0); \\ \mathbf{Class}_0^{n+1} & (n \geq 1). \end{cases}$$

証明．$n = 0$ のときは，全射 $\mathfrak{U} \ni X \to X/R \subseteq \mathfrak{U}$ が存在するので，$X/R \in \mathfrak{U} = \mathbf{Class}_0^0$ となる．

次に $n \geq 1$ とする．各 $x \in X$ の同値類を $[x]$ で表すと，$X/R = \{[x] \mid x \in X\}$．$\mathbf{Class}_0^n$ は作り方から部分集合をとる操作について閉じているから，各 $x \in X$ に対して，$[x] \subseteq X \in \mathbf{Class}_0^n$ より $[x] \in \mathbf{Class}_0^n$．したがって，$X/R \subseteq \mathbf{Class}_0^n$．つまり，$X/R \in \mathscr{P}\mathbf{Class}_0^n \subseteq \mathscr{P}\Psi\mathbf{Class}_0^n = \mathbf{Class}_0^{n+1}$．$\square$

A.3 圏の階層付け，適度 k の圏

定義 A.3.1. $\mathscr{C}$ を圏とする．

(1) $\mathscr{C}$ が**小さい圏**あるいは**小圏**であるとは，$\mathscr{C}_0$ およびすべての局所射集合が小集合であることである．小圏全体のなす 2-圏を **Cat** で表す．

(2) $\mathscr{C}$ が**軽度の圏**であるとは，$\mathscr{C}_0$ はクラスでありすべての局所射集合が小集合であることである．軽度の圏全体のなす 2-圏を **CAT** で表す．

(3) $\mathscr{C}$ が**適度の圏**であるとは，$\mathscr{C}_0$ およびすべての局所射集合がクラスであることである．適度の圏全体のなす 2-圏を **<u>CAT</u>** で表す．

(4) より一般に，$\mathscr{C}$ が**適度 k の圏**であるとは，$\mathscr{C}_0$ およびすべての局所射集合が k-クラスであることである．適度 k の圏全体の 2-圏を **<u>CAT</u>**^{k} で表す．適度 k であるが，適度 $(k-1)$ でない圏を**真に適度 k** であるという．

注意 A.3.2. 適度 0 の圏とは小圏であることを意味する．適度 1 の圏とは適度の圏のことである．小圏は軽度の圏であり，軽度の圏は適度 1 の圏である．

補題 A.3.3. $\mathscr{C}$ を適度 k の圏とすると，$\mathscr{C} \in \Psi\mathbf{Class}_0^k$．

証明．$\mathscr{C} = (\mathscr{C}_0, \mathscr{C}_1, \mathrm{dom}, \mathrm{cod}, \circ, \mathbb{1})$ とおくことができる．仮定より $\mathscr{C}_0 \in \mathbf{Class}_0^k$ で，$\mathscr{C}_1 = \bigsqcup_{(x,y) \in \mathscr{C}_0 \times \mathscr{C}_0} \mathscr{C}(x,y)$ より $\mathscr{C}_1 \in \mathbf{Class}_0^k$．また，$\mathrm{dom}, \mathrm{cod} \colon \mathscr{C}_1 \to \mathscr{C}_0$ も $\circ_{x,y,z} \colon \mathscr{C}(y,z) \times \mathscr{C}(x,y) \to \mathscr{C}(x,z)$ $((x,y,z) \in \mathscr{C}_0 \times \mathscr{C}_0 \times \mathscr{C}_0)$ も $\mathbb{1} \colon \mathscr{C}_0 \to \mathscr{C}_1$ も k-クラスから k-クラスへの写像であるから，まず次のことを示す．

主張． $f \colon A \to B$ が写像で，$A, B \in \mathbf{Class}_0^k$ ならば，$f \in \Psi\mathbf{Class}_0^k$．

実際，まず $k = 0$ のとき．$A, B \in \mathfrak{U}$ より $f \in \mathrm{Map}(A, B) \in \mathfrak{U}$．したがって，$f \in \mathfrak{U} = \Psi\mathbf{Class}_0^0$ となり，主張が成り立つ．

次に $k \geq 1$ のとき．$f = (f(x))_{x \in A}$ であり，$A \in \mathbf{Class}_0^k$．ここで

$B \in \mathbf{Class}_0^k = \mathscr{P}\Psi\mathbf{Class}_0^{k-1}$ より $B \subseteq \Psi\mathbf{Class}_0^{k-1} \subseteq \Psi\mathbf{Class}_0^k$. したがって，各 $x \in A$ に対して $f(x) \in B$ より $f(x) \in \Psi\mathbf{Class}_0^k$. ゆえに，注意 A.2.3 の性質 (3) より $f = (f(x))_{x \in A} \in \Psi\mathbf{Class}_0^k$. 以上で主張が示された.

この主張より $\mathrm{dom}, \mathrm{cod}, \circ_{x,y,z}, \mathbb{1} \in \Psi\mathbf{Class}_0^k$. 再び注意 A.2.3 の性質 (3) より $\circ = (\circ_{x,y,z})_{(x,y,z) \in \mathscr{C}_0 \times \mathscr{C}_0 \times \mathscr{C}_0} \in \Psi\mathbf{Class}_0^k$. また，$\mathscr{C}_0, \mathscr{C}_1 \in \mathbf{Class}_0^k \subseteq \Psi\mathbf{Class}_0^k$. したがって，$\mathscr{C}$ 自身もこれらの有限列であるから $\mathscr{C} \in \Psi\mathbf{Class}_0^k$. $\square$

命題 A.2.7 より次が成り立つ.

命題 A.3.4. $\mathscr{C}, \mathscr{D}$ を圏とする. このとき関手圏 $\mathrm{Fun}(\mathscr{C}, \mathscr{D})$ は

$$\begin{cases} \text{小さい} & (\mathscr{C}, \mathscr{D} \text{ がともに小さいとき}), \\ \text{軽度である} & (\mathscr{C} \text{ が小さく } \mathscr{D} \text{ が軽度のとき}), \\ \text{適度 } k \text{ である} & (\mathscr{C} \text{ が適度 } (k-1) \text{ で } \mathscr{D} \text{ が適度 } k \text{ のとき}). \end{cases}$$

証明. どの場合も同様に証明できるので，最後の場合についてだけ証明する. 関手圏の定義から，次の式が成り立つ.

$$\mathrm{Fun}(\mathscr{C}, \mathscr{D})_0 \subseteq \bigsqcup_{F_0 \in \mathrm{Map}(\mathscr{C}_0, \mathscr{D}_0)} \prod_{(x,y) \in \mathscr{C}_0 \times \mathscr{C}_0} \mathrm{Map}(\mathscr{C}(x,y), \mathscr{D}(F_0 x, F_0 y)).$$

これに命題 A.2.7(3), (6), (5), (6), (4), (1) を適用すると $\mathrm{Fun}(\mathscr{C}, \mathscr{D})_0$ が k-クラスであることが分かる. また，各 $E, F \in \mathrm{Fun}(\mathscr{C}, \mathscr{D})_0$ に対して関手圏の定義から，次が成り立つ.

$$\mathrm{Fun}(\mathscr{C}, \mathscr{D})(E, F) \subseteq \prod_{x \in \mathscr{C}_0} \mathscr{D}(Ex, Fx).$$

これに命題 A.2.7(6), (1) を適用すると $\mathrm{Fun}(\mathscr{C}, \mathscr{D})(E, F)$ が k-クラスとなる. $\square$

例 A.3.5. $\mathscr{C}$ を $\Bbbk$-小圏 [軽度の $\Bbbk$-圏] とすると，これは適度 0 [適度 1] である. $\Bbbk$-Mod は軽度の圏であるから適度 1 である（よって適度 2 でも適度 3 でもある）. したがって上の命題より，加群圏 $\mathrm{Mod}\,\mathscr{C} = \mathrm{Fun}(\mathscr{C}^{\mathrm{op}}, \Bbbk\text{-Mod})$ は，軽度 [適度 2] であり，加群圏 $\mathrm{Mod}(\mathrm{Mod}\,\mathscr{C}) = \mathrm{Fun}((\mathrm{Mod}\,\mathscr{C})^{\mathrm{op}}, \Bbbk\text{-Mod})$ は適度 2 [適度 3] である.

注意 A.3.6. $\mathscr{C}$ が圏で $\mathscr{C}_0$ が真クラスであるとき，$\mathrm{Fun}(\mathscr{C}, \mathscr{C})_0$ は真の 2-クラスである. また，$\mathrm{Fun}(\mathscr{C}, \mathscr{C})$ のある局所射集合も真の 2-クラスである.

実際，もしも $\mathrm{Fun}(\mathscr{C}, \mathscr{C})_0$ が 1-クラスであるとすると，

$$\mathfrak{U} \supseteq \mathrm{Fun}(\mathscr{C}, \mathscr{C})_0 \ni \mathbb{1}_{\mathscr{C}} \ni \{\mathbb{1}_{\mathscr{C}_0}\} \ni \mathbb{1}_{\mathscr{C}_0} = \{(x,x) \mid x \in \mathscr{C}_0\} \xrightarrow{\sim} \mathscr{C}_0$$

より $\mathscr{C}_0$ が小集合となって矛盾が起こる.

また，$\mathrm{Fun}(\mathscr{C}, \mathscr{C})(\mathbb{1}_{\mathscr{C}}, \mathbb{1}_{\mathscr{C}})$ も 1-クラスではない. 実際そうでないとすると，

$$\mathfrak{U} \supseteq \mathrm{Fun}(\mathscr{C},\mathscr{C})(\mathbb{1}_{\mathscr{C}},\mathbb{1}_{\mathscr{C}}) \ni \mathbb{1}_{\mathbb{1}_{\mathscr{C}}} = \{(x,\mathbb{1}_x) \mid x \in \mathscr{C}_0\} \xrightarrow{\sim} \mathscr{C}_0$$

より同じ矛盾が起こる．よって，$\mathrm{Fun}(\mathscr{C},\mathscr{C})(\mathbb{1}_{\mathscr{C}},\mathbb{1}_{\mathscr{C}})$ は真の 2-クラスである．

系 A.3.7. 圏 $\mathbf{Class}^k$ は適度 $(k+1)$ である．

証明．命題 A.2.7(2) より，$\mathbf{Class}_0^k$ は $(k+1)$-クラスである．また，各 $A, B \in \mathbf{Class}_0^k$ に対して，$(\mathbf{Class}^k)(A,B) = \mathrm{Map}(A,B)$．ここで，$A$ は k-クラス，B は k-クラスより $(k+1)$-クラスでもあるから，命題 A.2.7(6) より $(\mathbf{Class}^k)(A,B)$ は $(k+1)$-クラスである．$\qquad\square$

A.4 　2-圏の階層

$\mathscr{C}$ が 2-圏であるとき，$x,y \in \mathscr{C}_0$, $f,g \in \mathscr{C}(x,y)_0$ に対して，$\mathscr{C}(x,y)_0$ を $[\mathscr{C}(x,y)(f,g)$ を$]$ $\mathscr{C}$ の**局所 1-射集合**［**局所 2-射集合**］とよぶ．

定義 A.4.1. $\mathscr{C}$ を 2-圏とする．

(1) $\mathscr{C}$ が**小さい**とは，$\mathscr{C}_0$ と各 $r = 1,2$ に対してそのすべての局所 r-射集合が小さいことである．

(2) $\mathscr{C}$ が**軽度**であるとは，$\mathscr{C}_0$ がクラスであり，各 $r = 1,2$ に対してそのすべての局所 r-射集合が小さいことである．

(3) $\mathscr{C}$ が**適度 k** であるとは，$\mathscr{C}_0$ と各 $r = 1,2$ に対してそのすべての局所 r-射集合が k-クラスであることである．すなわち，$\mathscr{C}_0$ が k-クラスであり，各圏 $\mathscr{C}(x,y)$ $(x,y \in \mathscr{C}_0)$ が適度 k であることである．

命題 A.4.2. (1) 2-圏 $\mathbf{Cat}$ は軽度である；

(2) 2-圏 $\mathbf{CAT}$ は適度 2 である；

(3) 2-圏 $\underline{\mathbf{CAT}}^k$ は適度 $(k+1)$ である．

証明．(1) は定義から明らかである．

(3) 補題 A.3.3 より $\underline{\mathbf{CAT}}_0^k \subseteq \Psi\mathbf{Class}_0^k$．すなわち $\underline{\mathbf{CAT}}_0^k \in \mathscr{P}\Psi\mathbf{Class}_0^k = \mathbf{Class}_0^{k+1}$ であるから $\underline{\mathbf{CAT}}_0^k$ は $(k+1)$-クラスである．次に，各 $\mathscr{C},\mathscr{D} \in \underline{\mathbf{CAT}}_0^k$ に対して，$\underline{\mathbf{CAT}}^k(\mathscr{C},\mathscr{D}) = \mathrm{Fun}(\mathscr{C},\mathscr{D})$ は命題 A.3.4 より適度 $(k+1)$ である．以上より，2-圏 $\underline{\mathbf{CAT}}^k$ は適度 $(k+1)$ である．

(2) $\mathbf{CAT}$ は $\underline{\mathbf{CAT}}^1$ の充満部分 2-圏である．すなわち，$\mathbf{CAT}_0 \subseteq \underline{\mathbf{CAT}}_0^1$, $\mathbf{CAT}(\mathscr{C},\mathscr{D}) = \underline{\mathbf{CAT}}^1(\mathscr{C},\mathscr{D})$ $(\mathscr{C},\mathscr{D} \in \mathbf{CAT}_0)$, $\mathbf{CAT}(\mathscr{C},\mathscr{D})(E,F) = \underline{\mathbf{CAT}}^1(\mathscr{C},\mathscr{D})(E,F)$ $(E,F \in \mathbf{CAT}(\mathscr{C},\mathscr{D}))$ が成り立つ．ここで $\underline{\mathbf{CAT}}^1$ は (3) より適度 2 である．したがって，$\mathbf{CAT}$ も適度 2 である．$\qquad\square$

注意 A.4.3. $\mathscr{C}$ を適度 1 の圏でその対象集合が小集合でないとき，注意 A.3.6 より，$\mathbf{Cat}(\{\mathscr{C}\})$ の局所 1-射集合 $\mathrm{Fun}(\mathscr{C},\mathscr{C})_0$ は 1-クラスでないから，

$\mathbf{Cat}(\{\mathscr{C}\})$ は適度 1 にはなり得ず，真に適度 2 の 2-圏になる．したがって，$\mathscr{U}$ を軽度の圏からなる小集合としても，そのなかに 1 つでも小圏でないものが含まれていると，$\mathbf{Cat}(\mathscr{U})$ は真に適度 2 の 2-圏になる．

A.5 応用 1: 余弱関手の圏と導来圏

命題 A.5.1. I が適度 k の圏ならば，$\mathrm{Colax}(I, \underline{\mathbf{CAT}}^k)$ は適度 $(k+1)$ の 2-圏である．これより特に，I を小圏とすると，

(1) $\mathrm{Colax}(I, \Bbbk\text{-}\mathbf{Cat})$, $\mathrm{Colax}(I, \underline{\mathbf{CAT}}^0)$ はともに適度 1 の 2-圏である．したがって $G\text{-}\mathbf{Cat}$ も適度 1 の 2-圏である．

(2) $\mathrm{Colax}(I, \Bbbk\text{-}\mathbf{CAT})$, $\mathrm{Colax}(I, \underline{\mathbf{CAT}}^1)$ はともに適度 2 の 2-圏である．

証明. 余弱関手の定義より次が成り立つ．

$$
\mathrm{Colax}(I, \underline{\mathbf{CAT}}^k)_0
$$
$$
\subseteq \bigsqcup_{X \in \mathrm{Fun}(I, \underline{\mathbf{CAT}}^k)_0} \left(\prod_{i \in I_0} \mathrm{Fun}(X(i), X(i))(X(\mathbb{1}_i), \mathbb{1}_{X(i)}) \right.
$$
$$
\left. \times \prod_{(b,a) \in I_1 \times_{I_0} I_1} \mathrm{Fun}(X(\mathrm{dom}(a)), X(\mathrm{cod}(b)))(X(ba), X(b) \circ X(a)) \right).
$$

ここで圏 $\mathrm{Fun}(I, \underline{\mathbf{CAT}}^k)$ は，I が適度 k, $\Bbbk\text{-}\underline{\mathbf{CAT}}^k$ が適度 $(k+1)$ であるから，適度 $(k+1)$ である．よって $\mathrm{Fun}(I, \underline{\mathbf{CAT}}^k)_0$ は $(k+1)$-クラスであり，どの局所 2-射集合 $\mathrm{Fun}(\mathscr{C}, \mathscr{C}')(E, F)$ $(\mathscr{C}, \mathscr{C}' \in \underline{\mathbf{CAT}}^k_0, E, F \in \mathrm{Fun}(\mathscr{C}, \mathscr{C}')_0)$ も $(k+1)$-クラスである．ここで，I_0 も $I_1 \times_{I_0} I_1$ も k-クラスであるから，右辺の括弧内は $(k+1)$-クラスである．ゆえに右辺も，したがって左辺の $\mathrm{Colax}(I, \underline{\mathbf{CAT}}^k)_0$ も $(k+1)$-クラスである．

次に，$X, X' \in \mathrm{Colax}(I, \underline{\mathbf{CAT}}^k)_0$ とする．このとき余弱関手の間の射の定義より次が成り立つ．

$$
\mathrm{Colax}(I, \underline{\mathbf{CAT}}^k)(X, X')
$$
$$
\subseteq \bigsqcup_{F \in \prod_{i \in I_0} \mathrm{Fun}(X(i), X'(i))_0} \left(\prod_{(i,j) \in I_0^2} \right.
$$
$$
\left. \bigsqcup_{a \in I(i,j)} \mathrm{Fun}(X(i), X'(j))(X'(a)F(i), F(j)X(a)) \right).
$$

ここで I_0 が k-クラス，$\mathrm{Fun}(X(i), X'(i))_0$ が $(k+1)$-クラスより $\prod_{i \in I_0} \mathrm{Fun}(X(i), X'(i))_0$ は $(k+1)$-クラスである．同様にして，括弧内も

$(k+1)$-クラスであるから，右辺は $(k+1)$-クラスである．したがって，$\mathrm{Colax}(I, \underline{\mathbf{CAT}}^k)(X, X')$ も $(k+1)$-クラスである．

最後に，$(F, \psi), (F', \psi') \in \mathrm{Colax}(I, \underline{\mathbf{CAT}}^k)(X, X')_0$ とする．このとき，$\mathrm{Colax}(I, \underline{\mathbf{CAT}}^k)$ の2-射の定義より次が成り立つ．

$$\mathrm{Colax}(I, \underline{\mathbf{CAT}}^k)(X, X')((F, \psi), (F', \psi'))$$
$$\subseteq \prod_{i \in I_0} \underline{\mathbf{CAT}}^k(X(i), X'(i))(F(i), F'(i)).$$

ここで I_0 が k-クラスで，$\underline{\mathbf{CAT}}^k$ が適度 $(k+1)$ であるから，右辺は $(k+1)$-クラスであり，$\mathrm{Colax}(I, \underline{\mathbf{CAT}}^k)(X, X')((F, \psi), (F', \psi'))$ も $(k+1)$-クラスである． $\square$

本文で導来圏については解説していないが，最後に導来圏の適度について注意をしておく．

命題 A.5.2. $\mathscr{A}$ が軽度のアーベル圏であるとき，その導来圏 $\mathscr{D}(\mathscr{A})$ は真に適度 2 の圏になる．すなわち，普通の圏（軽度の圏）の範囲を超えている．

証明．$\mathscr{C}(\mathscr{A}) [\mathscr{K}(\mathscr{A})]$ を $\mathscr{A}$ の鎖複体の圏 [ホモトピー圏] とする．まず，$\mathscr{D}(\mathscr{A})_0$ が真クラスであることを示す．導来圏の対象の定義から

$$\mathscr{D}(\mathscr{A})_0 = \mathscr{C}(\mathscr{A})_0 \subseteq \bigsqcup_{(X^n)_n \in \mathscr{A}_0^{\mathbb{Z}}} \prod_{n \in \mathbb{Z}} \mathscr{A}(X^n, X^{n+1})$$

が成り立つ．ここで $\mathscr{A}_0^{\mathbb{Z}}$ はクラスであり $\mathbb{Z}, \mathscr{A}(X^n, X^{n+1})$ はともに小集合であるから $\mathscr{D}(\mathscr{A})_0$ はクラスである．また，

$$\mathscr{D}(\mathscr{A})_0 \supseteq \{(\cdots \to 0 \to X^0 \to 0 \cdots) \mid X^0 \in \mathscr{A}_0\} \xrightarrow{\text{全単射}} \mathscr{A}_0 \subseteq \mathfrak{U}$$

より，$\mathfrak{U} \ni \mathscr{D}(\mathscr{A})_0$ なら，$\mathscr{A}_0 \in \mathfrak{U}$ となって矛盾．したがって，$\mathscr{D}(\mathscr{A})_0$ は真クラスである．

次に，局所射集合について調べる．$X^{\cdot}, Y^{\cdot} \in \mathscr{D}(\mathscr{A})_0 = \mathscr{K}(\mathscr{A})_0$ を任意にとる．このとき，まず $\mathscr{K}(\mathscr{A})(X^{\cdot}, Y^{\cdot})$ が小集合であることを示す．$\mathscr{K}(\mathscr{A})(X^{\cdot}, Y^{\cdot}) \in \mathscr{P}(\mathscr{P}(\mathscr{C}(\mathscr{A})(X^{\cdot}, Y^{\cdot})))$ であり，$\mathscr{C}(\mathscr{A})(X^{\cdot}, Y^{\cdot}) \subseteq \prod_{n \in \mathbb{Z}} \mathscr{A}(X^n, Y^n) \in \mathfrak{U}$ であるから，$\mathscr{K}(\mathscr{A})(X^{\cdot}, Y^{\cdot}) \in \mathfrak{U}$．すなわち，$\mathscr{K}(\mathscr{A})(X^{\cdot}, Y^{\cdot})$ は小集合である．

次に，$\mathscr{D}(\mathscr{A})(X^{\cdot}, Y^{\cdot})$ が2-クラスであることを示す．導来圏の射の定義より次の式が成り立つ（$[f]$ は f の $\mathscr{D}(\mathscr{A})(X^{\cdot}, Y^{\cdot})$ における同値類）：

$$\mathscr{D}(\mathscr{A})(X^{\cdot}, Y^{\cdot}) = \{[f] \mid f \in \mathscr{S}(X^{\cdot}, Y^{\cdot})\}. \text{ ただし,}$$
$$\mathscr{S}(X^{\cdot}, Y^{\cdot}) := \bigsqcup_{Z^{\cdot} \in \mathscr{D}(\mathscr{A})_0} \mathscr{K}(\mathscr{A})(Z^{\cdot}, X^{\cdot}) \times \mathscr{K}(\mathscr{A})(Z^{\cdot}, Y^{\cdot}).$$

ここで，$\mathscr{D}(\mathscr{A})_0$ がクラスで，$\mathscr{K}(\mathscr{A})(Z^{\cdot}, X^{\cdot}) \times \mathscr{K}(\mathscr{A})(Z^{\cdot}, Y^{\cdot})$ が小集合であ

るから $\mathscr{S}(X^{\cdot}, Y^{\cdot})$ はクラスになる．したがって各 $f \in \mathscr{S}(X^{\cdot}, Y^{\cdot}) \subseteq \mathfrak{U}$ に対して，$f \in \mathfrak{U}$ より $[f] \in \mathscr{P}\mathfrak{U}$．ゆえに $\mathscr{D}(\mathscr{A})(X^{\cdot}, Y^{\cdot}) \in \mathscr{P}\mathscr{P}\mathfrak{U} \subseteq \mathscr{P}\Psi\mathscr{P}\mathfrak{U} = (\mathscr{P}\Psi)^2\mathfrak{U}$ すなわち $\mathscr{D}(\mathscr{A})(X^{\cdot}, Y^{\cdot})$ は 2-クラスである．

最後に，$\mathscr{D}(\mathscr{A})(X^{\cdot}, X^{\cdot}) = 0$ となる $X^{\cdot} \in \mathscr{D}(\mathscr{A})$ を任意にとる．（例えば，$X^{\cdot} = (\cdots 0 \to 0 \to 0 \cdots)$ あるいは，$X^{\cdot} = (\cdots 0 \to 0 \to \mathscr{A}(\text{-}, x) \xrightarrow{1} \mathscr{A}(\text{-}, x) \to 0 \to 0 \cdots)$ $(x \in \mathscr{A}_0)$ がとれる．）このとき，

$$\mathscr{D}(\mathscr{A})(X^{\cdot}, X^{\cdot}) = 0 = \{\mathscr{S}(X^{\cdot}, X^{\cdot})\}. \tag{A.3}$$

ここで $\mathscr{S}(X^{\cdot}, X^{\cdot})$ が小集合であるとすると，

$$\mathscr{S}(X^{\cdot}, X^{\cdot}) \supseteq \{(Y^{\cdot}, (0,0)) \mid Y^{\cdot} \in \mathscr{D}(\mathscr{A})_0\} \xrightarrow{\text{全単射}} \mathscr{D}(\mathscr{A})_0 \subseteq \mathfrak{U}$$

より，$\mathscr{D}(\mathscr{A})_0$ が小集合となり上で示したことに反する．以上より，$\mathscr{S}(X^{\cdot}, X^{\cdot})$ は真クラスである．したがって，式 A.3 と注意 A.1.12(4) より $\mathscr{D}(\mathscr{A})(X^{\cdot}, X^{\cdot})$ はクラスではない．結局，$\mathscr{D}(\mathscr{A})(X^{\cdot}, X^{\cdot})$ は真の 2-クラスである．以上より，$\mathscr{D}(\mathscr{A})$ は適度 2 の圏であり，軽度の圏でも適度 1 の圏でもない． $\square$

A.6 応用 2: 軽度の圏上のテンソル積

第 7 章では，小圏上でのテンソル積関手の一意存在性（定理 7.1.3）を示したが，ここでは，軽度の圏上でもテンソル積関手が一意的に存在することを示す．

定義 A.6.1. k を正整数，$\mathscr{C}, \mathscr{D}$ を線形圏とし，$F : \mathscr{C} \times \mathscr{D} \to \mathrm{Mod}^k \Bbbk$ を 2 変数関手とする．任意の $(x_1, y_1), (x_2, y_2) \in (\mathscr{C} \times \mathscr{D})_0$ に対して，F が導く写像

$$(\mathscr{C} \times \mathscr{D})((x_1, y_1), (x_2, y_2)) = \mathscr{C}(x_1, x_2) \times \mathscr{D}(y_1, y_2)$$
$$\to \mathrm{Mod}^k \Bbbk(F(x_1, y_1), F(x_2, y_2))$$

が双線形であるとき，F は **双線形**であるという．また，2 つの双線形関手 $F, F' : \mathscr{C} \times \mathscr{D} \to \mathrm{Mod}^k \Bbbk$ に対して，F から F' への 2 変数関手としての射を双線形関手 F から F' への射という．

ここで，適度 $k(\geq 1)$ の圏 I から軽度の圏 $\mathscr{C}$ の n-クラス加群圏への関手 $F : I \to \mathrm{Mod}^n \mathscr{C}$ $(n \in \mathbb{N})$ に対して，余極限 $\varinjlim F$ の計算法を与えておく．

命題 A.6.2. $\mathscr{C}$ を軽度の線形圏，I を適度 $k(\geq 1)$ の圏，$n \in \mathbb{N}$ とし，$F : I \to \mathrm{Mod}^n \mathscr{C}$ を関手とする．このとき，$m := \max\{n+1, k+2\}$ とおくと，$\mathrm{Mod}^m \mathscr{C}$ に次の完全列が存在する．

$$\coprod_{f \in I_1} F(\mathrm{dom}(f)) \xrightarrow{(\sigma_{\mathrm{cod}(f)} \circ F(f) - \sigma_{\mathrm{dom}(f)})_{f \in I_1}} \coprod_{i \in I_0} F(i) \to \varinjlim F \to 0.$$

したがって特に，$\varinjlim F \in \mathrm{Mod}^m \mathscr{C}$ であり，線形関手 $R : \mathrm{Mod}^m \mathscr{C} \to \mathrm{Mod}\Bbbk$

が $(\mathrm{Mod}^n \mathscr{C})^I$ における $\varinjlim$ を保つには，R が右完全であり，k-クラスを添字集合とする余積を保つことが必要十分となる．

証明．命題 A.2.7 を用いると $I_0 \in \mathbf{Class}_0^k$ より，任意の $x \in \mathscr{C}_0$ に対して，

$$\coprod_{i \in I_0}(F(i))(x) \subseteq \prod_{i \in I_0}(F(i))(x) \in \begin{cases} \mathbf{Class}_0^{k+1} & (n \le k+1) \\ \mathbf{Class}_0^n & (n \ge k+2). \end{cases}$$

すなわち，$\coprod_{i \in I_0} F(i) \in (\mathrm{Mod}^{m-1}\mathscr{C})_0$ となる．同様に $I_1 \in \mathbf{Class}_0^1$ より $\coprod_{f \in I_1} F(\mathrm{dom}(f)) \in (\mathrm{Mod}^{m-1}\mathscr{C})_0$ となることが分かる．余極限の定義から $\varinjlim F = \mathrm{Coker}(\sigma_{\mathrm{cod}(f)} \circ F(f) - \sigma_{\mathrm{dom}(f)})_{f \in I_1}$ となることが容易に確かめられるので，補題 A.2.8 より $\varinjlim F \in \mathrm{Mod}^m\mathscr{C}$．よって上の列の真ん中の射を余核の標準射とすれば，上の列は $\mathrm{Mod}^m\mathscr{C}$ における完全列になる． $\square$

定理 A.6.3. $\mathscr{C}$ を軽度の線形圏とする．このとき，次の条件を満たす双線形関手 $\text{-}\otimes_{\mathscr{C}}?\colon \mathrm{Mod}\,\mathscr{C} \times \mathscr{C}\text{-}\mathrm{Mod} \to \mathrm{Mod}^3\,\Bbbk$ が自然同型を除いてただ 1 つ存在する：

(1) 各 $N \in \mathscr{C}\text{-}\mathrm{Mod}$ に対して，

    (a) $\text{-}\otimes_{\mathscr{C}} N\colon \mathrm{Mod}\,\mathscr{C} \to \mathrm{Mod}^3\,\Bbbk$ は適度 2 余連続である（すなわち，右完全であり，2-クラスを添字集合とする余積を保つ）；

    (b) $x \in \mathscr{C}_0$ および N に関して自然な同型 $s_x := s_{x,N}\colon \mathscr{C}(\text{-},x) \otimes_{\mathscr{C}} N \xrightarrow{\sim} N(x)$ が $\mathrm{Mod}^3\,\Bbbk$ のなかに存在する．

(2) 各 $M \in \mathrm{Mod}\,\mathscr{C}$ に対して，

    (a) $M \otimes_{\mathscr{C}} \text{-}\colon \mathscr{C}\text{-}\mathrm{Mod} \to \mathrm{Mod}^3\,\Bbbk$ は適度 2 余連続である；

    (b) $x \in \mathscr{C}_0$ および M に関して自然な同型 $t_x := t_{x,M}\colon M \otimes_{\mathscr{C}} \mathscr{C}(x,\text{-}) \xrightarrow{\sim} M(x)$ が $\mathrm{Mod}^3\,\Bbbk$ のなかに存在する．

これを $\mathscr{C}$ 上の**テンソル積関手**とよぶ．

証明．まず，具体的に関手

$$\text{-}\otimes_{\mathscr{C}}?\colon \mathrm{Mod}\,\mathscr{C} \times \mathscr{C}\text{-}\mathrm{Mod} \to \mathrm{Mod}^3\,\Bbbk$$

を次のように構成する．

対象に対して. $M \in (\mathrm{Mod}\,\mathscr{C})_0, N \in (\mathscr{C}\text{-}\mathrm{Mod})_0$ とする．

$$M \otimes_{\mathscr{C}} N := \left(\coprod_{x \in \mathscr{C}_0} M(x) \otimes_{\Bbbk} N(x)\right) \Big/ I(M,N),$$

$$I(M,N) := \langle mM(f) \otimes n - m \otimes N(f)n \mid x,y \in \mathscr{C}_0, m \in M(y),$$
$$f \in \mathscr{C}(x,y), n \in N(x)\rangle.$$

$$\tag{A.4}$$

ここで $\otimes_{\Bbbk}$ は $\Bbbk$-加群としてのテンソル積を，$\langle S \rangle$ は各集合 S で生成される $\Bbbk$-加群を表す．各 $x,y \in \mathscr{C}_0, m \in M(x), n \in N(x)$ に対して，

$$m \otimes_{\mathscr{C}} n := m \otimes n + I(M, N) \in M \otimes_{\mathscr{C}} N$$

とおく．このとき，上の定義より，各 $x, y \in \mathscr{C}_0, m \in M(y), f \in \mathscr{C}(x, y), n \in N(x)$ に対して，

$$m \otimes_{\mathscr{C}} N(f)n = mM(f) \otimes_{\mathscr{C}} n$$

が成り立つ．次に，$M \otimes_{\mathscr{C}} N \in \mathrm{Mod}^3 \Bbbk$ を確かめておく．各 $x \in \mathscr{C}_0$ に対して，$M(x) \otimes_{\Bbbk} N(x)$ は小集合であり，$\coprod_{x \in \mathscr{C}_0} M(x) \otimes_{\Bbbk} N(x) \subseteq \prod_{x \in \mathscr{C}_0} M(x) \otimes_{\Bbbk} N(x) \in \mathbf{Class}_0^2$ であるから（命題 A.2.7(5)），$M \otimes_{\mathscr{C}} N \in \mathscr{P}\mathbf{Class}_0^2 \subseteq \mathbf{Class}_0^3$（定義 A.2.5 参照）．したがって，$M \otimes_{\mathscr{C}} N \in \mathrm{Mod}^3 \Bbbk$.

射に対して． $f \colon M \to M'$ を $\mathrm{Mod}\,\mathscr{C}$ の射，$g \colon N \to N'$ を $\mathscr{C}\text{-Mod}$ の射とする．このとき，$f \otimes_{\mathscr{C}} g \colon M \otimes_{\mathscr{C}} N \to M' \otimes_{\mathscr{C}} N'$ を次で定める．

$$F := \coprod_{x \in \mathscr{C}_0} f_x \otimes_{\Bbbk} g_x \colon \coprod_{x \in \mathscr{C}_0} M(x) \otimes_{\Bbbk} N(x) \to \coprod_{x \in \mathscr{C}_0} M'(x) \otimes_{\Bbbk} N'(x)$$

とおくと，$F(I(M, N)) \subseteq I(M', N')$ となることが容易に確かめられる．そこで，F の誘導する $\Bbbk$-加群の間の写像として $f \otimes_{\mathscr{C}} g$ を定める：

$$
\begin{array}{ccc}
\coprod_{x \in \mathscr{C}_0} M(x) \otimes_{\Bbbk} N(x) & \xrightarrow{\;F\;} & \coprod_{x \in \mathscr{C}_0} M'(x) \otimes_{\Bbbk} N'(x) \\
{\scriptstyle 標準}\big\downarrow & & \big\downarrow{\scriptstyle 標準} \\
M \otimes_{\mathscr{C}} N & \xrightarrow{\;f \otimes_{\mathscr{C}} g\;} & M' \otimes_{\mathscr{C}} N'
\end{array}
$$

以上によって定義された $\text{-} \otimes_{\mathscr{C}} ? \colon \mathrm{Mod}\,\mathscr{C} \times \mathscr{C}\text{-Mod} \to \mathrm{Mod}^3 \Bbbk$ が双線形関手になっていることは容易に確かめられる．

これが要求されている条件 (1), (2) を満たすことを確かめる．どちらも同様に示せるので (1) だけを示す．そのため，$N \in (\mathscr{C}\text{-Mod})_0$ とする．対象集合を $\bigcup_{n \in \mathbb{N}} (\mathrm{Mod}^n \mathscr{C})_0 \; [\bigcup_{n \in \mathbb{N}} (\mathrm{Mod}^n \Bbbk)_0]$ とする $\mathrm{MOD}\,\mathscr{C}\;[\mathrm{MOD}\,\Bbbk]$ の充満部分圏を $\mathrm{Mod}^\omega \mathscr{C}\;[\mathrm{Mod}^\omega \Bbbk]$ とおく．このとき，まず次のことに注意する．

主張 1. (i) 各 $n \in \mathbb{N}$ と $M \in (\mathrm{Mod}^n \mathscr{C})_0$ に対して，$M \otimes_{\mathscr{C}} N \in (\mathrm{Mod}^{n+3} \Bbbk)_0$.

(ii) 各 $n \in \mathbb{N}$ と $V \in (\mathrm{Mod}^n \Bbbk)_0$ に対して，$\mathrm{Hom}_{\Bbbk}(N, V) \in (\mathrm{Mod}^n \mathscr{C})_0$.

以上より，関手 $\text{-} \otimes_{\mathscr{C}} N \colon \mathrm{Mod}^\omega \mathscr{C} \to \mathrm{Mod}^\omega \Bbbk$ と $\mathrm{Hom}_{\Bbbk}(N, \text{-}) \colon \mathrm{Mod}^\omega \Bbbk \to \mathrm{Mod}^\omega \mathscr{C}$ が定義できる．

実際，(i) $n = 0$ のときは上に示したとおりである．$n \geq 1$ とする．各 $x \in \mathscr{C}_0$ に対して，$M(x) \times N(x) \in \mathbf{Class}_0^n$ より $\mathrm{Map}(M(x) \times N(x), \Bbbk) \in \mathbf{Class}_0^{n+1}$. 補題 A.2.8 よりこれの剰余空間として，$M(x) \otimes_{\Bbbk} N(x) \in \mathbf{Class}_0^{n+2}$, したがって $\coprod_{x \in \mathscr{C}_0} M(x) \otimes_{\Bbbk} N(x) \subseteq \prod_{x \in \mathscr{C}_0} M(x) \otimes_{\Bbbk} N(x) \in \mathbf{Class}_0^{n+2}$. 再び補題 A.2.8 より，これの剰余加群として，$M \otimes_{\mathscr{C}} N \in \mathbf{Class}_0^{n+3}$. 結局，$M \otimes_{\mathscr{C}} N \in (\mathrm{Mod}^{n+3} \Bbbk)_0$.

(ii) 各 $x \in \mathscr{C}_0$ に対して，$(\mathrm{Hom}_{\Bbbk}(N, V))(x) \subseteq \mathrm{Map}(N(x), V) \in \mathbf{Class}_0^n$.

よって $\mathrm{Hom}_{\Bbbk}(N,V) \in (\mathrm{Mod}^n \mathscr{C})_0$.

主張 2. 次の随伴が存在する.

$$\mathrm{Mod}^\omega \mathscr{C} \underset{\mathrm{Hom}_{\Bbbk}(N,\text{-})}{\overset{\text{-}\otimes_{\mathscr{C}} N}{\rightleftarrows}} \mathrm{Mod}^\omega \Bbbk$$

これを示すために単位射 $\eta\colon \mathbb{1}_{\mathrm{Mod}^\omega \mathscr{C}} \Rightarrow \mathrm{Hom}_{\Bbbk}(N,\text{-}) \circ (\text{-},\otimes_{\mathscr{C}} N)$ と余単位射 $\varepsilon\colon (\text{-},\otimes_{\mathscr{C}} N) \circ \mathrm{Hom}_{\Bbbk}(N,\text{-}) \Rightarrow \mathbb{1}_{\mathrm{Mod}^\omega \Bbbk}$ を以下に定義する.

η の構成. 各 $M \in (\mathrm{Mod}^\omega \mathscr{C})_0$ と $x \in \mathscr{C}_0$ に対して,

$$\eta_{M,x}\colon M(x) \to \mathrm{Hom}_{\Bbbk}(N(x), M \otimes_{\mathscr{C}} N), m \mapsto m \otimes_{\mathscr{C}} \text{-}$$

とおき,$\eta_M := (\eta_{M,x})_{x \in \mathscr{C}_0}$ とおく.このとき,$\mathrm{Mod}^\omega \mathscr{C}$ の各射 $F\colon M \to M'$ に対して,次の図式の可換性は容易に確かめられる.

$$
\begin{array}{ccc}
M(x) & \xrightarrow{\eta_{M,x}} & \mathrm{Hom}_{\Bbbk}(N(x), M \otimes_{\mathscr{C}} N) \\
{\scriptstyle F_x}\downarrow & & \downarrow{\scriptstyle \mathrm{Hom}_{\Bbbk}(N(x), F \otimes_{\mathscr{C}} N)} \\
M'(x) & \xrightarrow{\eta_{M',x}} & \mathrm{Hom}_{\Bbbk}(N(x), M' \otimes_{\mathscr{C}} N)
\end{array}
$$

したがって,$\eta := (\eta_M)_{M \in (\mathrm{Mod}^\omega \mathscr{C})_0}$ は自然変換

$$\mathbb{1}_{\mathrm{Mod}^\omega \mathscr{C}} \Rightarrow \mathrm{Hom}_{\Bbbk}(N,\text{-}) \circ (\text{-},\otimes_{\mathscr{C}} N)$$

となる.

ε の構成. 各 $V \in (\mathrm{Mod}^\omega \Bbbk)_0$ に対して,$\mathrm{Mod}^\omega \Bbbk$ における射

$$\varepsilon'_V\colon \coprod_{x \in \mathscr{C}_0} \mathrm{Hom}_{\Bbbk}(N(x), V) \otimes_{\Bbbk} N(x) \to V$$

を,$(u_x \otimes n_x)_{x \in \mathscr{C}_0} \mapsto \sum_{x \in \mathscr{C}_0} u_x(n_x)$ $(u_x \in \mathrm{Hom}_{\Bbbk}(N(x), V), n_x \in N(x))$ で定義すると,$\varepsilon'_V(I(\mathrm{Hom}_{\Bbbk}(N,V),N)) = 0$ となることが容易に確かめられる.したがって,ε'_V は $\mathrm{Mod}^\omega \Bbbk$ における射

$$\varepsilon_V\colon \mathrm{Hom}_{\Bbbk}(N,V) \otimes_{\mathscr{C}} N \to V$$

を誘導する.このとき,$\varepsilon := (\varepsilon_V)_{V \in (\mathrm{Mod}^\omega \Bbbk)_0}$ は自然変換

$$(\text{-}\otimes_{\mathscr{C}} N) \circ \mathrm{Hom}_{\Bbbk}(N,\text{-}) \Rightarrow \mathbb{1}_{\mathrm{Mod}^\omega \Bbbk}$$

となることが定義から直ちに確かめられる.

以上の η, ε がジグザグ等式を満たすこと,すなわち次の 2 つの図式

$$
\begin{array}{ccc}
 & \text{-}\otimes_{\mathscr{C}} N & \\
{\scriptstyle \eta(\text{-})\otimes_{\mathscr{C}} N}\big\Downarrow & & \\
\mathrm{Hom}_{\Bbbk}(N, \text{-}\otimes_{\mathscr{C}} N) \otimes_{\mathscr{C}} N & \underset{\overline{\varepsilon\text{-}\otimes_{\mathscr{C}} N}}{\Longrightarrow} & \text{-}\otimes_{\mathscr{C}} N,
\end{array}
$$

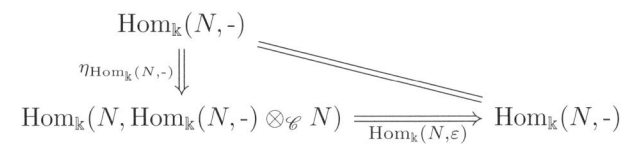

がともに可換であることも，定義から直ちに確かめられる．以上より，随伴 $-\otimes_{\mathscr{C}} N \dashv \mathrm{Hom}_{\Bbbk}(N,\text{-})$ が示された．また定理 4.4.7 により，$M \in (\mathrm{Mod}^{\omega}\mathscr{C})_0, V \in (\mathrm{Mod}^{\omega}\Bbbk)_0$ に関して自然な随伴の同型

$$\omega_{M,V}\colon \mathrm{Hom}_{\Bbbk}(M \otimes_{\mathscr{C}} N, V) \xrightarrow{\sim} (\mathrm{Mod}^{\omega}\mathscr{C})(M, \mathrm{Hom}_{\Bbbk}(N,V)) \qquad (\mathrm{A}.5)$$

が存在する．

以上の主張を用いて (1) を示す．

(a) 命題 4.5.8 (2) を用いて，$-\otimes_{\mathscr{C}} N$ が適度 2 余連続であることを示す．そのために I を適度 2 の圏とする．また，対象集合を $\bigcup_{n\in\mathbb{N}} \mathrm{Fun}(I, \mathrm{Mod}^n\mathscr{C})_0$ とする $(\mathrm{Mod}^{\omega}\mathscr{C})^I$ の充満部分圏を $\bigcup_{n\in\mathbb{N}}(\mathrm{Mod}^n\mathscr{C})^I$ とおく．このとき，次の随伴が存在する．

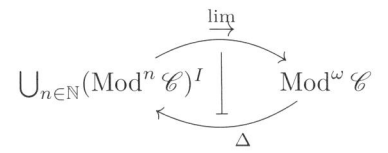

実際，任意の $n \in \mathbb{N}$ に対して，命題 A.6.2 より，$(\mathrm{Mod}^n\mathscr{C})^I$ 内の関手 F に対して，$\varinjlim F \in (\mathrm{Mod}^{\max\{n+1,4\}}\mathscr{C})_0$ であるから，$\varinjlim\colon \bigcup_{n\in\mathbb{N}}(\mathrm{Mod}^n\mathscr{C})^I \to \mathrm{Mod}^{\omega}\mathscr{C}$ が定義でき，各 $M \in (\mathrm{Mod}^{\omega}\mathscr{C})_0$ に対して，$M \in (\mathrm{Mod}^n\mathscr{C})_0$ となる $n \in \mathbb{N}$ が存在しそのとき，$\Delta(M) \in ((\mathrm{Mod}^n\mathscr{C})^I)_0$ であるから $\Delta\colon \mathrm{Mod}^{\omega}\mathscr{C} \to \bigcup_{n\in\mathbb{N}}(\mathrm{Mod}^n\mathscr{C})^I$ が定義できる．このとき，$\varinjlim \dashv \Delta$ となることは，I が小圏のときの一般論と全く同様にして示される．

以上より，次の 4 つの随伴が存在する．

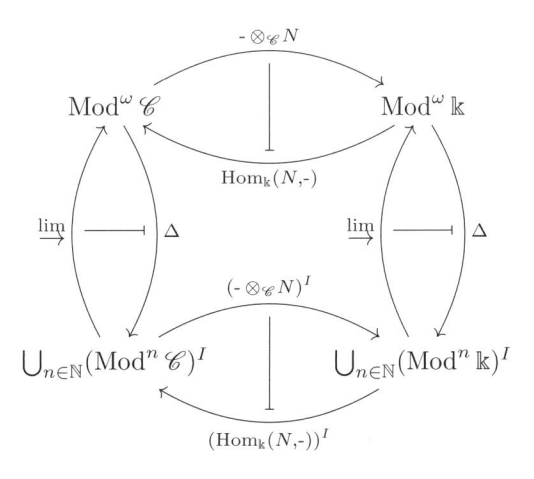

したがって命題 4.4.12 と補題 4.5.6 より上の図式において, $(\text{-}\otimes_{\mathscr{C}}N)\circ\varinjlim\cong$ $\varinjlim\circ(\text{-}\otimes_{\mathscr{C}}N)^I$ が成り立つ. この式は, $(\text{Mod}\,\mathscr{C})^I$ に制限して見ると図式

$$
\begin{array}{ccc}
\text{Mod}^4\,\mathscr{C} & \xrightarrow{\ \text{-}\otimes_{\mathscr{C}}N\ } & \text{Mod}^7\,\Bbbk \\[2pt]
\varinjlim\Big\uparrow & & \Big\uparrow\varinjlim \\[2pt]
(\text{Mod}\,\mathscr{C})^I & \xrightarrow[\ (\text{-}\otimes_{\mathscr{C}}N)^I\ ]{} & (\text{Mod}^3\,\Bbbk)^I
\end{array}
$$

において成り立つ. すなわち, $\text{-}\otimes_{\mathscr{C}}N$ は適度 2 余連続である.

(b) 各 $x\in\mathscr{C}_0$ に関して自然な同型 $\mathscr{C}(\text{-},x)\otimes_{\mathscr{C}}N\xrightarrow{\sim}N(x)$ が $\text{Mod}^3\,\Bbbk$ のなかに存在することを示す. 式 (A.5) を $M=\mathscr{C}(\text{-},x)$ に適用すると, 米田の補題より,

$$
\begin{aligned}
\text{Hom}_{\Bbbk}(\mathscr{C}(\text{-},x)\otimes_{\mathscr{C}}N,?) &\xrightarrow{\sim} \text{Mod}^{\omega}\,\mathscr{C}(\mathscr{C}(\text{-},x),\text{Hom}_k(N,?)) \\
&\xrightarrow{\sim} \text{Hom}_{\Bbbk}(N,?)(x)=\text{Hom}_{\Bbbk}(N(x),?).
\end{aligned}
$$

したがって, 補題 2.5.12 より, $\text{Mod}^3\,\Bbbk$ における同型 $\mathscr{C}(\text{-},x)\otimes_{\mathscr{C}}N\xrightarrow{\sim}N(x)$ が存在する. これが $x\in\mathscr{C}_0$ について自然であることも米田の補題を用いて確かめることができる. 以上で, $\text{-}\otimes_{\mathscr{C}}?$ の存在性が示された.

一意性. $\text{-}\otimes_{\mathscr{C}}?$ と同じ性質を持つ双線形関手

$$
\text{-}\bar{\otimes}_{\mathscr{C}}?\colon \text{Mod}\,\mathscr{C}\times\mathscr{C}\text{-Mod}\to\text{Mod}^3\,\Bbbk
$$

があったとし, $N\in(\mathscr{C}\text{-Mod})_0$ をとる. $\text{-}\otimes_{\mathscr{C}}?$ と $\text{-}\bar{\otimes}_{\mathscr{C}}?$ の性質 (1)(b) より, 各 $x\in\mathscr{C}_0$ に関して自然な同型

$$
\mathscr{C}(\text{-},x)\bar{\otimes}_{\mathscr{C}}N\xrightarrow[\sim]{\bar{s}_x}N(x)\xleftarrow[\sim]{s_x}\mathscr{C}(\text{-},x)\otimes_{\mathscr{C}}N
$$

が存在する.

(i) $M=\mathscr{C}(\text{-},x)$ のとき, $\phi_{M,N}:=s_x^{-1}\circ\bar{s}_x\colon M\bar{\otimes}_{\mathscr{C}}N\xrightarrow{\sim}M\otimes_{\mathscr{C}}N$ とおく.

(ii) 各 $x\in\mathscr{C}_0$ に対して I_x が 2-クラスの集合であり, $M=\coprod_{x\in\mathscr{C}_0}\mathscr{C}(\text{-},x)^{(I_x)}$ のとき, $\text{-}\otimes_{\mathscr{C}}?$ と $\text{-}\bar{\otimes}_{\mathscr{C}}?$ の性質 (1)(a) より次の図式の縦の標準射は同型である.

$$
\begin{array}{ccccc}
\displaystyle\bigoplus_{x\in\mathscr{C}_0}\mathscr{C}(\text{-},x)^{(I_x)}\bar{\otimes}_{\mathscr{C}}N & \xrightarrow[\sim]{\ \bigoplus_{x\in\mathscr{C}_0}\bar{s}_x^{(I_x)}\ } & \displaystyle\bigoplus_{x\in\mathscr{C}_0}N(x)^{(I_x)} & \xleftarrow[\sim]{\ \bigoplus_{x\in\mathscr{C}_0}s_x^{(I_x)}\ } & \displaystyle\bigoplus_{x\in\mathscr{C}_0}\mathscr{C}(\text{-},x)^{(I_x)}\otimes_{\mathscr{C}}N \\[6pt]
\Big\downarrow\wr & & & & \Big\downarrow\wr \\[6pt]
\Big(\displaystyle\bigoplus_{x\in\mathscr{C}_0}\mathscr{C}(\text{-},x)^{(I_x)}\Big)\bar{\otimes}_{\mathscr{C}}N & \multicolumn{3}{c}{\dashrightarrow{\hspace{3em}\sim\hspace{3em}}} & \Big(\displaystyle\bigoplus_{x\in\mathscr{C}_0}\mathscr{C}(\text{-},x)^{(I_x)}\Big)\otimes_{\mathscr{C}}N
\end{array}
$$

そこで上の図式を可換にする一意的な同型として $\phi_{M,N}\colon M\bar{\otimes}_{\mathscr{C}}N\xrightarrow{\sim}M\otimes_{\mathscr{C}}N$ を定義する. $\phi_{M,N}$ はこの形の M に関して自然であることに注意する.

(iii) 一般の $M\in(\text{Mod}\,\mathscr{C})_0$ に対して, まず次が成り立つことを示す.

主張 3. 小集合の列 $(I_x)_{x\in\mathscr{C}_0}$ をうまくとることによって $\text{Mod}^2\,\mathscr{C}$ の全射

$\phi_M\colon \coprod_{x\in\mathscr{C}_0}\mathscr{C}(\text{-},x)^{(I_x)} \to M$ を構成することができる.

実際,米田の補題より各 $x\in\mathscr{C}_0$ に対して同型

$$\psi_x\colon M(x) \to (\mathrm{Mod}\,\mathscr{C})(\mathscr{C}(\text{-},x),M)$$

が存在し,任意の $a\in M(x)$ に対して.$\psi_x(a)(\mathbb{1}_x)=a$ であるから,

$$(\psi_x(a))_{a\in M(x)}\colon \coprod_{a\in M(x)}\mathscr{C}(\text{-},x) \to M$$

は,各 $x\in\mathscr{C}_0$ においては,$\mathrm{Mod}\,\Bbbk$ における全射 $\coprod_{a\in M(x)}\mathscr{C}(x,x) \to M(x)$ となっている.したがって,

$$((\psi_x(a))_{a\in M(x)})_{x\in\mathscr{C}_0}\colon \coprod_{x\in\mathscr{C}_0}\coprod_{a\in M(x)}\mathscr{C}(\text{-},x) \to M$$

は,$\mathrm{Mod}^2\mathscr{C}$ における全射である(各 $y\in\mathscr{C}_0$ に対して,$\coprod_{x\in\mathscr{C}_0}\coprod_{a\in M(x)}\mathscr{C}(y,x)$ $\in\mathrm{Mod}^2\Bbbk$ であることに注意).したがって,$I_x:=M(x)$ ととることができる.

主張 4. 小集合の列 $(I_x)_{x\in\mathscr{C}_0}$ と 2-クラスの列 $(J_y)_{y\in\mathscr{C}_0}$ をうまくとることによって $\mathrm{Mod}^3\mathscr{C}$ での完全列

$$\coprod_{y\in\mathscr{C}_0}\mathscr{C}(\text{-},y)^{(J_y)} \xrightarrow{F} \coprod_{x\in\mathscr{C}_0}\mathscr{C}(\text{-},x)^{(I_x)} \xrightarrow{E} M \to 0 \tag{A.6}$$

を構成することができる.

実際,E として主張 2 での ϕ_M をとり,$K:=\mathrm{Ker}\,\phi_M$ とおく.各 $y\in\mathscr{C}_0$ に対して,$J_y:=K(y)\in\mathrm{Mod}^2\Bbbk$ であり,$\coprod_{y\in\mathscr{C}_0}\mathscr{C}(z,y)^{(J_y)}\in\mathrm{Mod}^3\Bbbk$ $(z\in\mathscr{C}_0)$ に注意すると,上と同様の議論により,$\mathrm{Mod}^3\mathscr{C}$ における全射 $\phi_K\colon\coprod_{y\in\mathscr{C}_0}\mathscr{C}(\text{-},y)^{(J_y)}\to K$ が構成できる.したがって,F としてこの ϕ_K をとればよい.

上の主張において,

$$P_0:=\coprod_{x\in\mathscr{C}_0}\mathscr{C}(\text{-},x)^{(I_x)} \cong \coprod_{(x,a)\in\coprod_{x\in\mathscr{C}_0}I_x}\mathscr{C}(\text{-},x),$$

$$P_1:=\coprod_{y\in\mathscr{C}_0}\mathscr{C}(\text{-},y)^{(J_y)} \cong \coprod_{(y,b)\in\coprod_{y\in\mathscr{C}_0}J_y}\mathscr{C}(\text{-},y)$$

であり,$\coprod_{x\in\mathscr{C}_0}I_x,\coprod_{y\in\mathscr{C}_0}J_y$ がそれぞれ 1-クラス,2-クラスであることに注意すると,上の (ii) により,2 つの射 $\phi_{P_0,N}\colon P_0\bar{\otimes}_\mathscr{C}N \to P_0\otimes_\mathscr{C}N$ と $\phi_{P_1,N}\colon P_1\bar{\otimes}_\mathscr{C}N \to P_1\otimes_\mathscr{C}N$ は同型になり次の図式は可換になる:

$$
\begin{array}{ccccccc}
P_1\bar{\otimes}_\mathscr{C}N & \xrightarrow{F\bar{\otimes}_\mathscr{C}N} & P_0\bar{\otimes}_\mathscr{C}N & \xrightarrow{E\bar{\otimes}_\mathscr{C}N} & M\bar{\otimes}_\mathscr{C}N & \longrightarrow & 0 \\
{\scriptstyle\phi_{P_1,N}}\downarrow{\scriptstyle\wr} & & {\scriptstyle\phi_{P_0,N}}\downarrow{\scriptstyle\wr} & & \downarrow{\scriptstyle\phi_{M,N}} & & \\
P_1\otimes_\mathscr{C}N & \xrightarrow[F\otimes_\mathscr{C}N]{} & P_0\otimes_\mathscr{C}N & \xrightarrow[E\otimes_\mathscr{C}N]{} & M\otimes_\mathscr{C}N & \longrightarrow & 0
\end{array}
\tag{A.7}
$$

また性質 (1)(a) よりこの各行は完全である．したがって，余核の普遍性と 5 項補題より M に関して自然な同型 $\phi_{M,N} \colon M \bar{\otimes}_{\mathscr{C}} N \to M \otimes_{\mathscr{C}} N$ が得られる．これが N について自然であることは，$\mathscr{C}$ が小圏であるときと全く同様に示される． $\qquad\square$

参考文献

[1] Anderson, F.W.; Fuller, K.R: *Rings and Categories of modules*, Graduate Texts in Mathematics, Vol.**13**, Springer-Verlag, New York (1974, 1992).

[2] Asashiba, H.: *A covering technique for derived equivalence*, J. Alg. **191** (1997), 382–415.

[3] Asashiba, H.: *The derived equivalence classification of representation-finite selfinjective algebras*, J. Alg. **214** (1999), 182–221.

[4] Asashiba, H.: *Derived and stable equivalence classification of twisted multifold extensions of piecewise hereditary algebras of tree type*, J. Alg. **249** (2002), 345–376.

[5] Asashiba, H.: *A generalization of Gabriel's Galois covering functors and derived equivalences*, J. Alg. **334** (2011), 109–149.

[6] Asashiba, H.: *Representations of quivers*, Lecture Notes at Shizuoka University, 2014, https://wwp.shizuoka.ac.jp/asashiba/hideto-asashibas-website/quiver3-1/

[7] Asashiba, Hideto: *A generalization of Gabriel's Galois covering functors II: 2-categorical Cohen-Montgomery duality*, Appl. Categor. Struct. **25**(8), (2017), 3278–3296.

[8] Asashiba, H.: *Derived equivalences of actions of a category*, Appl. Categor. Struct. **21**(6) (2013), 811–836.

[9] Asashiba, H.: *Gluing derived equivalences together*, Adv. Math. **235** (2013), 134–160.

[10] Asashiba, H.; Kimura, M.: *Presentations of Grothendieck constructions*, Comm. Algebra **41**(11), (2013), 4009–4024.

[11] Asashiba, H.: *Smash products of group weighted bound quivers and Brauer graphs*, Comm. Algebra, (Published online: 16 Jan 2019), 585–610.

[12] Assem, I.; Simson, D.; Skowroński, A.: *Elements of the Representation Theory of Associative Algebras*, London Math. Soc. Student Texts **65**, Cambridge Univ. Press (2006).

[13] Buan, A.B.; Marsh, R.J.; Reineke, M.; Reiten, I.; Todorov, G.: *Tilting theory and cluster combinatorics*, Advances in Mathematics **204** (2006), 572–618.

[14] Bongartz, K.; Gabriel, P.: *Covering spaces in representation theory*, Invent. Math. **65** (1982), 331–378.

[15] Borceux, F.: *Handbook of categorical algebra 1 Basic category theory*, Encyclopedia of Math. and its appl., Cambridge Univ. Press (1994).

[16] Chen, J.; Chen, X.; Ruan, S.: *The dual actions, autoequivalences and stable tilting objects*, preptint, arXiv:1708.08222.

[17] Cibils, C.; Marcos, E.: *Skew category, Galois covering and smash product of a k-category*, Proc. Amer. Math. Soc. **134** (1), (2006), 39–50.

[18] Cohen, M.; Montgomery, S.: *Group-graded rings, smash products, and group actions*,

Trans. Amer. Math. Soc. **282** (1), (1984), 237–258.

[19] Deligne, P.: *Action du groupe des tresses sur une catégorie*, Invent. Math. **128** (1997), 159–175.

[20] Drinfeld, V.; Gelaki, S.; Nikshych, D.; Ostrik, V.: *On braided fusion categories, I*, Sel. Math. New Ser. **16** (2010), 1–119.

[21] Gabriel, P.: *The universal cover of a representation-finite algebra*, *in* Lecture Notes in Mathematics, Vol.**903**, Springer-Verlag, Berlin/New York (1981), 68–105.

[22] Gordon, R.; Power, A.J.; Street, R.: *Coherence for tricategories*. Mem. Amer. Math. Soc. **117** (558):vi+81, (1995).

[23] Green, E. L.: *Graphs with relations, coverings and group-graded algebras*, Trans. Amer. Math. Soc. **279**(1), (1983), 297–310.

[24] Grothendieck, A.: *Revêtements étales et groupe fondamental*, Springer-Verlag, Berlin (1971). Séminaire de Géométrie Algébrique du Bois Marie 1960–1961 (SGA 1), Lecture Notes in Mathematics, Vol.**224**.

[25] Harel, D.; Kozen, D.; Tiuryn, J.: *Dynamic Logic*, MIT Press, Cambridge, MA, USA (2000).

[26] Howie, J. M.: *Fundamentals of Semigroup Theory*, London Mathematical Society Monographs New Series, **12**, Oxford Science Publications, The Clarendon Press, Oxford University Press, New York, (1995).

[27] Hughes, D.; Waschbüsch, J.: *Trivial extensions of tilted algebras*, Proc. London Math. Soc. (3), **46** (1983), 347–364.

[28] Kelly, G.M.; Street, R.: *Review of the Elements of 2-Categories*, Lecture Notes in Mathematics, Vol.**420**, Springer-Verlag (1974), 75–103.

[29] Levy, P.B.: *Formulating categorical concepts using classes*, arXiv.1801.08528.

[30] MacLane, S.: *Categories for the working mathematician*, Graduate Texts in Mathematics, Vol.**5**, Springer-Verlag, New York/Berlin (1971), ix+262 pp.

[31] Marsden, D.: *Category theory using string diagrams*, arXiv:1401.7220v2 [math.CT].

[32] Martinez-Villa, R.; de la Peña, J. A.: *The universal cover of a quiver with relations*, J. Pure Appl. Alg. **30** (1983), 277–292.

[33] Murfet, D.: *Foundations for category theory*, Available at `therisingsea.org`, (2006).

[34] Nakaoka, H.: 圏論の技法（アーベル圏と三角圏でのホモロジー代数），日本評論社 (2015).

[35] O'Leary, M.L.: *A first course in mathematical logic and set theory*, John Wiley & Sons, Inc., Hoboken, New Jersey (2015).

[36] Reiten, I.; Riedtmann, Ch.: *Skew group algebras in the representation theory of Artin algebras*, J. Alg. **92** (1), (1985), 224–282.

[37] Riedtmann, Ch.: *Algebren, Darstellungsköcher, Überlagerungen und zurück*, Comm. Math. Helv. **55** (1980), 199–224.

[38] Riedtmann, Ch.: *Representation-finite selfinjective algebras of class A_n*, *in* Lecture Notes

in Mathematics, Vol.**832**, Springer-Verlag, Berlin/New York (1980), 449–520.

[39] Riedtmann, Ch.: *Representation-finite selfinjective algebras of class D_n*, Compositio Mathematica **49** (1983), 231–282.

[40] Tarski, A.: *Über unerreichbare Kardinalzahlen*, Fundamenta Mathematicae **30** (1938), 68–89.

[41] TheCasters: *String diagrams, 1 – 4*, YouTube videos,
https://www.youtube.com/watch?v=USYRDDZ9yEc

[42] J. Waschbüsch, J.: *Universal coverings of selfinjective algebras, in* Representations of algebras, Lecture Notes in Mathematics, Vol.**903**, Springer-Verlag, Berlin (1981), 331–349.

[43] N. H. Williams: *On Grothendieck universes*, Compositio Mathematica **21** (1), (1969), 1–3. (http://www.numdam.org/item/?id=CM_1969__21_1_1_0)

索 引

著 者 略 歴

浅芝 秀人
あさしば ひで と

1984 年　大阪市立大学大学院理学研究科後期博士課程修了
　　　　　理学博士
2007 年　静岡大学学術院理学領域数学系列教授
専門・研究分野　多元環の表現論
主要著書
『基礎課程 線形代数』(培風館，2013).

SGC ライブラリ-155

圏と表現論

2-圏論的被覆理論を中心に

2019 年 12 月 25 日 ©　　　　　　初 版 発 行

著 者　浅芝 秀人　　　　　　発行者　森 平 敏 孝
　　　　　　　　　　　　　　印刷者　馬 場 信 幸

発行所　　株式会社 サイエンス社

〒151-0051　東京都渋谷区千駄ヶ谷 1 丁目 3 番 25 号
営業 ☎ (03) 5474-8500 (代)　　振替 00170-7-2387
編集 ☎ (03) 5474-8600 (代)
FAX ☎ (03) 5474-8900　　　　表紙デザイン：長谷部貴志

印刷・製本　三美印刷株式会社

《検印省略》

ISBN978-4-7819-1465-7

PRINTED IN JAPAN

サイエンス社のホームページのご案内
https://www.saiensu.co.jp
ご意見・ご要望は
sk@saiensu.co.jp　まで.

臨時別冊・数理科学（SGC ライブラリ-145：for Senior & Graduate Courses）

重点解説 岩澤理論

理論から計算まで

福田　隆　著

定価 2547 円

日本が生んだ比類なき数学者，岩澤健吉（1917–1998）が創始し，今日では岩澤理論と呼ばれている整数論の理論を，理論の全体を俯瞰することを念頭に解説．

サイエンス社